CALCULUS

SECOND EDITION
第 2 版

微積分

—基礎篇

編著｜張智立

微積分是一門研究變化現象的數學。它是以極限概念為基礎所建立起來的數學，其主要內容在談函數的微分和函數的定積分，以及它們的計算和應用。微積分從誕生至今已三百多年（之前的醞釀期不算），它的開創動機主要是來自物理學探討物體運動的需要（另一方面的動機，是數學上想解決求切線和求曲線所圍區域面積的問題）。近代物理學能有重大的發展和微積分有很密切的關係，可說沒有微積分就難有近代物理學。而現在它的重要性已不僅限在物理學上，不論在工程學、經濟學、管理學、以及統計學等在理論上的探討都需要藉助微積分這一有力工具。

本書是針對三或四學分的微積分課程而編寫的單變數微積分教材。若低於四學分的微積分課程，授課教師可依學生的程度和學生的學習需求酌刪部分內容。

本書的內容和特色說明如下：

(1) 本書不僅論述嚴謹，其內容也相當豐富完整。

(2) 本書除了對各種微分法，以及求不定積分的方法有很詳細的介紹外，對概念的解說更為重視。特別是對函數、極限值、導數，以及定積分等微積分學裡最重要的概念，都有很詳細的說明。只會計算，不懂概念，是不可能知道微積分要如何應用。這不是學習微積分的目的。

(3) 例子多是本書的特色。其中的許多例子是用來幫助讀者去理解書中的概念、定義、定理，以及計算方法。若看不懂定義、定理，以及計算方法的內容，可先看例子。

(4) 極限概念是微積分裡最重要且最難懂的概念（難懂原因是它牽涉到「無窮的過程」）。對極限概念的介紹，本書先談無窮數列的極限概念後，再談函數的極限概念，而一般微積分書籍是直接就談函數的極限概念。但相較之下，無窮數列的極限概念是較容易理解。先談無窮數列的極限概念是本書的另一特色。

這次再版，除了增補一版內容中的疏漏和更正錯誤外，為了能讓單變數微積分的內容更加完整，特別增加「定積分的應用」一章。此外，在本書的一開頭有一篇「微積分導讀」（其內容：首先談微積分的起源動機和發展歷程，其次說明微積分在談什麼和為何要談這些內容，最後談如何學習微積分）。在開始學習微積分之前，若能先閱讀「微積分導讀」，將有助於以後微積分的學習和理解。

　　本書雖已用心編著，但限於個人學養的不足，一定有內容不妥及錯誤之處，深盼各界先進及讀者發現時，能不吝指正，俾使再版時得以修正。

<h2 style="text-align:center">架　構　圖</h2>

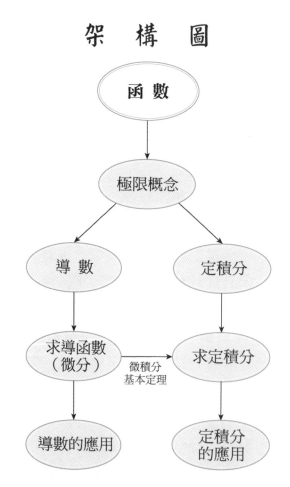

微積分是一門以極限概念為基礎所建立起的數學

　　微積分(Calculus)是一門以極限概念為核心基礎所建立起來的數學。發展至今已有三百多年。它是很有用的數學，在許多專業領域，特別在物理學、工程學，以及管理學上，都需要藉助微積分來做為探討的工具。微積分是英文 calculus（這是萊布尼茲所命名）的中文譯詞。Calculus 的英文意思是「計算方法」。我們很難從英文的「Calculus」或中文的「微積分」去理解什麼是微積分。微積分在談什麼？要如何學習？我們不妨先從微積分的發展歷程談起。

微積分的開創和發展

　　微積分起源於十七世紀（某些原始概念可以追溯到古希臘時期），其動機主要來自二個方面。一方面是物理學為探討物體運動的需要，如想求瞬時速度、瞬時加速度等。另一方面是數學上想解決二個問題，它們分別為：(1)求切線（或說切線方程式），以及求函數的最大值及最小值。(2)求函數曲線所圍的面積。前者發展成微分(differential calculus)；後者發展成積分(integral calculus)。十六、七世紀是西方科學革命的世紀。在數學上有解析幾何的創立（由法國數學家 Descartes 所創立。這使幾何代數化，因而使幾何問題可用代數方法處理）。而在科學思想上倡導實證，這為實驗歸納法提供了思想的源頭，從而對物理學的進展起了關鍵的作用。在這樣有利的環境，加上解決問題的需求下，因而促成微積分的誕生。微積分的先期及開創時期的重要人物有：克卜勒（Kepler, 1571~1630，德國），笛卡爾（Descartes, 1596~1650，法國），費馬（Fermat, 1601~1665， 法國），巴羅（Barrow, 1630~1677，英國，牛頓的老師），牛頓（Newton, 1643~1727，英國），萊布尼茲（Leibniz, 1646~1716，德國）。其中牛頓及萊布尼茲可說是微積分最主要的開創者，微積分在他們手中才成為有系統的學問。特別是他們兩人各自獨立發現有名的「微積分基本定理」。這個定理是微積分裡最重要、最具關鍵性的定理。此外，茲萊布尼茲為微積分創立一套方便的系統符號（這

有別於牛頓所創的微分符號），藉由這套符號可讓人很快了解微積分的內涵，以及使微積分能系統化的去處理計算上的問題。這對促進微積分的理解及普及化有很大的幫助。繼牛頓及萊布尼茲之後，對微積分內容的充實和應用有重大貢獻的代表人物有：雅可比・伯努利（Jakob Bernoulli, 1654~1705，瑞士）和約翰・伯努力（Johann Bernoulli, 1667~1748，瑞士）兩兄弟，以及羅必達（L'Hospital, 1661~1704，法國），泰勒（Taylor, 1685~1731，英國），馬克勞林（Maclaurin, 1698~1746，英國），歐拉（Euler, 1707~1783，瑞士），拉格朗吉（Lagrange, 1736~1813，法國）等人。其中伯努利兄弟和歐拉對微積分的壯大和擴展，以及應用有很大的貢獻。萊布尼茲是伯努利兄弟的老師，他曾說他們兄弟在微積分上的貢獻和他一樣多。歐拉是約翰・伯努利的學生，他是 18 世紀最傑出、最有影響力的全才數學家，他對數學的貢獻是全面性，遍及數學各領域。他曾出版《無限小分析引論》、《微分學原理》、《積分學原理》等微積分經典名著。

微積分的嚴格化

微積分發展到 18 世紀末期，其內容已相當充實，且在許多領域上也應用的很好。此時期的微積分被接受的最主要原因是在其實用性上，而其理論其實是飽受批評和質疑。牛頓和萊布尼茲所創立的微積分是依賴所謂「無限小量」的概念所建立起來的，但他們對什麼是「無限小量」並無法精確的說清楚，甚至出現互相矛盾的說法（例如，牛頓在探討瞬時速度時，關於 Δt 的角色。一開始將 Δt 視為很接近 0，但不等於 0 的數，最後又將 Δt 視為 0 而忽略不計。而萊布尼茲在微分公式的推導上，一開始視 dx 是一個不為零的變量，最後又將 dx 視為定量 0）。這個長達一個半世紀因「無限小」概念所造成的邏輯困境，直到法國數學家柯西(Cauchy, 1789~1857)在 1821 年出版《解析教程》中提出「極限概念」(limit)才獲得解決。柯西認為微積分可以建構在「極限概念」上。他對「極限值」給了一個直觀且文字性的定義。而德國數學家魏爾斯特拉斯(Weierstrass, 1815~1897)則進一步將柯西對「極限值」的直觀說法改以精確的定量描述（即用 $\varepsilon - \delta$ 的說法）。從此微積分才算有了穩固的基礎，並在這個以極限概念為基礎上打造出一個嚴謹而合乎邏輯的系統學

問。這學問就是我們現在所看到的微積分內容。其實嚴格來說,真正要在理論上完全的穩固是要等到德國數學家戴德金(Dedekind, 1831~1916,高斯的學生),及德國數學家康德(Cantor, 1845~1918, Weierstrass 的學生)等人對實數系的建構完成而使實數具有「完備性」(completeness)之後。

極限概念的重要性

從微積分的發展歷程,我們知道數學家經過近二百年的努力和思考才看出「極限概念」是微積分最核心、最基礎的概念,微積分必須建構在「極限概念」的基礎上才能健全發展。可見「極限概念」的重要性。但這概念有其難懂之處。難懂原因是它牽涉到「無窮的過程」(infinite processes)。微積分裡所有重要的概念,如連續性(continuity)、導數(derivative)、定積分(definite integral),以及無窮級數(infinite series)等都是藉由極限概念去定義的。因此,任何想學好微積分的人,都要好好去理解什麼是「極限值」。

微積分在談什麼

微積分是研究變動現象的數學。而函數(function)是規律變動現象的「描述」。因此,函數是微積分的主角,是微積分要研究的對象。也可以說,微積分是研究函數最具威力的工具。微積分的主要內容在談函數的微分(differentiation),函數的定積分(definite integral),以及它們的求算和應用。導數(derivative)(導數是導函數在特定點的值。微分是求一個函數的導函數的運算或說過程,亦即對一個函數微分可得此函數的導函數)和定積分都是一個極限值(limit)。導數是函數值平均變化率的極限值,而定積分是和的極限值。因此,在談到函數的微分和定積分之前,微積分會有一章專門談函數、極限值,以及函數的連續性(微積分所談的函數基本上是要具備「連續性」才可以。這樣的函數才可以微分和積分),來先為學習微積分打下基礎。由於導數和定積分都是一個極限值,因此懂極限概念才能知道導數和定積分的定義,以及它們所表示的意義,進而才能懂什麼是微積分。一個函數 f 在 $x = a$ 處的導數,其幾何意義為:過函數 f 圖形上點 $(a, f(a))$ 之切線斜率。而當自變數 x 為時間時,它表在 a 時刻,函數值的瞬時變化率(instantaneous rate of change)。而一個非負的連續函數 f 在 $[a,b]$ 上的定積分，其幾何意義為：由函數 f 的圖形，直線 $x=a$，直線 $x=b$，以及 x 軸所圍成區域的面積。知道它們所表示的意義之後，才能將微積分應用出去。

其次談到微積分的計算。依定義，求導函數就是求極限值。但在微積分裡它不會對所有函數全都依定義去求其導函數（這太費工了。求極限值通常都不輕鬆）。其作法是：先依定義去求得一些最基本函數(如 $f(x)=x^n$)的導函數，稱為基本微分公式（如 $\dfrac{d}{dx}x^n = nx^{n-1}$）；而對一般函數，則藉由微分的運算規則，將對一般函數的微分轉化為對基本函數的微分，再利用基本微分公式而求得一般函數的導函數。其中所使用的微分運算規則有：線性規則，乘法規則，除法規則，以及連鎖律(chain rule)。此外，若函數是隱函數，則使用隱函數微分法來求得導函數。基本微分公式和微分運算規則的內容，以及隱函數微分法，在微分法這一章裡都會詳談。就計算的角度而言，微分較簡單，差不多所有函數的導函數都不難求得。但定積分的計算就沒有那容易。其原因是我們很難直接由定義去求一個函數的定積分（依定義，求定積分就是求極限值。但它的極限值計算比導函數的極限值計算困難。除非它是一個很簡單的函數），而且定積分也沒有微分有那麼好的運算性質（它僅有線性規則）可以利用。幸好，牛頓和萊布尼茲二位數學家各自發現一個現象就是：可利用反微分去算定積分。較完整精確的說法為：一個函數在 $[a,b]$ 上的定積分值，可由這個函數的**反導函數**(antiderivative)在 b 點和 a 點的值，相減而求得。這個發現使我們在求定積分時，再也不必直接由定義去計算那通常是求不出來的極限值，而是先去找這個函數的反導函數。若函數 g 的導函數為 f，則說 g 是 f 的反導函數或不定積分(indefinite integral)。從 f 求得 g 的運算，稱為反微分；從 g 求得 f 的運算，稱為微分。這個偉大的發現，其內容被稱為「微積分基本定理」。這個定理是微積分裡一定會談到且最重要、最具關鍵性的定理。它使得定積分的計算變得較為容易和可行，這對積分學的進展起了很大的作用（定積分若求不出來，定積分就談不上應用了）。微積分基本定理的另一個意義是：微積分所談的二大主題為微分和定積分，這二個在表面上看似不相同的概念，卻在計算上產生了緊密的連結，可從反微分去求定積分，這使定積分和微分要一起研究，因而我們稱這門學問為微積分。有了這個定理，求定積分的問題就轉變為求一個函數的不定積分（反導函數）的問題。因此，如何求得一個函數的不定積分（反導函數）就成為微積分要研究的一個重要

問題。在微積分裡會有一章專門去談這個問題。求一個函數的不定積分並沒有一般性的方法可依循。在微積分中會談到三個最主要求不定積分的技巧，它們分別為：變數代換法(substitution rule)，分部積分法(integration by parts)，有理函數的部分分式法(method of partial fractions)。這些方法的功用都是用來將難以求得不定積分的函數轉化為較容易求得不定積分的函數。但不是每個函數都辦得到（有理函數辦得到），即便那些辦得到的函數有些也需要經驗和巧思。求不定積分得確比求導函數來的困難。

最後談到微積分的應用。微積分是很有用的數學。在微積分裡會有二章來談它的應用，一章談微分的應用，另一章談定積分的應用。一個函數 f 在 $x=a$ 處的導數，其意義為：函數值在 a 點的瞬時變化率(instantaneous rate of change)（雖然自變數不是時間時，我們仍然稱函數值平均變化率的極限值為函數值在一點的瞬時變化率）。而在不同特性的函數上，在 a 點的瞬時變化率可以有不同的解釋。如，在 a 時刻的瞬時速度；在 a 時刻的瞬時加速度；在 a 時刻的瞬時電流；在 a 點的密度（針對密度不均勻的細線）；產量為 a 單位時的邊際成本（收益）等。因此，微分除了可用來求切線斜率外，只要和「瞬時變化率」的概念有關的問題都是微分可以應用的地方。此外，進一步還可藉由微分法：求函數的最大值和最小值，探討函數圖形的形狀，以及將函數表成冪級數。定積分是和的極限值。而這極限值是經某種過程才得到，其過程為：在積分範圍上分割→取和（取什麼值的和，這在定積分的定義中會詳談）→取和的極限值。進一步分析其定義，可發現這定義式子在表達一個方法，那是：當無法直接求出整體的「某種值」（這值可以是面積、體積、長度、位移、功、質量等），可先將整體分割成許多小部分，並對每一部分求其近似值（真正值仍然求不出來），然後將這些近似值全部加起來做為整體值的近似值，而由於分割的越多、越細，其近似值就會越接近所要求的值，因而取其極限值而得所要求的值。因此，定積分的應用，除了可用來求函數曲線所圍成區域的面積外，進一步可求：函數曲線的長度；旋轉體的體積和側表面積；變力所作的功（針對一維運動）；變速運動下的位移（針對一維運動）；密度不均勻的細線的質量；連續型隨機變數的機率等。

微積分要如何學習

　　微積分要如何學習？通常數學的學習次序是：概念和定義→定理和計算方法→應用。因此，微積分的學習，首先要去了解：函數，極限值，連續性，導數，定積分（特別是極限值）的定義和其意義，以及微積分基本定理的內容。這些定義和內容是微積分的骨幹。明白這些內容和意義後再去學習計算方法和應用。由於微積分基本定理的關係，微積分在計算方法上的學習，最主要為：微分法（即求導函數的方法），及反微分法（即求反導函數或說求不定積分的方法）。關於微分法的部分，首先要記住一些基本的微分公式。其次，要熟悉微分的運算規則，隱函數微分法，以及反函數的微分性質。而反微分法的部分，首先要記住一些基本不定積分公式(如 $\int x^n dx = \dfrac{1}{n+1}x^{n+1}$。（它是直接從相對應的基本微分公式而馬上得到。）其次，要知道不定積分的基本性質，和學會：變數代換法，分部積分法，以及有理函數的部分分式法。這些方法中，以變數代換法最基本、最常用。不只要學會這三個方法，且一定要多加練習才能增進這方面的能力（能力從做中得到，這是別人無法幫助的）。如何求得一個函數的不定積分（反導函數）是微積分在計算方面的學習重點，也是初學時較感困難的地方。在應用上的學習，它需要學習且理解一些和應用有關的定理。這部分的學習較容易，基本上沒有多大的困難。

學過微積分前和後的差別

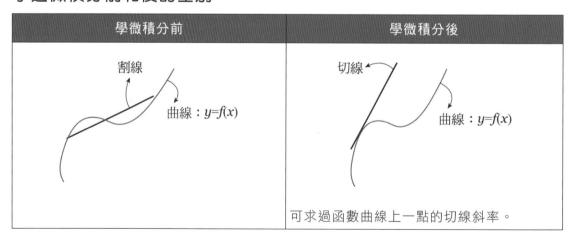

學微積分前	學微積分後
割線 曲線：$y=f(x)$	切線 曲線：$y=f(x)$ 可求過函數曲線上一點的切線斜率。

學微積分前	學微積分後
可求函數曲線的割線斜率或可求過圓或直線上一點的切線斜率。	
可求常數函數圖形下的面積。 以及求直線段所圍成區域的面積。	可求一般函數曲線下的面積。 推展為 求函數曲線所圍區域的面積。
可求直線段的長度。	可求一般函數曲線的長度。

學微積分前	學微積分後
可求圓柱體的體積及表面積。	可求一般旋轉體的體積及表面積。
可求函數在某一點的值。	可求連續函數在 $[a,b]$ 上的最大值及最小值。
可求有限項的和，即 $\sum_{i=1}^{n} a_i$。	可求無窮多項的和，即 $\sum_{i=1}^{\infty} a_i$。
可求有限個函數值的平均值。	可求在 $[a,b]$ 上的所有函數值的平均值。
可求平均速度、平均加速度，以及平均電流。	可求在某時刻的瞬時速度、瞬時加速度，以及瞬時電流。
可求等速運動的位移。	可求變速運動的位移。
可求定力所作的功。	可求變力所作的功。
可求密度均勻時的細線質量。	可求密度不均勻時的細線質量。
可求平均成本、平均利潤。	可求邊際成本、邊際利潤。
可求離散型（有限）隨機變數的機率及平均值。	可求連續型隨機變數的機率及平均值。

　　微積分是近代數學中最偉大的成就。它的重要性，無論如何評價都不會過分。

——約翰·馮·諾伊曼——

(John Von Neumann, 1903~1957)

CALCULUS
CONTENTS

目錄

07 CHAPTER 定積分的應用

附　錄

01

函數的極限
與連續

CALCULUS

1-0 前　言

　　微積分所探討的對象是**函數(function)**（我們要對函數微分和積分），因此知道什麼是函數，是學習微積分的第一步。微積分的發展，在幾何上可說是為了求曲線的切線斜率及曲線所圍成區域的面積所引起的，而這二個問題的解決都必須藉助**極限(limit)**的概念。因此，極限的概念可說是微積分學中最核心、最重要的概念（但這概念並不易理解，它牽涉到無窮盡的過程）。整個微積分是由極限的概念所建立起來的，毫無疑問，不懂極限的概念將無法真正了解微積分。**連續性(continuity)**是微積分學中經常會提到的另一重要概念，它和極限概念有密切的關係。可以這麼說，微積分所要討論的對象不僅是函數，而且還要「差不多」是具有「連續性」的函數才行（有人說微積分是「連續性」的數學，其相對的數學，就稱為離散數學），不是這樣的函數，在微積分裡基本上是難有功用的（它不能進行微分和積分運算）。因此，什麼是連續函數也是學習之初須先知道的事情。在本章裡，我們將要談論函數、極限與連續性等微積分裡最基礎的概念，有了這些概念之後才能進一步去學微積分，尤其是極限的概念最為根本，值得我們費心思考理解。由於無窮數列的極限概念比函數的極限概念較容易了解，因此對於極限概念的介紹，我們先從無窮數列談起，再進入一般的函數，而前者是後者的特殊情形，如此安排在內容上看來有些重複，但卻有助於極限概念的理解。

1-1 函數及函數的圖形

什麼是函數

　　由於實際問題上的需要（尤其是科學上），使得數學須去研究動態過程中各個變量之間的依賴關係（或說因果關係），因而引進了「函數」的概念。在科學上或日常生活中有很多的現象都涉及變量和變量之間的關係。例如：彈簧的彈力和其伸長量有關；水的沸點溫度和所在的海拔高度

有關；圓的面積和其半徑的大小有關；車資和里程有關；銷售量和價格有關；應繳稅額和所得淨額有關。而用來描述它們之間明確的量化關係，就稱為「函數」。例如，研究在物理學上的自由落體運動(free fall motion)，我們知道整個運動過程中，所經的時間 t 和物體落下的位置 S 都在變化，而這兩個變量 t 和 S 的變化並不是各自獨立毫無相關的，其位置 S 會因所經的時間 t 的不同而改變，亦即所經的時間會決定其落下的位置在哪裡。物理學告訴我們，它們之間的變化關係式為 $S = \frac{1}{2}gt^2$（其中 $g = 9.8$ 公尺／秒^2），這個變化關係式 $S = \frac{1}{2}gt^2$ 就是**函數**(function)。藉由這個關係式（即函數），只要知道所經時間 t 的值，就能確定物體落下的位置 S 在哪裡（而這確定要唯一確定才是我們所要的）。如：當 $t = 2$（秒），則得 $S = 2g$（公尺）；當 $t = 3$（秒），則得 $S = \frac{9}{2}g$（公尺）；當 $t = 4$（秒），則得 $S = 8g$（公尺）等。

又例如，一個正方形的面積 A，和其邊長 x 有關，邊長越大，其面積就越大，邊長改變了，其面積也隨之改變，知道邊長 x 的值，就可知道其面積值 A，而其間的變化關係式為 $A = x^2$，這個式子 $A = x^2$ 也是一個函數。藉由這個式子，我們能知道：當 $x = 2$，則得 $A = 4$；當 $x = 3$，則得 $A = 9$；當 $x = 4$，則得 $A = 16$ 等。當然還有很多我們已學過的一些數學公式或科學上的定律，它們都在描述二個變量之間的變化關係，這些變化關係式也都是函數。例如：

(1) 圓面積 A 和其半徑 r 之間的關係為

$$A = \pi r^2 \text{（圓面積公式）}$$

(2) $1 + 2 + 3 + \cdots + n$ 之和 S，和其項數 n 的關係為

$$S = \frac{n(n+1)}{2} \text{（求和公式）}$$

(3) 彈簧的彈力 F，和其伸長量 x 之間的關係為

$$F = kx \text{，其中 } k \text{ 為常數。(Hooke's Law)}$$

(4) 在定溫下，密閉容器內之理想氣體，體積 V 和其壓力 P 之間的關係為

$$V = \frac{C}{P}，其中 C 為常數。(Boyle's Law)$$

　　雖然到目前為止，我們尚未正式給「函數」下定義，但總結以上的解說，我們可以說：函數是描述兩個變數之間變化的一個關係式子，且當取定一個變數的值，經由這個關係式，就能唯一求得另一個變數的值。簡化的說，函數是一個從給定一個變數的值就可唯一得知另一變數值的「**數學公式**」（如圓面積公式）。這的確是函數的主要意思，也是很容易理解的說法（初學時，不妨以此說法去看待函數），往後我們所見的函數也大都就是這個樣子。只是這樣的敘述不夠精確，加上數學發展上的需要，我們須賦予函數更一般性的含意，因而有以下函數的定義：

　　設 x, y（亦可用其他符號表示）為兩個變數。當給定變數 x 的值，若依某一規則(rule)，而能唯一確定另一變數 y 的值時，這個規則就是函數。

　　定義中所指的「**規則**」一詞，其含意是很廣泛的。它可以是一個數學式子或方程式，如 $A = x^2$，這個規則告訴我們，當 $x = 4$ 時，A 為 16。也可以由多個公式去組成一個規則；也可以用圖表或圖形來呈現規則或文字去敘述規則。例如，某次考試成績很不理想，老師提出了調整分數的辦法（即規則）為：(1)分數調整為將原始分數開平方根後，再乘以 10；(2)若仍達不到 40 分者，一律變更為 40 分。依據這個辦法（規則），只要給了原始分數（可說是給了 x 的值），就能明確知道其調整後的分數（可說是知道了 y 的值）。因此，這個辦法，就是函數，而它是用文字敘述的規則。

　　又為了說明上的方便，我們通常會以符號 f（或 g, h 等）表示此變動**規則**（函數），並稱所給定的變量為自變數，習慣上以 x 表示；而依此規則 f 所產生的另一個變量稱為應變數，習慣上以 y 表示，**且以符號 $f(x)$（讀為 f of x）來表示：當給定 x 值時，依規則 f 所得到的應變數值 y**，亦即用 $f(x)$ 去表示 y，因而有 $y = f(x)$，並說 **y 是 x 的函數（值）**。自變數取值的範圍稱為**定義域(domain)**，應變數值的範圍稱為**值域(range)**。例如，前面所談的函數：$A = x^2$，其中 x 為自變數，A 為應變數，若以 f 表此函數，則我們用 $f(x)$ 表示 A，因而有 $A = f(x) = x^2$，亦即可將函數 $A = x^2$ 改寫為

$f(x)=x^2$，又當取定 $x=3$ 時，依此函數規則 f，得 $A=9$，此時用 $f(3)$來表示 9，因而有 $f(3)=9$。而其定義域及值域都是正實數的集合。

$$給定\ x=3 \xrightarrow[A=x^2]{依規則 f} 得 A = f(3) = 9$$

現將以上所談的內容，整理成為以下的定義：

定義　1-1-1-a

設 x 和 y 是兩個變量。當給定變量 x 的值，若可由某一**規則** f 去**唯一**確定另一變量 y 的值的話，則稱此**規則** f 為**函數(function)**，且用 $f(x)$ 來表示此 y 的值，因而有 $y=f(x)$。另外稱 x 為自變數，稱 y 為應變數或函數值；自變數取值的範圍稱為**定義域(domain)**，應變數值的範圍稱為**值域(range)**。

$$x \ \rightarrow \ \boxed{\overset{依}{規則\ f}} \ \rightarrow \ y = f(x)$$

➡ 圖 1-1.1

註

亦可將函數 f 視為是一部機器，則自變數 x 可視為原料，而應變數 $f(x)$ 可視為 x 經 f 運作後的產品。

$$x \ \rightarrow \ \boxed{機器\ f} \ \rightarrow \ y = f(x)$$
輸入　　　　　　　　　　　輸出

➡ 圖 1-1.2

另外一種對函數的更廣義觀點是將函數看成是兩集合間的一個**對應規則**，此規則是用來規範兩集合間的元素是如何對應的。此觀點下，集合中的元素可以不是數值。而其定義為：**設 A,B 為兩集合，若 A 中的每一元素 x，藉由某種對應規則 f，在集合 B 中有唯一的元素 y 和它對應，則此對應規則 f 就稱為是 A 映到 B 的函數。**像 $y=x^2$ 它就是一個對應規則，它告訴我們集合 A 的每一元素 x 是對應到集合 B 中的元素 y，而此 y 值為 x^2，即 $x \xrightarrow{對應} x^2$。現在我們以對應規則的觀點，給函數以下的定義：

對應規則 f 為 $y=x^2$

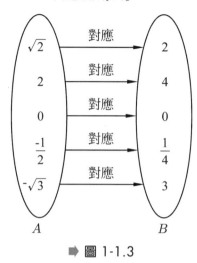

➡ 圖 1-1.3

◆ 定 義 | 1-1-1-b （廣義的定義）

設 A,B 為兩個非空的集合，若 A 中的每一元素 x，藉由某種**對應規則** f，可在 B 中有唯一元素 y 和它對應，則這個表達 A 與 B 之間的對應規則 f，稱為是 A 映到 B 的**函數**，記作 $f:A \to B$。其中 A 稱為定義域，B 稱為對應域，而其所有對應元素所成的集合稱為值域。又將 x 的對應元素 y 以 $f(x)$ 表示，因而有 $y=f(x)$。

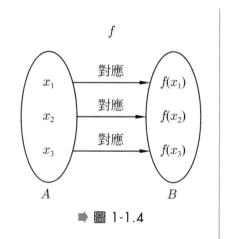

➡ 圖 1-1.4

雖然我們另給「函數」一個更廣義的定義，但在微積分裡，我們以定義 1-1-1-a 來看待「函數」就可以。我們已經知道函數是一個「規則」，這個規則在描述：當給定一個自變數的值時，它的應變數值會是多少。因此，將函數寫下，就是去寫出這個規則的內容。而這規則內容的描述方式，可以是用一個數學方程式，也可以是圖表或純文字。而最常見的描述方式是用一個數學方程式。例如，式子 $y = 3x^2 + 4x + 6$，亦可寫為 $y - 3x^2 - 4x - 6 = 0$，

就是一個函數，這個式子告訴我們，當自變數值是 x 時，其應變數值是 $3x^2+4x+6$。而更完整的函數描述，除了是規則的內容外，還應將其定義域明示出來。假設所給的函數式子為 $y=3x^2+4x+6$，且其定義域為 $[2,6]$，則一個完整的函數描述為

$$y=3x^2+4x+6 \; , \; x\in[2,6]$$

若用 f 來表示此函數，亦可寫為

$$f(x)=3x^2+4x+6 \; , \; x\in[2,6]$$

而關於函數的定義域，在數學上有一個約定是：若沒寫出其定義域，則其定義域就是最大可能的自變數值的集合。例如，函數 $f(x)=\sqrt{1-x^2}$。由於它沒有明示其定義域，依約定，其定義域就是 $[-1,1]$。此外，值得一提的是，**兩個函數，若其規則和定義域完全一樣時，它們就是相同的函數**。因此，

$$f(x)=3x^2+4x+6 \; , \; x\in[2,6]$$

$$g(t)=3t^2+4t+6 \; , \; t\in[2,6]$$

$$y=3x^2+4x+6 \; , \; x\in[2,6]$$

$$u=3t^2+4t+6 \; , \; t\in[2,6]$$

都表示同一個函數。雖然前二個並沒有告訴我們其應變數的代號是什麼，而後二個其自變數和應變數的代號不相同，但這都不重要，這些都不會改變其規則的內涵，它們都在描述同一個內涵，就是：其應變數值是其自變數值平方的 3 倍，再加上自變數值的 4 倍，最後再加上 6 而得到。因而給定同一個自變數的值，它們都會得相同的應變數值。這表示它們有同樣的規則。因此，它們都是表示相同的函數。以下我們來看一些函數的例子。

 例題1

　　我們都知道正三角形的邊長和其面積有關，知道了邊長就可知道其面積是多少，且其邊長越大，面積也會越大。問

(1) 當邊長是 2 公分時，其面積是多少？

(2) 當邊長為 s 公分時，其面積 A 是多少？並藉以寫出 A 和 s 的函數關係式。

(3) 當邊長分別為 5 公分和 6 公分時，其面積分別是多少？

解

(1) 當邊長為2公分時，得其高為 $2 \times \dfrac{\sqrt{3}}{2} = \sqrt{3}$ 公分，底為2公分，因而得其面積為 $\dfrac{1}{2} \times 2 \times \sqrt{3} = \sqrt{3}$ （平方公分）

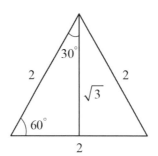

(2) 當邊長為 s 公分時，得其高為 $\dfrac{\sqrt{3}}{2}s$ 公分，且底為 s 公分，因而得其面積 A 為 $A = \dfrac{1}{2} \times s \times \dfrac{\sqrt{3}}{2}s = \dfrac{\sqrt{3}}{4}s^2$ （平方公分）

因此，式子 $A = \dfrac{\sqrt{3}}{4}s^2$ 就是正三角形邊長 s 和其面積 A 的函數關係式。它是給定邊長值後，用來求其面積的公式，它是一個函數。又若以 g 表示此函數，則此函數可寫為

$$g(s) = \frac{\sqrt{3}}{4}s^2 \text{ 。}$$

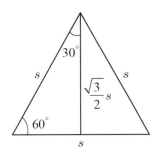

(3) 邊長為5公分時，其面積為 $g(5) = \frac{25\sqrt{3}}{3}$（平方公分）

　　邊長為6公分時，其面積為 $g(6) = \frac{36\sqrt{3}}{4}$（平方公分）

　　從例題 1 我們可以學到如何找出相關變量之間的函數關係式，那就是：首先要知道如何從所取定變量的值（如邊長取定為 2 公分），去求得另一變量的值（可求得面積為 $\sqrt{3}$），然後引進變量符號 s，A 去表示變量，最後將在取定變量的值下的計算式子 $\frac{1}{2} \times 2 \times 2 \times \frac{\sqrt{3}}{2} = \sqrt{3}$，改用變量符號去取代所取定的值，即可得所要的函數關係式為 $\frac{1}{2} \times s \times s \times \frac{\sqrt{3}}{2} = A$，即 $A = \frac{\sqrt{3}}{4}s^2$。

例題2

　　設有一農地，種植 100 棵蘋果樹時，每棵每年可生產 400 粒蘋果。又若每多增（減）種一棵，則每棵的產量都會減（增）10 粒蘋果。問

(1) 當增種 3 棵時，每年的總產量是多少？

(2) 當減種 5 棵時，每年的總產量是多少？

(3) 當增種（減種）x 棵時，每年的總產量 y 是多少？並寫出增種的棵數 x 和其總產量 y 的函數關係式。

解

(1) 增種3棵時，每棵會生產400-30粒蘋果，因而每年的總產量為
(100+3)(400-30)=38110（粒）

(2) 減種5棵時，每棵會生產400+50粒蘋果，因而每年的總產量為
(100-5)(400+50)=42750（粒）

(3) 增種（減種）x棵時，每棵會生產 $400-10x$ 粒蘋果，因而每年的總產量 $y = (100+x)(400-10x) = 40000-600x-10x^2$，當其中 x 為負整數時，表示是減種 $|x|$ 棵。

而式子 $y = 40000-600x-10x^2$ 就是增種的棵數和其總產量的函數關係式。若以 f 表示此函數，則此函數可寫為

$f(x) = 40000-600x-10x^2$ ， $-100 \leq x \leq 40$ ，且 x 為整數

注意其定義域為在 $[-100,40]$ 上的整數。

以下是一些數學上常見的函數

(1) 常數函數：$f(x) = 3$　　　　　　(2) 冪函數：$f(x) = x^4$

(3) 多項函數：$f(x) = 5x^4 - 3x^3 + 6x^2 + 8x - 1$

(4) 有理函數：$f(x) = \dfrac{x^3 + 4x^2 - 3x + 5}{x^2 + 5x - 3}$　(5) 無理函數：$f(x) = \sqrt{1-x^2}$

(6) 正弦函數：$f(x) = \sin x$　　　　　(7) 指數函數：$f(x) = 2^x$

(8) 對數函數：$f(x) = \log_{10} x$　　　(9) 高斯函數：$f(x) = [x]$

其中 $[x]$ 表不大於 x 的最大整數，亦即，若 $n \leq x < n+1$，則 $[x] = n$

例如：$[3] = 3$，$[3.4] = 3$，$[-3.4] = -4$

例題3

設 $f(x) = 2x^2 + 1$，求 $f(3)$，$f(2a+1)$，$f(t^2)$，$f\left(\dfrac{1}{s}\right)$，$f(x+\Delta x)$。

解

$$f(3) = 2 \cdot 3^2 + 1 = 19$$

$$f(2a+1) = 2(2a+1)^2 + 1 = 8a^2 + 8a + 3$$

$$f(t^2) = 2(t^2)^2 + 1 = 2t^4 + 1$$

$$f\left(\frac{1}{s}\right) = 2\left(\frac{1}{s}\right)^2 + 1 = \frac{2}{s^2} + 1$$

$$f(x+\Delta x) = 2(x+\Delta x)^2 + 1 = 2(x^2 + 2x \cdot \Delta x + (\Delta x)^2) + 1$$

$$= 2x^2 + 4x \cdot \Delta x + 2(\Delta x)^2 + 1$$

 例題4

設 $g(x) = \begin{cases} x^2 + 3 & \text{，當 } x \geq 4 \\ 4x + 1 & \text{，當 } 0 \leq x < 4 \\ 5x - 2 & \text{，當 } x < 0 \end{cases}$，求 $g(5)$，$g(2)$，$g(-3)$。

解

$$g(5) = 5^2 + 3 = 28$$

$$g(2) = 4 \cdot 2 + 1 = 9$$

$$g(-3) = 5 \cdot (-3) - 2 = -17$$

例題5

設 $f_1(x) = x + 2$ ， $x \in R$ ； $f_2(x) = \begin{cases} \dfrac{x^2 - 4}{x - 2} & , x \neq 2 \\ 3 & , x = 2 \end{cases}$ 。

$f_3(x) = \dfrac{x^2 - 4}{x - 2}$ ， $x \in R - \{2\}$

求 $f_1(2)$ ， $f_2(2)$ ， $f_3(2)$ ， $f_1(5)$ ， $f_2(5)$ ， $f_3(5)$

解

$f_1(2) = 4$ ， $f_2(2) = 3$ ，但 $f_3(2)$ 沒有值，因為2不在其定義域裡。

而

$f_1(5) = f_2(5) = f_3(5) = 7$

可看出，這三個函數不是相等的函數，但這三個函數在 2 以外的點，其函數值都是相等。

例題6

某貨運公司，其臺北至臺中兩地的運費 p 和貨重 W 的關係如下表所示：

重量 W（公斤）	運費 P（元）
0<W<30	100
30≤W<50	150
50≤W<80	180
80≤W<100	200
100≤W<150	240
150≤W	不受理

若 f 表給定貨重 W 的值，就知運費 p 值的規則。求 f 之定義域及 $f(48)$，$f(113)$。

f 之定義域為 $(0, 150)$

　　$f(48) = 150$，$f(113) = 240$

 例題7

　　某次微積分考試，由於全班考得不好，微積分老師決定調整考後分數，並稱這個由原始分數得到調整後分數的調整辦法為「f 規則」，而其辦法如下：

(1) 原始分數低於 16 分者，一律調整為 40 分。

(2) 原始分數大於或等於 16 分，而小於或等於 81 分者，將原始分數「開根號後再乘以 10」，做為調整後的分數。

(3) 原始分數大於 81 分者，將原始分數加 9 分，做為調整後的分數，但超過 100 分時，一律以 100 分做為調整後的分數。

　　求 $f(9)$，$f(25)$，$f(49)$，$f(85)$，$f(95)$，$f(98)$。

解

　　由「f 規則」，得

　　$f(9) = 40$，$f(25) = 50$，$f(49) = 70$，$f(85) = 94$，$f(95) = 100$，$f(98) = 100$

例題8

已知 2019 年的綜合所得稅，其所得淨額 N 和應納稅額 T 之間的函數關係為：

$$T = f(N) = \begin{cases} \dfrac{5}{100}N & , \quad 0 < N \le 540000 \\[2mm] \dfrac{12}{100}N - 37800 & , \quad 540000 < N \le 1210000 \\[2mm] \dfrac{20}{100}N - 134600 & , \quad 1210000 < N \le 2420000 \\[2mm] \dfrac{30}{100}N - 376600 & , \quad 2420000 < N \le 4530000 \\[2mm] \dfrac{40}{100}N - 829600 & , \quad N > 4530000 \end{cases}$$

求所得淨額分別為 1000000 元，1500000 元的人需繳多少稅，亦即分別求 $f(1000000)$，及 $f(1500000)$。

$$f(1000000) = 1000000 \times \frac{12}{100} - 37800 = 82200 \text{（元）}$$

$$f(1500000) = 1500000 \times \frac{20}{100} - 134600 = 165400 \text{（元）}$$

函數圖形

由於我們希望能從函數圖形觀察到函數值的變化情況，以增進對函數整體的了解，因而我們有以下函數圖形的定義。

定 義 1-1-2 （函數圖形）

設函數 f 之定義域 A 及值域均為實數的部分集合，則平面上的點集合 $G = \{(a, f(a)) \mid a \in A\}$ 所形成的圖形，定義為函數 f 的圖形。

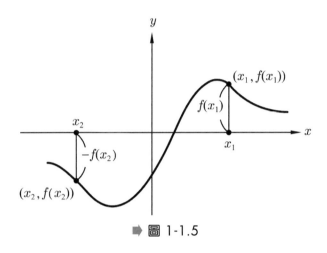

➡ 圖 1-1.5

註

(1) 從函數圖形的定義易知，函數 $f(x) = 3x^2 + 4x + 6$，$x \in R$，其圖形即為 $y = 3x^2 + 4x + 6$ 的方程式圖形。

(2) 當函數的定義域有無限多個元素時，則其圖形將由無限多的點所構成，因此除非是特殊的函數，否則無法完全精確的畫出其圖形，此時僅能描出「足夠」的點後，再以平滑曲線連起來做為其近似圖形。

(3) 畫函數圖形的目的是希望藉由圖形來了解函數值的變化狀況，因此能得到圖形的大致輪廓有時也就可以了。

(4) 由定義可知，垂直 x 軸的直線和函數圖形最多只交於一點。

(5) 函數圖形在 x 軸上的投影即為**定義域**。

例題9

作函數 $f(x) = x^2$，$x \in \{-2, -1, 0, 1, 2\}$ 的圖形。

解

因為

$$G = \{(-2, f(-2)), (-1, f(-1)), (0, f(0)), (1, f(1)), (2, f(2))\}$$

$$= \{(-2, 4), (-1, 1), (0, 0), (1, 1), (2, 4)\}$$

因此，其圖形如圖1-1.6所示。

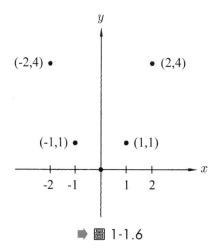

➡ 圖 1-1.6

 例題10

作函數 $f(x) = 2x + 3$ 及 $g(x) = \sqrt{1-x^2}$ 的圖形。

解

由於函數 $f(x) = 2x + 3$ 的圖形即為方程式 $y = 2x + 3$ 的圖形。因此，其圖形如圖1-1.7所示。

由於函數 $g(x) = \sqrt{1-x^2}$ 的圖形即為方程式 $y = \sqrt{1-x^2}$ 的圖形。

又 $y = \sqrt{1-x^2} \Leftrightarrow y^2 = 1-x^2$ 且 $y \geq 0 \Leftrightarrow x^2 + y^2 = 1$ 且 $y \geq 0$，而這為以$(0,0)$
為圓心，半徑為1的上半圓。

因此，得函數 $g(x) = \sqrt{1-x^2}$ 的圖形，如圖1-1.8所示。

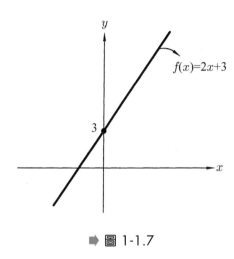

➡ 圖 1-1.7

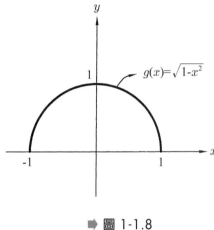

➡ 圖 1-1.8

 例題11

作函數 $f(x) = |x|$ 的圖形。

解

因為 $f(x) = |x| = \begin{cases} x & , \quad x \geq 0 \\ -x & , \quad x < 0 \end{cases}$

所以其圖形，當 $x \geq 0$ 時，為直線
$y = x$ ；當 $x < 0$ 時，為直線 $y = -x$ 。
因此，其圖形如圖1-1.9所示。

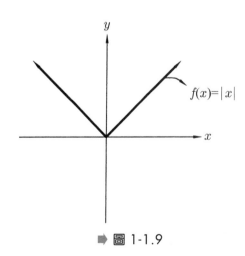

➡ 圖 1-1.9

例題12

作函數 $f(x) = \begin{cases} \dfrac{x^2-4}{x-2} & , \ x \neq 2 \\ 3 & , \ x = 2 \end{cases}$ 的圖形。

由於 $x \neq 2$ 時，

$$y = \frac{x^2-4}{x-2} \Leftrightarrow y = \frac{(x-2)(x+2)}{x-2}$$

$$\Leftrightarrow y = x+2$$

因此，f 的圖形如右圖所示。

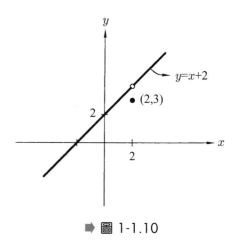

➡ 圖 1-1.10

例題13

作函數 $f(x) = [x]$，$x \in [-3,3)$ 的圖形。

由於

$$f(x) = [x] = \begin{cases} 2 & , \ \text{當} \quad 2 \leqq x < 3 \\ 1 & , \ \text{當} \quad 1 \leqq x < 2 \\ 0 & , \ \text{當} \quad 0 \leqq x < 1 \\ -1 & , \ \text{當} \quad -1 \leqq x < 0 \\ -2 & , \ \text{當} \quad -2 \leqq x < -1 \\ -3 & , \ \text{當} \quad -3 \leqq x < -2 \end{cases}$$

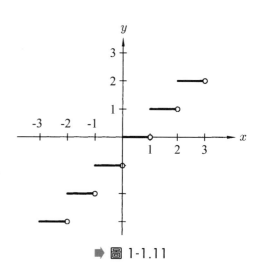

➡ 圖 1-1.11

因此，其圖形如圖1-1.11所示。

✍ 習題 1-1

1. 寫出以下各小題的函數關係式。

   (a) 設豬肉每公斤 60 元，試寫出總價錢 y 和購買的斤數 x 的函數關係式（即變動規則）。

   (b) 寫出圓的面積 A 和其半徑 r 的函數關係式。

   (c) 寫出圓的面積 A 和其圓周長 B 的函數關係式。

   (d) 寫出正圓柱體的表面積 A 和其半徑 r 的函數關係式。

   (e) 將邊長 15 公分之正方形厚紙板之四角，分別截去邊長為 x 公分的正方形，然後摺起各邊，得到一個無蓋之紙盒，試寫出此紙盒的體積 V 和 x 的函數關係式。

   (f) 斜邊長為 10 的直角三角形，其兩股長分別為 x,y，試寫出 y 和 x 的函數關係式。

2. 設 $g(x) = x^2 + 2x + 6$，$x \in R$，求 $g(1)$，$g(3)$，$g(1+h)$，$g(3x)$，$g(t^2)$。

3. 設 $f(x) = x^2$，求 $\dfrac{f(x+h) - f(x)}{h}$。

4. (a) 若 $f(x+1) = x^2 + 4x + 2$，求 $f(3)$，$f(x)$。

   (b) 若 $g(3x+2) = 9x^2 - 6x + 1$，求 $g(2)$，$g(x)$。

5. 作函數 $f(x) = \begin{cases} 3x - 2 & , \quad x \geqq 0 \\ x + 6 & , \quad x < 0 \end{cases}$ 的圖形。

6. 分別作函數 $f_1(x) = \begin{cases} \dfrac{x^2 - 9}{x - 3} & , \quad x \neq 3 \\ 8 & , \quad x = 3 \end{cases}$，$f_2(x) = \dfrac{x^2 - 9}{x - 3}$，$f_3(x) = x + 3$ 的函數圖形。

7. 作函數 $f(x) = |2x - 1|$ 的圖形。

8. 作函數 $f(x) = -\sqrt{1 - x^2}$ 的圖形。

1-2 函數的運算及反函數

　　正如同實數間可以加、減、乘、除運算一樣，函數間也可以拿來做加、減、乘、除而得一個新的函數，我們定義如下：

定義 1-2-1

給定函數 f 和 g，則兩函數間的加、減、乘、除的定義如下：

$$(f+g)(x)=f(x)+g(x)，(f-g)(x)=f(x)-g(x)$$

$$(f \cdot g)(x)=f(x) \cdot g(x)，(f/g)(x)=\frac{f(x)}{g(x)}$$

其中 $f+g$，$f-g$，$f \cdot g$ 的定義域是 f 和 g 定義域的交集，而 f/g 的定義域是 f，g 定義域的交集再扣除使 $g(x)=0$ 的元素。

例題1

設 $f(x)=\sqrt{x-2}$，$x \in [2, \infty)$，$g(x)=x-6$，$x \in R$

求 $f+g$，$f-g$，$f \cdot g$，f/g。

解

$$(f+g)(x)=f(x)+g(x)=\sqrt{x-2}+x-6，x \in [2, \infty)$$

$$(f-g)(x)=f(x)-g(x)=\sqrt{x-2}-(x-6)，x \in [2, \infty)$$

$$(f \cdot g)(x)=f(x) \cdot g(x)=\sqrt{x-2} \cdot (x-6)，x \in [2, \infty)$$

$$(f/g)(x)=\frac{f(x)}{g(x)}=\frac{\sqrt{x-2}}{x-6}，x \in [2,6) \cup (6, \infty)$$

合成函數(Composition Functions)

　　兩函數間除了可藉由加、減、乘、除的運算而形成一個新函數外，還可利用所謂的「合成」運算而形成一個新函數。給定二個函數，若其中一個函數的應變數同時又是另一個函數的自變數時，則這二個函數可以「聯結」成一個新的函數，這個新函數就稱為是這二個函數的「**合成函數**」(Composition function)。例如，設 u 和 x 的函數關係式為 $u = g(x) = 3x + 2$；又 y 和 u 的函數關係式為 $y = f(u) = u^2 + 10$（這可看到：g 的應變數是 f 的自變數），因而 y 和 x 產生了關係，只要知道 x 的值，就可知道 y 的值。如，由 $x = 1$，及 $u = 3x + 2$，得 $u = 5$；又由 $u = 5$，$y = u^2 + 10$，得 $y = 35$，因而由 $x = 1$ 可得 $y = 35$。而它們的關係，可由將 $u = 3x + 2$ 代入 $y = u^2 + 10$，而得 y 和 x 的關係式為 $y = u^2 + 10 = (3x + 2)^2 + 10$，這亦即 $y = f(u) = f(g(x)) = f(3x + 2) = (3x + 2)^2 + 10$。此函數 $y = f(g(x)) = (3x + 2)^2 + 10$ 就稱是為 g, f 的**合成函數**，而這個所合成的函數，我們會以符號 fog 表示，這即 $fog(x) \equiv f(g(x))$。

$$x \xrightarrow[u=3x+2]{g} u = g(x) \xrightarrow[y=u^2+10]{f} y = f(u) = f(g(x)) = (3x+2)^2 + 10$$

$$x \xrightarrow{fog} f(g(x)) = (3x+2)^2 + 10$$

$$x = 1 \xrightarrow{g} u = 5 \xrightarrow{f} y = 35$$

$$x = 1 \xrightarrow[fog]{} y = 35$$

　　由以上的說明，我們對合成函數有以下的定義：

定 義　1-2-2　（合成函數）

設 g, f 之定義域分別為 D_1，D_2，則 f 和 g 的**合成函數(composition function)** 記為 fog，且定義 $fog(x) \equiv f(g(x))$，$x \in D = \left\{ x \mid x \in D_1, \text{且 } g(x) \in D_2 \right\}$（參考圖 1-2.1）

　　值得注意的是 fog 的定義域不但要取在 g 的定義域上，而且還要能使 $g(x)$ 的值落在 f 的定義域上才行。

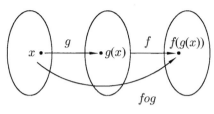

➡ 圖 1-2.1

又若將函數視為一部機器，則合成函數 fog 亦可視為是將 f，g 這兩部機器依先 g 後 f 之次序組合而成的一部新機器，且其運作是將原料 x 先經 g 機器作用變成半成品 $g(x)$ 後，再經 f 機器作用得出產品 $f(g(x))$。（參考圖 1-2.2）

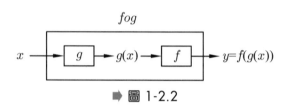

➡ 圖 1-2.2

例題2

設 $y = f(u) = 3u + 4$，且 $u = g(x) = 5x + 2$。

(1) 當 $x = 3$ 時，$y = ?$ 當 $x = 4$ 時，$y = ?$

(2) 求 y 和 x 的函數關係式。

(3) 求 $fog(x)$，並求 $fog(3)$ 和 $fog(4)$。

解

(1) 當 $x = 3$ 時，得 $u = 17$，又由 $u = 17$ 得 $y = 55$
   因而得：當 $x = 3$ 時，$y = 55$。
   當 $x = 4$，得 $u = 22$；又由 $u = 22$，得 $y = 70$
   因而得：當 $x = 4$ 時，$y = 70$。

(2) 由 $y = 3u + 4$ 及 $u = 5x + 2$，得
   $$y = 3u + 4 = 3(5x + 2) + 4 = 15x + 10$$
   因此，得 y 和 x 的函數關係式為 $y = 15x + 10$

(3) 得 $fog(x) \equiv f(g(x)) = f(5x+2) = 3(5x+2)+4 = 15x+10$

及得 $fog(3) = 55$ ， $fog(4) = 70$

由(2)，(3)的結果，可知 $y = fog(x)$ 。

 例題3

設一圓的半徑 r 會隨著所經時間 t 的增加而變大，且它們之間的函數關係為 $r = 4t+3$ ，求此圓的面積 A 和時間 t 的函數關係式？

解

已知 $A = \pi r^2$ ，以及所給的 $r = 4t+3$

可得 A 和 t 的函數關係式為

$$A = \pi r^2 = \pi(4t+3)^2 = 16\pi t^2 + 24\pi t + 9\pi$$

這函數 $A = 16\pi t^2 + 24\pi t + 9\pi$ 即為函數 $A = \pi r^2$ 和函數 $r = 4t+3$ 的合成函數。

 例題4

設 $g(x) = x+1$ ， $x \in R$ ， $f(x) = \sqrt{x}$ ， $x \in [0, \infty)$　　求 $fog(3)$ ， $gof(4)$ 。

解

$fog(3) = f(g(3)) = f(4) = 2$　　　$gof(4) = g(f(4)) = g(2) = 3$

例題5

設 $f(x) = x+1$ ， $x \in \{1,2,3,4,5,6\}$ ， $g(x) = x^2$ ， $x \in \{0,1,2,3\}$ ，求 fog 。

因為 g 的定義域是 $\{0,1,2,3\}$，

得 $g(0)=0$ ，$g(1)=1$ ，$g(2)=4$ ，$g(3)=9$

即 $g(x)\in\{0,1,4,9\}$ ，但 f 的定義域是 $\{1,2,3,4,5,6\}$ ，所以 0、3 不能做為 fog 的定義域中的元素，因此 fog 的定義域是 $\{1,2\}$ ，並得

$$fog(x)=f(g(x))=f(x^2)=x^2+1 \ ,\ x\in\{1,2\}$$

例題6

設 $f(x)=x^2+1$ ，$x\in R$ ，$g(x)=3x+6$ ，$x\in R$ ，求 fog，gof。

顯然 fog 及 gof 的定義域都是 R

$$fog(x)=f(g(x))=f(3x+6)=(3x+6)^2+1=9x^2+36x+37 \ ,\ x\in R$$

$$gof(x)=g(f(x))=g(x^2+1)=3(x^2+1)+6=3x^2+9 \ ,\ x\in R$$

例題7

試將函數 $h(x)=(3x+2)^{10}$ 表示成二個函數的合成函數。

取 $g(x)=3x+2$ ，$f(x)=x^{10}$ ，則

$$fog(x)\equiv f(g(x))=f(3x+2)=(3x+2)^{10}$$

因而得

$$h(x)=fog(x)$$

反函數(Inverse Functions)

設 F 表華氏溫度值，C 表攝氏溫度值，則得 $F = f(C) = \dfrac{9}{5}C + 32$。給攝氏溫度值 C，從這個式子就可求得華氏溫度值 F 來，亦即將 F 用僅含 C 的式子來表示，它是 F 為 C 的函數關係式。又由式子 $F = \dfrac{9}{5}C + 32$，可解得 $C = \dfrac{5}{9}(F - 32) \equiv g(F)$，此式子是用來做反向運算，用來給華氏溫度值以求得攝氏溫度值的公式，亦即將 C 用僅含 F 的式子來表示，它是 C 為 F 的函數關係式。像這樣的函數 g 就稱為函數 f 的**反函數**(inverse function)，並以符號 f^{-1} 表示 g。例如， $f(10) = 50$ ，而 $g(50) = f^{-1}(50) = 10$。

$$C = 10 \xrightarrow[\substack{F = \frac{9}{5}C + 32}]{f} F = 50 \qquad F = 50 \xrightarrow[\substack{C = \frac{5}{9}(F - 32)}]{g} C = 10$$

$$10 \xrightarrow{f} 50 \xrightarrow{g} 10 \qquad\qquad 50 \xrightarrow{g} 10 \xrightarrow{f} 50$$

如果將函數視為一部機器，f 可說是一部將攝氏溫度值轉為華氏溫度值的計算器，而 g 則為將華氏轉為攝氏的計算器。

值得注意的是，並不是所有函數都一定有反函數存在。這原因在於我們對函數的要求是，給定一個自變數的值，只能得到一個應變數值，但允許不同的自變數值產生同一應變數值。而當一個函數若存有不同的自變數卻產生同一應變數時，如 $f(a_1) = f(a_2) = b$，則依反函數的精神，應有：$f^{-1}(b) = a_1$ 且 $f^{-1}(b) = a_2$，但這不合函數的要求。因此，一個函數只有在不同的自變數會得到不同的應變數下，才會有反函數存在，像這樣的函數，我們稱為**一對一函數**(one to one function)，其正式定義如下：

定 義　**1-2-3**　（一對一函數）

設 x_1, x_2 為函數 f 定義域中的任意二元素，若 $x_1 \neq x_2$，則有 $f(x_1) \neq f(x_2)$，具有此性質的函數，就稱為是**一對一函數**(one to one function)。

註▶

若 $x_1 \neq x_2$，則得 $f(x_1) \neq f(x_2)$；和若 $f(x_1) = f(x_2)$，則得 $x_1 = x_2$。這二個語句是同義。

例題8

設 $f(x) = 3x + 5$，$x \in R$，試證 f 是一對一函數。

若 $f(x_1) = f(x_2)$，則得到

$$3x_1 + 5 = 3x_2 + 5 \implies 3x_1 = 3x_2 \implies x_1 = x_2$$

因此 f 是一對一函數。

例題9

設 $f(x) = x^3$，$x \in R$，試證 f 是一對一函數。

解

若 $f(x_1) = f(x_2)$，則得到

$$x_1^3 = x_2^3 \implies x_1^3 - x_2^3 = 0 \implies (x_1 - x_2)(x_1^2 + x_1 x_2 + x_2^2) = 0$$

$$\implies (x_1 - x_2)\left[\left(x_1 + \frac{x_2}{2}\right)^2 + \frac{3x_2^2}{4}\right] = 0$$

$$\implies x_1 = x_2 \text{ 或 } x_1 = x_2 = 0 \implies x_1 = x_2$$

因此 f 是一對一函數。

由前面的說明，對於反函數，我們有以下的定義：

定義 1-2-4 （反函數）

設 f 是定義域為 A 且值域為 B 的一對一函數。f 之反函數(inverse function)，以符號 f^{-1} 表示，其定義域為 B，值域為 A，若 $f(x) = y$，則定義 $f^{-1}(y) = x$。

一個有反函數的函數，我們稱為**可逆函數**。因此，一對一函數是可逆函數；可逆函數也一定是一對一函數。

顯然，若 g 為 f 的反函數，則可得：

$$gof(x) = x \quad 且 \quad fog(y) = y \quad （參考圖 1-2.3）$$

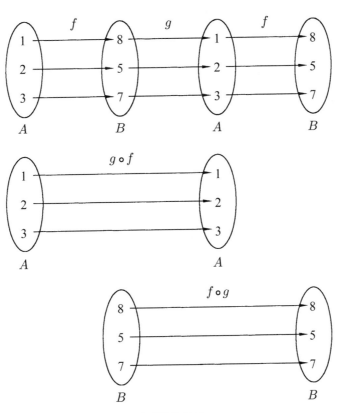

➡ 圖 1-2.3

例題10

設 $f(x) = 3x + 5$，$x \in R$，求 $f^{-1}(x)$。

解

由例7知，f 是一對一函數，所以其反函數 f^{-1} 存在。由

$$f \circ f^{-1}(y) = y \quad , \quad 即 \ f(f^{-1}(y)) = y，得 \ 3f^{-1}(y) + 5 = y$$

因而得 $f^{-1}(y) = \dfrac{y-5}{3} = \dfrac{y}{3} - \dfrac{5}{3}$，亦即 $f^{-1}(x) = \dfrac{x}{3} - \dfrac{5}{3}$

另法：令 $y = 3x + 5$。由 $y = 3x + 5$，得 $x = \dfrac{y-5}{3}$，即得 $f^{-1}(y) = \dfrac{y-5}{3}$，

亦即 $f^{-1}(x) = \dfrac{x-5}{3}$

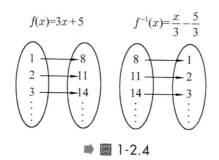

➡ 圖 1-2.4

 例題11

設 $f(x) = x^3$，$x \in R$，求 $f^{-1}(x)$。

解

由例8知，f 是一對一函數，所以其反函數 f^{-1} 存在。由

$$f \circ f^{-1}(y) = y \implies f(f^{-1}(y)) = y$$

$$\implies (f^{-1}(y))^3 = y \implies f^{-1}(y) = \sqrt[3]{y}，亦即得 \ f^{-1}(x) = \sqrt[3]{x}$$

反函數的圖形

　　由反函數的定義，我們可以知道：若$(a,\ b)$為函數 f 圖形上的點，則$(b,\ a)$必為其反函數 f^{-1} 圖形上的點。而又知$(a,\ b)$和$(b,\ a)$是對稱於 $y=x$ 的直線。因此，函數 f 的圖形和其反函數 f^{-1} 的圖形是對稱於 $y=x$ 的直線（參見圖 1-2.5）。這樣一來，我們只要知道 f 的圖形，就能知道 f^{-1} 的圖形。

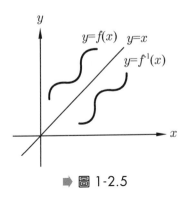

➡ 圖 1-2.5

習題 1-2

1. 設 $f(x)=x^2$ ，$x\in R$ ，$g(x)=3x+1$ ，$x\in R$ ，求 $f+g$ ，$f-g$ ，$f\cdot g$ ，f/g 。

2. 設 $f(x)=x^3+2$ ，$g(x)=4x$ ，$h(x)=3$ ，求 $gof(2)$ ，$foh(4)$ ，$hof(13)$ ，$goh(5)$ 。

3. 設 $f(x)=\dfrac{4}{x^2+5}$ ，$x\in R$ ，$g(x)=\sqrt{x}$ ，$x\in(0,\infty)$ ，求 fog 及 gof 。

4. (a) 若 $f(x)=2x+1$ ，且 $fog(x)=x^2$ ，求 $g(x)$ 。

　 (b) 若 $g(x)=2x-3$ ，且 $fog(x)=4x^2+3x-2$ ，求 $f(x)$ 。

5. 設 $f(x)=\dfrac{1}{1+x}$ ，$x\in R$，試證 f 是一對一函數，並求 f^{-1} 。

6. 設 $f(x)=x^3+1$ ，$x\in R$ ，試證 f 是一對一函數，並求 f^{-1} 。

7. 證明：點(a,b)對直線 $y=x$ 的對稱點為(b,a)。

8. 將函數 $h(x)=(x^2+3)^5+4$ 表成兩個函數的合成。

1-3 無窮數列的極限值

什麼是極限值－從求圓面積談起

我們曾說過極限概念是微積分學中最重要、最核心的概念，整個微積分學就是建立在極限概念的基礎上。而什麼是極限值？這不是容易理解的概念，也很難從形式的數學定義（即定義 1-3-2）去理解。要理解極限值概念的最好方式是：找一個和極限概念有關的問題，然後去看這個問題是如何藉由引進極限概念而得到解決（許多數學概念都是為了解決問題而人為創造出來的）。就幾何的角度而言，極限概念的引進是為了能求得過曲線上一點的切線，和求得曲線所圍區域的面積。以下我們就以圓區域（它是由圓曲線所圍成的區域）為例，來說明我們是如何藉由引進極限值的概念而求得圓面積，並因而從這個過程中讓我們體會什麼是極限值。

我們都知道如何求由直線所圍成的多邊形區域的面積，這只需將它分割成多個三角形區域後，再去求每個三角形面積並將它們全部加起來即可得多邊形的面積（參考圖 1-3.1(a)）。但圓是由**曲線**所圍成的區域，它就無法用此方式求得，而目前也不能直接由圓面積公式 πr^2 去求（這個公式需引進極限概念後才能得到）。這樣看來要立即去求得半徑為 r 的圓面積有困難，此時只能先從求其近似值著手。我們取一個圓內接正多邊形做為此圓的近似圖形，並求此內接正多邊形的面積做為此圓面積的近似值。而圓內接正多邊形的面積要如何求？例如，欲求圓內接正八邊形的面積，可先將它分割成八個如圖 1-3.1(b)所示的全等三角形，則得每個三角形之頂角大小為 $\frac{360°}{8} = 45°$，其頂角之兩邊長都是 r（即半徑的長），因而得其高為 $r\cos\frac{45°}{2}$；底為 $2r\sin\frac{45°}{2}$，進而得此三角形的面積為 $\frac{1}{2}\left(r\cos\frac{45°}{2}\right)\left(2r\sin\frac{45°}{2}\right) = r^2\cos\frac{45°}{2}\cdot\sin\frac{45°}{2} = \frac{1}{2}r^2\sin 45°$（由倍角公式）。因此，得圓內接正八邊形的面積為 $8\left(\frac{1}{2}r^2\sin 45°\right) = 4r^2\sin 45° = 2r^2\sqrt{2}$。一般而言，考慮圓內接正 n 邊形

時，先將它分割成 n 個全等的三角形，則得每個三角形之頂角大小為 $\theta = \dfrac{360°}{n}$；高為 $r\cos\dfrac{\theta}{2}$；底為 $2r\sin\dfrac{\theta}{2}$，因而得圓內接正 n 邊形的面積 a_n 為

$$a_n = n\left(\frac{1}{2}\right)\left(r\cos\frac{\theta}{2}\right)\left(2r\sin\frac{\theta}{2}\right) = \frac{n}{2}r^2\sin\theta = \frac{nr^2}{2}\sin\frac{360°}{n} \ , \ n \geq 3$$

由 $a_n = \dfrac{nr^2}{2}\sin\dfrac{360°}{n}$，可得圓內接正三邊形的面積 $a_3 = \dfrac{3\sqrt{3}}{4}r^2$；圓內接正四邊形的面積 $a_4 = 2r^2$；圓內接正五邊形的面積 $a_5 = \dfrac{5}{2}r^2\sin 72°$；圓內接正六邊形的面積 $a_6 = \dfrac{3\sqrt{3}}{2}r^2$ 等。

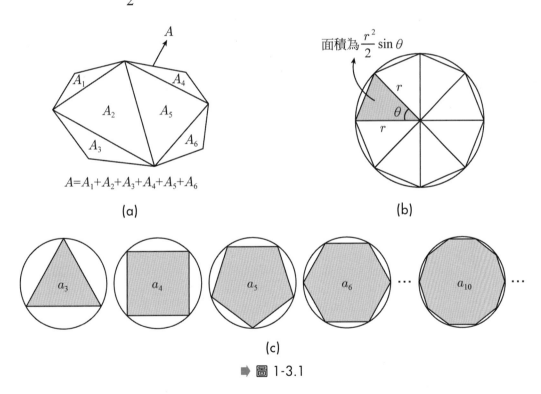

$A = A_1 + A_2 + A_3 + A_4 + A_5 + A_6$

(a)

面積為 $\dfrac{r^2}{2}\sin\theta$

(b)

(c)

➡ 圖 1-3.1

現在我們已可求得圓內接任何邊形的面積，且將它做為圓面積的近似值。接著我們要從求**近似值**「躍進」到求**真正值**。如何「躍進」？。由圖形（參考圖 1-3.1(c)）可看出：圓內接正多邊形的邊數越多，亦即 n 越大，其面積會越大，即 $a_3 < a_4 < a_5 < a_6 < \cdots$，且會越接近此圓面積，但不管 n 是

多大，其 a_n 值都不會等於圓面積，都只是近似值。顯然以這種方式一直求下去，我們永遠都求不出圓面積來。那要如何才能求得圓面積？看來我們必須去跳脫這個無止盡的過程才行。而進一步分析可發現：雖然不管 n 多大，所有的 a_n 值都不會等於圓面積，但由於 n 可以不斷的（即無限制的）增大下去，因而 a_n 會隨著 n 不斷的增大而「**無限制**」的去接近圓面積（「無限制的去接近」，其意思稍後會有詳細的說明）。**因此，圓面積應該是當 n 不斷的增大下去的過程中，其 a_n 值（它是隨 n 變的變數，是一個動態的變數）要「無限制去接近」的值**（不然是什麼？）。這樣看來，只要能知道 a_n 會「無限制」去接近什麼值（而不是去知道 a_n 的值，知道 a_n 的值，只能求得圓面積的近似值，這不是我們要求的目標。）就可求得圓面積來（去關注 a_n 會「無限制」接近什麼值，而不是一直去求那無止盡的 a_n 值，這使得「有涯逐無涯」成為可能，這也是想法上的大突破。）由於知道 a_n 要「無限制」去接近什麼值是如此重要（這事關能否求得圓面積），為了探討方便，**我們稱這個 a_n 要「無限制去接近」的值為 a_n 的「極限值」(limit)，且用符號 $\lim_{n\to\infty} a_n$ 來表示它，即用符號 $\lim_{n\to\infty} a_n$ 去表示變量 a_n 要無限制去接近的值。**（從這裡可看到，數學概念是為了解決問題而人為建構出來的。因此，欲了解極限值的概念，要從解決問題的角度去思考，才易明白）。因而，得 $\lim_{n\to\infty} a_n =$ **圓面積**。而 $\lim_{n\to\infty} a_n$ 是多少？這有關如何求極限值的問題，在目前還不能回答，這是後面要繼續探討的問題。

我們再看一個例子。設有一繩長 1 公尺，每天截取其長之半（見圖 1-3.2），並令 a_n 表第 n 天後的繩長，因而得 $a_1 = \frac{1}{2}$，$a_2 = \left(\frac{1}{2}\right)^2 = \frac{1}{4}$，$a_3 = \left(\frac{1}{2}\right)^3 = \frac{1}{8}\cdots$ 等。假設此截取的過程是可以無止盡的進行下去（即所謂日取其半，萬世不竭），則其繩長 a_n 會隨著 n 不斷的增大而越來越短，由於此過程是可以無止盡的進行下去（亦即 n 可以不斷的增大下去），因此其長度 a_n，會隨著 n 不斷的增大下去的過程中，而無限制的縮小下去（但其長度都不是 0），也就是其長度 a_n 會隨著 n 不斷的增大而向 0 **無限制的接近**。因此，依極限值的概念，這 0 是此變動繩長 a_n 的**極限值**，亦即得 $\lim_{n\to\infty} a_n = 0$。

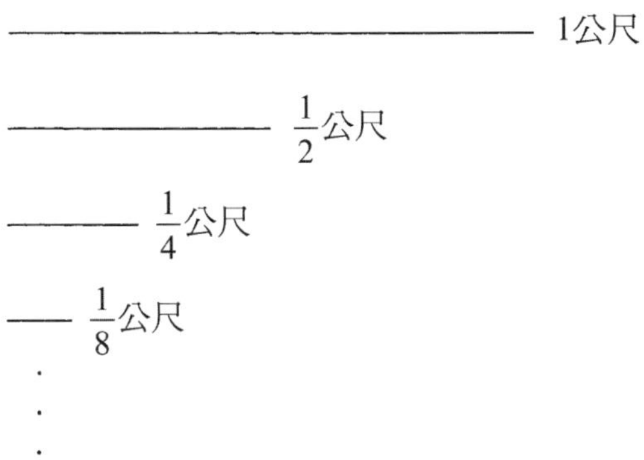

————————————— 1公尺

——————— $\frac{1}{2}$公尺

———— $\frac{1}{4}$公尺

—— $\frac{1}{8}$公尺

．
．
．

➡ 圖 1-3.2

什麼是「無限制的接近」

　　在說明極限值的概念時，我們一直使用**「無限制的接近」**這個詞，而什麼是無限制的接近？兩數要「無限制的接近」，當然其中一數是變動的（即變數），另一數要固定才行，否則固定的兩數之間的差距（它可表達接近程度），只能是固定，就不會有兩數在無限制接近的情況發生。**「無限制接近」，顧名思義指的是其接近不能受限制，要多接近就能多接近，亦即能任意接近之意，也就是兩數之間的差距可以任意的小，要多小就可以有多小，只要改變變數的值就能辦得到。**這是「無限制的接近」的意思。因此，「無限制的接近」是一個**「動態」**的描述，是對**變數**來談的，且它只有在**無止盡的動態過程**中才會發生，因而只有在無止盡的變動過程中，才會有極限值的概念，只要談到極限值，它一定會牽涉到「無窮」的過程（註）。以下我們舉一個具體例子來說明什麼是「無限制的接近」。

　　設張三，如圖 1-3.3 所示，一開始位距 1 號旗桿 80 公里以及 2 號旗桿 100 公里處。接著張三往旗桿方向直線前進，且其「前進規則」為：每天都只走到他和 1 號旗桿之中點處即休息，隔天再走。假設這個過程可以無止盡的進行下去（不去考慮人的生命是有限的）。我們來分析張三接近旗桿的狀況。

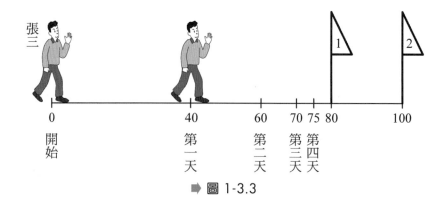

➡ 圖 1-3.3

　　顯然，依此規則行進，張三是越來越接近 1 號以及 2 號旗桿。雖然張三是永遠到不了 1 號旗桿的地方（更不用說 2 號旗桿處），但由於這過程可以無止盡的進行下去，因而他和 1 號旗桿的距離會隨著這個過程不斷的進行下去而不斷的在縮小，且小到想要多小就能有多小（亦即想要多接近就能接近），換句話說，不管要求張三和 1 號旗桿的距離是多小，只要取定了所要求的距離，張三一定可以在某一天走到所要求距離的位置（或小於所要求距離的位置）。例如，若想要讓張三和 1 號旗桿的距離小於 1 公里，則只要走 7 天就辦到了。而若改為小於 0.1 公里，則只要走 10 天；小於 0.01 公里，只要走 14 天；小於 0.001 公里，只要走 17 天；小於 0.0001 公里，只要走 20 天；小於 0.00001 公里，只要走 24 天；小於 0.000001 公里，只要走 27 天等。一般而言，若要求其距離小於 d 公里（不管這 d 值是多小），只要所走的天數大於 $\left[\dfrac{3\log_{10}2 + 1 - \log_{10}d}{\log_{10}2} \right] + 1$（其中的中括號為高斯符號），就會達到所要求的接近程度。而由於這個過程是「無止盡」的進行下去，因此張三和 1 號旗桿的距離，想要多接近都能辦得到。像這種接近情況，我們就說張三在「無限制」的去接近 1 號旗桿。而對 2 號旗桿而言，張三和它的距離，雖然也是不斷的在縮小，但不管走多少天，它永遠距 2 號旗桿 20 公里以上，亦即其接近 2 號旗桿的程度總是被限制在 20 公里以上的距離，這種接近情形就不能稱為是無限制的接近。因此，依極限概念的意思，1 號旗桿是張三前進的**極限位置**；而 2 號旗桿並不是其**極限位置**。即使改變 2 號旗桿的位置，放在 1 號旗桿的左邊任何位置處，則張三在某個時候以後，就會開始越來越遠離 2 號旗桿。總之，除了 1 號旗桿位置，不可能再有其它位置是張三會無限制去接近的地方。由此可知，**極限值一定是唯一**。

註

大數學家 Hilbert 曾說：微積分（或說分析學）是無窮的交響曲。

無窮數列的極限值

在前一節我們已經用求圓面積的例子來說明什麼是極限值，但尚未對極限值給一個嚴謹的描述。現在我們要正式去定義什麼是極限值。在本節我們先定義無窮數列的極限值，而在下一節再去定義函數的極限值。什麼是一個無窮數列？簡單的說，一個無窮數列是將無限多個依某一規則所產生的數，依一定的次序列出。例如，以前面所談將繩長日取其半的問題而言，若將此過程所得的繩長，依第一天、第二天、第三天等的次序，將其繩長列出，便形成一個：$\dfrac{1}{2}$，$\dfrac{1}{4}$，$\dfrac{1}{8}$，$\dfrac{1}{16}$…的無窮數列。而正式的說法是，將一個定義在自然數 N 的函數 f，以 $f(1)$，$f(2)$，$f(3)$…的次序列出，就稱為是由 f 所定義的一個**無窮數列(infinite sequence)**。又習慣上，以 a_n 表示 $f(n)$，稱為第 n 項的值，即 a_1，a_2，a_3，…為一無窮數列。其定義如下：

定 義　1-3-1　（無窮數列）

設 f 為定義在自然數 N 上的實值函數，

則 $\{f(1), f(2), f(3), \cdots\}$

就稱為是由 f 所定義的一個**無窮數列(infinite sequence)**。習慣上我們以 a_n（或 b_n, c_n 等）表示第 n 個順位的函數值 $f(n)$，亦即 $a_n = f(n)$，$n = 1, 2, 3, \cdots$。因此，無窮數列可寫成 $\{a_1, a_2, a_3, \cdots\}$，亦可寫為 $\{a_n\}_{n=1}^{\infty}$ 或簡寫 $\{a_n\}$。而 a_n 又稱為是此無窮數列第 n 項的值，也稱為一般項的值。

一個無窮數列是由定義在自然數上的函數 f，以 $f(1), f(2), f(3), \cdots$ 之次序列出而得到。由於自然數有無限多，因而它有無限多項，我們當然不可能將它們全部列出，但我們可由所給定的 $f(n)$ 而知其在任何項的值，因此給了 $f(n) = a_n$ 是什麼就相當於給了整個無窮數列的全體，至於是否要將它們依序列出也就無所謂了（何況也列不完）。因而我們可以說：一個定義在自然數上的函數 $f(n) = a_n$，$n \in N$，就是一個無窮數列。

 例題1

設 $f(n) = a_n = \dfrac{2n+5}{4n-3}$，$n \in N$。

(1) 分別求 a_4, a_{10}, a_{18}。

(2) 寫出由 f 所定義的無窮數列。

解

(1) $a_4 = f(4) = 1$，$a_{10} = f(10) = \dfrac{25}{37}$，$a_{18} = f(18) = \dfrac{41}{69}$。

(2) 由 f 所定義的無窮數列為

$$\left\{\dfrac{2n+5}{4n-3}\right\}_{n=1}^{\infty} = \left\{\dfrac{2n+5}{4n-3}\right\} \text{（簡寫）} = \{f(1), f(2), f(3), \cdots\}$$

$$= \{a_1, a_2, a_3, \cdots\} = \left\{7, \dfrac{9}{5}, \dfrac{11}{9}, \cdots\right\} \text{（其實是列不完的，只能列出幾項表示）}$$

 例題2

設 $f(n) = a_n = \dfrac{1}{n}$，$n \in N$，則其無窮數列為

$$\left\{1, \dfrac{1}{2}, \dfrac{1}{3}, \cdots\right\}$$

設 $g(k) = b_k = (-1)^k$，$k \in N$，則其無窮數列為

$$\{-1, 1, -1, 1, \cdots\}$$

設 $h(m) = c_m = \dfrac{m+1}{m^2}$，$m \in N$，則其無窮數列為

$$\left\{2, \dfrac{3}{4}, \dfrac{4}{9}, \cdots\right\}$$

例題3

設有一繩長 1 公尺，每天截取其長之半，並假設這個截取過程可以無窮盡的進行下去。若令 a_n 表第 n 天後的繩長，則可得到 $a_n = \left(\dfrac{1}{2}\right)^n$，$n \in N$。因此其無窮數列為

$$\left\{\frac{1}{2}, \frac{1}{4}, \frac{1}{8}, \cdots\right\}$$

對於一個無窮數列 $\{a_n\}_{n=1}^{\infty}$，它有無限多項，是永遠列不完的，還好我們所關注的目標不是那些永遠列不完的數，我們所感興趣的是，當項數 n 越來越大且無限制的增大下去的過程中，其項值 a_n 的變動趨勢是否會「趨向」某值或者更明確的說 a_n 是否會「無限制的接近」某值，如果是的話，此值就稱為是此無窮數列的**極限值**（這就是在前小節裡的說法），並用符號 $\lim\limits_{n\to\infty} a_n$ 表示此極限值。其定義如下：

定 義 1-3-2 （非正式的定義）

給定一個無窮數列 $\{a_n\}_{n=1}^{\infty}$。若當 n 越來越大且**無限制**的增大下去的**過程**中（以符號 $n \to \infty$ 表示），其值 a_n（a_n 會隨著 n 值的改變而改變其值）會**無限制**的去接近某一定數 l（以符號 $a_n \to l$ 表示）的話，則稱此數列 $\{a_n\}_{n=1}^{\infty}$ 收斂到 l，且稱 l 為此數列的**極限值(limit)**，並用符號 $\lim\limits_{n\to\infty} a_n$ 來表示此極限值 l，即 $\lim\limits_{n\to\infty} a_n = l$。並記為：當 $n \to \infty$ 時，則 $a_n \to l$（亦簡記為：$a_n \to l$）。否則，就說數列沒有極限值，並說此數列是發散數列。

註

符號 $n \to \infty$，雖然讀為 n 趨近於 ∞（無限大），但它的意思是讓自然數 n 變得越來越大且無限制的變大下去之意；符號 $a_n \to l$ 表示：a_n 會無限制的去接近 l 之意。這裡的 n 和 a_n 都是變數，而 l 是定數。

以上對極限值的定義，雖然讓我們很容易對極限的概念有大致上的了解，但我們要知道，這樣的說法仍有些含糊不清，也不合數學的嚴謹要求，它還需對所謂的「無限制的接近」一詞用數學語言來做更精確的描述才行。兩個數 a_n 和 l 接近的情況，可以用 $|a_n - l|$ 去衡量（$|a_n - l|$ 表這兩數的距離），$|a_n - l|$ 越小，表示它們越接近。「無限制接近」就是要多接近就可以有多接近（亦即其接近程度是不受限的）。a_n 是變動的（即 a_n 為變數，其實它是應變數，它是變數 n 的函數值），l 是固定的，a_n 可以無限制的接近 l，這個意思是說：不管取定任何一個多小的距離值，習慣上，此值以符號 ε 表示，我們都有在某一項（此項是隨所取定之 ε 而變）以後的所有 a_n 值，它們和 l 的距離 $|a_n - l|$ 會小於所給定的距離值，即 $|a_n - l| < \varepsilon$。因此，我們有以下的嚴謹定義：

定義 1-3-3 （嚴格定義）

給定無窮數列 $\{a_n\}_{n=1}^{\infty}$ 且 l 為一個定數，若對於每一個任意取定的正數 ε，都存在一個 $n_0 \in N$，使得 $n \geq n_0$ 的所有 a_n，都有 $|a_n - l| < \varepsilon$，則稱數列 $\{a_n\}_{n=1}^{\infty}$ 收斂到 l，且稱 l 為此數列的**極限值(limit)**，並用符號 $\lim\limits_{n \to \infty} a_n$ 來表示此極限值 l，即 $\lim\limits_{n \to \infty} a_n = l$。並記為：當 $n \to \infty$ 時，則 $a_n \to l$（或簡記為：$a_n \to l$）。否則，說此數列沒有極限值。

註▶

此嚴格極限定義是直到 19 世紀初才由德國數學家 Karl Weierstrass (1815～1897) 完成。但在這之前微積分已蓬勃發展並完成微積分的主要內容，而牛頓(1642～1727) 及萊布尼茲(1646～1716)等微積分主要創立者也已去世多時。可見沒有這樣嚴格的定義並不妨礙微積分的學習與發展，要知道數學的進展，並不是一開始就那麼嚴謹。

雖然我們給了無窮數列極限值的精確定義，但這樣嚴格的說法只在嚴謹的理論探討時才需要，在一般的學習上可以不去在意它，初學時只要能知道極限值大致上是說：**當數列的項 n 越來越大且無限制的增大下去的過程中，其項值 a_n 會無限制接近的值即為其極限值**。有如此體會就可以了。

如例 3 中的變動繩長為 $a_n = (\frac{1}{2})^n$，在不斷地截取下（即天數 n 無限地增大下去，這表為 $n \to \infty$），顯然其長度 a_n 會隨 n 不斷的增大而無限制的變小（a_n 變得想要多小就可以有多小），即 a_n 會無限制的去接近 0，這可寫為 $\frac{1}{2}, \frac{1}{4}, \frac{1}{8}, \frac{1}{16}, \cdots \to 0$ 或寫為 $\left(\frac{1}{2}\right)^n \to 0$。因此，依定義，0 為此無窮數列的極限值，即 $\lim\limits_{n \to \infty} a_n = \lim\limits_{n \to \infty}(\frac{1}{2})^n = 0$。

 例題4

設 a_n 表一單位圓內接正 2^{n+1} 邊形的面積。請說明 $\lim\limits_{n \to \infty} a_n$ 的幾何意義。

解

由題意知，a_1 表圓內接正四邊形的面積，a_2 表圓內接正八邊形的面積，a_3 表圓內接正十六邊形的面積等。

由於其邊數可以從 4, 8, 16, 32, $\cdots$ 等無止盡的進行下去。因此，它形成一個無窮數列 $\{a_n\}_{n=1}^{\infty}$，且得 $a_n = 2^n \sin \dfrac{\pi}{2^n}$，$n = 1, 2, 3, \cdots$。

由圖形可看出：當 n 越大時，a_n 會越接近此圓面積，且 n 無限制的增大下去的過程中，a_n 會無限制的靠近此圓的面積（其 a_1，a_2，a_3 如圖1-3.4 所示）。因此，依極限值的定義，這單位圓的面積是其內接正 2^{n+1} 邊形面積 a_n 的**極限值**，這亦即 $\lim\limits_{n \to \infty} a_n$ 為此單位圓面積。

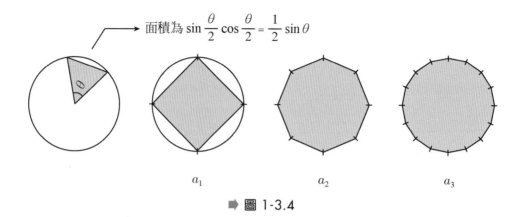

面積為 $\sin\dfrac{\theta}{2}\cos\dfrac{\theta}{2}=\dfrac{1}{2}\sin\theta$

a_1 $\qquad$ a_2 $\qquad$ a_3

➡ 圖 1-3.4

以下例子要說明我們是如何藉由極限值概念去定義切線以及切線斜率。

例題5 （切線斜率）

給定函數 f，其圖形如圖 1-3.5 所示。令 $x_0=1$，並取

$$x_n=1+\left(\dfrac{1}{2}\right)^{n-1}，n=1,2,3,\cdots$$

這可得 $x_1=2$，$x_2=1.5$，$x_3=1.25$，$\cdots$等。

則 x_n 會隨著 n 不斷的增大而無限制的去接近 x_0。

再令

$$P_n=(x_n,f(x_n))，n=0,1,2,3,\cdots$$

則 P_n 會隨著 n 不斷的增大，沿著 f 的圖形，而無限制的去接近 $P_0(x_0,f(x_0))$。

若令 a_n 表直線 $\overrightarrow{P_0P_n}$ 的斜率，亦即令

$$a_n=\dfrac{f(x_n)-f(x_0)}{x_n-x_0}，n=1,2,3,\cdots$$

則得

$\overrightarrow{P_0P_1}$ 的斜率為 a_1；$\overrightarrow{P_0P_2}$ 的斜率為 a_2；$\overrightarrow{P_0P_3}$ 的斜率為 a_3；$\overrightarrow{P_0P_4}$ 的斜率為 a_4，$\cdots$

請說明 $\lim\limits_{n\to\infty} a_n$ 的幾何意義。

解

由圖形1-3.5可看出：n 越大時，P_n 會越接近 P_0，而 $\overrightarrow{P_0P_n}$ 會越接近圖1-3.5所示的 $\overrightarrow{P_0T}$ 直線，且當 n 無限制的增大下去的過程中，$\overrightarrow{P_0P_n}$ 會無限制的去接近 $\overrightarrow{P_0T}$ 直線（參考圖1-3.5），即 $\overrightarrow{P_0T}$ 為落在 $\overrightarrow{P_0P_n}$ 的極限位置的直線，**此 $\overrightarrow{P_0T}$ 直線，我們定義為過 P_0 點的切線（註）**。因而 a_n 會無限制的去接近過 P_0 點的切線斜率。因此，依極限值的定義，$\displaystyle\lim_{n\to\infty} a_n$ **為過 P_0 點的切線斜率。**

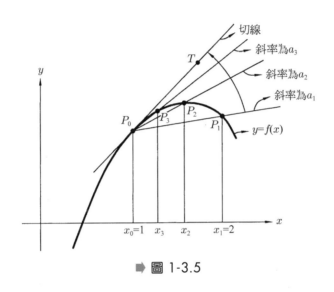

➡ 圖 1-3.5

註

　　在平面幾何裡，我們曾將一個圓的切線(tangent line)定義為和此圓只交一點的直線。但這樣的定義，對一般的曲線顯然不合理。如圖 1-3.6(b)的直線和曲線僅交一點，但顯然它不是切線；而圖 1-3.6(c)的直線看來應是切線，但它和曲線不僅交於一點。因此，什麼是切線？我們的確有必要給一個較嚴謹且具一般性的定義才行。參閱圖 1-3.6(d)，設 P 為平面曲線上的一點，而 Q 為曲線上異於 P 的點，則 $\overrightarrow{PQ}$ 稱為此曲線的割線(secant line)。若 Q 點是 P 點附近的點，則合理上，割線 $\overrightarrow{PQ}$ 應和所謂的「切線」差不多才是，而且 Q 點越接近 P 點的過程中，割線 $\overrightarrow{PQ}$ 會越像切線。因此，當沿著曲線移動 Q 點，使 Q 點「無限制」的去接近 P 點的過程中，若其割線 $\overrightarrow{PQ}$ 會「無限制」的向某位置接近的話（此位置，依極限的概念，就是 $\overrightarrow{PQ}$ 的極限位置），則坐落在此位置的直線 $\overrightarrow{PT}$（如圖 1-3.6 (d)所示），我們稱它為過曲線上 P 點的**切線**。我們發現，依此定義所得圓的切線，和圓正好交一點。（參考圖 1-3.6 (e)），這和平面幾何裡對圓的切線定義是一致的。

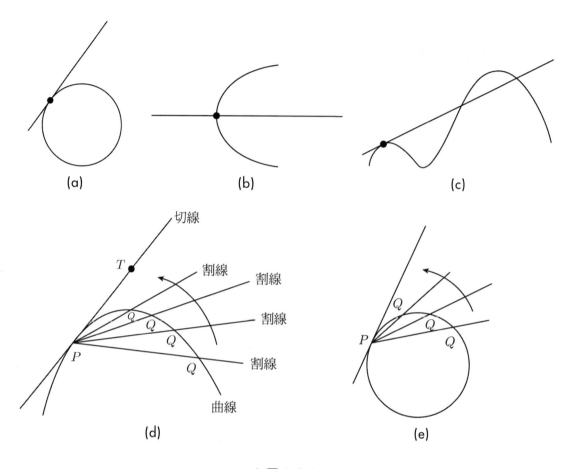

圖 1-3.6

例 4、例 5 是微積分學裡具有重要幾何意義的二個例子，我們一定要了解其極限值所代表的幾何意義。明白它們的極限值所表示的幾何意義之後，我們一定很想知道這個極限值是多少，知道了它們的極限值是多少，就可分別求得圓的面積及切線斜率。因此給了無窮數列，如何去求其極限值就變得很重要，這是我們接著要探討的問題。極限值是一個數列要「無限制」去接近的值，而我們又如何能知道它要接近什麼值？這當然不是從所列出的一些有限項的值就可看出，這須從整體 a_n 的變化趨勢才能判定。有些數列的趨勢很顯然（如 $a_n = \dfrac{1}{n}$），有些並不顯然（如 $a_n = 2^n \sin \dfrac{\pi}{2^n}$）。而即使是那些直覺上容易看出其極限值為多少的數列，仍須經定義加以驗證才能確認（直覺可能會錯），但我們將會發現確認的工作並不輕鬆。因

此，提供一些求極限值的基本工具是很有必要的。以下一系列的定理就是我們所需要的工具。

對無窮數列 $a_n = \dfrac{1}{n}$ 而言，它的極限值 $\lim\limits_{n \to \infty} \dfrac{1}{n}$ 是多少？亦即問：$1, \dfrac{1}{2}, \dfrac{1}{3}, \dfrac{1}{4}, \cdots \to ?$ 我們很明顯可看出它的變化趨勢為：當 n 越大時，則其項值 a_n 會越接近 0。又由於 n 是可以無限制的增大下去，因而其 a_n 值會隨著 n 不斷的增大而無限制的去接近 0，亦即 $1, \dfrac{1}{2}, \dfrac{1}{3}, \dfrac{1}{4}, \cdots \to 0$。因此，其極限值是 0，亦即 $\lim\limits_{n \to \infty} \dfrac{1}{n} = 0$。此外，一個常數數列，如 $a_n = 3$，它的每一項都是 3，顯然它會無限制的去接近 3（不然是什麼？），亦即可得到：$3, 3, 3, \cdots \to 3$。一般而言，常數數列的極限值為此常數。這二個基本結果即為以下的定理 1-3-1。

定 理　1-3-1

$(1)\ \lim\limits_{n \to \infty} c = c$ ，$c \in R$　　　　$(2)\ \lim\limits_{n \to \infty} \dfrac{1}{n} = 0$

▶ **證 明**

(1) 設 ε 為任意給定的一個正數，取 n_0 為任意一個自然數，則當 $n \geq n_0$ 時，可得 $|a_n - c| = |c - c| = 0 < \varepsilon$。因此，依定義，得證 $\lim\limits_{n \to \infty} c = c$。

(2) 設 ε 為任意給定的一個正數，取 n_0 為大於 $\dfrac{1}{\varepsilon}$ 的一個自然數，則當 $n \geq n_0$ 時，可得 $|a_n - 0| = \left| \dfrac{1}{n} - 0 \right| = \dfrac{1}{n} \leq \dfrac{1}{n_0} < \varepsilon$。因此，依定義，得證 $\lim\limits_{n \to \infty} \dfrac{1}{n} = 0$。

以下的定理 1-3-2，在極限值的計算上是一個很有用的工具，它將求一個較複雜數列的極限值問題拆解成去求二個較簡單數列的極限值問題，這有化繁為簡的功用。

定 理 | 1-3-2

設 $\lim\limits_{n\to\infty} a_n = A$ ， $\lim\limits_{n\to\infty} b_n = B$ ，則

(1) $\lim\limits_{n\to\infty}(a_n \pm b_n) = \lim\limits_{n\to\infty} a_n \pm \lim\limits_{n\to\infty} b_n = A \pm B$

(2) $\lim\limits_{n\to\infty}(a_n \cdot b_n) = \lim\limits_{n\to\infty} a_n \cdot \lim\limits_{n\to\infty} b_n = A \cdot B$

(3) 當 $B \neq 0$ 時

$$\lim\limits_{n\to\infty}\frac{a_n}{b_n} = \frac{\lim\limits_{n\to\infty} a_n}{\lim\limits_{n\to\infty} b_n} = \frac{A}{B}$$

由定理 1-3-1 及 1-3-2，可得

$$\lim\limits_{n\to\infty}\frac{4}{n} = \lim\limits_{n\to\infty}\frac{1}{n} \cdot \lim\limits_{n\to\infty} 4 = 0 \;\; ; \;\; \lim\limits_{n\to\infty}\frac{4}{n^2} = \lim\limits_{n\to\infty}\frac{1}{n} \cdot \lim\limits_{n\to\infty}\frac{4}{n} = 0$$

定理 1-3-2(1)、(2)並不只限在兩個數列的相加、減、乘，即使是在有限個數列的加、減、乘時仍然成立；而(3)中的 $B \neq 0$ 之要求，不可忽視，沒有這個條件，它是不成立的。由定理 1-3-1 及定理 1-3-2，可得以下的定理 1-3-3：

定 理 | 1-3-3

$$\lim\limits_{n\to\infty}\frac{c}{n^k} = 0 \;,\; k \in N \;,\; c \in R$$

有時直接去求極限值並不容易，必須用間接的方式去求。以下的**夾擠定理(squeeze theorem)**就是間接求法的一個依據。

定 理 | 1-3-4 夾擠定理

設 $a_n \leqq b_n \leqq c_n$，$\forall n \in N$，且 $\lim\limits_{n \to \infty} a_n = \lim\limits_{n \to \infty} c_n = l$，則 $\lim\limits_{n \to \infty} b_n = l$

為了能求某些類型數列（如含有根號或絕對值）的極限值，我們再提供以下三個工具性的定理。

定 理 | 1-3-5

設 $|r| < 1$，則 $\lim\limits_{n \to \infty} r^n = 0$

定 理 | 1-3-6

若 $\lim\limits_{n \to \infty} a_n = A$，則 $\lim\limits_{n \to \infty} \sqrt[k]{a_n} = \sqrt[k]{A}$（當 k 為偶數時，A 需大於 0）

定 理 | 1-3-7

(1) $\lim\limits_{n \to \infty} a_n = 0 \Leftrightarrow \lim\limits_{n \to \infty} |a_n| = 0$，(2)若 $\lim\limits_{n \to \infty} a_n = \ell$，則 $\lim\limits_{n \to \infty} |a_n| = |\ell|$（反之，不對！）

例題6

由 $c_n = \dfrac{4n-20}{3n+6}$ 所定義的無窮數列是否收斂？若收斂，求其極限值 $\lim\limits_{n \to \infty} \dfrac{4n-20}{3n+6}$。

由 $c_n = \dfrac{4n-20}{3n+6}$ 所定義的無窮數列為

$$\dfrac{-16}{9} \ , \ -1 \ , \ \dfrac{-8}{5} \ , \ \dfrac{-2}{9} \ , \ 0 \ , \ \dfrac{1}{6} \ , \ \cdots$$

我們不可能從以上所列出的有限項中去看出它是否收斂，更不可能去看出其極限值是多少。而求其極限值的方法說明如下：

首先將 $c_n = \dfrac{4n-20}{3n+6}$ 的分子、分母同除以 n，得

$$c_n = \dfrac{4n-20}{3n+6} = \dfrac{4-\dfrac{20}{n}}{3+\dfrac{6}{n}}$$

令 $a_n = 4 - \dfrac{20}{n}$，$b_n = 3 + \dfrac{6}{n}$，則得 $c_n = \dfrac{a_n}{b_n}$

接著的工作就是分別去求 a_n 和 b_n 的極限值。

由定理1-3-1，得 $\lim\limits_{n \to \infty} 4 = 4$，以及由定理1-3-3，得 $\lim\limits_{n \to \infty} \dfrac{20}{n} = 0$，因而由定理 1-3-2，得

$$\lim\limits_{n \to \infty} a_n = \lim\limits_{n \to \infty} 4 - \dfrac{20}{n} = \lim\limits_{n \to \infty} 4 - \lim\limits_{n \to \infty} \dfrac{20}{n} = 4 - 0 = 4$$

同法，可得 $\lim\limits_{n \to \infty} b_n = \lim\limits_{n \to \infty} 3 + \dfrac{6}{n} = 3$

由於 $c_n = \dfrac{a_n}{b_n}$，且 a_n 和 b_n 都收斂，因而由定理1-3-2，知 c_n 收斂，且得其極限值 $\lim\limits_{n \to \infty} c_n$ 為

$$\lim\limits_{n \to \infty} c_n = \lim\limits_{n \to \infty} \dfrac{a_n}{b_n} = \dfrac{\lim\limits_{n \to \infty} a_n}{\lim\limits_{n \to \infty} b_n} = \dfrac{4}{3}$$

亦即，$\dfrac{-16}{9}$，-1，$\dfrac{-8}{15}$，$\dfrac{-2}{9}$，0，$\dfrac{1}{6}$，$\cdots \to \dfrac{4}{3}$

求解本題時，它不能直接依定理1-3-2，而得 $\lim\limits_{n\to\infty}\dfrac{4n-20}{3n+6}=\dfrac{\lim\limits_{n\to\infty}4n-20}{\lim\limits_{n\to\infty}3n+6}$。其

實它們是不相等的，因為 $\lim\limits_{n\to\infty}4n-20$ 和 $\lim\limits_{n\to\infty}3n+6$ 都不存在，它不滿定理

1-3-2的前提條件。但若先將 $\dfrac{4n-20}{3n+6}$ 化為 $\dfrac{4-\dfrac{20}{n}}{3+\dfrac{6}{n}}$ 後，即可依定理1-3-2，得

$$\lim_{n\to\infty}\frac{4n-20}{3n+6}=\lim_{n\to\infty}\frac{4-\dfrac{20}{n}}{3+\dfrac{6}{n}}=\frac{\lim\limits_{n\to\infty}4-\dfrac{20}{n}}{\lim\limits_{n\to\infty}3+\dfrac{6}{n}}\quad（由於 \lim_{n\to\infty}4-\frac{20}{n} 和 \lim_{n\to\infty}3+\frac{6}{n} 都存在）$$

　　例題 6 教我們如何藉助定理（定理 1-3-1，1-3-2，及 1-3-3 等）去求極限值，也讓我們看到如何將求一個複雜數列的極限值問題轉化為求較簡單數列的極限值問題。往後的例子大都可仿此方法去求其極限值，只是在描述求解過程上可精簡一些。

👆 例題7

下列無窮數列是否收斂，若收斂，則求其極限值

(a) $\left\{\dfrac{2n^2}{4n^2+3n+5}\right\}$ 　　　　　(b) $\left\{\dfrac{5n+2}{3n^2+6n+1}\right\}$

(c) $\{\cos n\pi\}$ 　　　　　(d) $\left\{\dfrac{2n^2}{3n-1}-\dfrac{2n^2}{3n+1}\right\}$

(e) $\left\{\left(\dfrac{1}{2}\right)^n\right\}$ 　　　　　(f) $\left\{\sqrt{n^2-n}-n\right\}$

(g) $\left\{\dfrac{\cos n\pi}{n}\right\}$

解

(a) $\lim\limits_{n\to\infty}\dfrac{2n^2}{4n^2+3n+5}=\lim\limits_{n\to\infty}\dfrac{2}{4+\dfrac{3}{n}+\dfrac{5}{n^2}}=\dfrac{\lim\limits_{n\to\infty}2}{\lim\limits_{n\to\infty}4+\dfrac{3}{n}+\dfrac{5}{n^2}}$ （由定理1-3-2）

$\qquad\qquad=\dfrac{\lim\limits_{n\to\infty}2}{\lim\limits_{n\to\infty}4+\lim\limits_{n\to\infty}\dfrac{3}{n}+\dfrac{5}{n^2}}$ （由定理1-3-2）$=\dfrac{2}{4+0+0}=\dfrac{1}{2}$

(b) $\lim\limits_{n\to\infty}\dfrac{5n+2}{3n^2-6n+1}=\lim\limits_{n\to\infty}\dfrac{\dfrac{5}{n}+\dfrac{2}{n^2}}{3-\dfrac{6}{n}+\dfrac{1}{n^2}}=\dfrac{\lim\limits_{n\to\infty}\dfrac{5}{n}+\dfrac{2}{n^2}}{\lim\limits_{n\to\infty}3-\dfrac{6}{n}+\dfrac{1}{n^2}}$ （由定理1-3-2）

$\qquad\qquad=\dfrac{\lim\limits_{n\to\infty}\dfrac{5}{n}+\lim\limits_{n\to\infty}\dfrac{2}{n^2}}{\lim\limits_{n\to\infty}3-\lim\limits_{n\to\infty}\dfrac{6}{n}+\lim\limits_{n\to\infty}\dfrac{1}{n^2}}$ （由定理1-3-2）$=\dfrac{0+0}{3-0+0}=0$

(c) 數列 $\{\cos n\pi\}$，當 n 是奇數時 $\cos n\pi$ 為 -1；當 n 是偶數時 $\cos n\pi$ 為 1。
因此，其數列為 $\{-1,1,-1,1\ldots\}$，所以它不收斂。

(d) 由於 $\lim\limits_{n\to\infty}\dfrac{2n^2}{3n-1}$ 和 $\lim\limits_{n\to\infty}\dfrac{2n^2}{3n+1}$ 都不存在，因此**不能**，得

$\lim\limits_{n\to\infty}\dfrac{2n^2}{3n+1}-\dfrac{2n^2}{3n+1}=\lim\limits_{n\to\infty}\dfrac{2n^2}{3n-1}-\lim\limits_{n\to\infty}\dfrac{2n^2}{3n+1}$ 。

正確的作法如下：

$\lim\limits_{n\to\infty}\left(\dfrac{2n^2}{3n-1}-\dfrac{2n^2}{3n+1}\right)=\lim\limits_{n\to\infty}\dfrac{2n^2(3n+1)-2n^2(3n-1)}{(3n-1)(3n+1)}$

$\qquad\qquad=\lim\limits_{n\to\infty}\dfrac{4n^2}{9n^2-1}=\lim\limits_{n\to\infty}\dfrac{4}{9-\dfrac{1}{n^2}}$

$$= \frac{\lim\limits_{n\to\infty} 4}{\lim\limits_{n\to\infty} 9 - \frac{1}{n^2}} \text{（由定理1-3-2）} = \frac{4}{9}$$

(e) 由定理1-3-5得，$\lim\limits_{n\to\infty} \left(\frac{1}{2}\right)^n = 0$

(f) $\lim\limits_{n\to\infty} \sqrt{n^2 - n} - n = \lim\limits_{n\to\infty} \frac{(\sqrt{n^2 - n} - n)(\sqrt{n^2 - n} + n)}{\sqrt{n^2 - n} + n}$

$$= \lim\limits_{n\to\infty} \frac{-n}{\sqrt{n^2 - n} + n}$$

$$= \lim\limits_{n\to\infty} \frac{-n}{n\sqrt{1 - \frac{1}{n}} + n}$$

$$= \lim\limits_{n\to\infty} \frac{-1}{\sqrt{1 - \frac{1}{n}} + 1} = \frac{\lim\limits_{n\to\infty} -1}{\lim\limits_{n\to\infty} \sqrt{1 - \frac{1}{n}} + 1} \text{（由定理1-3-2）}$$

$$= \frac{-1}{1 + 1} = \frac{-1}{2}$$

(g) 因為 $0 \leq \left|\frac{\cos n\pi}{n}\right| \leq \frac{1}{n}$，且 $\lim\limits_{n\to\infty} 0 = \lim\limits_{n\to\infty} \frac{1}{n} = 0$，所以由夾擠定理得

$\lim\limits_{n\to\infty} \left|\frac{\cos n\pi}{n}\right| = 0$，再由定理1-3-7，得 $\lim\limits_{n\to\infty} \frac{\cos n\pi}{n} = 0$

e 是什麼

　　在本小節我們要去介紹一個在微積分學中具有重要意義的無理數，這個無理數我們特別用小寫英文字母 e 來表示它（任何無理數都只能用代號去表示它，如 π、$\sqrt{2}$、$\sqrt{3}$ 等。因為它無法以分數或有限小數去表示）。它是一個

十分重要的無窮數列 $a_n = \left(1+\dfrac{1}{n}\right)^n$ 的極限值，即 $\lim\limits_{n\to\infty}\left(1+\dfrac{1}{n}\right)^n = e$。因此，要明白 e 是什麼，最好的方式就是好好去研究 $a_n = \left(1+\dfrac{1}{n}\right)^n$ 的極限值是什麼，亦即探討：

$$2 , \left(\frac{3}{2}\right)^2 , \left(\frac{4}{3}\right)^3 , \left(\frac{5}{4}\right)^4 , \left(\frac{6}{5}\right)^5 , \left(\frac{7}{6}\right)^6 , \left(\frac{8}{7}\right)^7 , \cdots \longrightarrow ?$$

我們要知道，要去求這個無窮數列的極限值是相當困難的，它是不能用前面所學的方法就能求得其極限值的一個無窮數列。而對於其極限值的探討，我們要分二個步驟來進行。首先是去證明它會收斂。其次，要證明（但這證明我們不便在這裡陳述）其極限值是無理數。現在就來談收斂問題。從所列出的前面幾項來看，它的項值越來越大，而事實上可證明（稍後有證明）它是一個嚴格遞增的無窮數列（這指其項值會越來越大的數列）。這樣一個嚴格遞增的無窮數列居然會收斂，實在令人難以置信。以下就是我們的證明。

▶ 證 明

由二項式展開公式，得

$$a_n = \left(1+\frac{1}{n}\right)^n = \sum_{k=0}^{n}\binom{n}{k}\left(\frac{1}{n}\right)^k \quad \left(\binom{n}{k} = \frac{n!}{(n-k)!k!}\right)$$

$$= 1 + n\cdot\frac{1}{n} + \frac{n(n-1)}{2!}\frac{1}{n^2} + \frac{n(n-1)(n-2)}{3!}\frac{1}{n^3}$$

$$+ \cdots + \frac{n(n-1)(n-2)(n-3)\cdots[n-(n-1)]}{n!}\cdot\frac{1}{n^n}$$

$$= 1 + 1 + \frac{1}{2!}\left(1-\frac{1}{n}\right) + \frac{1}{3!}\left(1-\frac{1}{n}\right)\left(1-\frac{2}{n}\right) + \cdots$$

$$+\frac{1}{n!}\left(1-\frac{1}{n}\right)\left(1-\frac{2}{n}\right)\left(1-\frac{3}{n}\right)\cdots\left(1-\frac{n-1}{n}\right)$$

同法，得

$$a_{n+1}=\left(1+\frac{1}{n+1}\right)^{n+1}=\sum_{k=0}^{n+1}\binom{n+1}{k}\left(\frac{1}{n+1}\right)^{k}$$

$$=1+1+\frac{1}{2!}\left(1-\frac{1}{n+1}\right)+\frac{1}{3!}\left(1-\frac{1}{n+1}\right)\left(1-\frac{2}{n+1}\right)+\cdots$$

$$+\frac{1}{n!}\left(1-\frac{1}{n+1}\right)\left(1-\frac{2}{n+1}\right)\left(1-\frac{3}{n+1}\right)\cdots\left(1-\frac{n-1}{n+1}\right)$$

$$+\frac{1}{(n+1)!}\left(1-\frac{1}{n+1}\right)\left(1-\frac{2}{n+1}\right)\left(1-\frac{3}{n+1}\right)\cdots\left(1-\frac{n}{n+1}\right)$$

比較後可得知 $a_n < a_{n+1}$，$\forall n \in N$

所以 $\{a_n\}$ 是一個嚴格遞增的無窮數列。

又由 a_n 的展開式中可得到

$$2<a_n<1+1+\frac{1}{2!}+\frac{1}{3!}+\cdots+\frac{1}{n!}$$

但

$$1+1+\frac{1}{2!}+\frac{1}{3!}+\cdots+\frac{1}{n!}<1+1+\frac{1}{2}+\frac{1}{2^2}+\cdots+\frac{1}{2^{n-1}}$$

$$=1+\frac{1-\left(\frac{1}{2}\right)^n}{1-\frac{1}{2}}=1+2\left(1-\frac{1}{2^n}\right)<3$$

因而得

$2 < a_n < 3$，$\forall n \in N$。**所以，依定義得 $\{a_n\}$ 是有界數列。**

因此，由定理（註(1)）得證無窮數列 $a_n = \left(1+\dfrac{1}{n}\right)^n$ 收斂，這亦即證明了 $\displaystyle\lim_{n\to\infty}\left(1+\dfrac{1}{n}\right)^n$ 存在。

證明了其極限值存在，這只告訴我們 $\displaystyle\lim_{n\to\infty}\left(1+\dfrac{1}{n}\right)^n$ 為某一定值，那它是多少？經進一步探討，可證明（其證明略去不談）此極限值為無理數（這結果並不容易得到）。而無理數是無法明確表示的數（一個不循環的無限小數是寫不出來的！），因而我們特別以符號 e 來表示此極限值（此符號由瑞士數學家 Euler 在 1727 年所引進），這就是 e 的由來。因此，我們有以下的定義：

定義 1-3-4

$$\lim_{n\to\infty}\left(1+\frac{1}{n}\right)^n \equiv e$$

註

(1) 定理：若一個無窮數列是遞增且有上界，則此無窮數列一定收斂。

(2) "$\equiv$" 表定義或規定之意思。

e 和 π 是同等重要的符號，在微積分上經常出現，我們一定要知道它的由來，而其近似值約為 2.7182818285。以下我們列一些有關 e 的近似值數據供參考：

$$\left(1+\frac{1}{100}\right)^{100} \approx 2.7048 \text{，} \left(1+\frac{1}{1000}\right)^{1000} \approx 2.716925 \text{，}$$

$$\left(1+\frac{1}{10000}\right)^{10000} \approx 2.718146 \text{ , } \left(1+\frac{1}{100000}\right)^{100000} \approx 2.718268$$

為什麼 $a_n = \left(1+\frac{1}{n}\right)^n$ 這個無窮數列的極限值是如此重要，我們用以下的一個實際問題來說明。

我們知道 10000 元存入年利率為 5%的銀行，若只在一年期滿才能計息，則一年期滿可得之本利和為

$$10000\left(1+\frac{5}{100}\right)$$

若改為每滿半年就計息一次，則每次計息的利率變為 $\frac{5}{100}\times\frac{1}{2}=\frac{1}{40}$，因而一年期滿的本利和為

$$10000\left(1+\frac{1}{40}\right)\left(1+\frac{1}{40}\right) = 10000\left(1+\frac{1}{40}\right)^2$$

又若改為每滿一個月就計息一次，則每次計息的利率變為 $\frac{5}{100}\times\frac{1}{12}=\frac{1}{240}$，因而一年期滿的本利和為

$$10000\underbrace{\left(1+\frac{1}{240}\right)\left(1+\frac{1}{240}\right)\cdots\left(1+\frac{1}{240}\right)}_{\text{共12個}} = 10000\left(1+\frac{1}{240}\right)^{12}$$

顯然，越短時間就能計息一次，其一年期滿的本利和就越多。而一個最有利存款人的計息方式就是以所謂「**連續複利**」(continuous compounding of interest)來計算本利和。這意思為：不管時間多短，只要有時間經過都要計息（即便是只經一秒或更短），且要將所得之利息併入本金裡成為新的本金。現以「連續複利」來計算本利和，若 A 表一年期滿的本利和，則 A 要如何求得？這就困難了，因為它已無法仿前面每月計息一次的方法去求得。我們的計算辦法是：先求 A 的近似值，最後再取這近似值的極限值而

得 A。我們先計算經過一段時間就計息一次的本利和（這是可以求得的）做為 A 的近似值，而這個近似值會因所經過的時間越短而和 A 越接近。因此我們先考慮一年計息 n 次，則每次計息的利率為 $\dfrac{5}{100n}$，因而得一年期滿的本利和為

$$10000\left(1+\frac{5}{100n}\right)^{n}$$

又知當 n 取得越大，亦即計息一次所經的時間越短，其 $10000\left(1+\dfrac{5}{100n}\right)^{n}$ 值就會越接近 A，且當 $n\to\infty$，則 $10000\left(1+\dfrac{5}{100n}\right)^{n}\longrightarrow A$。因此，依極限值的定義，得 $A=\lim\limits_{n\to\infty}10000\left(1+\dfrac{5}{100n}\right)^{n}$。另一方面，可得

$$\lim_{n\to\infty}10000\left(1+\frac{5}{100n}\right)^{n}=10000\lim_{n\to\infty}\left(1+\frac{5}{100n}\right)^{n}$$

若令 $m=20n$，得

$$10000\lim_{n\to\infty}\left(1+\frac{5}{100n}\right)^{n}=10000\lim_{m\to\infty}\left[\left(1+\frac{1}{m}\right)^{m}\right]^{\frac{1}{20}}$$

$$=10000\left[\lim_{m\to\infty}\left(1+\frac{1}{m}\right)^{m}\right]^{\frac{1}{20}}=10000e^{\frac{1}{20}}\left(\text{由於}\lim_{m\to\infty}\left(1+\frac{1}{m}\right)^{m}\equiv e\right)$$

$$=10000e^{0.05}$$

因而得 $A=10000e^{0.05}$

因此，以連續複利計算，將 10000 元存入年利率為 5%之銀行，可得其一年期滿之本利和為 $10000\,e^{0.05}$。

若欲進一步去求 3 年後的本利和，則可得其三年後之本利和為

$$10000\,e^{0.05} \times e^{0.05} \times e^{0.05} = 10000\,e^{0.15}$$

一般而言，以 A_0 元存入年利率為 r 之銀行，若以連續複利計算，則其 t 年後的本利和為 $A_0 e^{rt}$。

此外，藉由 $\displaystyle\lim_{n\to\infty}\left(1+\frac{1}{n}\right)^n = e$ 的結果，可得以下的定理

定 理 1-3-8

$$\lim_{n\to\infty}\left(1+\frac{c}{n}\right)^n = e^c \,,\ c \in R$$

例題8

將 20000 元存入年利率為 3% 之銀行，中途不取出，若以連續複利計算，求四年後之本利和是多少？

解

取 $A_0 = 20000$，$r = 0.03$，$t = 4$，代入 $A_0 e^{rt}$，得四年後的本利和 A 為

$$A = 20000\,e^{0.12}$$

在以連續複利計算其本利和的問題裡，有一個很重要的特性就是：其瞬間所產生的利息和當時的本金成正比。而在自然界也有一些現象具有這樣的特性。例如，細菌總量瞬間的增加速率和當時的細菌總量成正比；放射性物質，其質量瞬間的衰減速率和當時的質量成正比等。這類問題要去求它們經 t 時間後的總量 $A(t)$，都可以仿求本利和的方法而得到（它們為

$A(t) = A_0 e^{rt}$，其中 r 為比例常數）。而在這類問題上，$\lim\limits_{n \to \infty} \left(1 + \dfrac{1}{n}\right)^n$ 這個極限值扮演了關鍵的角色。這也是為什麼 e 在微積分裡是如此重要的原因。

瞬時速度(Instantaneous Velocity)

所謂瞬時速度就是一個運動體在某時刻的速度。例如，一個自由落體運動，我們知道物體的落下速度是越來越快，因此在任何時刻都有速度，且其速度都不一樣。我們可以問經 2 秒時，其速度是多少，這個速度就是此物體在 2 秒時的速度，也稱在 2 秒時的**瞬時速度**(instantaneous velocity)。在以前我們只談平均速度，也知道它為

$$平均速度 = \frac{所經的距離}{所經的時間}（針對直線上運動而言）$$

但在物理學上，我們想要知道的是瞬時速度。顯然，如果物體是在直線上作**等速**運動，則其平均速度也就是任何時刻的瞬時速度。但在一般情況，物體通常不是進行等速運動，因此去求瞬時速度並不是一件簡單的事情，要如何求得？我們的解決辦法就是（如同求「連續複利」的本利和）：先求其近似值，再取這些近似值的極限值而得所求。在這裡我們用平均速度（這是可以求得到的）做為瞬時速度的近似值（正如同用割線斜率做為切線斜率的近似值）。詳細的辦法，我們舉例說明如下：

設一質點沿著直線運動，令 s 表在 t 時刻時，此質點的位置坐標，且知 s（單位公尺）和 t（單位移）的函數關係式為 $s = f(t)$。求在 $t = 10$ 秒，此質點的瞬時速度。

對整個運動過程而言，由於速度是「連續性」的在改變，因而在 10 秒附近的所有瞬時速度，它們應該都差不多才是（這是連續的性質）。因此，在 10 秒附近範圍內所求得的平均速度和在 10 秒時的瞬時速度會差不多（例如，若張三班上所有人的身高都差不多時，則所求得的平均身高也差不多是張三的身高），且其附近的範圍越小，其近似情況也會越好。例如，從 10 秒到 11 秒間的平均速度，會比 10 秒到 20 秒間的平均速度，較接近在

10 秒時的瞬時速度；而 10 秒到 10.1 秒間的平均速度就更接近在 10 秒時的瞬時速度；當然 10 秒到 10.01 秒間的平均速度就更加接近了。而我們可以讓計算平均速度的「時間區間」的範圍不斷的縮小下去，則所求得的平均速度就會變得「無限制」的去接近在 10 秒時的瞬時速度。具體而言，若令 $t_n = 10 + \left(\dfrac{1}{2}\right)^n$（也可以有其它取法，如 $t_n = 10 + \left(\dfrac{1}{10}\right)^n$，只要能使 t_n 無限度的去接近 10 就可以），且令 a_n 為從 10 秒到 t_n 秒間的平均速度，即

$$a_n = \frac{\text{所經的距離}}{\text{所經的時間}} = \frac{f(t_n) - f(10)}{t_n - 10}$$

可得

(1) 當 n 越大，則 t_n 會越接近 10（亦即時間區間 $[10, t_n]$ 會越小），因而其平均速度 a_n 會越接近在 10 秒時的瞬時速度。

(2) 當 n 不斷的增大下去的過程中，a_n 會「無限制」的去接近在 10 秒時的瞬時速度。

因此由(2)及極限值的定義，得在 10 秒時的瞬時速度為 $\lim\limits_{n \to \infty} a_n$。

一般而言，只要用 t_0 去取代以上過程中的 10，即可求得在 t_0 秒時之瞬時速度，亦即改令 $t_n = t_0 + \left(\dfrac{1}{2}\right)^n$（令 $t_n = t_0 + \left(\dfrac{1}{2}\right)^n$ 是要使 n 不斷的增大過程中，t_n 會無限制的接近 t_0，當然，令 $t_n = t_0 + \dfrac{1}{n}$ 或 $t_n = t_0 + \left(\dfrac{1}{10}\right)^n$ 等也都可以），則得 $\lim\limits_{n \to \infty} \dfrac{f(t_n) - f(t_0)}{t_n - t_0}$ 為在 t_0 秒時之瞬時速度。

例題9

設一物體，自距地面 500 公尺之某高處自由落下(free fall)。

(1) 求經 4 秒到 6 秒這段期間的平均速度，亦即求在時間區間[4,6]上的平均速度。

(2) 分別求在時間區間[4,5]；[4,4.5]；[4,4.1]；[4,4.01]上的平均速度。

(3) 求經 4 秒後的速度。（亦即經 4 秒時的瞬時速度）

(4) 求經 t 秒後的速度。

(5) 利用(4)的結果，分別求經 2 秒和經 3 秒後的速度。

解

設 s（公尺）表物體的位置坐標（以落下之起點為坐標原點，往下為正），t（秒）表所經的時間。則由物理知識知，s 和 t 的關係為 $s = f(t) = 4.9t^2$（由 $s = f(t) = \dfrac{1}{2}gt^2$ 且取 $g = 9.8$ 而得到）

(1) 得其平均速度為 $\dfrac{f(6) - f(4)}{6 - 4} = 49$（公尺／秒）

(2) 在時間區間 $[4,5]$ 上的平均速度為 $\dfrac{f(5) - f(4)}{5 - 4} = 44.1$（公尺／秒）

在時間區間 $[4,4.5]$ 上的平均速度為 $\dfrac{f(4.5) - f(4)}{4.5 - 4} = 41.65$（公尺／秒）

在時間區間 $[4,4.1]$ 上的平均速度為 $\dfrac{f(4.1) - f(4)}{4.1 - 4} = 39.69$（公尺／秒）

在時間區間 $[4,4.01]$ 上的平均速度為 $\dfrac{f(4.01) - f(4)}{4.01 - 4} = 39.249$（公尺／秒）

(3) 令 $t_n = 4 + \left(\dfrac{1}{2}\right)^n$，$n = 1, 2, 3, \cdots$

則知經4秒後的速度為

$$\lim_{n \to \infty} \frac{f(t_n) - f(4)}{t_n - 4} = \lim_{n \to \infty} \frac{4.9(t_n)^2 - 4.9(4)^2}{t_n - 4}$$

$$= \lim_{n \to \infty} 4.9(t_n + 4) = \lim_{n \to \infty} 4.9\left(8 + \left(\frac{1}{2}\right)^n\right) = 39.2 \text{（公尺／秒）}$$

(4) 令 $t_n = t + \left(\dfrac{1}{2}\right)^n$，$n = 1, 2, 3, \cdots$

則得 t 秒後的速度為

$$\lim_{n \to \infty} \frac{f(t_n) - f(t)}{t_n - t} = \lim_{n \to \infty} \frac{4.9(t_n)^2 - 4.9(t)^2}{t_n - t} = \lim_{n \to \infty} 4.9(t_n + t) = 9.8t$$

(5) 將 $t = 2$ 及 $t = 3$ 代入 $9.8t$，可得2秒及3秒後的速度，分別為19.6公尺／秒和29.4公尺／秒。

 例題10

求過函數 $f(x) = x^2$ 圖形上點 $(1,1)$ 的切線斜率。

解

由例5的解說，我們令

$$x_n = 1 + \left(\frac{1}{2}\right)^{n-1} , \quad n = 1, 2, 3, \cdots$$

及

$$a_n = \frac{f(x_n) - f(1)}{x_n - 1}$$

則得所求之切線斜率為

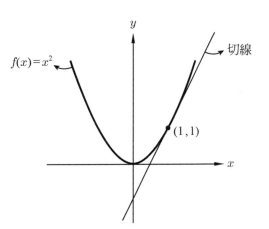

$$\lim_{n \to \infty} a_n = \lim_{n \to \infty} \frac{f(x_n) - f(1)}{x_n - 1} = \lim_{n \to \infty} \frac{x_n^2 - 1}{x_n - 1}$$

$$= \lim_{n \to \infty} x_n + 1 = \lim_{n \to \infty} 2 + \left(\frac{1}{2}\right)^{n-1} = 2$$

習題 1-3

1. 求 $\lim_{n \to \infty} a_n$

   (a) $a_n = \dfrac{3 - 4n}{5n + 6}$

   (b) $a_n = \dfrac{6n + 100}{n^2 - 3n - 200}$

(c) $a_n = \dfrac{n^2}{2n-3} - \dfrac{n^2}{2n+3}$ (d) $a_n = \dfrac{n}{\sqrt{n^2+n}+n}$

(e) $a_n = \sqrt{n^2+3n} - n$ (f) $a_n = \dfrac{2^n}{1+3^n}$

(g) $a_n = \left(\dfrac{1}{3}\right)^n \cos n$

(h) $a_n = \dfrac{5^n}{n!}$ （提示：利用 $a_{n+1} = \dfrac{5}{n+1} a_n$ 及 $\lim\limits_{n\to\infty} a_{n+1} = \lim\limits_{n\to\infty} a_n$ ）

(i) $a_n = \sqrt{n^2+n+1} - \sqrt{n^2-n+1}$ (j) $a_n = \dfrac{1}{n^2}(1+2+\cdots+n)$

(k) $a_n = \sqrt{n}(\sqrt{2n+1} - \sqrt{2n-1})$ (l) $a_n = \sqrt{n+1} - \sqrt{n}$

2. 若已知 $\lim\limits_{n\to\infty} 2^{\frac{1}{n}} = 1$，求 $\lim\limits_{n\to\infty} \sqrt[n]{3^n+4^n}$。

（提示：利用夾擠定理及 $\sqrt[n]{4^n} \le \sqrt[n]{3^n+4^n} \le \sqrt[n]{4^n+4^n}$ ）

3. 求 $\lim\limits_{n\to\infty} \dfrac{n!}{n^n}$。（提示：利用 $0 \le \dfrac{n!}{n^n} = \dfrac{n(n-1)(n-2)\cdots(2)(1)}{n\cdot n\cdot n\cdots n\cdot n} \le \dfrac{1}{n}$ 及夾擠定理）

4. 設 $a_1 = 2$，$a_n = \dfrac{1}{3}a_{n-1} + 4$，求 a_3 及 $\lim\limits_{n\to\infty} a_n$。

5. 設 $a_1 = \sqrt{2}$，且 $a_n = \sqrt{2+a_{n-1}}$，$n=2,3,4,\cdots$，求 $\lim\limits_{n\to\infty} a_n$。（提示：$\lim\limits_{n\to\infty} a_{n-1} = \lim\limits_{n\to\infty} a_n$ ）

6. 證明：

(a) $\lim\limits_{n\to\infty} (1-\dfrac{1}{n})^n = e^{-1}$ （提示：$\left(1-\dfrac{1}{n}\right)^n = \left(\dfrac{1}{1+\frac{1}{n-1}}\right)^{n-1}\left(1+\dfrac{1}{n-1}\right)^{-1}$ ）

(b) $\lim\limits_{n\to\infty} (1+\dfrac{2}{n})^n = e^2$ （提示：$(1+\dfrac{2}{n})^n = \left[(1+\dfrac{2}{n})^{\frac{n}{2}}\right]^2$ ）

7. 求 $\lim\limits_{n\to\infty} \left(\dfrac{n+3}{n+1}\right)^n$ （提示：$\left(\dfrac{n+3}{n+1}\right)^n = \left(1+\dfrac{2}{n+1}\right)^n$ ）

8. 由已知 $\lim\limits_{n\to\infty}\dfrac{\sin\frac{1}{n}}{\frac{1}{n}}=1$ ，求 $\lim\limits_{n\to\infty}2^n\sin\dfrac{\pi}{2^n}$ 。

9. 給定半徑為 r 的圓。令 a_n 及 b_n 分別表此圓的內接正 n 邊形的面積和其周長，則可得 $a_n=nr^2\sin\dfrac{180°}{n}\cos\dfrac{180°}{n}$ ， $b_n=2nr\sin\dfrac{180°}{n}$ ，且得知 $\lim\limits_{n\to\infty}a_n$ 及 $\lim\limits_{n\to\infty}b_n$ 分別為此圓面積及其周長。又知圓周長和其直徑的比值為 π ，因而得 $\lim\limits_{n\to\infty}b_n=2\pi r$ 。又由於 $\lim\limits_{n\to\infty}\dfrac{a_n}{b_n}=\lim\limits_{n\to\infty}\dfrac{r}{2}\cos\dfrac{180°}{n}=\dfrac{r}{2}$ （若已知 $\lim\limits_{n\to\infty}\cos\dfrac{180°}{n}=1$ ）。試利用這些結果，證明： $\lim\limits_{n\to\infty}a_n=\pi r^2$ 。

10. 將 5000 元存入年利率為 8% 之銀行，中途不取出，以連續複利計算，求三年後之本利和為多少？

11. 求過函數 $f(x)=x^2$ 圖形上點 $(2,4)$ 的切線斜率。

12. 設一質點在一直線上運動，其位置（坐標） s （公尺）和時間 t （秒）的函數關係式為 $s=f(t)=3t^2+4t$ 。求在 $t=2$ （秒）時，質點的速度。

1-4 函數的極限值

在上節裡我們曾說無窮數列是由定義在自然數上的函數依序列出其函數值而得到。而其極限值是指：當 n 越來越大，且無限制的增大下去的過程中，其函數值 a_n 會無限制去接近的值。在本節我們要將無窮數列的極限值概念推廣到一般函數。什麼是一個函數在 a 點的極限值？其定義如下：

定 義 1-4-1 （非正式的定義）

給定函數 $f(x)$，若當其自變數 x 越來越接近 a 且無限制的去接近 a（但 $x \neq a$）的過程中（以符號 $x \to a$ 表示），而其函數值 $f(x)$ 會無限制的去接近 l 的話（以符號 $f(x) \to l$ 表示）。若有此現象，則說函數 f 於 x 趨近 a 時的**極限值(limit)**為 l（或簡說 f 在 a 的極限值為 l），記為：當 $x \to a$，則 $f(x) \to l$，並用符號 $\lim\limits_{x \to a} f(x)$ 來表示 l。否則，就說 f 於 x 趨近於 a 時，其極限不存在。

註

「x 無限制的去接近 a」中的 x 是不能為 a，且不管比 a 大或小都算接近。

定 義 1-4-2 （嚴格定義）

給定函數 $f(x)$，而 l 為一個數。若對於每一個任意給定的正數 ε，都能找到一個正數 δ，使得當 $0 < |x-a| < \delta$ 時，都有 $|f(x)-l| < \varepsilon$。如此的 l 就稱為函數 f 於 x 趨近於 a 時的**極限值(limit)**（或簡說 f 在 a 的極限值為 l），記為：當 $x \to a$，則 $f(x) \to l$，並用符號 $\lim\limits_{x \to a} f(x)$ 來表示 l。否則，就說 f 於 x 趨近於 a 時的極限值不存在。

註

注意定義中，$0 < |x-a|$ 之要求，這表示所取的 $x \neq a$。

從以上的定義，我們看到無窮數列的極限值和函數 f 在 a 點的極限值，其極限概念是一樣的，唯一差別的是，前者所考慮的是當 $n \to \infty$ 的過程中，其 $f(n)$（即 a_n）的變化趨勢；而後者所考慮的是當 $x \to a$ 的過程中，其 $f(x)$ 的變化趨勢。符號 $n \to \infty$，其意為：讓 n 無限制的增大下去；符號 $x \to a$，其意為：讓 x 無限制的去接近 a，且這過程中的 $x \neq a$。若用符號去表示它們的含意，則分別為：

無窮數列：當 $n \to \infty$ ，而有 a_n （即 $f(n)$ ） $\to l \equiv \lim\limits_{n \to \infty} a_n$

函數：當 $x \to a$ ，而有 $f(x) \to l \equiv \lim\limits_{x \to a} f(x)$

 例題1

設 $f(x) = 3x + 1$ ，求 $\lim\limits_{x \to 1} 3x + 1$ 。

解

求 $\lim\limits_{x \to 1} 3x + 1$ ，亦即要求函數 $f(x) = 3x + 1$ 在 $x = 1$ 處的極限值。依定義，

$f(x) = 3x + 1$ 在 $x = 1$ 處的極限值為：當所取的變數 x 無限制的去接近1的過程中（但所取的 x 值都不能是1），亦即 $x \to 1$ ，其函數值 $f(x) = 3x + 1$ （它是隨 x 值的改變而變化）會無限制去接近的值。而要如何取不是1且會無限制去接近1的變數 x 呢？一個特別的取法為：先取 $x_1 = \dfrac{1}{2}$ ，接著取 $\dfrac{1}{2}$ 和1之中間值做為 x_2 ，得 $x_2 = \dfrac{3}{4} = 0.75$ ；取 $\dfrac{3}{4}$ 和1的中間值做為 x_3 ，得 $x_3 = \dfrac{7}{8} = 0.875$ ；取 $\dfrac{7}{8}$ 和1的中間值做為 x_4 ，得 $x_4 = \dfrac{15}{16} = 0.9375$ ；取 $\dfrac{15}{16}$ 和1的中間值做為 x_5 ，得 $x_5 = \dfrac{31}{32} = 0.96875$ 等，以此方式可無止盡的進行下去，亦即取 $x_n = \dfrac{1 + x_{n-1}}{2}$ ， $n = 2, 3, 4, \cdots$ 。如此可得所取的 x ，依序為

$0.5, 0.75, 0.875, 0.9375, 0.96875, \ 0.984375, 0.9921875, \ 0.99609375,$
$0.998046875 \cdots \to 1$

顯然由以上方式依序所得的 x 值會越來越接近1，且會無限制的去接近1，但它們都不是1。

有了這樣的 x 值之後，接著去算這些 x 的函數值 $f(x) = 3x + 1$ ，得其值如下表所示：

x	$f(x) = 3x + 1$
0.5	2.5
0.75	3.25
0.875	3.625
0.9375	3.8125
0.96875	3.90625
0.984375	3.953125
0.9921875	3.9765625
0.99609375	3.98828125
0.998046875	3.994140625
⋮	⋮
↓	↓
1	?

雖然上表僅能列出有限個函數值供觀察（這個過程是要無止盡進行下去的），但似乎可看出其函數值的變化趨勢為：所取的 x 值越接近1，其 $3x+1$ 的值就會越接近4，且當 x 無限制的去接近1的過程中，則其 $3x+1$ 的值會無限制的去接近4。雖然我們所取使 $x \to 1$ 的 x 較特別，但仍然可看出，不管用什麼方式選取 x，只要讓 $x \to 1$，則其函數值 $f(x)$ 都會有 $f(x) \to 4$ 的現象。因此，**猜測**：$\lim\limits_{x \to 1} 3x + 1 = 4$。

而以上依據觀察（感覺）所做極限值的猜測是否正確，仍須依極限值的定義加以檢驗才能確定，其驗證如下：

對任意給定的正數 ε，我們可取 $\delta = \dfrac{\varepsilon}{3}$，則當 $0 < |x - 1| < \delta = \dfrac{\varepsilon}{3}$，可得

$$\left| f(x) - 4 \right| = \left| 3x + 1 - 4 \right| = 3\left| x - 1 \right| < 3 \cdot \frac{\varepsilon}{3} = \varepsilon \text{，}$$

因此，依極限值的定義，此4為其極限值，這即證明了 $\lim\limits_{x \to 1} 3x + 1 = 4$

例題2

設 $f(x) = \dfrac{x^2-9}{x-3}$ ，求 $\lim\limits_{x \to 3} f(x)$ 。

解

取 $x = 3 - \dfrac{1}{2}, 3 - \left(\dfrac{1}{2}\right)^2, 3 - \left(\dfrac{1}{2}\right)^3, 3 - \left(\dfrac{1}{2}\right)^4, \cdots \to 3$

和

取 $x = 3 + \dfrac{1}{2}, 3 + \left(\dfrac{1}{2}\right)^2, 3 + \left(\dfrac{1}{2}\right)^3, 3 + \left(\dfrac{1}{2}\right)^4, \cdots \to 3$

兩種方式（還有很多方式都可使 $x \to 3$），分別讓 x 無限制的去接近3，並計算其函數值 $f(x) = \dfrac{x^2-9}{x-3}$，得其結果如下表所示：

x	$f(x) = \dfrac{x^2-9}{x-3}$
$3 - \dfrac{1}{2}$	$6 - \dfrac{1}{2}$
$3 - \left(\dfrac{1}{2}\right)^2$	$6 - \left(\dfrac{1}{2}\right)^2$
$3 - \left(\dfrac{1}{2}\right)^3$	$6 - \left(\dfrac{1}{2}\right)^3$
$3 - \left(\dfrac{1}{2}\right)^4$	$6 - \left(\dfrac{1}{2}\right)^4$
$\vdots$	$\vdots$
$\downarrow$	$\downarrow$
3	$?$

x	$f(x) = \dfrac{x^2-9}{x-3}$
$3 + \dfrac{1}{2}$	$6 + \dfrac{1}{2}$
$3 + \left(\dfrac{1}{2}\right)^2$	$6 + \left(\dfrac{1}{2}\right)^2$
$3 + \left(\dfrac{1}{2}\right)^3$	$6 + \left(\dfrac{1}{2}\right)^3$
$3 + \left(\dfrac{1}{2}\right)^4$	$6 + \left(\dfrac{1}{2}\right)^4$
$\vdots$	$\vdots$
$\downarrow$	$\downarrow$
3	$?$

觀察上表的函數值變化趨勢，可看出其函數值應該會無限制的去接近6。

因此，猜測：$\lim\limits_{x \to 3} f(x) = \lim\limits_{x \to 3} \dfrac{x^2 - 9}{x - 3} = 6$

這個猜測亦可確定它是正確的，其證明如下：

對任意給定的正數 ε，取 $\delta = \varepsilon$

則當 $0 < |x - 3| < \delta$，可得

$$\left| \dfrac{x^2 - 9}{x - 3} - 6 \right| = \left| \dfrac{(x - 3)(x + 3)}{x - 3} - 6 \right|$$
$$= |x + 3 - 6| \ (\text{由於} x \neq 3)$$
$$= |x - 3| < \delta = \varepsilon$$

因而得證 $\lim\limits_{x \to 3} \dfrac{x^2 - 9}{x - 3} = 6$

在例 2 中，由於 $x=3$ 會使函數式子 $\dfrac{x^2 - 9}{x - 3}$ 的分母為 0，因此 f 在 $x=3$ 處是沒有定義，但這不會影響其極限值的探討，即使另外定義 f 在 $x=3$ 的函數值，也不會改變其在 $x=3$ 處的極限值為 6 的結果。那是由於極限值是由 x 接近 3（但 $x \neq 3$）的過程中，其函數值的變化趨勢來決定，而這和在 3 這點的函數值是什麼完全沒有關係。例如

$$f(x) = \begin{cases} \dfrac{x^2 - 9}{x - 3} & , \quad x \neq 3 \\ 4 & , \quad x = 3 \end{cases}$$

則得 $f(3) = 4$，而仍然得 $\lim\limits_{x \to 3} f(x) = 6$。

例題3

求 $\lim\limits_{x \to 0} \dfrac{\sin x}{x}$ 。

解

為了觀察 x 無限制的去接近0的過程中，其 $\dfrac{\sin x}{x}$ 值的變化趨勢，我們作下表：

x（弧度）	0	←	…	0.005	0.01	0.05	0.1	0.5	1
$\dfrac{\sin x}{x}$	?	←	…	0.99999	0.99998	0.99958	0.99833	0.95885	0.84147

x（弧度）	−1	−0.5	−0.1	−0.05	−0.01	−0.005	…	→	0
$\dfrac{\sin x}{x}$	0.84147	0.95885	0.99833	0.99958	0.99998	0.99999	…	→	?

由上表似乎可看出：當 x 無限制的去接近0的過程中，其函數值 $\dfrac{\sin x}{x}$ 會無限制的去接近1。

因此，我們猜測：$\lim\limits_{x \to 0} \dfrac{\sin x}{x} = 1$

這個猜測在第四章裡我們將證明它是正確的。

 例題4

求 $\lim\limits_{x \to 0} \dfrac{x}{\sqrt{x+1}-1}$ 。

為了觀察 x 無限制的去接近0的過程中，其 $\dfrac{x}{\sqrt{x+1}-1}$ 值的變化趨勢，我們作下表：

x	0	←	…	0.0001	0.001	0.01	0.1
$\dfrac{x}{\sqrt{x+1}-1}$	?	←	…	2.0001	2.0005	2.0050	2.0488

x	−0.1	−0.01	−0.001	−0.0001	…	→	0
$\dfrac{x}{\sqrt{x+1}-1}$	1.9487	1.9950	1.9995	1.9999	…	→	?

由上表似乎可看出：當 x 無限制的去接近0的過程中，其函數值 $\dfrac{x}{\sqrt{x+1}-1}$ 會無限制的去接近2。

因此，我們猜測： $\displaystyle\lim_{x\to 0}\dfrac{x}{\sqrt{x\times 1}-1}=2$

而這個猜測去確認它是正確的，其證明如下：

▶ 分　析

對任意給定的正數 ε，要如何找一個正數 δ，使得當 $0<|x-0|<\delta$ 時，可得 $\left|\dfrac{x}{\sqrt{x+1}-1}-2\right|<\varepsilon$

找 δ 的步驟如下：

(1) 先去解不等式 $\left|\dfrac{x}{\sqrt{x+1}-1}-2\right|<\varepsilon$。若得其解區間為 (a,b)。

(2) 取 $\delta>0$，使得區間 $(0-\delta,0+\delta)\subset(a,b)$。這所取的 δ 即為所要找的 δ。
　　因為：若 $0<|x-0|<\delta$，亦即 $x\in(0-\delta,0+\delta)-\{0\}$，則 $x\in(a,b)$，因而得

$$\left|\frac{x}{\sqrt{x+1}-1}-2\right|<\varepsilon$$

如何解 $\left|\dfrac{x}{\sqrt{x+1}-1}-2\right|<\varepsilon$ ？

由於函數 $f(x)=\dfrac{x}{\sqrt{x+1}-1}$ 的定義域為 $[-1,\infty)-\{0\}$

因此首先限制 $x\in[-1,\infty)-\{0\}$

(a) 當 $0<\varepsilon\le1$

由於 $\left|\dfrac{x}{\sqrt{x+1}-1}-2\right|<\varepsilon\Leftrightarrow\left|\dfrac{x(\sqrt{x+1}+1)}{(\sqrt{x+1}-1)(\sqrt{x+1}+1)}-2\right|<\varepsilon$

$\Leftrightarrow\left|\sqrt{x+1}-1\right|<\varepsilon\Leftrightarrow1-\varepsilon<\sqrt{x+1}<1+\varepsilon$

$\Leftrightarrow(1-\varepsilon)^2<x+1<(1+\varepsilon)^2$（利用：設 $x\ge0$，$y\ge0$，可得 $x>y\Leftrightarrow x^2>y^2$ ）

$\Leftrightarrow\varepsilon^2-2\varepsilon<x<\varepsilon^2+2\varepsilon$

因而得：當 $0<\varepsilon\le1$，得 $\left|\dfrac{x}{\sqrt{x+1}-1}-2\right|<\varepsilon$ 的解集合為

$(\varepsilon^2-2\varepsilon,\varepsilon^2+2\varepsilon)\cap([-1,\infty)-\{0\})=(\varepsilon^2-2\varepsilon,\varepsilon^2+2\varepsilon)-\{0\}$

（當 $0<\varepsilon\le1$，則 $-1\le\varepsilon^2-2\varepsilon<0$ ）

(b) 當 $\varepsilon>1$

由於

$\left|\dfrac{x}{\sqrt{x+1}-1}-2\right|<\varepsilon\Leftrightarrow\left|\sqrt{x+1}-1\right|<\varepsilon\Leftrightarrow1-\varepsilon<\sqrt{x+1}<1+\varepsilon$

$\Leftrightarrow1-\varepsilon<\sqrt{x+1}$ 且 $\sqrt{x+1}<1+\varepsilon$

$\Leftrightarrow\sqrt{x+1}<1+\varepsilon$（由於當 $\varepsilon>1$ 時，$1-\varepsilon<\sqrt{x+1}$ 恆成立）

$\Leftrightarrow x+1<(1+\varepsilon)^2\Leftrightarrow x<\varepsilon^2+2\varepsilon$

因而得：當 $\varepsilon>1$，得 $\left|\dfrac{x}{\sqrt{x+1}-1}-2\right|<\varepsilon$ 的解集合為

$$(-\infty, \varepsilon^2 + 2\varepsilon) \cap ([-1, \infty) - \{0\}) = [-1, \varepsilon^2 + 2\varepsilon) - \{0\}$$

▶ **證 明**

(a) 當 $0 < \varepsilon \le 1$

給定 ε，取 $\delta = \min\{2\varepsilon - \varepsilon^2, \varepsilon^2 + 2\varepsilon\}$，則

當 $0 < |x - 0| < \delta$，可得 $x \in (\varepsilon^2 - 2\varepsilon, \varepsilon^2 + 2\varepsilon) - \{0\}$

因而得 $\left| \dfrac{x}{\sqrt{x+1} - 1} - 2 \right| < \varepsilon$

(b) 當 $\varepsilon > 1$

給定 ε，取 $\delta = \min\{1, \varepsilon^2 + 2\varepsilon\}$，則

當 $0 < |x - 0| < \delta$，可得 $x \in [-1, \varepsilon^2 + 2\varepsilon) - \{0\}$

因而得

$$\left| \dfrac{x}{\sqrt{x+1} - 1} - 2 \right| < \varepsilon$$

因此，得證 $\displaystyle\lim_{x \to 0} \dfrac{x}{\sqrt{x+1} - 1} = 2$

例題5

設 $f(x) = \begin{cases} \dfrac{1}{x^2} &,\quad x \neq 0 \\ 2 &,\quad x = 0 \end{cases}$，求 $f(0)$，$\displaystyle\lim_{x \to 0} f(x)$

解

由所給的 f，得 $f(0) = 2$

又由下表

x	-0.1	-0.05	-0.01	-0.001	$\cdots$	$\rightarrow 0 \leftarrow$	$\cdots$	0.001	0.01	0.05	0.1
$\dfrac{1}{x^2}$	100	400	10000	10^6	$\cdots$		$\cdots$	10^6	10000	400	100

可看出，當 x 越接近0時，其函數值會變得越大，因而它並不會去接近某一定值。

因此，它應該沒有極限值。亦即猜測，$\lim\limits_{x \to 0} f(x)$ 不存在。

以下我們要證明這個猜測是正確的。

▶ **證 明**　（由反證法）

設 $\lim\limits_{x \to 0} \dfrac{1}{x^2}$ 存在且為 a。

若取 $\varepsilon = 1$，則由極限值定義知，一定存在 $\delta > 0$，使得當 $0 < |x-0| < \delta$ 時（即 $x \in (-\delta, \delta)$），都有 $\dfrac{1}{x^2} < a+1$。但這是不可能的，因為不管 δ 是多少，一定會有某些 $x \in (-\delta, \delta)$，其 $\dfrac{1}{x^2} \geq a+1$。因此，得證 $\lim\limits_{x \to 0} \dfrac{1}{x^2}$ 不存在。

 例題6

求 $\lim\limits_{x \to 0} \sin \dfrac{1}{x}$

解

由於在0附近，不管其範圍多小，都有無限多的點使得其函數值為1及-1（當然也有其他介於-1和1之間的值）。因此，在 x 接近0的過程中，其函數值不會向某一定數接近（參考圖1-4.1）。

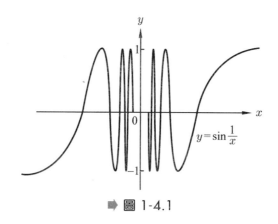

➡ 圖 1-4.1

所以，其極限值應該不存在。

因此猜測，$\lim\limits_{x\to 0}\sin\dfrac{1}{x}$ 不存在。

　　我們要再次強調，$f(x)$在 a 點的極限值是什麼，完全要看 x 無限制的去接近 a 的過程中，其函數值 $f(x)$的變化趨勢是否會無限制的去接近某一**定值**，若是的話，此**定值**就是它的極限值，而這和 f 在 a 這一點的值 $f(a)$ 是什麼完全沒有關係，它們兩者可能會相等，也可能不相等。(參考圖 1-4.2)

　　上面所談的例子中，我們對其極限值的取得，都是先觀察一些數據再去猜測並經定義驗證才得以確定。顯然以這樣的方式去求極限值相當不方便，為了能方便有效率的去求其極限值，我們提供以下一系列定理做為求極限值的基本工具，以後我們就直接用這些工具來求其極限值。

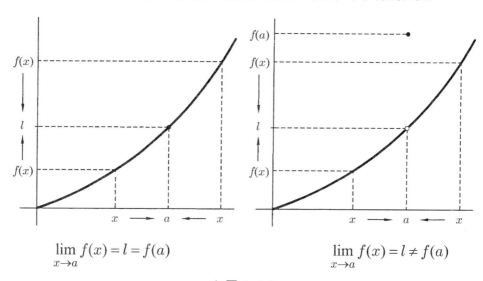

➡ 圖 1-4.2

定 理　1-4-1　（極限值的唯一性）

若 $\lim\limits_{x \to a} f(x) = l_1$ 且 $\lim\limits_{x \to a} f(x) = l_2$，則 $l_1 = l_2$

定 理　1-4-2

$\lim\limits_{x \to a} x = a$，$\lim\limits_{x \to a} c = c$，$c$ 為常數

由定理 1-4-2，得 $\lim\limits_{x \to 3} 5 = 5$，$\lim\limits_{x \to 3} x = 3$。

定 理　1-4-3

設 $\lim\limits_{x \to a} f(x) = A$，$\lim\limits_{x \to a} g(x) = B$，則

(a) $\lim\limits_{x \to a} (f(x) \pm g(x)) = \lim\limits_{x \to a} f(x) \pm \lim\limits_{x \to a} g(x) = A \pm B$

(b) $\lim\limits_{x \to a} (f(x) \cdot g(x)) = \left(\lim\limits_{x \to a} f(x) \right) \cdot \left(\lim\limits_{x \to a} g(x) \right) = A \cdot B$

(c) 當 $B \neq 0$ 時，$\lim\limits_{x \to a} \dfrac{f(x)}{g(x)} = \dfrac{\lim\limits_{x \to a} f(x)}{\lim\limits_{x \to a} g(x)} = \dfrac{A}{B}$

(d) 當 $B = 0$，$A \neq 0$ 時，$\lim\limits_{x \to a} \dfrac{f(x)}{g(x)}$ 不存在。

由定理 1-4-2 及定理 1-4-3，可得

$$\lim_{x \to 4} 6x = \lim_{x \to 4} 6 \cdot \lim_{x \to 4} x = 6 \times 4 = 24 \text{ ；} \lim_{x \to 5} x^2 = \lim_{x \to 5} x \cdot \lim_{x \to 5} x = 25 \text{ ；}$$

$$\lim_{x \to 2} 3x - 4 = \lim_{x \to 2} 3x - \lim_{x \to 2} 4 = 6 - 4 = 2$$

使用定理 1-4-3 時，一定要先確定 $\lim\limits_{x \to a} f(x)$ 及 $\lim\limits_{x \to a} g(x)$ 均存在時才可使用，且在相除時（即(c)的情況），$B \neq 0$ 的條件千萬不可忽視，例如，$1 = \lim\limits_{x \to 0} \dfrac{x}{x} \neq \dfrac{\lim\limits_{x \to 0} x}{\lim\limits_{x \to 0} x}$。另外，這個定理雖然只談兩個函數的加、減、乘，但有限個函數的加、減、乘仍然成立。

由定理 1-4-2 及定理 1-4-3 可得以下二個系理：

▶ **系理 1**

設 $f(x) = a_n x^n + a_{n-1} x^{n-1} + \cdots + a_1 x + a_0$ 為多項式函數。則 $\lim\limits_{x \to c} f(x) = f(c)$

系理 1 是說多項式函數在 c 點的極限值會等於其在 c 點的函數值，亦即對多項式函數而言，當 $x \to c$，則 $f(x) \to f(c)$。並不是每一個函數都具有如此好的特性。一定要記得極限值和函數值是不同的二個概念，它們不一定會相等。

▶ **系理 2**

設 $f(x)$，$g(x)$ 分別為二個多項式函數且 $g(c) \neq 0$，則

$$\lim_{x \to c} \frac{f(x)}{g(x)} = \frac{\lim\limits_{x \to c} f(x)}{\lim\limits_{x \to c} g(x)} = \frac{f(c)}{g(c)}$$

有了這兩個系理，我們求極限值可說邁開了一大步，已經可以求多項式函數及有理函數的極限值，但在利用系理 2 時，特別要注意 $g(c) \neq 0$ 的條件要求。

例題7

求 $\lim\limits_{x \to 3} 2x^3 + 3x^2 - 5x + 6$。

解

由系理1得

$$\lim_{x \to 3} 2x^3 + 3x^2 - 5x + 6 = 2 \cdot 3^3 + 3 \cdot 3^2 - 5 \cdot 3 + 6 = 72$$

 例題8

求 $\lim\limits_{x \to 1} \dfrac{3x^2 + 6x - 4}{x - 2}$ 。

解

由系理2，得

$$\lim_{x \to 1} \frac{3x^2 + 6x - 4}{x - 2} = \frac{3 + 6 - 4}{1 - 2} = -5$$

 例題9

求 $\lim\limits_{x \to 3} \dfrac{x^2 - 9}{x - 3}$ 。

解

若設 $f(x) = x^2 - 9$ ， $g(x) = x - 3$ ，則

$$\lim_{x \to 3} g(x) = \lim_{x \to 3} x - 3 = 0$$

因此，系理2在這個例子裡不能使用。

由於當 $x \neq 3$ 時

$$\frac{x^2 - 9}{x - 3} = \frac{(x - 3)(x + 3)}{x - 3} = x + 3$$

而讓 x 趨近3的過程中，即 $x \to 3$，所取的 x 值都不是3，因而考慮在 $x = 3$ 處的極限值時，可以用 $x+3$ 去取代 $\dfrac{x^2-9}{x-3}$ 而不會改變在 $x = 3$ 處的極限值，亦即 $h(x) = \dfrac{x^2-9}{x-3}$ 和 $h_1(x) = x+3$，這兩個函數在 $x = 3$ 處的極限值是相等的。

此即 $\displaystyle\lim_{x\to 3} \dfrac{x^2-9}{x-3} = \lim_{x\to 3} x+3$

所以得

$$\lim_{x\to 3} \frac{x^2-9}{x-3} = \lim_{x\to 3} \frac{(x-3)(x+3)}{x-3} = \lim_{x\to 3} x+3 = 6$$

以後碰到如例9這類其分母的極限值為0的分式型態的函數（這使定理1-4-3(c)無法使用），基本上我們都要想辦法轉化原函數，使轉化後的函數，其分母的極限值不再為0後（當然這轉化要不能改變其極限值才可以），再利用定理1-4-3(c)去求其極限值。這個轉化辦法可能是約分，或有理化其分子或分母。

 例題10

求 $\displaystyle\lim_{x\to 3} \dfrac{\dfrac{1}{3}-\dfrac{1}{x}}{x-3}$ 。

解

$$\lim_{x\to 3} \frac{\dfrac{1}{3}-\dfrac{1}{x}}{x-3} = \lim_{x\to 3} \frac{\dfrac{x-3}{3x}}{x-3} = \lim_{x\to 3} \frac{1}{3x} = \frac{1}{9}$$

例題11

求 $\lim\limits_{x\to 3} \dfrac{2x+3}{x-3}$。

解

由於 $\lim\limits_{x\to 3} 2x+3 = 9 \neq 0$，且 $\lim\limits_{x\to 3} x-3 = 0$

因此，由定理1-4-3(d)，得

$\lim\limits_{x\to 3} \dfrac{2x+3}{x-3}$ 不存在。

 例題12

求 $\lim\limits_{x\to 1}\left(\dfrac{1}{x^2+x-2} - \dfrac{1}{2x^2-x-1} \right)$。

解

$$\lim_{x\to 1} \frac{1}{x^2+x-2} - \frac{1}{2x^2-x-1} = \lim_{x\to 1} \frac{1}{(x-1)(x+2)} - \frac{1}{(x-1)(2x+1)}$$

$$= \lim_{x\to 1} \frac{2x+1-x-2}{(x-1)(x+2)(2x+1)} = \lim_{x\to 1} \frac{x-1}{(x-1)(x+2)(2x+1)}$$

$$= \lim_{x\to 1} \frac{1}{(x+2)(2x+1)} = \frac{1}{9}$$

到目前為止，有理函數的極限值求法已沒有問題了，關於無理函數的極限值求法，可依據以下的定理。

定理 1-4-4

設 $\lim\limits_{x \to a} f(x) = l$，則

$$\lim_{x \to a} \sqrt[n]{f(x)} = \sqrt[n]{\lim_{x \to a} f(x)} = \sqrt[n]{l} \quad （當 \; n \; 為偶數時，則要求 \; l \geq 0 \; 才成立）$$

 例題13

求 $\lim\limits_{x \to 2} \sqrt{5x + 3 + \sqrt{4x + 1}}$ 。

解

$$\lim_{x \to 2} \sqrt{5x + 3 + \sqrt{4x + 1}} = \sqrt{\lim_{x \to 2} 5x + 3 + \lim_{x \to 2} \sqrt{4x + 1}}$$

$$= \sqrt{13 + \sqrt{\lim_{x \to 2} 4x + 1}} = \sqrt{13 + \sqrt{9}} = \sqrt{13 + 3}$$

$$= 4$$

例題14

求 $\lim\limits_{x \to 4} \dfrac{\sqrt{x}(\sqrt{x} - 2)}{x - 4}$ 。

解

$$\lim_{x \to 4} \frac{\sqrt{x}(\sqrt{x} - 2)}{x - 4} = \lim_{x \to 4} \frac{\sqrt{x}(\sqrt{x} - 2)(\sqrt{x} + 2)}{(\sqrt{x} + 2)(x - 4)} = \lim_{x \to 4} \frac{\sqrt{x}(x - 4)}{(\sqrt{x} + 2)(x - 4)}$$

$$= \lim_{x \to 4} \frac{\sqrt{x}}{\sqrt{x} + 2} = \frac{2}{2 + 2} = \frac{1}{2}$$

例題15

求 $\lim\limits_{x \to 0} \dfrac{\sqrt{4+x^2}-2}{x}$ 。

解

$$\lim_{x \to 0} \frac{(\sqrt{4+x^2}-2)(\sqrt{4+x^2}+2)}{x(\sqrt{4+x^2}+2)} = \lim_{x \to 0} \frac{4+x^2-4}{x(\sqrt{4+x^2}+2)}$$

$$= \lim_{x \to 0} \frac{x}{\sqrt{4+x^2}+2} = \frac{0}{4} = 0$$

定 理 ┃ 1-4-5 （夾擠定理）

設　$f(x) \leqq g(x) \leqq h(x)$ ，且 $\lim\limits_{x \to a} f(x) = \lim\limits_{x \to a} h(x) = l$ ，則 $\lim\limits_{x \to a} g(x) = l$

 例題16

求 $\lim\limits_{x \to 0} x^2 \sin \dfrac{1}{x}$ 。

解

因為在 $x \neq 0$ 下

$$0 \leqq \left| x^2 \sin \frac{1}{x} \right| \leqq x^2$$

且　$\lim\limits_{x \to 0} 0 = \lim\limits_{x \to 0} x^2 = 0$

所以由夾擠定理得

$$\lim_{x \to 0} \left| x^2 \sin \frac{1}{x} \right| = 0 \text{ ，因而得 } \lim_{x \to 0} x^2 \sin \frac{1}{x} = 0 \quad \text{（參考定理 1-3-6）}$$

定理 1-4-6

設 $\lim\limits_{x \to a} f(x) = l$，則 $\lim\limits_{x \to a} |f(x)| = \left| \lim\limits_{x \to a} f(x) \right| = |l|$

例題17

求 $\lim\limits_{x \to 2} \left| \dfrac{3x+4}{2x-10} \right|$。

解

由定理1-4-6，得

$$\lim_{x \to 2} \left| \frac{3x+4}{2x-10} \right| = \left| \lim_{x \to 2} \frac{3x+4}{2x-10} \right| = \left| \frac{10}{-6} \right| = \frac{5}{3}$$

單邊極限

　　當我們要探討函數在 a 處的極限值時，我們所要關注的是：當 x 無限制去接近 a 的過程中，其函數值的變化趨勢是否趨向某一定數。我們知道 x 接近 a，這個 x 是可以大於 a（即 x 為在 a 的右邊的數）的，也可以小於 a（即 x 為在 a 的左邊的數）的，但有時我們只想考慮 x 僅從一邊去接近 a 時，其函數值的變化趨勢，像這種只考慮從單邊去接近 a 而得的極限值，稱為單邊極限值，其定義如下：

定 義　1-4-3　（非正式的定義）

若 x 從 a 的右邊無限制的去接近 a（但 $x \neq a$）的過程中，其函數值 $f(x)$ 會無限制的接近 l，則說 f 於 x 趨近 a 時的右極限(right limit)為 l，記為：當 $x \to a^+$，則 $f(x) \to l$，並用符號 $\lim\limits_{x \to a^+} f(x)$ 來表示 l。否則就說右極限不存在。

若 x 從 a 的左邊無限制的去接近 a（但 $x \neq a$）的過程中，而其函數值 $f(x)$ 會無限制的接近 l，則說 f 於 x 趨近 a 時的左極限(left limit)為 l，記為：當 $x \to a^-$，則 $f(x) \to l$，並用符號 $\lim\limits_{x \to a^-} f(x)$ 來表示 l。否則就說左極限不存在。

註

有關函數極限中的定理，對單邊極限仍然成立，關於此點我們不再重述。

從以上單邊極限的定義，我們馬上得到一般極限和單邊極限有如下的關係：

定 理　1-4-7

$$\lim_{x \to a} f(x) = l \Leftrightarrow \lim_{x \to a^-} f(x) = l \text{ 且 } \lim_{x \to a^+} f(x) = l$$

定理 1-4-7 其實也告訴我們，當一個函數在 a 處的左右極限不相等時，它在 a 處的極限是不存在的。

例題18

設函數 $f(x)$ 的圖形如下圖所示。問 $\lim\limits_{x \to a^+} f(x)$，$\lim\limits_{x \to a^-} f(x)$，$\lim\limits_{x \to a} f(x)$，$f(a)$ 各為何？

解

由圖1-4.3得

$$\lim_{x \to a^+} f(x) = 7 \,, \quad \lim_{x \to a^-} f(x) = 5 \,,$$

$f(a) = 6$。由於

$\lim\limits_{x \to a^+} f(x) \neq \lim\limits_{x \to a^-} f(x)$，因此由定

理1-4-7，得 $\lim\limits_{x \to a} f(x)$ 不存在。

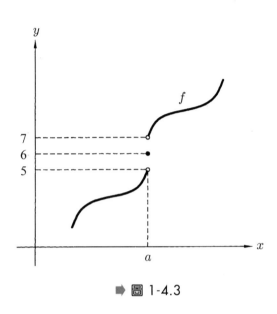

➡ 圖 1-4.3

例題19

設 $f(x) = \begin{cases} x^2 + 4 & , \quad x < 2 \\ 5 & , \quad x = 2 \\ 3x + 2 & , \quad x > 2 \end{cases}$，求 $\lim\limits_{x \to 2} f(x)$ 及 $f(2)$。

解

因為

$$\lim_{x \to 2^+} f(x) = \lim_{x \to 2^+} 3x + 2 = 8$$

$$\lim_{x \to 2^-} f(x) = \lim_{x \to 2^-} x^2 + 4 = 8$$

所以由定理 1-4-7，得 $\lim\limits_{x \to 2} f(x) = 8$

而由題意得　$f(2) = 5$

例題20

求 $\lim\limits_{x \to 0} \dfrac{|x|}{x}$ 。

解

由於，$\lim\limits_{x \to 0^+} \dfrac{|x|}{x} = \lim\limits_{x \to 0^+} \dfrac{x}{x} = 1$，且 $\lim\limits_{x \to 0^-} \dfrac{|x|}{x} = \lim\limits_{x \to 0^-} \dfrac{-x}{x} = -1$，因此，$\lim\limits_{x \to 0} \dfrac{|x|}{x}$ 不存在。

和∞（讀作無限大）符號有關的極限概念

到目前為止，我們只考慮當 x 無限制的去接近 a 的過程中，其函數值的變化趨勢。在這小節裡，我們要來探討當 x 無限制的增大（或減小）下去的過程中，其函數值的變化趨勢問題。例如，$f(x) = \dfrac{1}{x}$，若讓 x 無限制的增大下去，記為 $x \to \infty$，顯然其函數值 $f(x) = \dfrac{1}{x}$ 會無限制的去接近 0。此情況我們就說 x 趨近於 ∞ 時，$f(x) = \dfrac{1}{x}$ 的極限值為 0，並用符號 $\lim\limits_{x \to \infty} \dfrac{1}{x}$ 來表示其極限值，即 $\lim\limits_{x \to \infty} \dfrac{1}{x} = 0$，並記為：當 $x \to \infty$，則 $\dfrac{1}{x} \to 0$。值得注意的是，這裡的符號 ∞，它並不是一個數，我們只是用符號 $x \to \infty$ 來表示所取的 x 是越來越大且無限制的增大下去的意思。

另外有一種情況，當 x 無限制的去接近 a 的過程中，若其函數值 $f(x)$ 不會向某一定數無限制的接近，而是會無限制的增大（或減小）（此情況它的極限值是不存在的），這時我們特別用符號 $\lim\limits_{x \to a} f(x) = \infty$（或 $-\infty$）來表示其函數值會無限制變大（或變小）的現象，並說 x 無限制的去接近 a 時，它發散到 ∞（或 $-\infty$）（∞ 或 $-\infty$ 並不是一個數）。例如 $f(x) = \dfrac{1}{x^2}$，若讓 x 無限制的去接近 0，即 $x \to 0$，則顯然可發現其函數值 $f(x) = \dfrac{1}{x^2}$ 會變得越來越大，且無限制的在變大，因而以 $\lim\limits_{x \to 0} \dfrac{1}{x} = \infty$ 來表示，且說 x 無限制的去接近 0 時，

它發散到 ∞。又如 $f(x) = \dfrac{1}{x}$，若讓 x 從 0 的左邊去無限制接近 0，即 $x \to 0^-$，

則可發現其函數值 $f(x) = \dfrac{1}{x}$ 會變得越來越小，且無限制的在變小，因而以

$\lim\limits_{x \to 0^-} \dfrac{1}{x} = -\infty$ 來表示。像這些和符號 ∞（或 $-\infty$）有關的極限值概念，我們分

別定義如下：

定 義　1-4-4　（非正式的定義）

若 x 無限制的去接近 a（但 $x \ne a$）的過程中，其函數值 $f(x)$ 會有無限制的增大（減小）現象時，則說 f 於 x 趨近 a 時，它會發散到正無限大（負無限大），並用符號 $\lim\limits_{x \to a} f(x) = \infty(-\infty)$ 來表示這種現象，且記為：

$$\text{當 } x \to a \text{，則 } f(x) \to \infty(-\infty)$$

若 x 從 a 的右邊無限制的去接近 a（但 $x \ne a$）的過程中，其函數值 $f(x)$ 會有無限制的增大（減小）現象時，則說 f 於 x 從右邊趨近 a 時，它會發散到正無限大（負無限大）並用符號 $\lim\limits_{x \to a^+} f(x) = \infty(-\infty)$ 來表示這種現象，或記為：

$$\text{當 } x \to a^+ \text{，則 } f(x) \to \infty(-\infty)$$

若 x 從 a 的左邊無限制的去接近 a（但 $x \ne a$）的過程中，其函數值會有無限制的增大（減小現象時），則說 f 於 x 從左邊趨近 a 時，它會發散到正無限大（負無限大），並用符號 $\lim\limits_{x \to a^-} f(x) = \infty(-\infty)$ 表示這種現象，或記為：當 $x \to a^-$，則 $f(x) \to \infty(-\infty)$

定義 1-4-5 （垂直漸近線）

若 $\lim\limits_{x \to a} f(x) = \infty$（或 $-\infty$）或 $\lim\limits_{x \to a^+} f(x) = \infty$（或 $-\infty$）或 $\lim\limits_{x \to a^-} f(x) = \infty$（或 $-\infty$）

時，則說 $x=a$ 為函數 f 圖形的垂直漸近線(vertical asymptote)。（見圖 1-4.4）

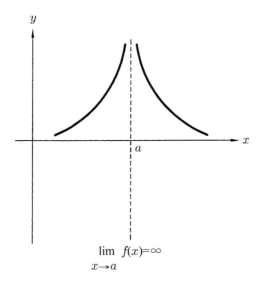

$$\lim\limits_{x \to a} f(x) = \infty$$

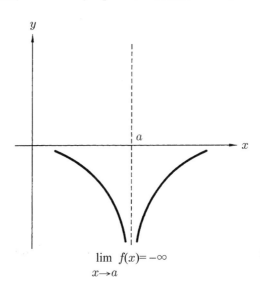

$$\lim\limits_{x \to a} f(x) = -\infty$$

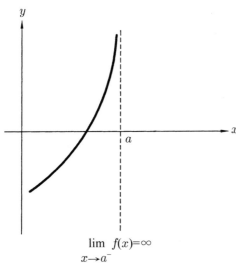

$$\lim\limits_{x \to a^-} f(x) = \infty$$

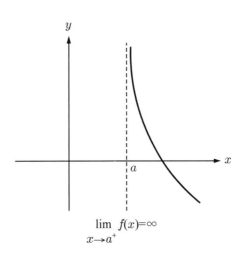

$$\lim\limits_{x \to a^+} f(x) = \infty$$

➡ 圖 1-4.4

定理 1-4-8

(1) 若 n 為正偶數時，則

$$\lim_{x \to a} \frac{1}{(x-a)^n} = \infty$$

(2) 若 n 為正奇數時，則

$$\lim_{x \to a^+} \frac{1}{(x-a)^n} = \infty \qquad \lim_{x \to a^-} \frac{1}{(x-a)^n} = -\infty$$

例題21

求

(a) $\displaystyle\lim_{x \to 1} \frac{1}{(x-1)^2}$ 　　(b) $\displaystyle\lim_{x \to 2^+} \frac{1}{(x-2)^3}$ 　　(c) $\displaystyle\lim_{x \to 2^-} \frac{1}{(x-2)^3}$

解

由定理1-4-8得

(a) $\displaystyle\lim_{x \to 1} \frac{1}{(x-1)^2} = \infty$ 　(b) $\displaystyle\lim_{x \to 2^+} \frac{1}{(x-2)^3} = \infty$ 　(c) $\displaystyle\lim_{x \to 2^-} \frac{1}{(x-2)^3} = -\infty$

定理 1-4-9

設 $\displaystyle\lim_{x \to a} f(x) = 0$，若存在一正數 δ，使得

(1) 當 $0 < |x-a| < \delta$ 時，$f(x) > 0$，則

$$\lim_{x \to a} \frac{1}{f(x)} = \infty$$

(2) 當 $0 < |x-a| < \delta$ 時，$f(x) < 0$，則

$$\lim_{x \to a} \frac{1}{f(x)} = -\infty$$

定 理　1-4-10

若 $\lim\limits_{x \to a} f(x) = \infty(-\infty)$ 及 $\lim\limits_{x \to a} g(x) = \infty(-\infty)$ ，則

(1) $\lim\limits_{x \to a} (f(x) + g(x)) = \infty(-\infty)$

(2) $\lim\limits_{x \to a} (f(x) \cdot g(x)) = \infty(\infty)$

定 理　1-4-11

若 $\lim\limits_{x \to a} f(x) = \infty$ 且 $\lim\limits_{x \to a} g(x) = -\infty$ ，則

$\lim\limits_{x \to a} (f(x) \cdot g(x)) = -\infty$

定 理　1-4-12

若 $\lim\limits_{x \to a} f(x) = \infty(-\infty)$ 且 $\lim\limits_{x \to a} g(x) = c$ ，則

(1) $\lim\limits_{x \to a} (f(x) \pm g(x)) = \infty(-\infty)$

(2) 當 $c>0$ 時，$\lim\limits_{x \to a} (f(x) \cdot g(x)) = \infty(-\infty)$

(3) 當 $c<0$ 時，$\lim\limits_{x \to a} (f(x) \cdot g(x)) = -\infty(\infty)$

(4) $\lim\limits_{x \to a} \dfrac{g(x)}{f(x)} = 0$

註

定理 1-4-10 至 1-4-12 亦適合於單邊極限時。

例題22

求

(a) $\lim\limits_{x \to 0} 3x^2 - 100 + \dfrac{1}{x^2}$

(b) $\lim\limits_{x \to 3^+} \dfrac{2x+4}{x-3}$

(c) $\lim\limits_{x \to 3^-} \dfrac{-2x+4}{x-3}$

解

(a) 由於 $\lim\limits_{x \to 0} 3x^2 - 100 = -100$ ，且 $\lim\limits_{x \to 0} \dfrac{1}{x^2} = \infty$

因此，由定理1-4-12得

$$\lim\limits_{x \to 0} 3x^2 - 100 + \dfrac{1}{x^2} = \lim\limits_{x \to 0}(3x^2 - 100) + \dfrac{1}{x^2} = \infty$$

(b) 由於 $\lim\limits_{x \to 3^+} \dfrac{1}{x-3} = \infty$ ，且 $\lim\limits_{x \to 3^+} 2x+4 = 10$

因此，由定理1-4-12得

$$\lim\limits_{x \to 3^+} \dfrac{2x+4}{x-3} = \lim\limits_{x \to 3^+} \dfrac{1}{x-3} \cdot (2x+4) = \infty$$

(c) 由於 $\lim\limits_{x \to 3^-} \dfrac{1}{x-3} = -\infty$ ，且 $\lim\limits_{x \to 3^-} -2x+4 = -2$

因此，由定理1-4-12得

$$\lim\limits_{x \to 3^-} \dfrac{-2x+4}{x-3} = \lim\limits_{x \to 3^-} \dfrac{1}{x-3}(-2x+4) = \infty$$

定 義　1-4-6　（非正式的定義）

　　若 x 無限制的增大（減小）過程中，其函數值 $f(x)$ 會無限制的去接近 l，則說 f 在 x 趨近於無限大（負無限大）時的極限值為 l，記為：

當 $x \to \infty(-\infty)$ ，則 $f(x) \to l$ ，且用符號 $\lim\limits_{x\to\infty} f(x)$ 來表示此極限值 l，亦即

$$\lim_{x\to\infty} f(x) = l \left(\lim_{x\to-\infty} f(x) = l \right) 。$$

定 義　1-4-7　（水平漸近線）

若 $\lim\limits_{x\to\infty} f(x) = l$ 或 $\lim\limits_{x\to-\infty} f(x) = l$ 時，則稱 $y=l$ 為函數 f 圖形的水平漸近線(horizontal asymptote)。（見圖 1-4.5）

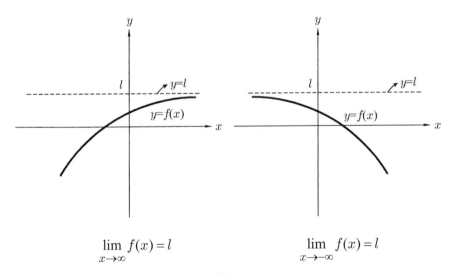

$$\lim_{x\to\infty} f(x) = l \qquad\qquad \lim_{x\to-\infty} f(x) = l$$

➡ 圖 1-4.5

註

(1) 以前所述有關 $\lim\limits_{x\to a} f(x)$ 的各種定理，改成 $\lim\limits_{x\to\infty} f(x)$ 或 $\lim\limits_{x\to-\infty} f(x)$ 均成立。

(2) 若 x 無限制增大時，其 $f(x)$ 會無限制的增大，則以符號 $\lim\limits_{x\to\infty} f(x) = \infty$ 表示。其餘符號，如 $\lim\limits_{x\to\infty} f(x) = -\infty$ ， $\lim\limits_{x\to-\infty} f(x) = \infty$ ，

$\lim\limits_{x\to-\infty} f(x) = -\infty$ 的含意類似，不再詳述。

定 理 | 1-4-13

設 $n \in N$，c 是任意實數，則

(1) $\lim\limits_{x \to \infty} x^n = \infty$ (2) $\lim\limits_{x \to \infty} \dfrac{c}{x^n} = 0$ (3) $\lim\limits_{x \to -\infty} \dfrac{c}{x^n} = 0$

例題23

求(a) $\lim\limits_{x \to \infty} \dfrac{3x^2 + 4}{x^2 + 6x + 8}$ (b) $\lim\limits_{x \to -\infty} \dfrac{5x - 6}{3x^2 + 4x + 1}$ (c) $\lim\limits_{x \to \infty} \dfrac{2x^2 - 4x}{6x + 8}$

解

(a) $\lim\limits_{x \to \infty} \dfrac{3x^2 + 4}{x^2 + 6x + 8} = \lim\limits_{x \to \infty} \dfrac{3 + \dfrac{4}{x^2}}{1 - \dfrac{6}{x} + \dfrac{8}{x^2}} = \dfrac{\lim\limits_{x \to \infty} 3 + \dfrac{4}{x^2}}{\lim\limits_{x \to \infty} 1 - \dfrac{6}{x} + \dfrac{8}{x^2}} = \dfrac{3}{1} = 3$

(b) $\lim\limits_{x \to -\infty} \dfrac{5x - 6}{3x^2 + 4x + 1} = \lim\limits_{x \to -\infty} \dfrac{\dfrac{5}{x} - \dfrac{6}{x^2}}{3 + \dfrac{4}{x} + \dfrac{1}{x^2}} = \dfrac{\lim\limits_{x \to -\infty} \dfrac{5}{x} - \dfrac{6}{x^2}}{\lim\limits_{x \to -\infty} 3 + \dfrac{4}{x} + \dfrac{1}{x^2}} = 0$

(c) $\lim\limits_{x \to \infty} \dfrac{2x^2 - 4x}{6x + 8} = \lim\limits_{x \to \infty} \dfrac{2x - 4}{6 + \dfrac{8}{x}} = \lim\limits_{x \to \infty} (2x - 4) \cdot \dfrac{1}{6 + \dfrac{8}{x}} = \infty$

例題24

求 $\lim\limits_{x \to \infty} (x - \sqrt{x^2 + 3x + 5})$。

解

由 $x - \sqrt{x^2 + 3x + 5} = \dfrac{(x - \sqrt{x^2 + 3x + 5})(x + \sqrt{x^2 + 3x + 5})}{x + \sqrt{x^2 + 3x + 5}}$

$$= \frac{x^2 - (x^2 + 3x + 5)}{x + \sqrt{x^2 + 3x + 5}} = \frac{-3x - 5}{x + \sqrt{x^2 + 3x + 5}}$$

$$= \frac{-3x - 5}{x + \sqrt{x^2\left(1 + \dfrac{3}{x} + \dfrac{5}{x^2}\right)}} = \frac{-3x - 5}{x + |x|\sqrt{1 + \dfrac{3}{x} + \dfrac{5}{x^2}}}$$

得　$\displaystyle\lim_{x \to \infty}\left(x - \sqrt{x^2 + 3x + 5}\right) = \lim_{x \to \infty}\frac{-3x - 5}{x + |x|\sqrt{1 + \dfrac{3}{x} + \dfrac{5}{x^2}}}$

$$= \lim_{x \to \infty}\frac{-3x - 5}{x + x\sqrt{1 + \dfrac{3}{x} + \dfrac{5}{x^2}}} = \lim_{x \to \infty}\frac{-3 - \dfrac{5}{x}}{1 + \sqrt{1 + \dfrac{3}{x} + \dfrac{5}{x^2}}}$$

$$= \frac{\displaystyle\lim_{x \to \infty} -3 - \dfrac{5}{x}}{\displaystyle\lim_{x \to \infty} 1 + \sqrt{1 + \dfrac{3}{x} + \dfrac{5}{x^2}}} = \frac{-3}{2}$$

 例題25

求 $\displaystyle\lim_{x \to -\infty}\frac{\sqrt{4x^2 + 3}}{x + 5}$。

解

由　$\dfrac{\sqrt{4x^2 + 3}}{x + 5} = \dfrac{\sqrt{x^2\left(4 + \dfrac{3}{x^2}\right)}}{x + 5} = \dfrac{\sqrt{x^2}\sqrt{4 + \dfrac{3}{x^2}}}{x + 5} = \dfrac{|x|\sqrt{4 + \dfrac{3}{x^2}}}{x + 5}$

得　$\displaystyle\lim_{x\to-\infty}\frac{\sqrt{4x^2+3}}{x+5}=\lim_{x\to-\infty}\frac{|x|\sqrt{4+\dfrac{3}{x^2}}}{x+5}=\lim_{x\to-\infty}\frac{-x\sqrt{4+\dfrac{3}{x^2}}}{x+5}$

$\displaystyle=\lim_{x\to-\infty}\frac{-x\sqrt{4+\dfrac{3}{x^2}}}{x\left(1+\dfrac{5}{x}\right)}=\lim_{x\to-\infty}\frac{-\sqrt{4+\dfrac{3}{x^2}}}{1+\dfrac{5}{x}}$

$\displaystyle=\frac{-\sqrt{4}}{1}=-2$

 例題26

求 $f(x)=\dfrac{2x^2+1}{(x-1)^2}$ 圖形的垂直及水平漸近線。

解

由 $\displaystyle\lim_{x\to1}\frac{2x^2+1}{(x-1)^2}=\infty$，得 $x=1$ 為其垂直漸近線

又

由　$\displaystyle\lim_{x\to\infty}\frac{2x^2+1}{(x-1)^2}=\lim_{x\to\infty}\frac{2x^2+1}{x^2-2x+1}=\lim_{x\to\infty}\frac{2+\dfrac{1}{x^2}}{1-\dfrac{2}{x}+\dfrac{1}{x^2}}=2$

及　$\displaystyle\lim_{x\to-\infty}\frac{2x^2+1}{(x-1)^2}=\lim_{x\to-\infty}\frac{2x^2+1}{x^2-2x+1}=\lim_{x\to-\infty}\frac{2+\dfrac{1}{x^2}}{1-\dfrac{2}{x}+\dfrac{1}{x^2}}=2$

得 $y=2$ 為其水平漸近線

漸近線不是一定要為水平線或垂直線，也可以是一條斜線，什麼是斜漸近線呢？以下是我們對斜漸近線的定義：

定義 1-4-8 （斜漸近線）

若 $\lim\limits_{x \to \infty}\left(f(x)-(ax+b)\right)=0$（參考圖 1-4.6(a)），或 $\lim\limits_{x \to -\infty}\left(f(x)-(ax+b)\right)=0$ 時（參考圖 1-4.6(b)），則說 $y=ax+b$ 為函數 f 圖形的斜漸近線(oblique asymptote)。

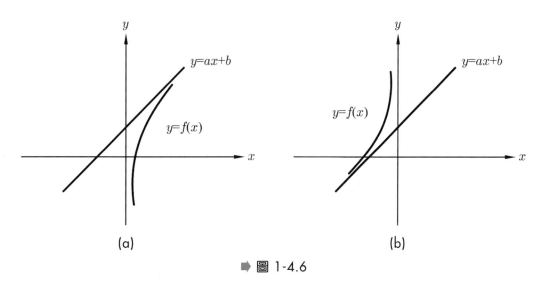

➡ 圖 1-4.6

註

當一個有理函數，其分子的最高次數比分母的最高次數多一次時，其圖形就會有斜漸近線。

例題27

求函數 $f(x)=\dfrac{2x^3+3x^2+2x+5}{x^2+1}$ 圖形之斜漸近線。

解

由 $2x^3+3x^2+2x+5=\left(x^2+1\right)\left(2x+3\right)+2$

得 $\dfrac{2x^3+3x^2+2x+5}{x^2+1}=2x+3+\dfrac{2}{x^2+1}$

因而得， $\displaystyle\lim_{x\to\infty}\left(\dfrac{2x^3+3x^2+2x+5}{x^2+1}-2x-3\right)=\lim_{x\to\infty}\dfrac{2}{x^2+2}=0$

因此，其斜漸近線為 $y=2x+3$

✍ 習題 1-4

1. 求 $\displaystyle\lim_{x\to 1}3x^4-2x^3+6x^2-8x+10$ 。

2. 求 $\displaystyle\lim_{x\to 2}\dfrac{x^2+3x-6}{4x+5}$ 。

3. 求 $\displaystyle\lim_{x\to 2}\sqrt{2x+3+\sqrt{x+2}}$ 。

4. 求 $\displaystyle\lim_{x\to 3}\dfrac{\dfrac{1}{x}-\dfrac{1}{3}}{x-3}$ 。

5. 求 $\displaystyle\lim_{x\to 3}\dfrac{x^2-2x-3}{x^2-x-6}$ 。

6. 求(a) $\displaystyle\lim_{x\to 0}\dfrac{\sqrt{2+x^2}-\sqrt{2}}{x}$ (b) $\displaystyle\lim_{x\to 0}\dfrac{\sqrt{x+4}-2}{x}$

7. 求(a) $\displaystyle\lim_{x\to 4}\dfrac{\sqrt{x}-2}{\sqrt{x-2}-\sqrt{2}}$ 。（提示：分子、分母同乘以 $(\sqrt{x}+2)(\sqrt{x-2}+\sqrt{2})$ ）

   (b) $\displaystyle\lim_{x\to 2}\dfrac{x-2}{\sqrt[3]{3x+2}-2}$

8. 求(a) $\displaystyle\lim_{x\to 0}\dfrac{1}{x}\left(\dfrac{1}{x+2}-\dfrac{1}{2}\right)$ (b) $\displaystyle\lim_{x\to 1}\dfrac{x-1}{\sqrt{3x+1}-2}$

9. 求(a) $\displaystyle\lim_{x\to 1}\left(\dfrac{1}{x^2-4x+3}-\dfrac{1}{2x^2-6x+4}\right)$ (b) $\displaystyle\lim_{x\to 1}\left(\dfrac{1}{x-1}-\dfrac{2}{x^2-1}\right)$ 。

10. 求 $\displaystyle\lim_{x\to 2^+}[x]$ ， $\displaystyle\lim_{x\to 2^-}[x]$ ， $\displaystyle\lim_{x\to 2.1}[x]$ 。

11. 求 $\displaystyle\lim_{x\to 2^+}\dfrac{|x-2|}{x-2}$ ， $\displaystyle\lim_{x\to 2^-}\dfrac{|x-2|}{x-2}$ 。

12. 設 $f(x) = \begin{cases} x^2 + 3x + 4 & \text{當} \quad x > 1 \\ 3 & \text{當} \quad x = 1 \\ 5x + 3 & \text{當} \quad x < 1 \end{cases}$，求 $\lim\limits_{x \to 1} f(x)$ 及 $f(1)$

13. 求 $\lim\limits_{x \to 2^+} \dfrac{6}{(x-2)^3}$ ， $\lim\limits_{x \to 4^+} \dfrac{1}{(x-4)^3}$ ， $\lim\limits_{x \to 4^-} \dfrac{1}{(x-4)^3}$ 。

14. 求 $\lim\limits_{x \to 2^+} \dfrac{5x^2}{4-x^2}$ ， $\lim\limits_{x \to 2^-} \dfrac{5x^2}{4-x^2}$ 。

15. 求 $\lim\limits_{x \to 0} 3x + \dfrac{5}{x^2}$ 。

16. 求 $\lim\limits_{x \to 0^+} \dfrac{[x]}{x}$ ， $\lim\limits_{x \to 0^-} \dfrac{[x]}{x}$ ， $\lim\limits_{x \to -\infty} \dfrac{[x]}{x}$ ， $\lim\limits_{x \to 0^+} x \left[\dfrac{1}{x} \right]$ 。

（提示：利用 $\dfrac{1}{x} - 1 \leqq \left[\dfrac{1}{x} \right] \leqq \dfrac{1}{x}$ 及夾擠定理）

17. 求 $\lim\limits_{x \to \infty} \dfrac{x^2 + 3x - 4}{2x^2 - 5x + 6}$ 。

18. 求 $\lim\limits_{x \to \infty} \dfrac{4x + 7}{x^2 - 6x + 10}$ 。

19. 求 $\lim\limits_{x \to \infty} \dfrac{4 + 5x}{\sqrt{3x^2 + 1}}$ 。

20. 求(a) $\lim\limits_{x \to -\infty} \dfrac{\sqrt{x^2 + 3}}{5x - 1}$ ；(b) $\lim\limits_{x \to \infty} \dfrac{\sqrt{x + \sqrt{x}}}{\sqrt{1 + x}}$ 。

（b)提示：分子、分母同除以 $\sqrt{x}$ ）

21. 求 $\lim\limits_{x \to \infty} \left(2x - \sqrt{4x^2 - 3x + 6} \right)$ 。

22. 求函數 $f(x) = \dfrac{x^2 + 1}{x^2 - 9}$ 圖形的垂直及水平漸近線。

23. 求函數 $f(x) = \dfrac{6x^2 + 11x - 13}{3x - 2}$ 圖形的各種漸近線。

1-5 連 續

　　介紹了極限的概念之後，接著我們要來談「**連續**」(continuous)的概念。這概念也是微積分裡十分重要的基礎概念。我們所學過的函數大都是具有「連續性」的函數。我們說一個函數在 a 處是連續，其圖形上的意義是指：其函數圖形在通過點 $(a, f(a))$ 時沒有產生「**斷掉**」的情形。那要什麼樣的條件其圖形在 $(a, f(a))$ 處才不會「斷掉」呢？也許我們可以反過來思考，什麼樣的情況其函數圖形在某一點會有「斷掉」的現象。我們列出三個在一點「斷掉」的函數圖形來說明。圖 1-5.1，其函數 f 在 a 點沒有定義，而其在 a 點的極限值 $\lim_{x \to a} f(x) = 6$；圖 1-5.2，f 在 a 點有定義為 $f(a) = 5$，但 $\lim_{x \to a} f(x)$ 不存在；而圖 1-5.3，f 在 a 點有定義為 $f(a) = 10$，且 $\lim_{x \to a} f(x) = 6$。由圖 1-5.3 讓我們發現：只要將圖 1-5.3 中的點 $(a, f(a))$ 移到曲線的斷裂處，它就不會有斷裂，而如此做就是讓 $f(a) = \lim_{x \to a} f(x)$。可見要圖形在 $(a, f(a))$ 處不斷掉，不但要 $f(a)$ 和 $\lim_{x \to a} f(x)$ 都存在，且兩者要相等才行。因此，我們有以下的定義：

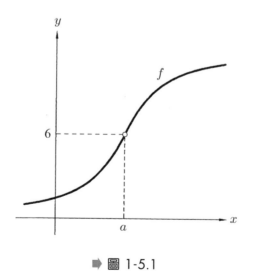

➡ 圖 1-5.1

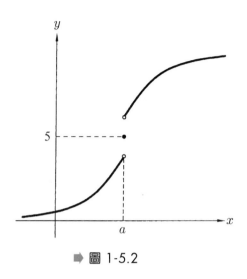

➡ 圖 1-5.2

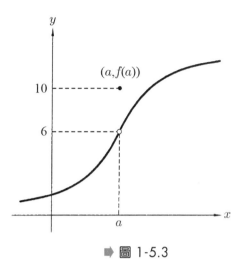

➡ 圖 1-5.3

 定 義 | **1-5-1** （連續）

若 $\lim\limits_{x\to a} f(x) = f(a)$，則說 f 在 $x=a$ 處 **連續**（continuous）。

例題1

設 $f(x) = \begin{cases} \dfrac{x^2-4}{x-2} & \text{當} \quad x \neq 2 \\ 6 & \text{當} \quad x = 2 \end{cases}$ ，問 f 在 $x=1$ 及 $x=2$ 處是否連續？

解

由於 $\lim\limits_{x\to 1} f(x) = \lim\limits_{x\to 1} \dfrac{x^2-4}{x-2} = 3 = f(1)$

因此 f 在 $x=1$ 處是連續

又由於 $\lim\limits_{x\to 2} f(x) = \lim\limits_{x\to 2} \dfrac{x^2-4}{x-2} = \lim\limits_{x\to 2} x+2 = 4 \neq f(2)$

因此 f 在 $x=2$ 處不連續

其實 f 在 $x \neq 2$ 處都會連續。而在 $x = 2$ 處,若我們重新定義為 $f(2) = 4$,則 f 在 $x = 2$ 處亦會連續。

例題2

設 $g(x) = \begin{cases} 4x+1 & , \quad x < 1 \\ 5 & , \quad x = 1 \\ x^2+3 & , \quad x > 1 \end{cases}$,問 g 在 $x = 1$ 處是否連續?

解

由於 $\lim\limits_{x \to 1^+} g(x) = \lim\limits_{x \to 1^+} x^2 + 3 = 4$

且 $\lim\limits_{x \to 1^-} g(x) = \lim\limits_{x \to 1^-} 4x + 1 = 5$

因而知 $\lim\limits_{x \to 1} g(x)$ 不存在。

因此,g 在 $x = 1$ 處不連續。

其實 g 在 $x \neq 1$ 處都會連續,但在 $x = 1$ 處即使重新定義 $g(1)$ 的值,它也不可能連續。

由連續的定義及極限的運算性質很容易得到以下的結果:

定理 1-5-1

若 f,g 在 $x=a$ 處都是連續,則

(1) $f+g$,$f-g$,$f \cdot g$ 在 $x=a$ 處也都是連續。

(2) 當 $g(a) \neq 0$ 時,$\dfrac{f}{g}$ 在 $x=a$ 處是連續。

連續性的好處之一,是求合成函數的極限值時可將極限移到內層函數去,以下定理將告訴我們這件事情。

定 理　1-5-2

若 $\lim\limits_{x \to a} f(x) = b$ 且函數 g 在 b 處連續，則

$$\lim\limits_{x \to a} g(f(x)) = g(\lim\limits_{x \to a} f(x))$$

通常 $g(\lim\limits_{x \to a} f(x))$ 比 $\lim\limits_{x \to a} g(f(x))$ 較容易求得。因此，當定理 1-5-2 條件滿足時，我們會去求 $g(\lim\limits_{x \to a} f(x))$ 以得 $\lim\limits_{x \to a} g(f(x))$ 之值。

 例題3

設 $f(x) = x+1$ ，$g(x) = \begin{cases} 3x & 當 \quad x \neq 3 \\ 5 & 當 \quad x = 3 \end{cases}$ 。

求　$\lim\limits_{x \to 2} g(f(x))$ ，$g\left(\lim\limits_{x \to 2} f(x)\right)$

解

$gof(x) = g(f(x)) = g(x+1)$

$$= \begin{cases} 3(x+1) = 3x+3 & ，當 \quad x+1 \neq 3 \\ 5 & ，當 \quad x+1 = 3 \end{cases}$$

即 $gof(x) = \begin{cases} 3x+3 & 當 \quad x \neq 2 \\ 5 & 當 \quad x = 2 \end{cases}$

因此得

$$\lim\limits_{x \to 2} gof(x) = \lim\limits_{x \to 2} 3x + 3 = 9$$

而

$$g\left(\lim\limits_{x \to 2} f(x)\right) = g(3) = 5$$

因而得

$$\lim_{x \to 2} g \circ f(x) = \lim_{x \to 2} g(f(x)) \neq g\left(\lim_{x \to 2} f(x)\right)$$

兩者不相等是因為 g 在 $f(2)=3$ 處不連續的關係。

 例題4

求 $\lim\limits_{x \to 2}\left|3x^2 - 4x - 10\right|$。

解

令 $f(x) = 3x^2 - 4x - 10$，$g(x) = |x|$

得

$$\lim_{x \to 2} g(f(x)) = \lim_{x \to 2} g(3x^2 - 4x - 10)$$

$$= \lim_{x \to 2}\left|3x^2 - 4x - 10\right|$$

即　$\lim\limits_{x \to 2}\left|3x^2 - 4x - 10\right| = \lim\limits_{x \to 2} g(f(x))$

又由於 g 在 $-6 = \lim\limits_{x \to 2} f(x)$ 處連續。因此，由定理1-5-2，得

$$\lim_{x \to 2}\left|3x^2 - 4x - 10\right| = \lim_{x \to 2} g(f(x)) = g(\lim_{x \to 2} f(x))$$

$$= g(-6) = \left|-6\right| = 6$$

本題若直接依定理 1-4-6，得

$$\lim_{x \to 2}\left|3x^2 - 4x - 10\right| = \left|\lim_{x \to 2} 3x^2 - 4x - 10\right| = \left|-6\right| = 6$$

其實定理 1-4-6 之成立也是由於定理 1-5-2 的結果。

 例題5

求 $\lim\limits_{x\to 1} 2^{\frac{x^2-1}{x-1}}$ 。

解

令 $f(x) = \dfrac{x^2-1}{x-1}$ ， $g(x) = 2^x$

則得 $g(f(x)) = 2^{\frac{x^2-1}{x-1}}$

又由於 $\lim\limits_{x\to 1} \dfrac{x^2-1}{x-1} = \lim\limits_{x\to 1} x+1 = 2$

且 g 在2處連續。

因此，由定理1-5-2，可得

$$\lim_{x\to 1} 2^{\frac{x^2-1}{x-1}} = \lim_{x\to 1} g(f(x)) = g\left(\lim_{x\to 1} f(x)\right) = g\left(\lim_{x\to 1} \frac{x^2-1}{x-1}\right) = g(2) = 4$$

以上過程即為

$$\lim_{x\to 1} 2^{\frac{x^2-1}{x-1}} = 2^{\lim\limits_{x\to 1} \frac{x^2-1}{x-1}} = 2^2 = 4$$

有了在某一點連續的定義之後，我們就可以用它來定義所謂的「**連續函數**」。

定義 1-5-2 （連續函數）

(a) 若 f 在(a,b)上的每一點都連續，則說 f 在(a,b)上連續。

(b) 若 f 在(a,b)上連續，且 $\lim\limits_{x \to a^+} f(x) = f(a)$，$\lim\limits_{x \to b^-} f(x) = f(b)$，則說 f 在閉區間 $[a,b]$上連續。

(c) 若函數 f 在其定義域上每一點均連續，則說 f 是連續函數。

由以上定義可知，一個連續函數，其圖形一定是沒有一個地方有**斷裂**的現象。也可知，多項式函數、有理函數、根式函數都是連續函數。其實像三角函數、反三角函數、指數函數、對數函數也都是連續函數，可以說我們說得出名字的函數差不多都是連續函數。而兩個連續函數的加、減、乘、除（此時要求除數在定義上的值不能為 0）及合成後的函數也是連續函數，這些結果我們都要知道，但其證明均予省略。一個函數是否具有連續性，在微積分上是一件很重要的事情，差不多要具有連續性的函數才能進一步去談論是否可微分及可以定積分的問題。此外，連續性函數還有一些很好的性質，以下我們就來談這些性質。

定理 1-5-3 （最大及最小值存在定理）

若 f 在閉區間$[a,b]$上連續，則 f 在$[a,b]$上一定有最大值及最小值。

定理 1-5-3 是屬於存在性的定理，它告訴我們在閉區間連續的函數一定會有最大值及最小值，雖然它沒有告訴我們如何找最大值及最小值（關於這點以後會談），但這對尋求函數的最大及最小值算是跨出第一步。這個定理要求二個條件：**一為閉區間，二為連續**。這二個條件都不可少，否則其最大及最小值就有可能不存在（這可參考例題 6）。閉區間的重要性，可從集合 $[0,1]$有最大值為 1 及最小值為 0；而集合$(0,1)$卻沒有最大值及最小值顯現出來。

例題6

(1) $f_1(x) = 2x + 1$，$x \in [1,3]$。由圖 1-5.4(a)可看出：f_1 在 $[1,3]$ 上有最大值 $f_1(3) = 7$，以及最小值 $f_1(1) = 3$。而 f_1 為閉區間 $[1,3]$ 上的連續函數。

(2) 設 $f_2(x) = 2x + 1$，$x \in (1,3)$。由圖 1-5.4(b)可看出：f_2 在 $(1,3)$ 上沒有最大值，也沒有最小值。雖然 f_2 在 $(1,3)$ 上是連續函數，但 $(1,3)$ 不是閉區間。

(3) 設 $f_3(x) = \begin{cases} x & , \quad 0 \le x < 1 \\ \dfrac{2}{3} & , \quad 1 \le x \le 2 \end{cases}$。由圖 1-5.4(c)可看出：$f_3$ 在 $[0,2]$ 上有最小值 $f_3(0) = 0$，但沒有最大值。雖然 $[0,2]$ 是一個閉區間，但 f_3 在 $[0,2]$ 上不是一個連續函數，它在 $x = 1$ 處不連續。

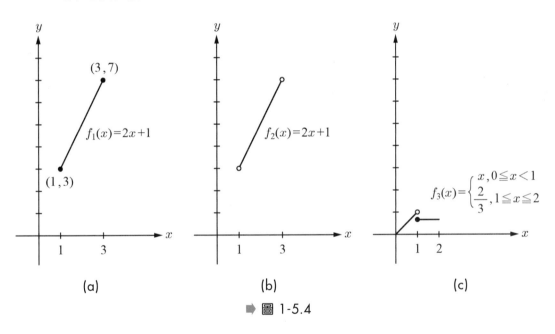

➡ 圖 1-5.4

定理 | 1-5-4 （勘根定理）(Root Location Theorem)

若函數 f 在$[a,b]$上連續，且 $f(a)\cdot f(b)<0$，則存在 $c\in(a,b)$ 使得 $f(c)=0$（ 見圖 1-5.5 ）

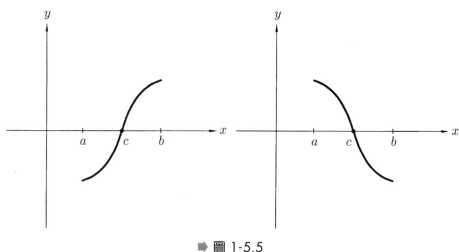

➡ 圖 1-5.5

　　這個定理用幾何的觀點去說明很容易理解。由 $f(a)f(b)<0$ 的條件，可得：點 $(a,f(a))$ 和點 $(b,f(b))$ 一定是分別位在 x 軸的兩側（即異側）。又由 f 在 $[a,b]$ 上是連續的條件，可得其函數圖形是連續不斷的。而一個連續不斷的函數圖形，且其圖形的兩個端點又分別位在 x 軸的兩側，則此圖形必然會和 x 軸相交（參考圖 1-5.5 ）。若設這交點為 $(c,0)$，則得 $f(c)=0$。

例題7

　　試證：方程式 $x^3-x-5=0$ 在$(0,2)$中必有一實根。

解

　　設 $f(x)=x^3-x-5$ ，則 f 在$[0,2]$上為連續函數。

　　由　 $f(0)=-5<0$ ， $f(2)=1>0$

　　得　 $f(0)f(2)<0$

所以由定理1-5-4知，必存在一數 $c \in (0,2)$ 使得 $f(c) = 0$，即得 $c^3 - c - 5 = 0$

這表示方程式 $x^3 - x - 5 = 0$ 在 $(0,2)$ 之中有一實根 c。

定 理 | 1-5-5 （中間值定理）(Intermediate-Value Theorem)

若 f 在 $[a,b]$ 上連續，且 $f(a) \neq f(b)$，而 k 是介於 $f(a)$ 與 $f(b)$ 之間的任一實數，則存在 $c \in (a,b)$，使得 $f(c) = k$。

這個定理內容其實是前面勘根定理更一般性的說法。

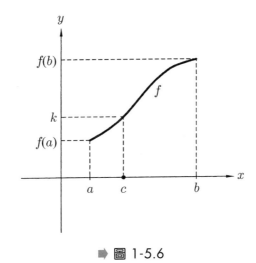

➡ 圖 1-5.6

習題 1-5

1. 設 $f(x) = \begin{cases} \dfrac{x^2 - 1}{x - 1} & , \quad x \neq 1 \\ 1 & , \quad x = 1 \end{cases}$ 問 f 在 $x = 1$ 及 $x = 2$ 是否連續？

2. 設 $g(x) = \begin{cases} \dfrac{|x|}{x} & , \quad x \neq 0 \\ 1 & , \quad x = 0 \end{cases}$ 問 g 在 $x = 0$ 及 $x = 1$ 是否連續？

3. 設 $f(x) = \begin{cases} 3x & , & x > 3 \\ 9 & , & x = 3 \\ x+6 & , & x < 3 \end{cases}$ 問 f 在 $x = 3$ 及 $x = 2$ 是否連續？

4. 設 $f(x) = [x]$，問 f 在 $x = 2$ 及 $x = 2.5$ 是否連續？

5. 設 $f(x) = \begin{cases} 2x & , & x \neq 2 \\ 6 & , & x = 2 \end{cases}$，$g(x) = \dfrac{x^2 - 1}{x - 1}$，$x \neq 1$

   求 $\lim\limits_{x \to 1} f(g(x))$ 及 $f\left(\lim\limits_{x \to 1} g(x)\right)$。

6. 求 $\lim\limits_{x \to 3} \left| 2x^2 - 6x - 4 \right|$。

7. 試證方程式 $2x^5 - 3x^4 - 2x^3 - 6x + 2 = 0$ 在 $(0,1)$ 中必有一實根。

8. 設 $f(x) = 3x + 2$，求 f 在 $[1,3]$ 上的最大值及最小值。

數學是什麼？這不是一件很容易回答的問題。一個常見的說法是，數學是研究數與形以及函數的科學。但這樣的說法很難精確去描述當今的所有「數學」。其實給數學下定義，對數學的學習和了解並沒有多大的幫助，只會給數學套上教條式的框架，扼殺了數學的生機和發展。我們可以發現「數學」的領域總是不斷在膨脹，只要有問題的地方，就會孕育出數學。

導數與定積分

CALCULUS

2-0　前　言

　　微積分主要談論二個主題，一為 **導數(derivative)**，二為 **定積分(definite integral)**。由幾何角度而言，前者和求曲線的切線斜率有關；而後者和求曲線所圍區域的面積有關。在本章內容裡我們將詳細解說導數和定積分的意義，並介紹微積分學上最重要的所謂 **微積分基本定理(The Fundamental Theorem of Calculus)**，這個定理對定積分的計算起了重大的作用，沒有這個定理，積分學將很難有所進展（由於定積分不易計算）。了解本章的內容，將可對單變數微積分學有一個整體的基本認識，也大致知道微積分到底在談些什麼。學完本章，單變數微積分的學習就剩下如何計算和應用了。

2-1　導　數

導數的意義

　　在第一章裡，我們曾利用以下的極限值而求得瞬時速度（1-3 節例 9）及切線斜率（1-3 節例 10）：

$$\lim_{n \to \infty} \frac{f(x_n) - f(x_0)}{x_n - x_0} = \lim_{x_n \to x_0} \frac{f(x_n) - f(x_0)}{x_n - x_0} \quad （由 \ n \to \infty，可得 \ x_n \to x_0）$$

而上面式子可改寫為

$$\lim_{x \to x_0} \frac{f(x) - f(x_0)}{x - x_0} \quad （由於上式中的 \ x_n \ 為收斂到 \ x_0 \ 之任意數列）$$

　　這是一個分子、分母各別來看其極限值都為 0 的式子（若其分子的極限值不為 0，則整個式子的極限值就不存在了，這不是我們要考慮的狀況）。這個式子是微積分裡非常重要的 **極限式子**，微積分裡有一半的內容都是由

這個式子所引起。此極限式子具有重要的幾何和物理意義，這在第一章裡我們已看到了。但由於它的重要性，使得我們有必要在這裡重新去說明其意義和功用。

　　先談其幾何意義。當給定函數 f，我們可以定義一個新的函數 $g(x) = \dfrac{f(x) - f(x_0)}{x - x_0}$，$x \neq x_0$。這個函數 $g(x)$，從幾何上來看就是連接函數 f 圖形上的點 $P(x_0, f(x_0))$，和其附近上的點 $Q(x, f(x))$，這二點的直線的斜率，這條直線 $\overleftrightarrow{PQ}$，我們稱為函數 f 圖形的割線(secant line)（見圖 2-1.1）。而取不同的 x，則可以得到不同的割線斜率 $g(x)$（見圖 2-1.2），因此它是 x 的函數。

　　接著我們來看 $g(x)$ 這個函數在 x_0 處的極限值 $\displaystyle\lim_{x \to x_0} g(x) = \lim_{x \to x_0} \dfrac{f(x) - f(x_0)}{x - x_0}$ 的幾何意義是什麼？從圖形 2-1.2 可看出，當所取的 x 點越接近 x_0 時，則動點 $Q(x, f(x))$ 會越接近定點 $P(x_0, f(x_0))$ 點，因此所得到的割線 $\overleftrightarrow{PQ}$ 就會越接近在圖 2-1.2 中所示的 $\overleftrightarrow{PT}$ 直線，且當 x 無限制的去接近 x_0 的過程中，所得到的割線 $\overleftrightarrow{PQ}$ 會無限制的去接近 $\overleftrightarrow{PT}$ 直線，此 $\overleftrightarrow{PT}$ 直線，我們定義為過 P 點的切線 (tangent line)（註）。而其斜率 $g(x)$ 也會無限制的去接近過 P 點的切線斜率，即當 $x \to x_0$，則 $g(x) \to$ 過 $P(x_0, f(x_0))$ 點的切線斜率。因此，由極限的定義得，

$\displaystyle\lim_{x \to x_0} g(x) = \lim_{x \to x_0} \dfrac{f(x) - f(x_0)}{x - x_0}$ **為過函數 f 圖形上點 $P(x_0, f(x_0))$ 的切線斜率。**

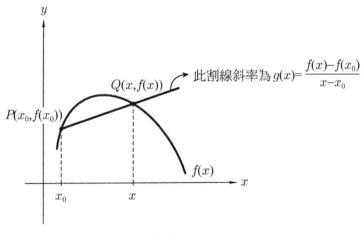

➡ 圖 2-1.1

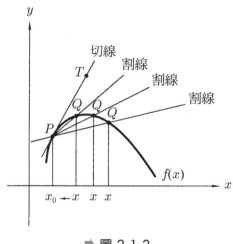

➡ 圖 2-1.2

註

什麼是過曲線上 P 點的切線(tangent line)？其定義為：當 Q 沿著曲線無限制的去接近 P 的過程中，其割線 $\overline{PQ}$ 的「極限位置」。

 例題1

求過函數 $f(x)=x^2$ 的圖形上面點(2,4)的切線方程式。

解

由 $\quad \lim\limits_{x \to 2} \dfrac{f(x)-f(2)}{x-2} = \lim\limits_{x \to 2} \dfrac{x^2-4}{x-2}$

$$= \lim_{x \to 2} x+2 = 4$$

得其切線斜率為4

因此其切線方程式為

$$\frac{y-4}{x-2} = 4$$

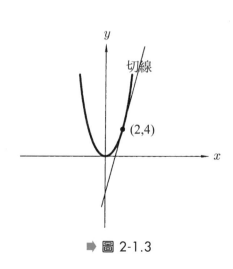

➡ 圖 2-1.3

　　對於式子 $\lim\limits_{x \to x_0} \dfrac{f(x)-f(x_0)}{x-x_0}$，除了幾何意義代表切線斜率外，也可以從

另一個角度去解釋其意義。設一質點沿著直線運動，且在 x 時刻，其位置

坐標 S 和 x 的函數關係式為 $S=f(x)$。（見圖 2-1.4）

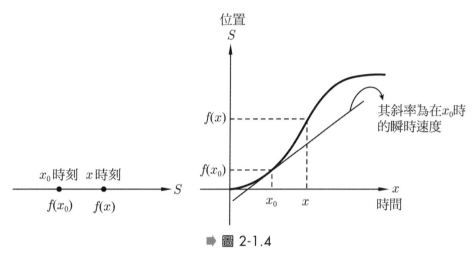

位置
S

$f(x)$

$f(x_0)$

其斜率為在x_0時
的瞬時速度

x_0　x
時間

x_0時刻　x時刻
$\bullet$　$\bullet$　　S
$f(x_0)$　$f(x)$

➡ 圖 2-1.4

　　對式子 $g(x) = \dfrac{f(x)-f(x_0)}{x-x_0}$ 而言，其分母 $x-x_0$ 表示所經過的時間，而其

分子 $f(x)-f(x_0)$ 表示從時刻 x_0 到時刻 x 時質點所走的位移，因此

$g(x) = \dfrac{\text{所經過的位移}}{\text{所經過的時間}} = $ 從時刻 x_0 到時刻 x 這段期間質點的平均速度。而我們

知道在正常情況下，在短時間內質點的速度變化不大（由於質點的速度變

化是連續的）。因此，若 x 很靠近 x_0，則在這兩個時刻期間的所有速度應

該都是差不多的，因此在它們間的平均速度 $g(x) = \dfrac{f(x)-f(x_0)}{x-x_0}$ 和在 x_0 時的速

度自然就會差不多，而且有：x 越接近 x_0，則其平均速度就會越接近在 x_0 時

的速度，且當 x 無限制的去接近 x_0 的過程中，其平均速度 $\dfrac{f(x)-f(x_0)}{x-x_0}$ 會無

限制的去接近在 x_0 時的速度，即當 $x \to x_0$，則 $\dfrac{f(x)-f(x_0)}{x-x_0} \to$ 在 x_0 時的速度。

因此，由極限定義得，$\lim\limits_{x \to x_0} \dfrac{f(x)-f(x_0)}{x-x_0}$ 為此質點在 x_0 時的速度。**而在 x_0 時**

的速度又稱為在 x_0 時的瞬時速度(instantaneous velocity at x_0)。

此外，對於式子 $\dfrac{f(x)-f(x_0)}{x-x_0}$，雖然它表示平均速度，其實它可以有更廣泛的含意，尤其是針對一般的函數 $f(x)$ 而言（此時 $f(x)$ 不一定表示在 x 時間時的位置），它可解釋成：當自變數從 x_0 變到 x 時，其函數值 $f(x)$ 對 x 的**平均變化率**；而 $\displaystyle\lim_{x \to x_0} \dfrac{f(x)-f(x_0)}{x-x_0}$，我們就稱它為**在 x_0 處 $f(x)$ 對 x 的瞬時變化率**(instantaneous rate of change of $f(x)$ with respect to x at $x=x_0$)，**亦即平均變化率的極限值稱為瞬時變化率。因而位置對時間的瞬時變化率就是瞬時速度。**

其實有很多的概念都要藉助瞬時變化率來表達。像速度對時間的瞬時變化率就是瞬時加速度；質量對長度的瞬時變化率就是線密度（當密度不是均勻時）；電量對時間的瞬時變化率就是電流；動量對時間的瞬時變化率就是力；成本對產量的瞬時變化率就是邊際成本等。我們用以下一些例子來說明和瞬時變化率有關的問題。

例題2

自由落體運動。我們已知自由落體運動，其位置 S（公尺）和時間 t（秒）的函數關係為 $S = f(t) = \dfrac{1}{2} g t^2$（將起始位置的坐標定為 0，且往下方向定為正），其中 $g = 9.8$ 公尺／秒^2 為重力加速度。設一物體自距地面 1000 公尺之某一高處自由落下，求

(a) 經 4 秒到 6 秒間的平均速度。

(b) 經 4 秒到 5 秒；4 秒到 4.5 秒；4 秒到 4.01 秒間的平均速度。又何者較接近 4 秒時的速度？

(c) 經 4 秒到 t 秒間的平均速度。

(d) 經 4 秒時的速度。（又稱為 4 秒時的瞬時速度）

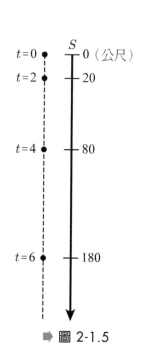

➡ 圖 2-1.5

解

(a) 經4秒到6秒間的平均速度為

$$\frac{f(6)-f(4)}{6-4}=\frac{18g-8g}{2}=5g \text{（公尺／秒）}$$

(b) 經4到5秒，經4到4.5秒，經4到4.01秒間的平均速度，分別為

$$\frac{f(5)-f(4)}{5-4}=4.5g \text{（公尺／秒）} , \quad \frac{f(4.5)-f(4)}{4.5-4}=4.25g \text{（公尺／秒）}$$

$$\frac{f(4.01)-f(4)}{4.1-4}=4.005g \text{（公尺／秒）}$$

顯然4到4.01秒間的平均速度會較接近4秒時的速度。（為什麼？）

(c) 經4秒到 t 秒間的平均速度為 $\dfrac{f(t)-f(4)}{t-4}=\dfrac{g}{2}(t+4)$ （公尺／秒）

(d) 由於 t 取得越接近4時，其平均速度 $\dfrac{f(t)-f(4)}{t-4}$ 就會越接近4秒時的速度（可由(b)去理解），且當 $t \to 4$ ，則 $\dfrac{f(t)-f(4)}{t-4} \to$ 4秒時的速度。此即 $\lim\limits_{t \to 4}\dfrac{f(t)-f(4)}{t-4}$ 為4秒時速度。

因此，得4秒時的速度為

$$\lim_{t \to 4}\frac{f(t)-f(4)}{t-4}=\lim_{t \to 4}\frac{\frac{g}{2}(t^2-16)}{t-4}=\lim_{t \to 4}\frac{\frac{g}{2}(t-4)(t+4)}{t-4}$$

$$=\lim_{t \to 4}\frac{g}{2}(t+4)=4g \text{（公尺／秒）}$$

例題3

設 $f(x)=\sqrt{3x+1}$ ，求在 $x=1$ 處，$f(x)$對 x 的瞬時變化率。

解

由 $\quad \lim_{x\to 1}\dfrac{f(x)-f(1)}{x-1}=\lim_{x\to 1}\dfrac{\sqrt{3x+1}-\sqrt{4}}{x-1}$

$\quad = \lim_{x\to 1}\dfrac{\left(\sqrt{3x+1}-2\right)\left(\sqrt{3x+1}+2\right)}{(x-1)\left(\sqrt{3x+1}+2\right)}=\lim_{x\to 1}\dfrac{3x+1-4}{(x-1)\left(\sqrt{3x+1}+2\right)}$

$\quad = \lim_{x\to 1}\dfrac{3(x-1)}{(x-1)\left(\sqrt{3x+1}+2\right)}=\lim_{x\to 1}\dfrac{3}{\sqrt{3x+1}+2}=\dfrac{3}{4}$

得 $f(x)$在 $x=1$處對 x 的瞬時變化率為$\dfrac{3}{4}$

 例題4

設一物體沿一直線運動，其時間 t（秒）和速度 V（公尺）的關係為
$V=f(t)=t^2+2t$，試求

(a)此物體從 $t=1$秒至 $t=2$秒；從 $t=1$秒到 $t=1.1$秒；從 $t=1$秒到 $t=1.01$秒間的平均加速度。

(b)此物體在時間 $t=1$秒的瞬時加速度。

解

(a) 從 $t=1$到 $t=2$間之平均加速度為

$$\frac{f(2)-f(1)}{2-1}=\frac{8-3}{1}=5 \text{（公尺／秒}^2\text{）}$$

從 $t=1$ 到 $t=1.1$ 間之平均加速度為

$$\frac{f(1.1)-f(1)}{1.1-1}=\frac{3.41-3}{0.1}=4.1（公尺／秒^2）$$

從 $t=1$ 到 $t=1.01$ 間之平均加速度為

$$\frac{f(1.01)-f(1)}{1.01-1}=\frac{3.0401-3}{0.01}=4.01（公尺／秒^2）$$

(b) 在時間 $t=1$ 秒時之瞬時加速度為

$$\lim_{t\to 1}\frac{f(t)-f(1)}{t-1}=\lim_{t\to 1}\frac{t^2+2t-3}{t-1}=\lim_{t\to 1}t+3=4（公尺／秒^2）$$

 例題5

設某工廠生產某項產品 x 單位所需的成本為

$$f(x)=0.1x^2+4x+500$$

(a) 問已生產 1000 個單位後，再生產 10 單位時，每單位的平均成本是多少？

(b) 問當生產 1000 單位時的邊際成本是多少？

解

(a) 其每單位的平均成本為

$$\frac{f(1000+10)-f(1000)}{10}=205$$

(b) 依經濟學上的定義，當生產1000單位時的邊際成本為

$$\lim_{x\to 1000}\frac{f(x)-f(1000)}{x-1000}=\lim_{x\to 1000}\frac{0.1(x-1000)(x+1040)}{x-1000}$$

$$=\lim_{x\to 1000}0.1x+104=204$$

 例題6

設經 t 秒後通過導線上某截面的電量為 Q（庫倫），且 $Q = f(t) = t^2 + 4t$。

(a) 問經 3 秒到 5 秒間的平均電流？

(b) 問經 3 秒時的瞬間電流？

解

(a) 經3秒到5秒間的平均電流為

$$\frac{f(5) - f(3)}{5 - 3} = \frac{45 - 21}{2} = 12 \text{（安培）}$$

(b) 經3秒時的瞬間電流為

$$\lim_{t \to 3} \frac{f(t) - f(3)}{t - 3} = \lim_{t \to 3} \frac{t^2 + 4t - 21}{t - 3} = \lim_{t \to 3} t + 7 = 10 \text{（安培）}$$

由前面的解說，已讓我們知道式子 $\lim\limits_{x \to x_0} \dfrac{f(x) - f(x_0)}{x - x_0}$ 具有非常重要的意義，因此在微積分學上特別給它一個名稱，稱為 f 在 x_0 處的導數 (derivative)，其正式定義如下：

定義 　2-1-1　（導數的定義）

給定 x_0，若 $\lim\limits_{x \to x_0} \dfrac{f(x) - f(x_0)}{x - x_0}$ 存在，則稱此極限值為 f 在 x_0 處的**導數** (derivative)，並以 $f'(x_0)$ 表示（讀為：f prime of x_0）。

即　$f'(x_0) = \lim\limits_{x \to x_0} \dfrac{f(x) - f(x_0)}{x - x_0}$

並且說 f 在 x_0 處為**可微分** (differentiable)。若此極限值不存在，則說 f 在 x_0 不可微分。

在導數的定義式子中，若令 $\Delta x = x - x_0$，則可將 $x \to x_0$ 改寫成 $\Delta x \to 0$，且得 $x = x_0 + \Delta x$，因而得

$$f'(x_0) = \lim_{x \to x_0} \frac{f(x) - f(x_0)}{x - x_0} = \lim_{\Delta x \to 0} \frac{f(x_0 + \Delta x) - f(x_0)}{\Delta x}$$

即　$f'(x_0)$ 亦可表為下面的式子：

$$f'(x_0) = \lim_{\Delta x \to 0} \frac{f(x_0 + \Delta x) - f(x_0)}{\Delta x}$$

綜合前面的說明，符號 $f'(x_0)$ 有以下的三個意義：

(1) f 在 x_0 處的導數。

(2) f 在 x_0 處 $f(x)$ 對 x 的瞬時變化率。

(3) 過函數 f 圖形上點 $(x_0, f(x_0))$ 的切線斜率。

 例題7

設 $f(x) = x^2$，求 $f'(2)$，$f'(3)$，$f'(a)$。

解

由定義得

$$f'(2) = \lim_{x \to 2} \frac{f(x) - f(2)}{x - 2} = \lim_{x \to 2} \frac{x^2 - 4}{x - 2}$$

$$= \lim_{x \to 2} x + 2 = 4$$

$$f'(3) = \lim_{x \to 3} \frac{f(x) - f(3)}{x - 3} = \lim_{x \to 3} \frac{x^2 - 9}{x - 3}$$

$$= \lim_{x \to 3} x + 3 = 6$$

亦可用導數另一式子求，得

$$f'(2) = \lim_{\Delta x \to 0} \frac{f(2+\Delta x) - f(2)}{\Delta x} = \lim_{\Delta x \to 0} \frac{(2+\Delta x)^2 - 4}{\Delta x}$$

$$= \lim_{\Delta x \to 0} \frac{4 + 4\Delta x + (\Delta x)^2 - 4}{\Delta x} = \lim_{\Delta x \to 0} 4 + \Delta x$$

$$= 4$$

$$f'(3) = \lim_{\Delta x \to 0} \frac{f(3+\Delta x) - f(3)}{\Delta x} = \lim_{\Delta x \to 0} \frac{(3+\Delta x)^2 - 9}{\Delta x}$$

$$= \lim_{\Delta x \to 0} \frac{9 + 6\Delta x + (\Delta x)^2 - 9}{\Delta x} = \lim_{\Delta x \to 0} 6 + \Delta x$$

$$= 6$$

$$f'(a) = \lim_{\Delta x \to 0} \frac{f(a+\Delta x) - f(a)}{\Delta x} = \lim_{\Delta x \to 0} \frac{(a+\Delta x)^2 - a^2}{\Delta x}$$

$$= \lim_{\Delta x \to 0} \frac{2a\Delta x + (\Delta x)^2}{\Delta x} = \lim_{\Delta x \to 0} 2a + \Delta x = 2a \text{，此亦即 } f'(x) = 2x$$

此題亦可先求得 $f'(a) = 2a$，再由 $f'(a) = 2a$ 的結果，求得 $f'(2) = 4$，$f'(3) = 6$。

 例題8

設 $f(x) = \sqrt{x}$，求 $f'(4)$，又問 f 在 0 是否可微分？

解

由定義得

$$f'(4) = \lim_{x \to 4} \frac{f(x) - f(4)}{x - 4} = \lim_{x \to 4} \frac{\sqrt{x} - 2}{x - 4}$$

$$= \lim_{x \to 4} \frac{(\sqrt{x} - 2)(\sqrt{x} + 2)}{(x - 4)(\sqrt{x} + 2)} = \lim_{x \to 4} \frac{x - 4}{(x - 4)(\sqrt{x} + 2)}$$

$$= \lim_{x \to 4} \frac{1}{\sqrt{x} + 2} = \frac{1}{4}$$

由於 $\lim_{x \to 0^+} \dfrac{f(x) - f(0)}{x - 0} = \lim_{x \to 0^+} \dfrac{\sqrt{x}}{x} = \lim_{x \to 0^+} \dfrac{1}{\sqrt{x}} = \infty$

因此 f 在 0 不可微分。

 例題9

設 $f(x) = |x|$，求 $f'(2)$，又問 f 在 0 是否可微分？

解

$$f'(2) = \lim_{x \to 2} \frac{f(x) - f(2)}{x - 2} = \lim_{x \to 2} \frac{|x| - 2}{x - 2} = \lim_{x \to 2} \frac{x - 2}{x - 2} = 1$$

而

$$\lim_{x \to 0} \frac{f(x) - f(0)}{x - 0} = \lim_{x \to 0} \frac{|x| - 0}{x - 0} = \lim_{x \to 0} \frac{|x|}{x}$$

但已知 $\lim\limits_{x \to 0} \dfrac{|x|}{x}$ 不存在

$$\left(\because \lim_{x \to 0^+} \frac{|x|}{x} = 1 ， \lim_{x \to 0^-} \frac{|x|}{x} = -1 \right)$$

所以 f 在 0 不可微分。

導函數

　　什麼是導函數？我們已知道一個函數就是從給定自變數的值而能得其應變值的公式（或說規則）。若公式中的應變數是導數，這個公式就稱為導函數。簡單的說，導函數就是給定一個點（即自變數），就能求得該點導數的公式。因此，只要將用來求算在特定點導數的式子改為求算在一般變數點的式子就是導函數了。例如，設函數 $f(x) = x^2$，在例題 7 中，我們已求得 f 在特定點 2 的導數 $f'(2)$ 為 $f'(2) = 4$，且也求得一般變數點 x 的導數 $f'(x)$ 為 $f'(x) = 2x$。這個 $f'(x) = 2x$ 就是 f 的導函數。有了 $f'(x) = 2x$ 這個求導數的公式，我們可以藉它來求在任何特定點的導數。如想求 $f'(-3)$，只要將 $x = -3$ 代入 $f'(x) = 2x$ 就可得到 $f'(-3) = -6$，也可得 $f'(-4) = -8$，$f'(2) = 4$，$f'(5) = 10$，$f'(-6) = -12$，$f'(-20) = -40$ 等。這樣看來，去求算導數不如去求算導函數，因為差不多的「工作量」，後者得到公式，而前者只得到一個值（這值亦可將特定值代入後者的公式而得到）。因此，往後我們會將求算導數的工作轉移到求算導函數。由於求算在一般變數點 x 的導數就是導函數，因而有以下導函數的定義。

定義 2-1-2 （導函數的定義）

f 的導函數，以 f' 表示，且定義為

$$f'(x) \equiv \lim_{\Delta x \to 0} \frac{f(x + \Delta x) - f(x)}{\Delta x}$$

其定義域為使上式極限值存在的所有 x 值的集合。

導函數的符號規定

　　我們要知道將函數 $f(x)$ 的導函數用符號 $f'(x)$ 表示（即前面所用的符號），這是英國數學家牛頓(Newton, 1642～1727)所創造使用的符號。但在早期微積分發展的過程中，對導函數符號的使用有不同的主張，德國、法國等地區的數學家主張使用 $\dfrac{d}{dx}f(x)$，或 $D_x f(x)$ 來表示 $f(x)$ 的導函數（符號

$\dfrac{d}{dx}$ 是由德國數學家萊布尼茲所創造的）。因此，若 $y = f(x)$，則以下都是微積分裡可以使用的導函數和導數的符號：

$$f'(x) = y' = \frac{df(x)}{dx} = \frac{d}{dx}f(x) = \frac{dy}{dx} = D_x f(x) = D_x y \ : \ f\text{的導函數。}$$

$$f'(a) = \frac{df(x)}{dx}\bigg|_{x=a} = D_x f(x)\bigg|_{x=a} = \frac{dy}{dx}\bigg|_{x=a} = D_x y\bigg|_{x=a} \ : \ f\text{在}a\text{點的導數。}$$

在微積分裡，**「微分」**(differentiate)**一詞是指：求一個函數的導函數的運算（或說過程）。因此，對一函數 f 微分可得 f 的導函數。**而我們以符號 $\dfrac{d}{dx}$ 或 D_x 表示「微分」或「對 x 微分」，因而當它作用到函數 f 上時，表為 $\dfrac{d}{dx}f(x)$ 或 $D_x f(x)$，就會產生 $f(x)$ 的導函數。這是 $\dfrac{d}{dx}f(x)$（這亦可寫為 $\dfrac{df(x)}{dx}$）或 $D_x f(x)$ 為何表示 $f(x)$ 的導函數的由來。$\dfrac{d}{dx}f(x)$ 或 $D_x f(x)$ 讀成「$f(x)$ 相對於 x 的微分」(the derivative of $f(x)$ respect to x)。在數學上，很少有一個概念名稱會用這麼多符號去表示，這是很特別也需要去知道的事，而往後我們會視其方便性來選擇其中符號的使用。

 例題10

設 $f(x) = x^3$，求 $f'(x)$，$f'(3)$。

解

$$f'(x) = \lim_{\Delta x \to 0} \frac{f(x + \Delta x) - f(x)}{\Delta x} = \lim_{\Delta x \to 0} \frac{(x + \Delta x)^3 - x^3}{\Delta x}$$

$$= \lim_{\Delta x \to 0} \frac{x^3 + 3x^2 \Delta x + 3x \cdot (\Delta x)^2 + (\Delta x)^3 - x^3}{\Delta x}$$

$$= \lim_{\Delta x \to 0} \frac{3x^2 \cdot \Delta x + 3x(\Delta x)^2 + (\Delta x)^3}{\Delta x}$$

$$= \lim_{\Delta x \to 0} 3x^2 + 3x\Delta x + (\Delta x)^2 = 3x^2$$

因而得，$f'(3) = 3(3^2) = 27$

或直接求得

$$f'(3) = \lim_{x \to 3} \frac{f(x) - f(3)}{x - 3} = \lim_{x \to 3} \frac{x^3 - 27}{x - 3}$$

$$= \lim_{x \to 3} \frac{(x-3)(x^2 + 3x + 9)}{x - 3} = \lim_{x \to 3} x^2 + 3x + 9$$

$$= 27$$

 例題11

設 $f(x) = |x|$，求 $f'(x)$。

解

$$f'(x) = \lim_{\Delta x \to 0} \frac{f(x + \Delta x) - f(x)}{\Delta x} = \lim_{\Delta x \to 0} \frac{|x + \Delta x| - |x|}{\Delta x}$$

當 $x>0$ 時

$$\lim_{\Delta x \to 0} \frac{|x + \Delta x| - |x|}{\Delta x} = \lim_{\Delta x \to 0} \frac{x + \Delta x - x}{\Delta x} = \lim_{\Delta x \to 0} \frac{\Delta x}{\Delta x} = 1$$

當 $x<0$ 時

$$\lim_{\Delta x \to 0} \frac{|x + \Delta x| - |x|}{\Delta x} = \lim_{\Delta x \to 0} \frac{-(x + \Delta x) - (-x)}{\Delta x} = \lim_{\Delta x \to 0} \frac{-\Delta x}{\Delta x} = -1$$

又由本節的例子9知，f 在0不可微分，

因此得

$$f'(x) = \begin{cases} 1 & , \quad x > 0 \\ -1 & , \quad x < 0 \end{cases}$$

（此函數 f' 只能定義在 $R-\{0\}$ 上，雖然函數 f 是定義在整個實數上）

定 理 | 2-1-1

若 f 在 a 點可微分（即 $f'(a)$ 存在），則 f 在 a 點連續。

▶ 證 明

由於

$$\lim_{x \to a} f(x) - f(a) = \lim_{x \to a} \frac{f(x) - f(a)}{x - a} \cdot (x - a)$$

$$= \lim_{x \to a} \frac{f(x) - f(a)}{x - a} \cdot \lim_{x \to a} x - a = f'(a) \cdot 0 = 0 \text{，即得 } \lim_{x \to a} f(x) = f(a)$$

因此，得證 f 在 a 點連續。

　　當一個函數在它的定義域上的每一點都可微分時，則說這個函數為**可微分函數**(differentiable function)。由定理 2-1-1，我們知道可微分函數一定是一個連續函數，而且將會知道其圖形是「平滑」的連續曲線。但一個連續函數，卻不一定會是一個可微分函數，像 $f(x) = |x|$，它為 R 上的連續函數，但它不是 R 上的可微分函數。（參考例 11）

基本的微分公式和微分規則

　　在前面我們曾經由導函數的定義 $\lim\limits_{\Delta x \to 0} \dfrac{f(x + \Delta x) - f(x)}{\Delta x}$，求得函數 $f(x) = x^3$ 的導函數為 $f'(x) = 3x^2$。現在我們不想再依定義去求個別函數的導函數，我們希望能利用一些基本的微分公式和微分運算規則而能求得所有多項函數的導函數。以下的定理 2-1-2 和定理 2-1-3 就是兩個我們所要利用

的基本微分公式。

定　理　2-1-2

設 $f(x) = k$，k 為一常數，則

$$f'(x) = \frac{d}{dx} f(x) = D_x f(x) = D_x(k) = 0$$

▶ 證　明

由定義得

$$f'(x) = \lim_{\Delta x \to 0} \frac{f(x + \Delta x) - f(x)}{\Delta x} = \lim_{\Delta x \to 0} \frac{k - k}{\Delta x} = 0$$

定　理　2-1-3

設 $f(x) = x^n$，$\forall n \in N$，則

$$f'(x) = \frac{d}{dx} f(x) = D_x f(x) = D_x x^n = n \cdot x^{n-1}$$

▶ 證　明

由定義得

$$f'(x) = \lim_{\Delta x \to 0} \frac{f(x + \Delta x) - f(x)}{\Delta x} = \lim_{\Delta x \to 0} \frac{(x + \Delta x)^n - x^n}{\Delta x}$$

$$= \lim_{\Delta x \to 0} \frac{\left[(x + \Delta x) - x\right]\left[(x + \Delta x)^{n-1} + (x + \Delta x)^{n-2} \cdot x + \cdots + (x + \Delta x) \cdot x^{n-2} + x^{n-1}\right]}{\Delta x}$$

（利用 $a^n - b^n = (a - b)(a^{n-1} + a^{n-2}b + \cdots + ab^{n-2} + b^{n-1})$）

$$= \lim_{\Delta x \to 0} \left[(x + \Delta x)^{n-1} + (x + \Delta x)^{n-2} \cdot x + \cdots + (x + \Delta x) \cdot x^{n-2} + x^{n-1}\right]$$

$$= x^{n-1} + x^{n-2} \cdot x + \cdots + x \cdot x^{n-2} + x^{n-1}$$

$$= n \cdot x^{n-1}$$

以下的定理 2-1-4 和定理 2-1-5 是兩個最基本的微分運算規則，我們可以利用這二個規則來簡化微分的計算。

定理 | 2-1-4

設 k 為任意常數，則

$$D_x\big[kf(x)\big] = kD_x f(x) = k \cdot f'(x)$$

▶ 證 明

令 $g(x) = kf(x)$，則得

$$D_x\big[(k \cdot f(x)\big] = D_x g(x) = g'(x)$$

$$= \lim_{\Delta x \to 0} \frac{g(x + \Delta x) - g(x)}{\Delta x} = \lim_{\Delta x \to 0} \frac{k \cdot f(x + \Delta x) - k \cdot f(x)}{\Delta x}$$

$$= \lim_{\Delta x \to 0} \frac{k\big[f(x + \Delta x) - f(x)\big]}{\Delta x} = k \cdot \lim_{\Delta x \to 0} \frac{f(x + \Delta x) - f(x)}{\Delta x}$$

$$= k \cdot f'(x) = kD_x f(x)$$

 例題12

求 $D_x(4x^6)$。

解

$$D_x(4x^6) = 4D_x x^6 \text{（由定理2-1-4）} = 4 \cdot 6x^{6-1} = 24x^5$$

定 理 | 2-1-5 （加法規則）

設 $f(x)$，$g(x)$ 均為可微分函數，則

$$D_x\left[f(x)+g(x)\right]=D_xf(x)+D_xg(x)=f'(x)+g'(x)$$

▶證 明

$$D_x\left[f(x)+g(x)\right]=\lim_{\Delta x\to 0}\frac{\left[f(x+\Delta x)+g(x+\Delta x)\right]-\left[f(x)+g(x)\right]}{\Delta x}$$

$$=\lim_{\Delta x\to 0}\frac{\left[f(x+\Delta x)-f(x)\right]+\left[g(x+\Delta x)-g(x)\right]}{\Delta x}$$

$$=\lim_{\Delta x\to 0}\left[\frac{f(x+\Delta x)-f(x)}{\Delta x}+\frac{g(x+\Delta x)-g(x)}{\Delta x}\right]$$

$$=\lim_{\Delta x\to 0}\frac{f(x+\Delta x)-f(x)}{\Delta x}+\lim_{\Delta x\to 0}\frac{g(x+\Delta x)-g(x)}{\Delta x}$$

$$=f'(x)+g'(x)$$

▶系 理

設函數 $f_1(x)$，$f_2(x)$，$\cdots$，$f_n(x)$ 等都為可微分函數，則

$$D_x\left[f_1(x)+f_2(x)+\cdots+f_n(x)\right]=D_xf_1(x)+D_xf_2(x)+\cdots+D_xf_n(x)$$

利用以上所得的微分規則，以及微分公式 $D_xx^n=nx^{n-1}$，我們可以不再依定義而很容易求得所有多項式函數的導函數。我們用例題 13 來說明。

例題13

求 $D_x(3x^4-7x^3+5x^2+4x-9)$。

解

$$D_x(3x^4-7x^3+5x^2+4x-9)$$

$$=D_x(3x^4)+D_x(-7x^3)+D_x(5x^2)+D_x(4x)+D_x(-9)\quad（由系理）$$

$$= 3 \cdot D_x(x^4) + (-7) \cdot D_x(x^3) + 5 \cdot D_x(x^2) + 4 \cdot D_x(x) + D_x(-9) \text{（由定理2-1-4）}$$

$$= 3 \cdot 4x^3 + (-7) \cdot 3x^2 + 5 \cdot 2x + 4 \cdot 1 + 0 \text{（由定理2-1-3）}$$

$$= 12x^3 - 21x^2 + 10x + 4$$

例題14

設 $f(x) = 3x^2 - 4x + 6$，求 $f'(2)$。

解

由　$f'(x) = D_x f(x) = D_x(3x^2 - 4x + 6) = 6x - 4$

得　$f'(2) = 12 - 4 = 8$

例題15

設 $u = 4t^3 - 6t^2 + 5t - 3$，求 $\dfrac{du}{dt}$ 及 $\left. \dfrac{du}{dt} \right|_{t=2}$。

解

得 $\dfrac{du}{dt} = D_t u = 12t^2 - 12t + 5$

且得 $\left. \dfrac{du}{dt} \right|_{t=2} = 12(2)^2 - 12(2) + 5 = 29$

定理 2-1-3 告訴我們在 n 為自然數時，公式 $D_x x^n = nx^{n-1}$ 成立。其實這個公式在 n 不是自然數時亦會成立。以下二個例子說明了在 $n = \dfrac{2}{3}$ 及 $\dfrac{1}{2}$ 時，公式仍然成立。

 例題16

設 $f(x) = x^{\frac{2}{3}}$，求 $f'(x)$。

解

當 $a \neq 0$ 時

$$f'(a) = \lim_{x \to a} \frac{f(x) - f(a)}{x - a} = \lim_{x \to a} \frac{x^{\frac{2}{3}} - a^{\frac{2}{3}}}{x - a}$$

$$= \lim_{x \to a} \frac{(x^{\frac{1}{3}} - a^{\frac{1}{3}})(x^{\frac{1}{3}} + a^{\frac{1}{3}})}{(x^{\frac{1}{3}} - a^{\frac{1}{3}})(x^{\frac{2}{3}} + x^{\frac{1}{3}} a^{\frac{1}{3}} + a^{\frac{2}{3}})} = \lim_{x \to a} \frac{x^{\frac{1}{3}} + a^{\frac{1}{3}}}{x^{\frac{2}{3}} + x^{\frac{1}{3}} a^{\frac{1}{3}} + a^{\frac{2}{3}}}$$

$$= \frac{2a^{\frac{1}{3}}}{3a^{\frac{2}{3}}} = \frac{2}{3} a^{\frac{-1}{3}}$$

因而得 $f'(x) = \frac{2}{3} x^{\frac{-1}{3}}$

當 $a = 0$ 時

$$\text{由} \lim_{x \to 0} \frac{f(x) - f(0)}{x - 0} = \lim_{x \to 0} \frac{x^{\frac{2}{3}}}{x} = \lim_{x \to 0} \frac{1}{x^{\frac{1}{3}}} \quad (\text{不存在})$$

知 f 在 0 處不可微分。

綜合以上結果，得

$$f'(x) = \frac{2}{3} x^{\frac{-1}{3}}, \quad x \neq 0$$

例題17

設 $f(x) = \sqrt{x}$ ，求 $f'(x)$ 。

 解

當 $x > 0$ 時

$$
\begin{aligned}
f'(a) &= \lim_{\Delta x \to 0} \frac{f(x + \Delta x) - f(x)}{\Delta x} \\
&= \lim_{\Delta x \to 0} \frac{\sqrt{x + \Delta x} - \sqrt{x}}{\Delta x} \\
&= \lim_{\Delta x \to 0} \frac{(\sqrt{x + \Delta x} - \sqrt{x})(\sqrt{x + \Delta x} + \sqrt{x})}{\Delta x(\sqrt{x + \Delta x} + \sqrt{x})} \\
&= \lim_{\Delta x \to 0} \frac{\Delta x}{\Delta x(\sqrt{x + \Delta x} + \sqrt{x})} \\
&= \lim_{\Delta x \to 0} \frac{1}{\sqrt{x + \Delta x} + \sqrt{x}} = \frac{1}{2\sqrt{x}}
\end{aligned}
$$

又由例題8知，f 在0不可微分

因此，得 $f'(x) = \dfrac{1}{2\sqrt{x}} = \dfrac{1}{2}x^{\frac{-1}{2}}$ ， $x > 0$

例題18

設 $f(x) = \dfrac{3x - 2}{2x + 1}$ ，求 $f'(x)$ 。

解

當 $a \neq \dfrac{-1}{2}$ 時

$$f'(a) = \lim_{x \to a} \frac{f(x) - f(a)}{x - a} = \lim_{x \to a} \frac{\dfrac{3x - 2}{2x + 1} - \dfrac{3a - 2}{2a + 1}}{x - a}$$

$$= \lim_{x \to a} \frac{\dfrac{(3x - 2)(2a + 1) - (3a - 2)(2x + 1)}{(2x + 1)(2a + 1)}}{x - a}$$

$$= \lim_{x \to a} \frac{\dfrac{7(x - a)}{(2x - 1)(2a + 1)}}{x - a}$$

$$= \lim_{x \to a} \frac{7}{(2x + 1)(2a + 1)}$$

$$= \frac{7}{(2a + 1)^2}$$

因而得

$$f'(x) = \frac{7}{(2x + 1)^2} \ , \ x \neq \frac{-1}{2}$$

 例題19

設一質點沿一直線運動，其位置坐標 S（公尺）和時間 t（秒）的函數關係式為 $S = f(t) = 2t^3 - 15t^2 + 24t + 2$，求在 $t = 5$（秒）時質點的速度。又問何時，質點速度為 0。

解

得其速度 V 和時間 t 的函數關係式為

$$V(t) = f'(t) = 6t^2 - 30t + 24 = 6(t - 1)(t - 4)$$

因此，得在 $t = 5$（秒）時質點之速度為 $f'(5) = 24$（公尺／秒）

令 $V(t) = 0$，即令 $6(t - 1)(t - 4) = 0$

解得 $t = 1$ 或 $t = 4$

因此，得在 $t = 1$（秒）或 $t = 4$（秒）時，質點的速度為 0。

習題 2-1

1. 設 $f(x) = x^3$，求過函數 $f(x)$ 圖形上點 $(2,8)$ 的切線方程式。

2. 設 $g(x) = x^2 + 3x - 4$，求過函數 $g(x)$ 圖形上點 $(2,6)$ 的切線方程式。

3. 設一質點在一直線上運動，其位置 s（公尺）和時間 t（秒）的函數關係為
   $s = f(t) = 2t^2 + 3t + 1$，求在 $t = 1, 2, 3$（秒）時質點的速度。

4. 設一質點在一直線上運動，其速度 v（公尺）和時間 t（秒）的函數關係為
   $v = g(t) = 3t^2 - 2t + 4$，求在 $t = 1, 2, 3$（秒）時質點的加速度。

5. 設一質點在一直線上運動，其位置 s（公尺）和時間 t（秒）的函數關係為
   $s = h(t) = 4t^2 + 6t + 8$，求在 $t = 4$ 秒時質點的加速度。

6. 求一個圓，在半徑 $r = 2$ 時，其面積對半徑 r 的瞬時變化率。

7. 設 $f(x) = \sqrt{2x+3}$，求在 $x = 3$ 處，$f(x)$ 對 x 的瞬時變化率。

8. 設 $f(x) = 3x^2 - 6x - 4$，求 $f'(x)$，$f'(3)$，$f'(-2)$。

9. 設 $g(x) = \dfrac{1}{x^2}$，求 $g'(x), g'(3)$。

10. 設 $f(x) = \dfrac{x(1+x)(2+x)(3+x)}{(1-x)(2-x)(3-x)}$，求 $f'(0)$

11. 設 $f(x) = |x-1|$，求 $f'(0)$，$f'(3)$，又 f 在 1 處是否可微分？並求 $f'(x)$。

12. 設 $f(x) = \begin{cases} x & , \quad x < 1 \\ 1 & , \quad x = 1 \\ 2-x & , \quad x > 1 \end{cases}$，問 f 在 1 處是否連續？又 f 在 1 處是否可微分？

    並求 $f'(x)$。

13. 設 $f(x) = |x^2 - 5x + 6|$，求 $f'(x)$。

14. 設 $f(x) = \begin{cases} x-1 & , \quad x \geq 1 \\ x^2 - x & , \quad x < 1 \end{cases}$，求 $f'(x)$。

15. 設 $f'(a) = c$，求

(a) $\displaystyle\lim_{h \to 0} \frac{f(a-h)-f(a)}{h}$ （提示：令 $k = -h$ ）

(b) $\displaystyle\lim_{h \to 0} \frac{f(a+3h)-f(a)}{h}$ （提示：令 $k = 3h$ ）

2-2 定積分

∑ 符號(Sigma Notation)

在正式介紹什麼是**定積分**(definite integral)之前，我們先引進一個求和的符號 ∑（讀作 sigma），且用符號 $\displaystyle\sum_{i=1}^{n} f(i)$ 表示：將自然數 i（亦可用其它符號，如 k, n, m 等）從 1 變到 n 後，然後將其函數值 $f(i)$ 全部加起來。即

$$\sum_{i=1}^{n} f(i) \equiv f(1) + f(2) + \cdots + f(n)$$

又習慣上以 a_i 表示 $f(i)$，因而將它改寫為

$$\sum_{i=1}^{n} f(i) = \sum_{i=1}^{n} a_i = a_1 + a_2 + \cdots + a_n$$

這裡的 $i = 1$ 表示 i 從 1 開始變動，但 i 不是一定要從 1 開始，若改為 $i = 2$（或 0），則 i 就從 2（或 0）開始變動。例如：

(1) $\displaystyle\sum_{i=1}^{4} i^2 = 1 + 4 + 9 + 16$

(2) $\displaystyle\sum_{i=2}^{5} 3i + 4 = 10 + 13 + 16 + 19$

(3) $\displaystyle\sum_{k=0}^{2} \frac{2}{3k+1} = 2 + \frac{2}{4} + \frac{2}{7}$

(4) $\displaystyle\sum_{i=1}^{3} 6 = 6 + 6 + 6$

Σ 有以下二個重要性質：

(1) $\displaystyle\sum_{i=1}^{n} ca_i = c\sum_{i=1}^{n} a_i$ ，其中 c 為常數

(2) $\displaystyle\sum_{i=1}^{n} (a_i \pm b_i) = \sum_{i=1}^{n} a_i \pm \sum_{i=1}^{n} b_i$

 例題1

求 $\displaystyle\sum_{i=1}^{10} (3i + 4)$

解

$$\sum_{i=1}^{10} (3i + 4) = \sum_{i=1}^{10} 3i + \sum_{i=1}^{10} 4 = 3\sum_{i=1}^{10} i + \sum_{i=1}^{10} 4$$

$$= 3 \times \frac{10 \times 11}{2} + 4 \times 10 = 205$$

 例題2

試證：$\displaystyle\sum_{i=1}^{n} i^2 = \frac{n(n+1)(2n+1)}{6}$

解

由於 $(i+1)^3 - i^3 = 3i^2 + 3i + 1$

得　$\displaystyle\sum_{i=1}^{n}(i+1)^3-i^3=\sum_{i=1}^{n}(3i^2+3i+1)$

上式右邊 $=3\displaystyle\sum_{i=1}^{n}i^2+\left(3\sum_{i=1}^{n}i\right)+n=3\sum_{i=1}^{n}i^2+\dfrac{3n(n+1)}{2}+n$

而左邊 $=\displaystyle\sum_{i=1}^{n}(i+1)^3-i^3$

$\qquad =(2^3-1^3)+(3^3-2^3)+(4^3-3^3)+\cdots+\left[(n+1)^3-n^3\right]$

$\qquad =(n+1)^3-1^3$

因此，得

$$(n+1)^3-1^3=3\sum_{i=1}^{n}i^2+\dfrac{3n^2+5n}{2}$$

$$\Rightarrow\ 3\sum_{i=1}^{n}i^2=(n+1)^3-1-\dfrac{3n^2+5n}{2}$$

$$\Rightarrow\ \sum_{i=1}^{n}i^2=\dfrac{2n^3+3n^2+n}{6}=\dfrac{n(n+1)(2n+1)}{6}$$

例題3

求 $\displaystyle\sum_{i=1}^{30}(2i+3)^2=25+49+81+\cdots+3969=?$

解

$$\sum_{i=1}^{30}(2i+3)^2 = \sum_{i=1}^{30}4i^2+12i+9 = \sum_{i=1}^{30}4i^2+\sum_{i=1}^{30}12i+\sum_{i=1}^{30}9$$

$$= 4\sum_{i=1}^{30}i^2+12\sum_{i=1}^{30}i+30\times 9$$

$$= 4\times\frac{30\times 31\times 61}{6}+12\times\frac{30\times 31}{2}+270$$

$$= 43670$$

求曲線所圍區域的面積

在談到定積分的概念之前，我們先來談一個和定積分概念有密切關係的問題，那就是如何去求一個由**曲線**所圍的區域的面積。我們都知道像矩形、三角形、梯形及一般由直線所圍成的多邊形區域，其面積我們都可以求出來，但是由曲線所圍成的區域，其面積的計算就變得相當困難，這必須要有新的方法才行。回顧之前我們求得瞬時速度（或圓面積）所採用的技巧是：先求其平均速度（或圓內接正 n 邊形面積），以做為瞬時速度的近似值（以做為圓面積的近似值），然後再取這些平均速度（或圓內接正 n 邊形面積）的極限值而求得瞬時速度（或圓面積）。這種先求其近似值，然後取它們的極限值而得所求的技巧，一直都是微積分學中處理問題的最主要手法，而這樣的手法，同樣也可以用來求曲線所圍的面積。例題 5 將說明這個方法。現先以例題 4 來說明如何求其近似值。

例題4

給如圖 2-2.1(a)所示之區域 R，亦即給由函數 $y=f(x)=x^2$ 的圖形，以及直線 $x=0$，$x=1$，和 x 軸所圍的區域。求此區域 R 的面積的**近似值**。

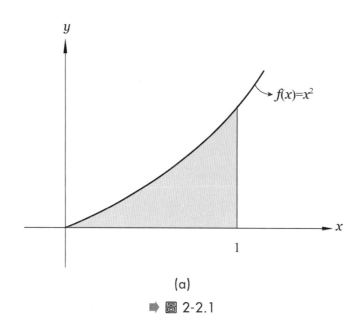

$f(x)=x^2$

1

(a)

➡ 圖 2-2.1

顯然求其近似值有很多方法，而我們採用的作法和定積分的概念有很密切的關係，它的方法是：將區域 R 分割成四個子區域，然後去求每個子區域面積的近似值（真正值仍然求不出來），最後再將這四個近似值全部加起來，以做為區域 R 的面積的近似值。而我們的分割方式是：先將 $[0,1]$ 分成四等分，且得其分點坐標由左而右依序為 $\dfrac{1}{4}$，$\dfrac{2}{4}$，$\dfrac{3}{4}$；然後分別作過這些分點且垂直 x 軸的直線，則這些垂直線將 R 分割成如圖 2-2.1(b) 所示的 R_0，R_1，R_2，R_3 等四個子區域。對每個區域 $R_i(i=0,1,2,3)$，我們取一矩形（矩形的面積是可以求得的）去近似它。而這矩形是如何取的？對每個子區域 $R_i(i=0,1,2,3)$，我們取一個以 $f\left(\dfrac{i}{4}\right)$ 為高，底長為 $\dfrac{1}{4}$（即取在 $[0,1]$ 上作四等分割後每小段長度）的矩形（參考圖2-2.1(c)）。此矩形的面積為 $f\left(\dfrac{i}{4}\right)\dfrac{1}{4}$。

將所取得的這四個矩形的面積全部加起來做為區域 R 的面積的近似值，可得這四個矩形的面積和 a_4 為

$$a_4 = f(0)\frac{1}{4} + f\left(\frac{1}{4}\right)\frac{1}{4} + f\left(\frac{2}{4}\right)\frac{1}{4} + f\left(\frac{3}{4}\right)\frac{1}{4}$$

$$= \left(\frac{1}{4}\right)^2\frac{1}{4} + \left(\frac{2}{4}\right)^2\frac{1}{4} + \left(\frac{3}{4}\right)^2\frac{1}{4} = \frac{7}{32} \approx 0.21875$$

因此，我們得區域 R 的面積的近似值為0.21875。

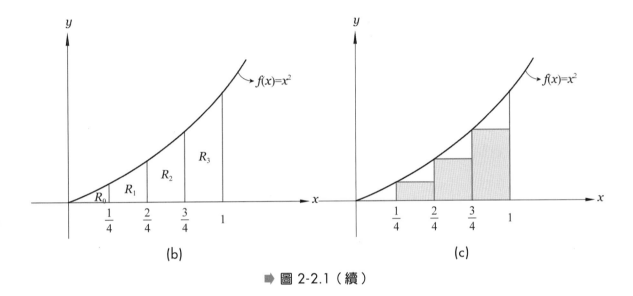

➡ 圖 2-2.1（續）

　　整理以上求近似值的作法為：先將區域 R 分割成四個子區域，然後在每個子區域上取一個矩形去近似這個子區域，最後再將這四個矩形的面積全部加起來做為所求得的區域 R 面積的近似值。顯然不是只將區域 R 分割成四個子區域才可以用來求近似值。其實不管分割成多少個子區域都可以，且進一步我們將會知道分割越多個子區域，而因所產生的矩形個數越多，則這些矩形的面積和就會越接近區域 R 的面積。現在我們將區域 R 分割成八個子區域，並藉以求近似值，其求法說明如下：

(1) 首在[0,1]上作八等分割，並得其分點坐標，而由左而右依序為：$\frac{1}{8}$，$\frac{2}{8}, \frac{3}{8}, \frac{4}{8}, \frac{5}{8}, \frac{6}{8}, \frac{7}{8}$。

(2) 分別作過這些分點且垂直 x 軸的直線，則這些垂直線會將區域 R 分割成八個子區域，並由左而右分別標示為：R_0，R_1，R_2，R_3，R_4，R_5，R_6，R_7。（參考圖2-2.1(d)）。

(3) 在 R_i 上（$i = 0, 1, 2, 3, 4, 5, 6, 7$），取一個以 $f\left(\dfrac{i}{8}\right)$ 為高，底長為 $\dfrac{1}{8}$ 的矩形（即取八等分割後的每小段的長度做為每個矩形的底長）。得此矩形的面積為 $f\left(\dfrac{i}{8}\right)\dfrac{1}{8}$。

(4) 將所取的八個矩形的面積全部加起做為區域 R 面積的近似值（參考圖2-2.1(e)）。

若令 a_8 表這八個矩形的面積和，則所求區域 R 的面積的近似值為

$$a_8 = f\left(\frac{0}{8}\right)\frac{1}{8} + f\left(\frac{1}{8}\right)\frac{1}{8} + f\left(\frac{2}{8}\right)\frac{1}{8} + f\left(\frac{3}{8}\right)\frac{1}{8} + f\left(\frac{4}{8}\right)\frac{1}{8} + f\left(\frac{5}{8}\right)\frac{1}{8} + f\left(\frac{6}{8}\right)\frac{1}{8} + f\left(\frac{7}{8}\right)\frac{1}{8}$$

$$= \left(\frac{1}{8}\right)^2\frac{1}{8} + \left(\frac{2}{8}\right)^2\frac{1}{8} + \left(\frac{3}{8}\right)^2\frac{1}{8} + \left(\frac{4}{8}\right)^2\frac{1}{8} + \left(\frac{5}{8}\right)^2\frac{1}{8} + \left(\frac{6}{8}\right)^2\frac{1}{8} + \left(\frac{7}{8}\right)^2\frac{1}{8}$$

$$= \frac{35}{128} \approx 0.2734375$$

又若以同樣的方式將區域 R 分割成十六個子區域，並產生十六個矩形（參考圖2-2.1(f)），則這十六個矩形的面積和 a_{16} 為

$$a_{16} = \sum_{i=0}^{15} f\left(\frac{i}{16}\right)\frac{1}{16}$$

$$= \left(\frac{1}{16}\right)^2\frac{1}{16} + \left(\frac{2}{16}\right)^2\frac{1}{16} + \left(\frac{3}{16}\right)^2\frac{1}{16} + \cdots + \left(\frac{15}{16}\right)^2\frac{1}{16}$$

$$= \frac{155}{512} \approx 0.3027344$$

因此，可得區域 R 的面積的近似值為 0.3027344

由圖可看出：a_{16} 的近似情況最好，且 $a_4 < a_8 < a_{16}$。

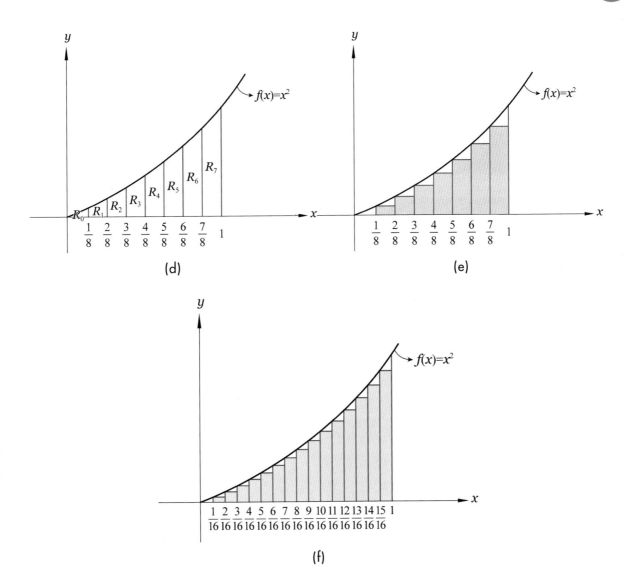

(d)

(e)

(f)

➡ 圖 2-2.1（續）

一般而言，所取的小矩形的個數越多，這些小矩形面積的和就越接近區域 R 的面積。而取不同個數的小矩形，其面積和 a_n 如下：

n	a_n
30	0.31685
50	0.32340
100	0.32835
1000	0.33283

　　以上的例題 4 已說明如何求其近似值。若想進一步去求區域 R 的面積而不只是求其近似值，要如何進行？其實例題 4 已指引了我們要如何求區域 R 的面積。在例 4 我們已看到所分割的小塊區域越多，則所求得的小矩形面積和就越接近區域 R 的面積。又由於所分割的等分 n，可以不斷的增大下去，因此其 n 個小矩形面積和 a_n，應該會（這在例題 5 會得到證實）隨著 n 不斷的增大而無限制的去接近區域 R 的面積，因而依極限值的定義，得 $\lim\limits_{n\to\infty} a_n = $ 區域 R 的面積。因此，只要能求得 $\lim\limits_{n\to\infty} a_n$ 即可求得區域 R 的面積。而如何求得 $\lim\limits_{n\to\infty} a_n$ 呢？這不能僅靠所求得 a_4, a_8, a_{16} 這三個值就能得到，這須知道其一般項 a_n 是什麼才行。而這不難辦到，我們只要在 $[0,1]$ 上取 n 等分割，而不是取固定的 4、8 或 16 等分割，然後再去求得這 n 個小矩形的面積和而得到 a_n。知道了 a_n，再取其極限值 $\lim\limits_{n\to\infty} a_n$ 即可求得區域 R 的面積。其詳細的過程，我們用例題 5 來說明。

例題5

　　求由函數 $f(x) = x^2$ 的圖形及 $x=0$，$x=1$，x 軸等三條直線所圍區域 R 的面積。

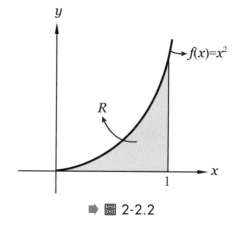

➡ 圖 2-2.2

解

我們的構想（來自例題3）是：先對所求區域分割成 n 個小塊區域，然後在每個小塊區域上取一矩形做為其近似圖形，接著將這 n 個矩形面積加起來做為所求區域面積的近似值，最後取 n 不斷的增大過程中的極限值而得到所欲求區域的面積。其具體步驟如下：

(1) 將 x 軸上的區間 $[0,1]$ 分成 n 等分，而得 n 個相等的子區間，其分割點坐標依序為 $\dfrac{1}{n}, \dfrac{2}{n}, \dfrac{3}{n}, \cdots, \dfrac{n-1}{n}$，如圖2-2.3所示。

(2) 過每一分割點，分別作垂直於 x 軸的直線，則這些垂直線將整個區域 R 分成 n 個小條狀的子區域 R_i，$i=1,2,\cdots,n$（如圖2-2.4所示）。並令 A 表區域 R 的面積，且 A_i 表子區域 R_i 的面積，則 $A=\displaystyle\sum_{i=1}^{n} A_i$。

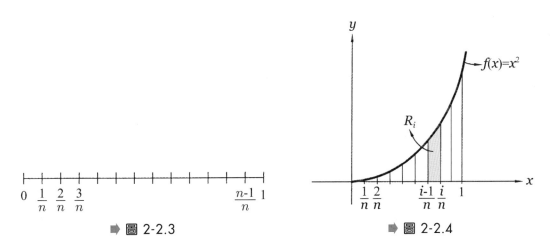

➡ 圖 2-2.3　　　　　　　　　➡ 圖 2-2.4

(3) 對於每個小條狀區域 R_i（參考圖2-2.4），我們取矩形區域做為其近似區域。我們先取一個比 R_i 大之矩形，其取法為：以小區間 $\left[\dfrac{i-1}{n},\dfrac{i}{n}\right]$ 之長度作為此矩形之底長，（其底長為 $\dfrac{1}{n}$），而取函數 $f(x)=x^2$ 在此底上的最大值（即取 $f(\dfrac{i}{n})$）作為此矩形之高（應說高長）。可得其面積為 $f(\dfrac{i}{n})(\dfrac{1}{n})=(\dfrac{i}{n})^2\dfrac{1}{n}=\dfrac{i^2}{n^3}$（參考圖2-2.5(b)）。接著另取一個比 R_i 小的矩形，其取法為：其底一樣，只是高改為其函數值的最小值（即 $f(\dfrac{i-1}{n})$）。可得其面積為 $f(\dfrac{i-1}{n})(\dfrac{1}{n})=(\dfrac{i-1}{n})^2\dfrac{1}{n}=\dfrac{(i-1)^2}{n^3}$（參考圖 2-2.5(a)）。顯然 R_i 被夾在這二個矩形之間，因此有

$$\dfrac{(i-1)^2}{n^3}\le A_i\le\dfrac{i^2}{n^3}，\ (i=1,2,3,\cdots n)$$

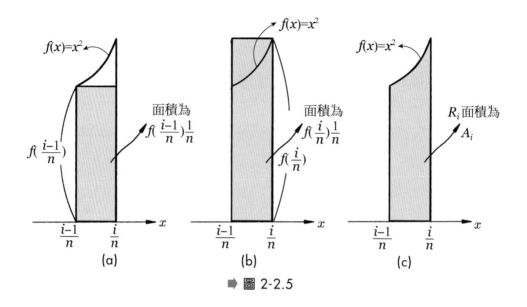

⮕ 圖 2-2.5

(4) 將(3)中所得到的 n 個矩形面積全部加起來以作為所欲求區域 R 面積 A 的近似值。

已知這二種不同取法所得的第 i 個矩形區域面積分別為 $\dfrac{(i-1)^2}{n^3}$ 及 $\dfrac{i^2}{n^3}$。若令 a_n 和 b_n 分別表示這二種不同取法所得的 n 個矩形的面積和，則得

$$a_n = \sum_{i=1}^{n} \frac{(i-1)^2}{n^3} \ , \ b_n = \sum_{i=1}^{n} \frac{i^2}{n^3}$$

並得　$a_n \le \displaystyle\sum_{i=1}^{n} A_i = A \le b_n$, $\forall n \in N$

可看出：a_n 為嚴格遞增數列，而 b_n 為嚴格遞減數列；且 n 越大時，a_n 和 b_n 都會越接近 A（參考圖 2-2.6）。（此時只能說 A 為 a_n 的上界以及 b_n 的下界）

(5) 取 a_n 或 b_n 的極限值而得區域 R 之面積。其理由如下：

由　$a_n = \displaystyle\sum_{i=1}^{n} \frac{(i-1)^2}{n^3} = \frac{1}{n^3} \sum_{i=1}^{n}(i-1)^2$

$$= \frac{1}{n^3} \frac{(n-1)(n)[2(n-1)+1]}{6}$$

$$= \frac{2n^3 - 3n^2 + n}{6n^3}$$

得　　$\displaystyle\lim_{n\to\infty} a_n = \lim_{n\to\infty} \frac{2n^3 - 3n^2 + n}{6n^3} = \lim_{n\to\infty} \frac{2 - \dfrac{3}{n} + \dfrac{1}{n^2}}{6} = \frac{1}{3}$

由　　$\displaystyle b_n = \sum_{i=1}^{n} \frac{i^2}{n^3} = \frac{1}{n^3} \sum_{i=1}^{n} i^2 = \frac{1}{n^3} \frac{n(n+1)(2n+1)}{6} = \frac{2n^3 + 3n^2 + n}{6n^3}$

得　　$\displaystyle\lim_{n\to\infty} b_n = \lim_{n\to\infty} \frac{2n^3 + 3n^2 + n}{6n^3} = \lim_{n\to\infty} \frac{2 + \dfrac{3}{n} + \dfrac{1}{n^2}}{6} = \frac{1}{3}$

由於 $a_n \le A \le b_n$ 且 $\displaystyle\lim_{n\to\infty} a_n = \lim_{n\to\infty} b_n = \frac{1}{3}$

因此，由夾擠定理得

$$A = \lim_{n\to\infty} a_n = \lim_{n\to\infty} b_n = \frac{1}{3}$$

即得所求之區域 R 之面積為 $\dfrac{1}{3}$。而它正好是所取矩形面積和 a_n（或 b_n）

的極限值（亦即由這二種不同的矩形取法都可以求得區域 R 的面積）。

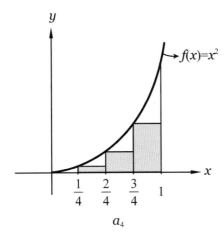
a_4

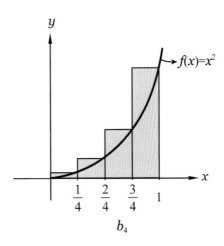
b_4

➡ 圖 2-2.6

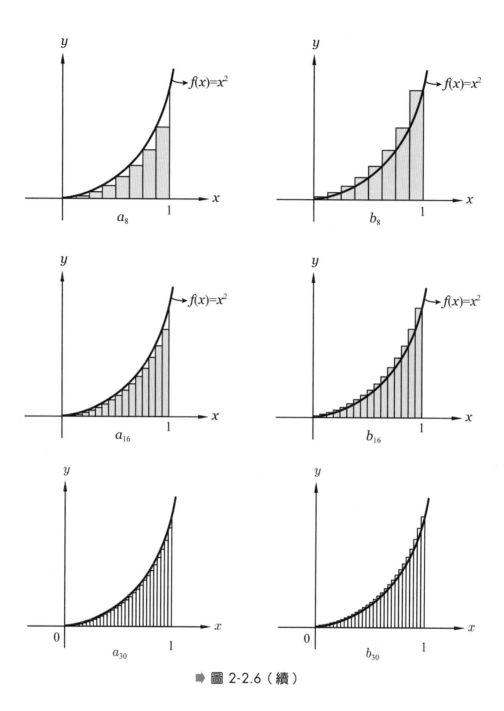

➡ 圖 2-2.6（續）

從以上求得面積的過程中，我們不難發現：若

$t_i \in \left[\dfrac{i-1}{n}, \dfrac{i}{n} \right]$，且令 W_i 表以 $f(t_i)$ 為高，底長為

$\dfrac{1}{n}$ 的矩形面積（參考圖2-2.7），則

$W_i = f(t_i) \cdot \dfrac{1}{n}$，且得 $f(\dfrac{i-1}{n}) \dfrac{1}{n} \le f(t_i) \dfrac{1}{n} \le f(\dfrac{i}{n}) \dfrac{1}{n}$

因而得到

$$a_n \le \sum_{i=1}^{n} f(t_i) \cdot \dfrac{1}{n} \le b_n, \forall n \in N$$

因此，得 $A = \lim_{n \to \infty} a_n = \lim_{n \to \infty} b_n = \lim_{n \to \infty} \sum_{i=1}^{n} f(t_i) \cdot \dfrac{1}{n}$

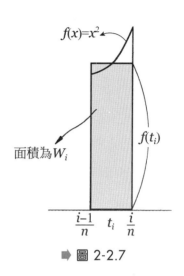

➡ 圖 2-2.7

　　這告訴我們，要去求區域面積時，其矩形取法可以有很大的彈性，只要以每一小區間 $\left[\dfrac{i-1}{n}, \dfrac{i}{n} \right]$ 上的任一點的函數值做矩形高就可以，不一定非要取其最大值或最小值不可，而其矩形面積和的極限值通通都相等，都是 A。為什麼會如此呢？這是因為 $f(x) = x^2$ 是連續函數，當 n 取得很大時，在小區間 $\left[\dfrac{i-1}{n}, \dfrac{i}{n} \right]$ 上的所有函數值都差不多，因而其極限值自然也都會相等。

　　由於以上採用矩形面積和的極限值，亦即 $\lim_{n \to \infty} \sum_{i=1}^{n} f(t_i) \dfrac{1}{n}$（其中 $f(t_i)$ 為第 i 個矩形的高，$\dfrac{1}{n}$ 為其底長，因而第 i 個矩形的面積為 $f(t_i) \dfrac{1}{n}$），來求得區域面積的方法，並不僅對本例有效，其實對一般**非負的連續函數**仍然有效，因而我們有以下的定理（說定義更正確）。

📖 定 理 | 2-2-1 （曲線所圍區域面積的計算）

設 $f(x)$ 為在 $[a,b]$ 上**非負的連續函數**。若在 $[a,b]$ 上取 n 等分（因而得每等分長為 $\dfrac{b-a}{n}$），而將其分點加上左右兩端點，由左而右依序標示為：$x_0, x_1, x_2 \cdots, x_n$（參考圖 2-2.9），且在 $[x_{i-1}, x_i]$ 上任取一點，並將它標示為 t_i，$i = 1, 2, \cdots n$，則由函數 $f(x)$ 的圖形和 $x = a$，$x = b$ 及 x 軸三條直線所圍區域面積為

$$\lim_{n \to \infty} \left(f(t_1)\frac{b-a}{n} + f(t_2)\frac{b-a}{n} + \cdots + f(t_n)\frac{b-a}{n} \right) = \lim_{n \to \infty} \sum_{i=1}^{n} f(t_i) \cdot \frac{b-a}{n} \text{（見圖 2-2.8(a)）。}$$

📌 註

定理 2-2-1 中的「非負的連續函數」，這個條件不可忽視。有了這個條件，第 i 個小矩形的高才是 $f(t_i)$。而由於每個小矩形的底長都是 $\dfrac{b-a}{n}$，因而得第 i 個小矩形的面積為 $f(t_i) \cdot \dfrac{b-a}{n}$，且其 n 個小矩形面積和為 $\sum_{i=1}^{n} f(t_i)\dfrac{b-a}{n}$。

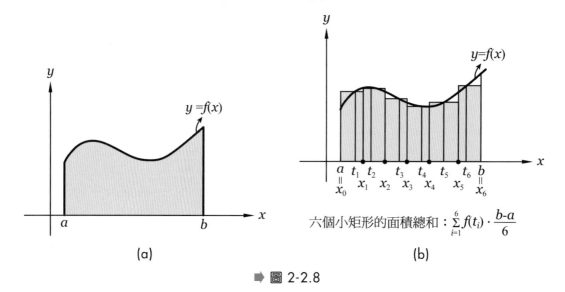

(a)　　　　　　　　(b)

➡ 圖 2-2.8

雖然以上的定理告訴我們計算區域面積時，其 t_i 只要在 $[x_{i-1}, x_i]$ 上的點就可以，因此矩形高度（即 $f(t_i)$）的取法可以有很大的彈性，但實際去算面積時，要有固定的取法才能計算，通常我們會固定取 $t_i = x_{i-1}$，$i = 1, 2, \cdots n$ 或取 $t_i = x_i$，$i = 1, 2, \cdots n$。又若在 $[a,b]$ 上取 n 等分，而其分點（加上端點）依次標示為：$x_0, x_1, x_2, \cdots, x_n$（見圖 2-2.9）

則得

$$x_i = a + \frac{b-a}{n}i \quad , \quad i = 0, 1, 2, \cdots, n \tag{2-2-1}$$

 例題6

求 由 曲 線 $y = f(x) = x^2$ ， 及 直 線 $x = 2$ ， $x = 5$ 和 x 軸 所 圍 區 域 的 面 積 。

解

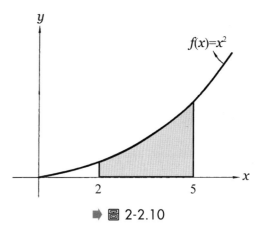

➡ 圖 2-2.10

取 $a = 2$ ， $b = 5$ ， $f(x) = x^2$

若取 $t_i = x_i$ ， $i = 1, 2, \cdots, n$

則 $t_i = x_i = a + \dfrac{b-a}{n}i$ ， $i = 1, 2, \ldots, n$

得

$$\sum_{i=1}^{n} f(t_i)\frac{b-a}{n} = \sum_{i=1}^{n} f\left(a + \frac{b-a}{n}i\right) \cdot \frac{b-a}{n} = \sum_{i=1}^{n} f\left(2 + \frac{3}{n}\right) \cdot \frac{3}{n}$$

$$= \sum_{i=1}^{n} \left(2 + \frac{3}{n}i\right)^2 \cdot \frac{3}{n} = \sum_{i=1}^{n} \left(4 + \frac{12}{n}i + \frac{9}{n^2}i^2\right) \cdot \frac{3}{n}$$

$$= \sum_{i=1}^{n} \frac{12}{n} + \frac{36}{n^2}i + \frac{27}{n^3}i^2$$

$$= \sum_{i=1}^{n} \frac{12}{n} + \sum_{i=1}^{n} \frac{36}{n^2}i + \sum_{i=1}^{n} \frac{27}{n^3}i^2$$

$$= n \cdot \frac{12}{n} + \frac{36}{n^2}\sum_{i=1}^{n} i + \frac{27}{n^3}\sum_{i=1}^{n} i^2$$

$$= 12 + \frac{36}{n^2}\frac{n(n+1)}{2} + \frac{27}{n^3}\frac{n(n+1)(2n+1)}{6}$$

$$= 12 + \frac{18n^2 + 18n}{n^2} + \frac{27(2n^3 + 3n^2 + n)}{6n^3}$$

$$= 12 + 18 + \frac{18}{n} + 9 + \frac{27}{2n} + \frac{9}{2n^2}$$

又 $f(x) = x^2 \ge 0$，$\forall x \in [2,5]$

因而由定理2-2-1，得其斜線面積為

$$\lim_{n \to \infty} \sum_{i=1}^{n} f(t_i) \cdot \frac{b-a}{n} = \lim_{n \to \infty} 12 + 18 + \frac{18}{n} + 9 + \frac{27}{2n} + \frac{9}{2n^2} = 39$$

例題7

求由函數 $f(x) = 2x+1$ 的圖形，直線 $x = 4$ 和直線 $x = 0$，以及 x 軸，所圍成區域的面積。

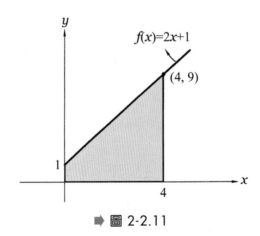

➡ 圖 2-2.11

解

取 $a = 0$，$b = 4$，$f(x) = 2x + 1$

若取 $t_i = x_i$，$i = 1, 2, 3, \cdots, n$

則　　$t_i = x_i = a + \dfrac{b-a}{n} i$，$i = 1, 2, \cdots, n$

得

$$\sum_{i=1}^{n} f(t_i) \cdot \frac{b-a}{n} = \sum_{i=1}^{n} f\left(a + \frac{b-a}{n} i\right) \cdot \frac{b-a}{n} = \sum_{i=1}^{n} f\left(\frac{4}{n} i\right) \frac{4}{n}$$

$$= \sum_{i=1}^{n} \left(2\left(\frac{4}{n} i\right) + 1\right) \cdot \frac{4}{n} = \sum_{i=1}^{n} \frac{32i}{n^2} + \frac{4}{n}$$

$$= \sum_{i=1}^{n} \frac{32i}{n^2} + \sum_{i=1}^{n} \frac{4}{n} = \frac{32}{n^2} \frac{n(n+1)}{2} + n \cdot \frac{4}{n}$$

$$= 16 + \frac{16}{n} + 4$$

又 $f(x) = 2x + 1 \geq 0$，$\forall x \in [0, 4]$

因而由定理2-2-1，得其斜線面積為

$$\lim_{n \to \infty} \sum_{i=1}^{n} f(t_i) \cdot \frac{b-a}{n} = \lim_{n \to \infty} 16 + \frac{16}{n} + 4 = 20$$

若此題用幾何法直接去求梯形面積，則為 $\dfrac{(1+9) \times 4}{2} = 20$，結果一樣。

例題8

求由函數 $f(x) = 4 - x^2$ 之圖形，以直線 $x = \dfrac{1}{2}$，直線 $x = \dfrac{3}{2}$ 和 x 軸所圍成區域的面積。

解

由於 $f(x) = 4 - x^2 \geq 0$ ，$\forall x \in \left[\dfrac{1}{2}, \dfrac{3}{2}\right]$

因而由定理2-2-1，及取 $a = \dfrac{1}{2}$ ，$b = \dfrac{3}{2}$ ，$t_i = x_i$ ，可得所求的面積為

$$\lim_{n\to\infty} \sum_{i=1}^{n} f(t_i) \frac{b-a}{n} = \lim_{n\to\infty} \sum_{i=1}^{n} f(x_i) \frac{b-a}{n}$$

$$= \lim_{n\to\infty} \sum_{i=1}^{n} f\left(a + \frac{b-a}{n} i\right) \frac{b-a}{n} = \lim_{n\to\infty} \sum_{i=1}^{n} f\left(\frac{1}{2} + \frac{1}{n} i\right) \frac{1}{n}$$

$$= \lim_{n\to\infty} \sum_{i=1}^{n} \left[4 - \left(\frac{1}{2} + \frac{i}{n}\right)^2 \right] \frac{1}{n} = \lim_{n\to\infty} \sum_{i=1}^{n} \left(\frac{15}{4n} - \frac{i}{n^2} - \frac{i^2}{n^3}\right)$$

$$= \lim_{n\to\infty} \left(\sum_{i=1}^{n} \frac{15}{4n} - \sum_{i=1}^{n} \frac{i}{n^2} - \sum_{i=1}^{n} \frac{i^2}{n^3} \right)$$

$$= \lim_{n\to\infty} \left(\frac{15}{4} - \frac{1}{n^2} \frac{n(n+1)}{2} - \frac{1}{n^3} \frac{n(n+1)(2n+1)}{6} \right)$$

$$= \frac{15}{4} - \lim_{n\to\infty} \frac{1}{n^2} \frac{n(n+1)}{2} - \lim_{n\to\infty} \frac{1}{n^3} \frac{n(n+1)(2n+1)}{6}$$

$$= \frac{15}{4} - \frac{1}{2} - \frac{2}{6} = \frac{35}{12}$$

定積分的意義

回顧我們求區域面積的方法（**設 $f(x) \geq 0$ 且 f 在 $[a,b]$ 上連續**），其步驟是：

(1) **分割**。在 $[a,b]$ 上取 n 等分割，且將其分割點及 a,b 兩點由左而右依序標示為：$x_0, x_1, x_2, \cdots, x_n$ 。又令 $\Delta x_i = x_i - x_{i-1}$（它為 $\dfrac{b-a}{n}$），$i = 1, 2, \cdots, n$ 。

(2) **取點**。在第 i 小段上任取一點 t_i ，即取 $t_i \in \left[x_{i-1}, x_i\right]$ ，$i = 1, 2, 3, \cdots, n$ ，並求 $f(t_i) \cdot \Delta x_i$ 的值（此值即為第 i 個小矩形的面積）。

(3) **求近似值**。把這 n 個值加起來得 $\sum\limits_{i=1}^{n} f(t_i) \cdot \Delta x_i$，做為區域面積的近似值（稱為黎曼和）。

(4) **取其極限值**。求 $\lim\limits_{n \to \infty} \sum\limits_{i=1}^{n} f(t_i) \, \Delta x_i$ 而得所求區域的面積。

　　像這樣分割，取和（做為近似值），再取其極限值的方法，是很有用且具有一般性的方法，它不僅是用來求面積而已，以後我們將了解它還可以用來求弧長、表面積、體積、功、壓力、位移、質量，及某些物理量，也就是式子 $\lim\limits_{n \to \infty} \sum\limits_{i=1}^{n} f(t_i) \cdot \Delta x_i$ 具有普遍性的功用。因此，在微積分上特別給這個式子一個名稱，稱為**定積分**，並用符號 $\int_a^b f(x)\,dx$，來表示這個定積分式子。以下即為定積分的明確定義：

定 義　2-2-1　（定積分的定義）

　　設 f 為定義在 $[a,b]$ 上的函數。首先在 $[a,b]$ 上取 n 等分割，且將其分割點及 a,b 兩點，由左而右依序標示為：$x_0, x_1, x_2, \cdots, x_n$。又令 $\Delta x_i = x_i - x_{i-1}$，$i = 1, 2, \cdots, n$。其次，任取 $t_i \in [x_{i-1}, x_i]$，$i = 1, 2, 3, \cdots, n$。若不管 t_i 是如何選的，其 $\lim\limits_{n \to \infty} \sum\limits_{i=1}^{n} f(t_i) \cdot \Delta x_i$ 都存在且都相等時，則說 f 在 $[a,b]$ 上是**可定積分**（integrable），而此極限值稱為是 f 在 $[a,b]$ 上的**定積分**（definite integral），並用符號 $\int_a^b f(x)dx$ 表示此**極限值**。即 $\int_a^b f(x)dx = \lim\limits_{n \to \infty} \sum\limits_{i=1}^{n} f(t_i) \cdot \Delta x_i$；否則，就說 f 在 $[a,b]$ 上為不可定積分。此外，$f(x)$ 稱為**被積分函數**（integrand），b、a 分別稱為此定積分的**上、下界**。

註

(1) 在這個定義中，我們並不要求函數 $f(x)$ 一定要非負的連續函數不可，它只是一個**任意函數**。當 $f(x)$ 不是非負的連續函數時，則 $f(t_i)\Delta x_i$ 就不一定是第 i 個小矩形的面積，因而其定積分值就**不再**是之前所述區域的**面積**。此外，對一般函數而言，此極限值可能不存在，或存在但因取不同 t_i 而其極限值不相等，若為此情況，則依定義它為不可定積分。

(2) 由於定積分 $\int_a^b f(x)dx = \lim\limits_{n\to\infty} \sum\limits_{i=1}^{n} f(t_i) \cdot \Delta x_i$，它是一個極限值，顯然此極限值不會因為變數是用什麼符號表示而不同。

因此

$$\int_a^b x^2 dx = \int_a^b t^2 dt = \int_a^b y^2 dy$$

(3) 在一般的定積分定義裡，其分割不一定要取**等分割**，也就是 Δx_i 不一定是等長為 $\dfrac{b-a}{n}$，但為了讓讀者易於了解定積分，在此我們用等分割來簡化定積分的定義。而一般的定義為：$\int_a^b f(x)dx \equiv \lim\limits_{\|P\|\to 0} \sum\limits_{i=1}^{n} f(t_i)\,\Delta x_i$，其中 $\|P\| = \max\{\Delta x_1, \Delta x_2, \cdots, \Delta x_n\}$。

　　我們說一個函數 $f(x)$ 在 $[a,b]$ 上是有界的(bounded)，其意思是指：若存在二數 M_1, M_2，使得 $M_1 \le f(x) \le M_2$，$\forall x \in [a,b]$。通常要由定義去判斷一個函數是否可定積分並不是一件容易的事，我們可用以下的定理來判斷一個函數是否可定積分，而這和函數是否為**連續函數**有密切關係。

定 理 | 2-2-2 （可定積分定理）

設 f 為定義在 $[a,b]$ 上的函數

(1) 若 f 在 $[a,b]$ 上連續，則 f 在 $[a,b]$ 上可定積分。

(2) 若 f 在 $[a,b]$ 上**有界**且最多僅有有限個不連續點，則 f 在 $[a,b]$ 上可定積分。

(3) 若 f 在 $[a,b]$ 上不是有界函數，則 f 在 $[a,b]$ 上不可定積分。

註

在(2)中的條件可以再鬆一點，即使不連續點為無限但為可數(countable)個之下，仍然是可以定積分，但其有界的條件不可省略。

例題9

設 $f(x) = \begin{cases} 1 & \text{，當}x\text{是有理數} \\ 0 & \text{，當}x\text{是無理數} \end{cases}$ ，及 $g(x) = \begin{cases} \dfrac{1}{x} & \text{，}x \neq 0 \\ 1 & \text{，}x=0 \end{cases}$ ，試問 $f(x)$ 及 $g(x)$ 在 $[0,1]$

是否可定積分？

解

(1) 若取 $t_i \in [x_{i-1}, x_i]$ ，且 t_i 是有理數， $i=1,2,3,\cdots,n$

　　則

$$\sum_{i=1}^{n} f(t_i) \cdot \Delta x_i = \sum_{i=1}^{n} \frac{1}{n} = n \cdot \frac{1}{n} = 1$$

　　若取 $t_i \in [x_{i-1}, x_i]$ 且 t_i 是無理數， $i=1,2,3,\cdots,n$

　　則

$$\sum_{i=1}^{n} f(t_i) \cdot \Delta x_i = \sum_{i=1}^{n} 0 \cdot \frac{1}{n} = 0$$

　　而以上情形對任何 $n \in N$ 都成立

　　所以得

　　當 t_i 一律取有理數時，

$$\lim_{n \to \infty} \sum_{i=1}^{n} f(t_i) \cdot \Delta x_i = \lim_{n \to \infty} 1 = 1$$

　　當 t_i 一律取無理數時，

$$\lim_{n \to \infty} \sum_{i=1}^{n} f(t_i) \cdot \Delta x_i = \lim_{n \to \infty} 0 = 0$$

　　由於 t_i 的取法不同會影響到其極限值的結果。

因此，$f(x)$在$[0,1]$上不可定積分，亦即不能去求 $f(x)$在$[0,1]$上的定積分值。雖然 f 在$[0,1]$上為有界函數。

(2) 由於 $\lim\limits_{x \to 0^+} \dfrac{1}{x} = \infty$，得 $g(x) = \dfrac{1}{x}$ 在$[0,1]$上不是有界函數。因此，由定理 2-2-2(3)知，g 在$[0,1]$上不可定積分，即不能去求 $g(x)$在$[0,1]$上的定積分值。

在一個函數 $f(x)$ 可以定積分下，我們才能考慮其定積分的問題，也才有 $\int_a^b f(x)dx$ 這個符號。所幸我們所碰到的函數差不多都是可以定積分。接著是在可定積分下，要如何去計算定積分？雖然說在可定積分下，不管 t_i 如何取，其定積分都一樣，但實際去計算定積分時，我們對 t_i 的選取是要固定才行（否則無法進行其計算工作），通常是取 $t_i = x_i$ 或 $t_i = x_{i-1}$，如此就可得到以下可實際去計算定積分的式子。

定積分的計算式

(1)若取 $t_i = x_i$，則由式子 2-2-1，得 $t_i = a + \dfrac{b-a}{n}i$，因而得

$$\int_a^b f(x)dx = \lim_{n \to \infty} \sum_{i=1}^{n} f(a + \frac{b-a}{n}i) \cdot \frac{b-a}{n} \qquad (2\text{-}2\text{-}2)$$

(2)若取 $t_i = x_{i-1}$，則由式子 2-2-1，得 $t_i = a + \dfrac{b-a}{n}(i-1)$，因而得

$$\int_a^b f(x)dx = \lim_{n \to \infty} \sum_{i=1}^{n} f(a + \frac{b-a}{n}(i-1)) \cdot \frac{b-a}{n} \qquad (2\text{-}2\text{-}3)$$

定積分和面積的關係

由定積分的定義，我們不難得到定積分和面積的關係如下：

(1) 當 $f(x) \geq 0$ ， $\forall x \in [a,b]$ ，且 $f(x)$ 在 $[a,b]$ 上連續，則由定理 2-2-1 知

$\displaystyle \lim_{n \to \infty} \sum_{i=1}^{n} f(t_i) \cdot \Delta x_i \equiv \int_{a}^{b} f(x)dx$ 表示：由函數 $f(x)$ 的圖形，及 $x = a$ ， $x = b$ ，

x 軸三條直線所圍成的區域面積（見圖 2-2.12）。

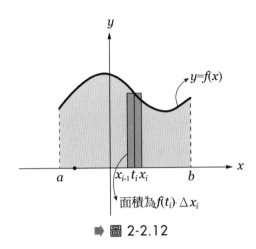

➡ 圖 2-2.12

(2) 當 $f(x) \leq 0$ ， $\forall x \in [a,b]$ ，且 f 在 $[a,b]$ 上連續。由於圖 2-2.13(b) 所示之第 i 塊小矩形之高為 $-f(t_i)$ ，因而面積為 $-f(t_i) \cdot \Delta x_i$ 。因此，由前面所談求面積的方法，可知 $\displaystyle \lim_{n \to \infty} \sum_{i=1}^{n} -f(t_i) \cdot \Delta x_i = -\lim_{n \to \infty} \sum_{i=1}^{n} f(t_i) \cdot \Delta x_i \equiv -\int_{a}^{b} f(x)dx$ 為由函數 $f(x)$ 圖形，及 $x = a$ ， $x = b$ ， x 軸三條直線所圍成的區域面積（見圖 2-2.13(b)）。

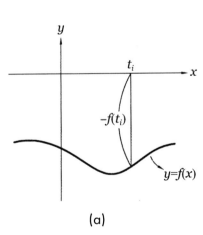

(a)

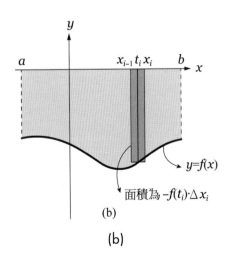

(b)

➡ 圖 2-2.13

(3) 設 $f(x)$ 及 $g(x)$ 在 $[a,b]$ 上連續，且 $f(x) \geq g(x)$，$\forall x \in [a,b]$。

由於圖 2-2.14(a), (b), (c)所示之第 i 塊小矩形之高為 $f(t_i) - g(t_i)$，底長為 Δx_i，因而得第 i 塊小矩形面積為 $[f(t_i) - g(t_i)]\Delta x_i$。因此

$$\lim_{n \to \infty} \sum_{i=1}^{n} [f(t_i) - g(t_i)]\Delta x_i \equiv \int_a^b f(x) - g(x)\,dx$$

為：由函數 f 及函數 g 之圖形，以及直線 $x = a$，直線 $x = b$ 所圍成區域的面積。

其實可發現(1), (2)為(3)的特別情況。在情況(3)中的 $g(x)$ 或 $f(x)$ 的圖形改為 x 軸就成為(1)或(2)的情況。

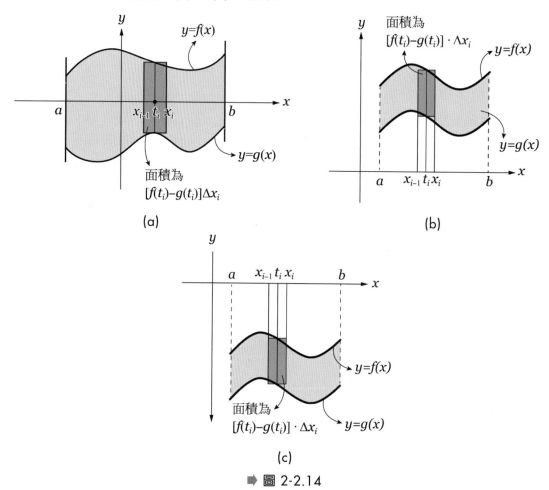

(a)

(b)

(c)

▶ 圖 2-2.14

經由以上的說明，我們不難將這些結果推廣到一般的連續函數上，而有以下的定理。

定 理 │ 2-2-3（兩曲線所圍的面積）

設 f, g 為 $[a,b]$ 上的連續函數，則由函數 f 和函數 g 的圖形，以及直線 $x = a$ 和直線 $x = b$，所圍成的區域面積為

$$\int_a^b |f(x) - g(x)| dx$$

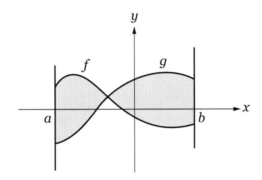

例題10

求 $\displaystyle\int_1^3 x^2 + 3dx$ 。

解

取 $a = 1$，$b = 3$，$f(x) = x^2 + 3$ 及由式子2-2-2

得

$$\int_1^3 x^2 + 3dx = \lim_{n \to \infty} \sum_{i=1}^n f\left(1 + \frac{2}{n}i\right) \cdot \frac{2}{n}$$

$$= \lim_{n \to \infty} \sum_{i=1}^n \left[\left(\frac{n+2i}{n}\right)^2 + 3 \right] \cdot \frac{2}{n}$$

$$= \lim_{n \to \infty} \sum_{i=1}^{n} \left(\frac{4n^2 + 4ni + 4i^2}{n^2} \right) \cdot \frac{2}{n}$$

$$= \lim_{n \to \infty} \left(\sum_{i=1}^{n} \frac{8}{n} + \frac{8}{n^2} i + \frac{8}{n^3} i^2 \right)$$

$$= \lim_{n \to \infty} \sum_{i=1}^{n} \frac{8}{n} + \lim_{n \to \infty} \left(\frac{8}{n^2} \sum_{i=1}^{n} i \right) + \lim_{n \to \infty} \left(\frac{8}{n^3} \sum_{i=1}^{n} i^2 \right)$$

$$= \lim_{n \to \infty} 8 + \lim_{n \to \infty} \frac{8}{n^2} \frac{n(n+1)}{2} + \lim_{n \to \infty} \frac{8}{n^3} \frac{n(n+1)(2n+1)}{6}$$

$$= 8 + \lim_{n \to \infty} \left(4 + \frac{4}{n} \right) + \lim_{n \to \infty} \left(\frac{8}{3} + \frac{4}{n} + \frac{4}{3n^2} \right)$$

$$= 8 + 4 + \frac{8}{3} = 14 \frac{2}{3}$$

例題11

求 $\int_{-4}^{2} 3x - 2 \, dx$。

解

取 $a = -4$，$b = 2$，$f(x) = 3x - 2$ 及由式子2-2-2

得 $\int_{-4}^{2} 3x - 2 \, dx = \lim_{n \to \infty} \sum_{i=1}^{n} f\left(-4 + \frac{6}{n} i \right) \cdot \frac{6}{n} = \lim_{n \to \infty} \sum_{i=1}^{n} \left(\frac{-14n + 18i}{n} \right) \cdot \frac{6}{n}$

$$= \lim_{n \to \infty} \sum_{i=1}^{n} \frac{-84n + 108i}{n^2} = \lim_{n \to \infty} \left(\sum_{i=1}^{n} \frac{-84}{n} + \frac{108}{n^2} i \right)$$

$$= \lim_{n \to \infty} \left(\sum_{i=1}^{n} \frac{-84}{n} + \frac{108}{n^2} \sum_{i=1}^{n} i \right) = \lim_{n \to \infty} -84 + \frac{108}{n^2} \frac{n(n+1)}{2}$$

$$= \lim_{n \to \infty} -84 + 54 + \frac{54}{n} = -30$$

定積分的物理意義

(一) 功

在物理上，以固定方向及大小為 F 的力施加於一物體，使物體沿力的方向移動一距離 d，則說此力 F 對此物體所作功(wrok)為 $W = F \cdot d$。但當作用於物體的力並非固定不變時，如何定義所作的功，其說明如下。

假設施力於一物體，使其從位置 a 沿一直線移動到位置 b，若所施力的方向固定為移動的方向，而其大小 $F(x)$ 為物體所在位置 x 的連續函數（參考圖 2-2.15），問此力對物體所作的功為多少？

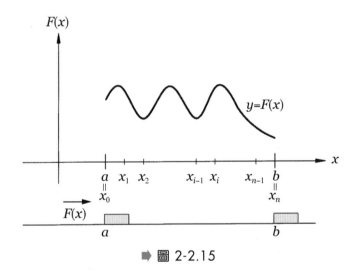

➡ 圖 2-2.15

首先在 $[a,b]$ 上取 n 等分割，且其分割點依序標示為 $a = x_0, x_1 \ldots, x_n = b$（參考圖 2-2.15）。並令 W_i 表經過第 i 個小區間 $[x_{i-1}, x_i]$ 時，此力對物體所作的功，則力對物體在整個移動過程中所作的功為 $W = \displaystyle\sum_{i=1}^{n} W_i$。由於 $F(x)$ 是連續函數，當 n 取得大時（即小區間取得短），則在 $[x_{i-1}, x_i]$ 上，其力的大小是差不多，也就是在 $[x_{i-1}, x_i]$ 上，若以定力去計算 W_i，則其誤差不大，而其定力大小可取 $F(t_i)$，$t_i \in [x_{i-1}, x_i]$（因為都差不多，取哪一點都可以），且其位移為 Δx_i，因而得

$$W_i \approx F(t_i) \cdot \Delta x_i$$

且得

$$W = \sum_{i=1}^{n} W_i \approx \sum_{i=1}^{n} F(t_i) \cdot \Delta x_i$$

又上式中，當 n 取得越大時，其近似情況會越好，且當 $n \to \infty$，則

$$\sum_{i=1}^{n} F(t_i) \Delta x_i \to W$$

因此，由極限定義得

$$W = \lim_{n \to \infty} \sum_{i=1}^{n} F(t_i) \cdot \Delta x_i$$

而上式右邊即為定積分 $\int_a^b F(x) dx$

因而得　　$W = \int_a^b F(x) dx$。由所得的結果，我們有以下的定義。

定義　2-2-2　（功）

若施力於一物體，使其從位置 a 沿著一直線移動到位置 b，設所施加力的方向為移動的方向，而其大小 $F(x)$ 是位置 x 的連續函數，則所作的功為

$$W = \int_a^b F(x) dx$$

(二) 位移

我們都知道，一個質點沿著直線，以等速度 v 運動，則經 t 時間後，其位移為 vt，但若它不是等速度運動，要如何定義其位移，我們說明如下。

設一質點沿著直線運動，且知在 t 時刻時的速度為 $V = f(t)$，問從時刻 $t = a$ 到時刻 $t = b$ 所經的位移為多少？

首先我們將時間區間 $[a,b]$ 分割成 n 等分，且其分割點依序標示為：$a = t_0, t_1, t_2 \cdots, t_{i-1}, t_i \cdots, t_n = b$，並令 $\Delta t_i = t_i - t_{i-1}$（參考圖 2-2.16）。當 n 取得很大時，在 $[t_{i-1}, t_i]$ 期間上，其任何時候的速度都會差不多（假設 $f(t)$ 為連續函數）。因此，若將它們都視為是一樣的速度且為 $f(t_i)$ 時，則可求當時間 t 從 $t = t_{i-1}$ 到 $t = t_i$ 時位移的近似值為 $f(t_i) \cdot \Delta t_i$（這只是其真正位移的近似

值，因為真正的情況並不是等速度）。因而得 $\sum\limits_{i=1}^{n} f(t_i)\Delta t_i$ 為所求位移的近似

值。顯然的，當 n 取得越大，其近似效果越好，且當 $n \to \infty$，則 $\sum\limits_{i=1}^{n} f(t_i)\Delta t_i \longrightarrow$

所求位移，此即

$$\lim_{n\to\infty} \sum_{i=1}^{n} f(t_i)\Delta t_i \equiv \int_a^b f(t)dt = 所求之位移$$

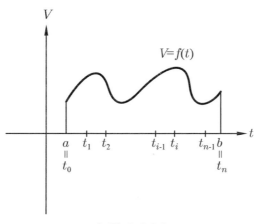

➡ 圖 2-2.16

由以上的結果，我們有以下的定義。

定　義　2-2-3　（位移）

設一質點沿著直線運動，若知在 t 時刻時的速度 V 為 $V = f(t)$，且 f 為連續
函數，則時刻從 $t = a$ 到 $t = b$，質點所經的位移 d 為
$$d = \int_a^b f(t)dt$$

習題 2-2

1. 求 $\int_{-3}^{1} 2x - 5\,dx$ 。

2. 求 $\int_{2}^{6} 3x + 4\,dx$ 。

3. 求 $\int_{0}^{3} 3x^2 + 2x - 15$ 。

4. (a) 證明：$1^3 + 2^3 + 3^3 + \cdots + n^3 = \dfrac{n^2(n+1)^2}{4}$

   (b) 利用(a)之結果，求 $\int_{0}^{1} x^3\,dx$ 。

5. 試利用幾何方法及定積分所代表的幾何意義，求 $\int_{2}^{2} |x|\,dx$ 。

6. 求下圖梯形區域的面積

   (a) 用幾何法。

   (b) 用定積分。

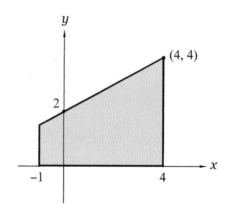

7. 用幾何方法，求 $\int_{-1}^{6} 1 - \dfrac{x}{3}\,dx$ 。

8. 用定積分，求由 $y = 1 - x$，$x = 2$，$x = -2$ 及 $y = 0$ 等四條直線所圍之面積。

9. 求由函數 $f(x) = 9 - x^2$ 之圖形，以及直線 $x = 1$，直線 $x = 2$，x 軸所圍成區域的面積。

2-3 微積分基本定理

　　在上節中我們已說明了定積分的意義，但我們可看出由定積分的定義去計算定積分值並不容易，若不去克服計算上的困難，定積分將難以發揮功用。因此，本節要去探討它的計算問題。我們將介紹定積分的一些基本性質及相關的定理，希望藉助這些結果來簡化計算的進行，尤其是在本節中將要談到一個在微積分學上非常重要的所謂**微積分基本定理（指第一基本定理）**，它是在 16 世紀末分別由牛頓(Newton, 1642~1727)及萊布尼茲(Leibniz, 1646~1716)這二位數學家個自發現的。此定理將導函數和定積分這兩種由定義上看起來似乎互不相關的概念緊密的拉上關係，並使得求定積分變得容易多了，只須做減法運算就可得定積分值。從此之後我們的定積分計算將依此定理的結果來進行。在談到這些性質及微積分基本定理之前，為了探討上的方便我們先做以下的規定。

規定：

(1) $\int_{a}^{a} f(x)dx = 0$

(2) $\int_{a}^{b} f(x)dx = -\int_{b}^{a} f(x)dx$ （如此規定後，上界小於下界就有意義了）

定理 2-3-1

　　設 f,g 在 $[a,b]$ 可定積分，則

(1) $\int_{a}^{b} cdx = c(b-a)$，$c$ 為任意實數

(2) $\int_{a}^{b} kf(x)dx = k\int_{a}^{b} f(x)dx$，$k$ 為任意實數

(3) $\int_{a}^{b} f(x) \pm g(x)dx = \int_{a}^{b} f(x)dx \pm \int_{a}^{b} g(x)dx$

(4) 若 $f(x) \leq g(x)$，$\forall x \in [a,b]$，則 $\int_{a}^{b} f(x)dx \leq \int_{a}^{b} g(x)dx$

註

(a) (3)可推廣到有限個函數的加、減。

(b) 由(2)、(3)可得到

$$\int_a^b k_1 f(x) \pm k_2 g(x) dx = k_1 \int_a^b f(x) dx \pm k_2 \int_a^b g(x) dx$$

定理 2-3-2

若 f 在含有 a,b,c 三點的閉區間上可定積分，則

$$\int_a^b f(x) dx = \int_a^c f(x) dx + \int_c^b f(x) dx$$

註

(1) 在上述定理中的 a,b,c，並不要求 $a<b<c$，它們是任意的實數。

(2) 上述定理可以推廣到有限個區間的積分相加。

定理 2-3-3 （積分均值定理）

設 f 在 $[a,b]$ 上連續，則存在 $c \in (a,b)$，使得

$$\int_a^b f(x) dx = f(c)(b-a)$$

上式中的 $f(c)$，稱為 f 在 $[a,b]$ 上的**平均值**。

現在我們要來介紹微積分學上十分重要的所謂**微積分基本定理**(The Fundamental Theorem of Calculus)。這個定理其實是二個小定理的統稱，這二個小定理分別稱為第一基本定理和第二基本定理。其中的第一基本定理可說是微積分學中最重要的定理，沒有這個定理，積分學將難以進展。而通常我們所說的微積分基本定理就是指這個第一基本定理。

定 理 | 2-3-4　（微積分基本定理）

設 f 在 $[a,b]$ 上連續

(1) 若令 $g(x) = \displaystyle\int_a^x f(t)dt$，$x \in [a,b]$，則 g 在 (a,b) 上是可微分，且 $g'(x) = D_x g(x)$

　　$= f(x)$，$\forall x \in (a,b)$（**第二基本定理**）

(2) 若 $g'(x) = f(x)$，$x \in [a,b]$，則 $\displaystyle\int_a^b f(x)dx = g(b) - g(a)$（**第一基本定理**）

註

(1) 式(1)可以寫為

$$\frac{d}{dx}\int_a^x f(t)dt = f(x)$$

而將式(2)中的積分上界 b 改為 x，且將自變數 x 改為 t，則得

$$\int_a^x g'(t)dt = g(x) - g(a)$$

以上二式表達了微分和定積分的互逆性。

(2) 微積分第一基本定理讓我們看到微分和定積分之間的聯結關係，並進而能透過求反導函數來計算定積分。這使得定積分的計算變得較為可行。我們都可看出要用定積分的定義直接去求定積分，一般而言是很困難的。這是微積分基本定理為什麼是如此重要的原因。微分和定積分，這微積分學中的二大主題，終於在這個定理中相會結合，因而稱這門學問為「微積分」。這個定理是由英國數學家牛頓和德國數學家萊布尼茲分別各自發現的。

▶ 證 明

(1) 若 x 在 $[a,b]$ 中，且 x 不是端點，則

$$\begin{aligned}
g'(x) &= \lim_{h \to 0} \frac{g(x+h) - g(x)}{h} \\
&= \lim_{h \to 0} \frac{1}{h}\left(\int_a^{x+h} f(t)dt - \int_a^x f(t)dt \right) \\
&= \lim_{h \to 0} \frac{1}{h}\int_x^{x+h} f(t)dt
\end{aligned}$$

由積分均值定理得

$$g'(x) = \lim_{h \to 0} \frac{1}{h} f(c)h = \lim_{h \to 0} f(c)$$

其中 c 是介於 x，和 $x+h$ 之間，又因為 f 為連續函數，因此得

$$g'(x) = \lim_{h \to 0} f(c) = \lim_{c \to x} f(c) = f(x)$$

（若 x 是端點時，只要將雙邊極限改為單邊極限，然後用相同的步驟仍可證得。）

(2) 設在 $[a, b]$ 上取 n 等分割後，且將其分割點及 a,b 兩點，依序標示為

$x_0, x_1, x_2, x_3 \ldots, x_n$，並令 $\Delta x_i = x_i - x_{i-1}$。

由均值定理（即定理 5-1-1，以後將介紹），存在 $t_i \in (x_{i-1}, x_i)$，使得
$$g(x_i) - g(x_{i-1}) = g'(t_i)(x_i - x_{i-1}) = f(t_i)\Delta x_i， \quad i = 1, 2, 3 \ldots n$$

因而得

$$\sum_{i=1}^{n} g(x_i) - g(x_{i-1}) = \sum_{i=1}^{n} f(t_i)\Delta x_i$$

而上式左邊為 $g(b) - (a)$。因此得

$$g(b) - g(a) = \sum_{i=1}^{n} f(t_i)\Delta x_i$$

又上式左邊和 n 無關，因此得

$$g(b) - g(a) = \lim_{n \to \infty} \sum_{i=1}^{n} f(t_i)\Delta x_i$$

又已知 f 在 $[a,b]$ 上連續，因此 f 在 $[a,b]$ 上可定積分且

$$\int_a^b f(x)dx = \lim_{n \to \infty} \sum_{i=1}^{n} f(t_i)\Delta x_i$$

因此，得

$$\int_a^b f(x)dx = g(b) - g(a)$$

除了由以上的論證可得微積分第一基本定理外，從物理的觀點也可以得此結論。其說明如下：設一質點在一直線上運動，若已知在 t 時刻時質點的位置為 s，且 $s = g(t)$，則得 $g'(t)$ 為其速度函數，且又由定義 2-2-3，得 $\int_a^b g'(t)dt$ 表從 $t = a$ 到 $t = b$ 這段期間的位移。但又由於 $g(t)$ 表在 t 時刻時質點的位置坐標，因而從 $t = a$ 到 $t = b$ 所經的位移為 $g(b) - g(a)$。因此，得 $\int_a^b g'(t)dt = g(b) - g(a)$，此即得證了微積分第一基本定理。

由微積分第一基本定理得知，以後算定積分 $\int_a^b f(x)dx$，可以由 $g(b) - g(a)$ 得到，這比起去算 $\lim\limits_{n \to \infty} \sum\limits_{i=1}^{n} f(t_i) \cdot \Delta x_i$ 容易多了，只是這必須要先知道 $g(x)$ 才行，**而此 $g(x)$ 是須滿足 $g'(x) = f(x)$，像這樣的 $g(x)$，我們稱為是 $f(x)$ 的反導函數(antiderivative of $f(x)$)**，亦即若 $g'(x) = f(x)$，則說 $g(x)$ 是 $f(x)$ 的反導函數。顯然一個函數的反導函數不會是只有一個而已。例如，給定 $f(x) = x^2$，由於 $D_x\left(\dfrac{1}{3}x^3 + 1\right) = D_x\left(\dfrac{1}{3}x^3 + 2\right) = D_x\left(\dfrac{1}{3}x^3 + \pi\right) = x^2$，因此 $f(x) = x^2$ 的反導函數 $g(x)$ 可以是 $\dfrac{1}{3}x^3 + 1$ 或 $\dfrac{1}{3}x^3 + 2$ 或 $\dfrac{1}{3}x^3 + \pi$ 等。但在利用微積分基本定理去求 $\int_a^b x^2 dx$ 時，不管用哪一個反導函數 $g(x)$ 去計算 $g(b) - g(a)$，可看出其值都會相等。一般而言，若 $f(x) = x^2$，則 $g(x) = \dfrac{1}{3}x^3 + c$，其中 c 為任數實數，都會是 $f(x)$ 的反導函數。而我們稱 $g(x) = \dfrac{1}{3}x^3 + c$ 為 $f(x) = x^2$ 的反導函數的「一般式」。而為了方便探討，我們會用符號 $\int f(x)dx$ 去表示 $f(x)$ 的反導函數的**一般式**，亦即 $\int x^2 dx = \dfrac{1}{3}x^3 + c$，且稱 $\int f(x)dx$ 為 $f(x)$ 的**不定積分**(indefinite integral)（會稱為不定積分是由於其積分符號中沒有給定上、下界的關係）。

由於 $D_x\left(\dfrac{a}{n+1}x^{n+1} + c\right) = ax^n$，因此得

$$\int ax^n dx = \frac{a}{n+1}x^{n+1} + c，\ n \neq -1，\ n \in N，\ a, c \in R$$

而為了方便利用微積分基本定理來計算定積分，以後我們將用**符號** $g(x)\Big|_a^b$ **去表示** $g(b)-g(a)$，亦即

$$g(x)\Big|_a^b \equiv g(b)-g(a)$$

因而得 $\displaystyle\int_a^b f(x)dx = \int f(x)dx\Big|_a^b$

 例題1

求 $\displaystyle\int_0^2 x^4 dx$

 解

因為 $D_x \dfrac{x^5}{5} = x^4$

所以由微積分第一基本定理，得

$$\int_0^2 x^4 dx = \dfrac{x^5}{5}\Bigg|_0^2 = \dfrac{2^5}{5} - 0 = \dfrac{32}{5}$$

 例題2

求 $\displaystyle\int_1^3 x^2 + 3\,dx$

解

由定理2-3-1，得

$$\int_1^3 x^2 + 3\,dx = \int_1^3 x^2 dx + \int_1^3 3\,dx = \dfrac{1}{3}x^3\Bigg|_1^3 + 3x\Bigg|_1^3$$

$$= 9 - \dfrac{1}{3} + 9 - 3 = 14\dfrac{2}{3}$$

這和前節例題9所計算的結果一樣。

例題3

求 $\int_{1}^{2} 3x^2 + 4x - 6dx$

解

由定理2-3-1，得

$$\int_{1}^{2} 3x^2 + 4x - 6dx = \int_{1}^{2} 3x^2 dx + \int_{1}^{2} 4x dx - \int_{1}^{2} 6dx$$

$$= 3\int_{1}^{2} x^2 dx + 4\int_{1}^{2} x dx - 6\int_{1}^{2} 1 dx$$

$$= 3\left(\left.\frac{x^3}{3}\right|_{1}^{2}\right) + 4\left(\left.\frac{x^2}{2}\right|_{1}^{2}\right) - 6\left(\left. x \right|_{1}^{2}\right)$$

$$= 3 \times \frac{7}{3} + 4 \times \frac{3}{2} - 6 \times 1$$

$$= 7$$

 例題4

設 $f(x) = 3x^2 + 2x + 1$，求 f 在 $[1, 3]$ 上的函數值的平均值。

解

所求的平均值為

$$\frac{1}{3-1}\int_{1}^{3} 3x^2 + 2x + 1 dx = \frac{1}{2}\left.(x^3 + x^2 + x)\right|_{1}^{3} = 18$$

 例題5

求 $\int_{-2}^{2} |x| dx$

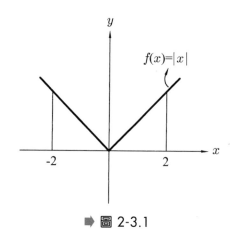

➡ 圖 2-3.1

由定理2-3-2，得

$$\int_{-2}^{2}|x|\,dx = \int_{-2}^{0}|x|\,dx + \int_{0}^{2}|x|\,dx = \int_{-2}^{0}-x\,dx + \int_{0}^{2}x\,dx$$

$$= \frac{-x^2}{2}\Big|_{-2}^{0} + \frac{x^2}{2}\Big|_{0}^{2} = 2+2$$

$$= 4$$

另法：直接由幾何方法求面積，得

$$\frac{2\times 2}{2}\times 2 = 4$$

求 $\displaystyle\int_{-1}^{4}\left|x^2-x-6\right|dx$

為了方便利用微積分基本定理，需將積分函數的絕對值去掉。

由於（從解 $x^2-x-6\geq 0$ 及 $x^2-x-6<0$）

當 $-2 < x < 3$ 時，則 $x^2 - x - 6 < 0$

當 $x \geq 3$ 或 $x \leq -2$ 時，則 $x^2 - x - 6 \geq 0$

因而得

$$f(x) = \left| x^2 - x - 6 \right| = \begin{cases} x^2 - x - 6 & , \quad x \geq 3 \\ -(x^2 - x - 6) & , \quad -2 < x < 3 \\ x^2 - x - 6 & , \quad x \leq -2 \end{cases}$$

因此，可得

$$\int_{-1}^{4} \left| x^2 - x - 6 \right| dx = \int_{-1}^{3} \left| x^2 - x - 6 \right| dx + \int_{3}^{4} \left| x^2 - x - 6 \right| dx$$

$$= \int_{-1}^{3} -(x^2 - x - 6) dx + \int_{3}^{4} x^2 - x - 6 \, dx = \frac{-1}{3} x^3 + \frac{1}{2} x^2 + 6x \Big|_{-1}^{3}$$

$$+ \frac{1}{3} x^3 - \frac{x^2}{2} - 6x \Big|_{3}^{4} = 18 + \frac{2}{3} + \frac{17}{6} = \frac{43}{2}$$

 例題7

求 $\int_{1}^{4} [x] dx$

解

由定理2-3-2，得

$$\int_{1}^{4} [x] dx = \int_{1}^{2} [x] dx + \int_{2}^{3} [x] dx + \int_{3}^{4} [x] dx$$

$$= \int_{1}^{2} 1 \, dx + \int_{2}^{3} 2 \, dx + \int_{3}^{4} 3 \, dx$$

$$= x \Big|_{1}^{2} + 2x \Big|_{2}^{3} + 3x \Big|_{3}^{4} = 1 + 2 + 3 = 6$$

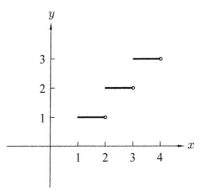

➡ 圖 2-3.2

函數 $f(x)=[x]$，在[1,4]上雖然不是連續函數，但其在[1,4]上不連續點最多僅是有限個且為有界函數，因此它是可積分函數。

由定理 2-3-4(1)及連鎖律（第三章將會談到），可以得以下系理：

▶系 理 　（第二基本定理）

設 f 為在$[a,b]$上的連續函數且 $u(x)$在$[a,b]$上可微分，若令

$$g(x) = \int_a^{u(x)} f(t)dt \ , \ u(x) \in [a,b]$$

則

$$D_x g(x) = f(u(x)) \cdot D_x u(x)$$

 例題8

設 $g(x) = \int_2^x 4t^3 dt$ ，求 $D_x g(x)$

解

由

$$g(x) = \int_2^x 4t^3 dt = 4\int_2^x t^3 dt = 4\left.\frac{t^4}{4}\right|_2^x = \left.t^4\right|_2^x = x^4 - 16$$

$$\Rightarrow D_x g(x) = 4x^3$$

若由定理2-3-4(1)，可得

$D_x g(x) = 4x^3$，兩者一樣。

例題9

求 (a) $D_x \int_1^x \dfrac{1}{1+t^2}dt$ 　　　　(b) $D_x \int_4^{x^2} \sqrt{1+t^3}\,dt$ 　　　　(c) $D_x \int_{3x}^{x^2} \dfrac{t}{1+t^3}dt$

解

(a) 由定理2-3-4(1)，得

$$D_x \int_1^x \frac{1}{1+t^2} dt = \frac{1}{1+x^2}$$

(b) 由定理2-3-4(1)之系理，得

$$D_x \int_4^{x^2} \sqrt{1+t^3} dt = \sqrt{1+(x^2)^3} \cdot D_x x^2 = \sqrt{1+x^6} \cdot 2x$$

(c) $D_x \int_{3x}^{x^2} \frac{t}{1+t^3} \cdot dt = D_x \left(\int_{3x}^1 \frac{t}{1+t^3} \cdot dt + \int_1^{x^2} \frac{t}{1+t^3} \cdot dt \right)$

$\qquad = D_x \left(\int_1^{x^2} \frac{t}{1+t^3} \cdot dt - \int_1^{3x} \frac{t}{1+t^3} \cdot dt \right)$

$\qquad = D_x \int_1^{x^2} \frac{t}{1+t^3} \cdot dt - D_x \int_1^{3x} \frac{t}{1+t^3} \cdot dt$

$\qquad = \frac{2x^3}{1+x^6} - \frac{9x}{1+27x^3}$

例題10

設一質點沿一直線運動，而其在時間 t 時的速度為 $V = f(t) = 3t^2 - 2t$，問此質點從時間 $t=2$ 到 $t=4$ 這時段所經的位移？

 解

由於位置函數的導函數為速度函數。因此，可由求速度函數的反導函數而得位置函數。

設 S 表質點在時間 t 時的位置，

則得　$S = g(t) = \int 3t^2 - 2t\, dt = t^3 - t^2 + c$

因此，得在 $t=2$ 及 $t=4$ 時質點的位置分別為 $g(2) = 4+c$ 及 $g(4) = 48+c$

所以得所求的位移為 $g(4) - g(2) = 44$

例題11

設一質點以等加速度為 a，沿一直線運動。令 $a(t)$，$v(t)$，$s(t)$ 分別表示在時間 t 時的加速度、速度和位置（即坐標），且知 $v(0) = v_0$，$s(0) = 0$，求 $v(t)$ 及 $s(t)$？

解

由於 $v'(t) = a(t) = a$

因而得

$$v(t) = \int a(t)dt = \int a\,dt = at + c_1$$

又由 $v(0) = v_0$，可得 $v_0 = v(0) = c_1$

因此，得 $v(t) = v_0 + at$

又由於 $s'(t) = v(t) = at + v_0$

因而得

$$s(t) = \int at + v_0 dt = \frac{1}{2}at^2 + v_0 t + c_2$$

又由 $s(0) = 0$，可得 $o = c_2$

因此，得 $s(t) = v_o t + \frac{1}{2}at^2$

以上結果就是物理學上所謂的「牛頓等加速運動公式」。

 例題12

求由函數 $f(x) = -x^2$ 的圖形，以及直線 $x = -2$ 和直線 $x = 2$，所圍成區域（參考圖 2-3.3）的面積。

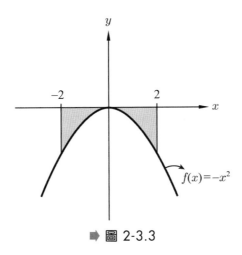

→ 圖 2-3.3

 解

由於 $f(x) \le 0$，$\forall x \in [-2,2]$

得所求面積為

$$-\int_{-2}^{2} -x^2 dx = \frac{1}{3}x^3 \Big|_{-2}^{2} = \frac{16}{3}$$

例題13

求由函數 $f(x)=x^2-4$ 的圖形，和直線 $x=3$，以及 x 軸（即 $y=0$ 的直線），所圍區域（參考圖 2-3.4）的面積。

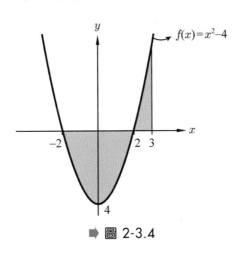

→ 圖 2-3.4

解

先求函數 $f(x) = x^2 - 4$ 的圖形和 x 軸（即 $y = 0$）的交點坐標。

由 $\begin{cases} y = x^2 - 4 \\ y = 0 \end{cases}$，解得其交點坐標為 $(2,0)$ 及 $(-2,0)$。

而由定積分和面積的關係（參閱2-2節），得所求面積為

$$\int_{-2}^{2} -(x^2 - 4)\, dx + \int_{2}^{3} x^2 - 4\, dx$$

$$= 4x - \frac{1}{3}x^3 \Big|_{-2}^{2} + \left(\frac{1}{3}x^3 - 4x\right)\Big|_{2}^{3}$$

$$= \frac{32}{3} + \frac{7}{3} = 13$$

例題14

求由曲線 $y = x^3$ 和直線 $y = x$ 所圍區域（參考圖 2-3.5）的面積。

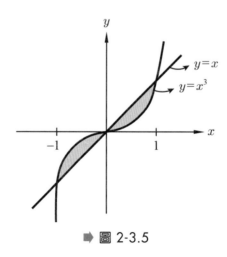

➡ 圖 2-3.5

先求兩曲線的交點坐標

由 $\begin{cases} y = x^3 \\ y = x \end{cases}$

解得其交點坐標為 $(0, 0), (1, 1), (-1, -1)$。

而由定積分和面積的關係或定理2-2-3，可得所求的面積為

$$\int_{-1}^{0} x^3 - x \, dx + \int_{0}^{1} x - x^3 \, dx$$

$$= \frac{x^4}{4} - \frac{x^2}{2} \Big|_{-1}^{0} + \frac{x^2}{2} - \frac{x^4}{4} \Big|_{0}^{1}$$

$$= \frac{1}{4} + \frac{1}{4} = \frac{1}{2}$$

例題15

設一質點沿一直線運動，且已知其速度 v 和時間 t 的函數關係為 $v = f(t) = 3t^2 + 4t - 2$（公尺／秒），求從時刻 $t = 2$ 秒到時刻 $t = 4$ 秒時所經的位移。

由定義 2-2-3，得所經的位移為

$$\int_{2}^{4} 3t^2 + 4t - 2 \, dt = t^3 + 2t^2 - 2t \Big|_{2}^{4} = 76 \text{（公尺）}$$

例題16

依庫倫定律(Coulomb's Law)，相距 r 公尺的兩電子間的互斥力約為 $\dfrac{23 \times 10^{-29}}{r^2}$ 牛頓。如圖 2-3.6 所示，設 A 電子固定在$(10, 0)$（單位公尺）處。若將 B 電子沿著 x 軸，由$(0,0)$等速移動至$(5,0)$處，需作多少功？

解

由庫倫定律,可知 B 電子在 $(x,0)$ 處所受的斥力為 $\dfrac{23\times10^{-29}}{(10-x)^2}$(牛頓)。又

由於是等速移動,其所施加於 B 電子的力正好等於其斥力。

因此,由定義2-2-2,得所作之功為

$$W = \int_0^5 \frac{23\times10^{-29}}{(10-x)^2} \cdot dx$$

$$= 23\times10^{-29} \int_0^5 \frac{1}{(10-x)^2} \cdot dx$$

$$= 23\times10^{-29} \times \frac{1}{10-x}\bigg|_0^5 = 23\times10^{-30} \text{焦耳}$$

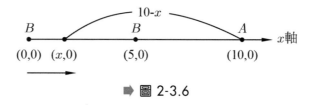

➡ 圖 2-3.6

習題 2-3

1. 求 $\displaystyle\int_1^3 x^5 dx$。

2. 求 $\displaystyle\int_{-5}^2 \frac{3}{2}t-10 dt$。

3. 求 $\displaystyle\int_0^1 3x^4-2x^3+4x^2+5x-8 dx$。

4. 設 $f(x)=\begin{cases} 2 & , \ 0\le x\le1 \\ 3 & , \ 1<x\le2 \end{cases}$,求 $\displaystyle\int_0^2 f(x)dx$。

5. 求(a) $\displaystyle\int_{-2}^3 |x-1| dx$;(b) $\displaystyle\int_0^3 |x^2-3x+2| dx$。

6. 求(a) $\int_{-4}^{2}[x]dx$ ；(b) $\int_{0}^{2}[2x]dx$ ；(c) $\int_{0}^{2}[1-2x]\,dx$ 。

7. 求(a) $D_x\int_{3}^{x}\dfrac{t}{t^2-3t+5}dt$ ；(b) $D_x\int_{2}^{x^2}\dfrac{t}{3+t^2}dt$ 。

8. 求 $D_x\int_{x^2}^{2x}\sqrt{1+t^2}dt$ 。

9. $\displaystyle\lim_{h\to 0}\dfrac{1}{h}\int_{3}^{3+h}\dfrac{1}{\sqrt{6+\sqrt{6+t}}}dt$ 。

（提示：令 $F(x)=\displaystyle\int_{3}^{x}\dfrac{1}{\sqrt{6+\sqrt{6+t}}}dt$ ）。

10. 設 $f(x)=x^2$ ，求 f 在 $[0,6]$ 上，其函數值的平均值。

11. 求由曲線 $y=x^2$ 和直線 $y=2x+3$ 所圍區域的面積。

12. 求由曲線 $y=x^2-1$ ， x 軸及 $x=0$ ， $x=2$ 所圍成區域的面積。

13. 求由直線 $y=x-2$ ，及曲線 $y=x^2$ 所圍成區域的面積。

14. 求由曲線 $y=10-2x^2$ ，和直線 $y=4x+4$ ，以及直線 $x=0$ 和直線 $x=2$ 所圍成區域的面積。

15. 設一質點沿一直線運動，且又知其速度 v 和時間 t 的函數關係為 $v=f(t)=3t^2+6t$ （公尺／秒），求從時刻 $t=3$ 秒到時刻 $t=5$ 秒所經的位移。

16. 求 $\displaystyle\lim_{n\to\infty}\dfrac{1^5+2^5+3^5+\cdots+n^5}{n^6}$

（提示： $\displaystyle\lim_{n\to\infty}\dfrac{1^5+2^5+3^5+\cdots+n^5}{n^6}=\lim_{n\to\infty}\sum_{i=1}^{n}\dfrac{i^5}{n^6}=\lim_{n\to\infty}\sum_{i=1}^{n}\left(\dfrac{i}{n}\right)^5\dfrac{1}{n}$ ）

17. 將 $\displaystyle\lim_{n\to\infty}\left(\dfrac{n}{n^2+1}+\dfrac{n}{n^2+2^2}+\dfrac{n}{n^2+3^2}+\cdots+\dfrac{n}{n^2+n^2}\right)$ 用定積分去表示。

（提示：將每項的分子及分母同時除以 n^2 ）

為什麼要學數學？不同的人可能有不同的理由，但多數所同意的兩個理由是：(1)它是許多專業學科的基礎工具。(2)可以培養推理以及思考能力。

大自然之書是用數學語言所書寫的。

——伽利略(Galileo)

微分法

CALCULUS

3-0 前　言

　　所謂「微分法」就是求導函數的方法。我們要知道，大部分情況我們是不會直接用導函數的定義式子 $\lim\limits_{\Delta x \to 0} \dfrac{f(x + \Delta x) - f(x)}{\Delta x}$ 去求函數 $f(x)$ 的導函數。因為函數有無限多，我們不可能每個都如此由定義去求，那就太不方便了。而通常我們會藉由一些微分運算規則和某些基本函數的微分結果而間接求得其導函數。例如，在之前我們曾藉由 $D_x x^n = n x^{n-1}$ 的微分結果，及 $D_x(af(x) \pm bg(x)) = a D_x f(x) \pm b D_x g(x)$ 這個相加（減）的微分運算規則而求得所有多項函數的導函數。但這顯然不夠，因為我們所考慮的函數不僅僅是多項函數而已，如有理函數 $f(x) = \dfrac{3x + 4}{5x - 2}$，無理函數 $g(x) = \sqrt{4x^2 + 3}$ 等就無法由這種方式求得其導函數，更何況有些函數並不是用所謂的**顯函數(explicit function)**（這在 3-3 節會定義）來表示。為了能求得更多不同型態函數的導函數，我們需要有更進一步的微分方法才行。在本章裡我們要進一步介紹一些微分運算規則及微分方法。這包括乘、除的微分運算規則，以及連鎖律和隱函數微分法。連鎖律是求合成函數導函數的有力工具。很多複雜的函數，無非是由一些簡單函數經由加、減、乘、除或合成運算而產生，只要我們能求得這些簡單函數的導函數，我們就可藉由加、減、乘、除的微分運算規則或連鎖律而求得那些複雜函數的導函數。如此一來，不管多複雜的函數，其導函數都將不難求得。

3-1 微分規則

　　在第二章我們已學過加法的微分規則，即 $D_x(f(x) \pm g(x)) = D_x f(x) \pm D_x g(x)$。在本節我們要另外再介紹一些微分規則，以利微分的計算。

> 定 理 | 3-1-1 （乘法規則）

設 f 與 g 在 x 均為可微分，則
$$D_x\big[f(x)\cdot g(x)\big]=D_xf(x)\cdot g(x)+f(x)\cdot D_xg(x)$$

▶ 證 明

$D_x\big[f(x)\cdot g(x)\big]$

$$=\lim_{\Delta x\to 0}\frac{f(x+\Delta x)\cdot g(x+\Delta x)-f(x)\cdot g(x)}{\Delta x}$$

$$=\lim_{\Delta x\to 0}\frac{\big[f(x+\Delta x)-f(x)\big]\cdot g(x+\Delta x)+f(x)\cdot g(x+\Delta x)-f(x)\cdot g(x)}{\Delta x}$$

$$=\lim_{\Delta x\to 0}\frac{\big[f(x+\Delta x)-f(x)\big]\cdot g(x+\Delta x)+f(x)\cdot\big[g(x+\Delta x)-g(x)\big]}{\Delta x}$$

$$=\lim_{\Delta x\to 0}\left[\frac{f(x+\Delta x)-f(x)}{\Delta x}\cdot g(x+\Delta x)+f(x)\cdot\frac{g(x+\Delta x)-g(x)}{\Delta x}\right]$$

$$=\lim_{\Delta x\to 0}\frac{f(x+\Delta x)-f(x)}{\Delta x}\cdot\lim_{\Delta x\to 0}g(x+\Delta x)+f(x)\cdot\lim_{\Delta x\to 0}\frac{(x+\Delta x)-g(x)}{\Delta x}$$

$$=f'(x)\cdot g(x)+f(x)\cdot g'(x)$$

利用以上的乘法微分運算規則，可將原來對($f(x)\cdot g(x)$)的微分計算轉為只分別對 $f(x)$ 和 $g(x)$ 的微分計算。因此，只要能個別知道 f，g 的導函數即能求得它們乘積的導函數。這有簡化微分計算的功用。

▶ 系 理

設 f 與 g，h 在 x 均為可微分，則
$$D_x\big[f(x)\cdot g(x)\cdot h(x)\big]$$
$$=(D_xf(x))\cdot g(x)\cdot h(x)+f(x)\cdot(D_xg(x))\cdot h(x)+f(x)\cdot g(x)\cdot D_xh(x)$$

例題1

求 $D_x\left[(3x^2+4)\cdot(5x^3+2x-7)\right]$。

解

由定理 3-1-1 得

$$D_x\left[(3x^2+4)\cdot(5x^3+2x-7)\right]$$

$$=\left[D_x(3x^2+4)\right]\cdot(5x^3+2x-7)+(3x^2+4)\cdot D_x(5x^3+2x-7)$$

$$=6x\cdot(5x^3+2x-7)+(3x^2+4)\cdot(15x^2+2)$$

$$=75x^4+78x^2-42x+8$$

由定理 3-1-1 及數學歸納法，可證得以下重要的微分公式。

定理 │ 3-1-2

設 f 在 x 為可微分，則
$$D_x\left[f(x)\right]^n = n\cdot\left[f(x)\right]^{n-1}\cdot D_x f(x)$$

註

定理 3-1-2 亦可由 3-2 節裡將談的連鎖律證得。

例題2

設 $f(x)=(3x^5+4x-7)^{10}$ 求 $f'(x)=?$

解

由定理 3-1-2，得

$$f'(x) = 10 \cdot (3x^5 + 4x - 7)^{10-1} \cdot D_x(3x^5 + 4x - 7)$$

$$= 10 \cdot (3x^5 + 4x - 7)^9 \cdot (15x^4 + 4)$$

例題3

設 $f(x) = (3x^2 + 4x - 5)^6 \cdot (2x^3 - 7x + 6)^8$，求 $f'(x) = ?$

解

$$f'(x) = \left[D_x(3x^2 + 4x - 5)^6 \right] \cdot (2x^3 - 7x + 6)^8$$

$$+ (3x^2 + 4x - 5)^6 \cdot \left[D_x(2x^3 - 7x + 6)^8 \right]$$

$$= 6(3x^2 + 4x - 5)^5 \cdot (6x + 4) \cdot (2x^3 - 7x + 6)^8$$

$$+ (3x^2 + 4x - 5)^6 \cdot 8(2x^3 - 7x + 6)^7 \cdot (6x^2 - 7)$$

定理 3-1-3

設 g 在 x 為可微分且 $g(x) \neq 0$，則 $D_x\left[\dfrac{1}{g(x)}\right] = \dfrac{-g'(x)}{\left[g(x)\right]^2}$

▶ 證 明

$$D_x\left[\frac{1}{g(x)}\right] = \lim_{\Delta x \to 0} \frac{\dfrac{1}{g(x+\Delta x)} - \dfrac{1}{g(x)}}{\Delta x} = \lim_{\Delta x \to 0} \frac{\dfrac{-(g(x+\Delta x) - g(x))}{g(x+\Delta x) \cdot g(x)}}{\Delta x}$$

$$= \lim_{\Delta x \to 0} \left\{ \frac{-\left[g(x+\Delta x) - g(x)\right]}{\Delta x} \cdot \frac{1}{g(x+\Delta x) \cdot g(x)} \right\}$$

$$= \lim_{\Delta x \to 0} \frac{-\big[g(x+\Delta x)-g(x)\big]}{\Delta x} \cdot \lim_{\Delta x \to 0} \frac{1}{g(x+\Delta x)\cdot g(x)} = \frac{-g'(x)}{\big(g(x)\big)^2}$$

 例題4

設 $f(x) = \dfrac{1}{x^2+3x-5}$ ，求 $f'(x) = ?$

解

由定理3-1-3，得

$$f'(x) = \frac{-D_x(x^2+3x-5)}{(x^2+3x-5)^2} = \frac{-(2x+3)}{(x^2+3x-5)^2}$$

定 理 ┃ 3-1-4 （除法規則）

設 f ， g 在 x 均為可微分，且 $g(x) \neq 0$ ，則

$$D_x\left[\frac{f(x)}{g(x)}\right] = \frac{g(x)\cdot D_x f(x) - f(x)\cdot D_x g(x)}{\big[g(x)\big]^2}$$

▶**證 明**

$$D_x\left[\frac{f(x)}{g(x)}\right] = D_x\left[f(x)\cdot \frac{1}{g(x)}\right]$$

$$= D_x f(x)\cdot \frac{1}{g(x)} + f(x)\cdot D_x\left[\frac{1}{g(x)}\right]$$

$$= \frac{D_x f(x)}{g(x)} + f(x)\cdot \frac{-D_x g(x)}{\big[g(x)\big]^2}$$

$$= \frac{g(x)\cdot D_x f(x) - f(x)\cdot D_x g(x)}{\big[g(x)\big]^2}$$

利用以上的除法微分運算規則，可將原來對 $\dfrac{f(x)}{g(x)}$ 的微分計算轉為對 $f(x)$ 及 $g(x)$ 個別函數的微分計算，因而只要能求得 $f(x)$ 和 $g(x)$ 的導函數，就能求得 $\dfrac{f(x)}{g(x)}$ 的導函數。這有簡化微分計算的功用。

例題5

設 $f(x) = \dfrac{9x+3}{3x^2 - 2x + 1}$ ，求 $f'(x) = ?$

解

由定理3-1-4，得

$$f'(x) = \frac{\left[D_x(9x+3)\right](3x^2 - 2x + 1) - (9x+3) \cdot D_x(3x^2 - 2x + 1)}{(3x^2 - 2x + 1)^2}$$

$$= \frac{9(3x^2 - 2x + 1) - (9x+3)(6x-2)}{(3x^2 - 2x + 1)^2}$$

例題6

設 $f(x) = \left(\dfrac{4x+3}{2x^2 - 7x + 5}\right)^{10}$ ，求 $f'(x) = ?$

解

由定理3-1-2及定理3-1-4，得

$$f'(x) = 10\left(\frac{4x+3}{2x^2 - 7x + 5}\right)^9 \cdot \left[\frac{4 \cdot (2x^2 - 7x + 5) - (4x+3)(4x-7)}{(2x^2 - 7x + 5)^2}\right]$$

例題7

設 $f(x) = \dfrac{\left(4x^2 + 8x + 3\right)^5}{(3x+5)^7}$ ，求 $f'(x) = ?$

解

$$f'(x) = \frac{\left[D_x(4x^2+8x+3)^5\right]\cdot(3x+5)^7 - (4x^2+8x+3)^5\cdot\left[D_x(3x+5)^7\right]}{(3x+5)^{14}}$$

$$= \frac{\left[5(4x^2+8x+3)^4\cdot(8x+8)\right]\cdot(3x+5)^7 - (4x^2+8x+3)^5\cdot\left[7(3x+5)^6\cdot3\right]}{(3x+5)^{14}}$$

在定理 2-1-3 中的公式 $D_x x^n = n x^{n-1}$，其中 n 為自然數。以下的定理告訴我們 n 是整數時也成立。

定理 3-1-5

設 $f(x) = x^n$，其中 n 為整數，則 $f'(x) = D_x x^n = n x^{n-1}$（當 n 為負整數時，要求 $x \neq 0$）

▶**證 明**

當 n 是正整數時已得證。

若 n 是負整數且 $x \neq 0$，令 $m=-n$，則 m 是正整數，得

$$D_x x^n = D_x x^{-m} = D_x \frac{1}{x^m} = \frac{-m x^{m-1}}{x^{2m}} = -m x^{-m-1} = n x^{n-1}$$

高階導函數

若函數 $f(x)$ 為可微分函數，則 $f'(x)$ 亦稱為 f 的一階導函數。若 $f'(x)$ 為可微分函數，則 $f'(x)$ 的導函數以 $f''(x)$ 或 $f^{(2)}(x)$ 表示，稱為 f 的二階導函數。以這樣的概念繼續下去，我們可以定義 $f(x)$ 的三階、四階、以至 n 階導函數，並分別以 $f^{(3)}(x)$，$f^{(4)}(x)$ 及 $f^{(n)}$ 表示。而 $f^{(n)}(x)$ 亦可記為

$$f^{(n)}(x) = D_x{}^n f(x) = \frac{d^n}{dx^n} f(x) = \frac{d^n f(x)}{dx^n}$$

例題8

設 $f(x) = 3x^5 + 4x^3 - 7x^2 + 9x - 1999$，求 $f'(x)$，$f''(x)$，$f'''(x)$，$f^{(4)}(x)$，$f^{(5)}(x)$，$f^{(6)}(x)$。

解

$$f(x) = 3x^5 + 4x^3 - 7x^2 + 9x - 1999$$

$$f'(x) = 15x^4 + 12x^2 - 14x + 9$$

$$f''(x) = 60x^3 + 24x - 14$$

$$f'''(x) = 180x^2 + 24$$

$$f^{(4)}(x) = 360x$$

$$f^{(5)}(x) = 360$$

$$f^{(6)}(x) = 0$$

例題9

設 $f(x) = \dfrac{1}{x}$，求 $f^{(n)}(x) = ?$

解

$$f'(x) = (-1)x^{-2}$$

$$f''(x) = (-1)(-2)x^{-3}$$

$$f'''(x) = (-1)(-2)(-3)x^{-4}$$

$$\vdots$$

$$f^{(n)}(x) = (-1)(-2)\cdots(-n)x^{-(n+1)}$$

$$= (-1)^n \cdot n! x^{-(n+1)}$$

註

$$n! = n \cdot (n-1) \cdot (n-2)\cdots 2 \cdot 1$$

 習題 3-1

1. 求下列各題中的導函數

(a) $f(x) = (3x^2 + 4x - 5) \cdot (6x^3 + 7x - 9)$

(b) $f(x) = (4x^7 + 6x^5 - 8x + 9)(3x^2 - 4x + 1)(2x + 3)$

(c) $f(x) = (5x^3 + 4x - 7)^{20}$

(d) $f(x) = (3x^2 - 6x + 4)^{10} \cdot (13x^3 - 7x + 2)^{20}$

(e) $f(x) = \dfrac{3x}{x^2 - 7x + 5}$

(f) $f(x) = \dfrac{(7x^2 - 6)^2}{(x^3 - 5x + 2)^3}$

(g) $f(x) = \left(\dfrac{4x + 7}{3x^2 + 6x - 1}\right)^{20}$

(h) $f(x) = \left(\dfrac{2x + 1}{3x^2 - 5}\right)^3 \cdot \left(\dfrac{7}{4x + 5}\right)^5$

2. 設 $f(x) = 3x^4 - 7x^3 + 6x - 9$，求 $f'(x)$，$f''(x)$，$f'''(x)$，$f^{(4)}(x)$，$f^{(5)}(x)$

3. 設 $f(x) = (3x^2 - 7x + 2)^{10}$，求 $f'(1) = ?$

4. 設 $f(x) = \dfrac{1}{2x + 5}$，求 $f^{(4)}(-3) = ?$

5. 設 $f\left(\dfrac{x-1}{x+1}\right) = 4x + 6$，求 $f'(x) = ?$

3-2　合成函數的微分法－連鎖律

　　雖然學了不少微分法，但我們可以發現對於一些較複雜的函數如 $y = \sqrt{4x^2 + 3}$（它是由 $y = \sqrt{u}$ 和 $u = 4x^2 + 3$ 所合成的函數）或 $y = \cos\dfrac{3x+4}{2x-1}$（它是由 $y = \cos u$ 及 $u = \dfrac{3x+4}{2x-1}$ 所合成的函數）等，它們都無法利用前面所學的微分法直接去求其導函數，而這些複雜的函數往往是某些簡單函數的**合成函數**，此時我們可以利用本節所要介紹的**連鎖律(chain rule)**間接去求這合成函數的導函數。

　　給定三個相關的變數 x, u, y。已知 x 增加一個單位時，u 會增加 4 個單位，即 $\dfrac{du}{dx} = 4$；且知 u 增加一個單位時，y 會增加 3 個單位，即 $\dfrac{dy}{du} = 3$。那麼 x 增加一個單位時，y 會增加多少個單位？即問 $\dfrac{dy}{dx} = ?$ 很顯然可以知道 y 所增加的單位為 $3 \times 4 = 12$，即 $\dfrac{dy}{du} \times \dfrac{du}{dx}$，因而我們有 $\dfrac{dy}{dx} = \dfrac{dy}{du}\dfrac{du}{dx}$。這關係式子：$\dfrac{dy}{dx} = \dfrac{dy}{du}\dfrac{du}{dx}$，就是所謂的「連鎖律」。以下我們用一個具體的例子來說明。

例題1

　　設 $y = f(u) = 3u$，且 $u = g(x) = 4x + 5$。

(1) 求 y 和 x 的函數關係式，並求 $\dfrac{dy}{dx}$。

(2) 求 $fog(x)$，並求 $\dfrac{d}{dx}fog(x)$。

(3) 求 $\dfrac{dy}{du}$（亦即求 $f'(u)$），及求 $\dfrac{du}{dx}$（亦即求 $g'(x)$）。

(4) 驗證：$\dfrac{dy}{dx}=\dfrac{dy}{du}\dfrac{du}{dx}$（亦即 $\dfrac{d}{dx}fog(x)=f'(u)\cdot g'(x)$）。

(1) 由 $y=3u$ 和 $u=4x+5$，得 $y=3u=3(4x+5)=12x+15$，因而得 y 和 x 的
函數關係式為

$$y=12x+15$$

進而得，$\dfrac{dy}{dx}=12$

(2) 得 $fog(x)=f(g(x))=f(4x+5)=3(4x+5)=12x+15$

因而得 $\dfrac{d}{dx}fog(x)=12$

由(1),(2)可看出：$y=fog(x)$ 且 $\dfrac{dy}{dx}=\dfrac{d}{dx}fog(x)$。

(3) 得 $f'(u)=\dfrac{dy}{du}=3$，$g'(x)=\dfrac{du}{dx}=4$

(4) 由 $\dfrac{dy}{dx}=\dfrac{d}{dx}fog(x)=12$，以及 $\dfrac{dy}{du}=f'(u)=3$ 和 $\dfrac{du}{dx}=g'(x)=4$

可得 $\dfrac{dy}{dx}=\dfrac{dy}{du}\cdot\dfrac{du}{dx}$，亦即得 $\dfrac{d}{dx}fog(x)=f'(u)\cdot g'(x)$

在例題1我們得到：$\dfrac{d}{dx}fog(x)=f'(u)\cdot g'(x)$。

這樣的結果對一般的函數仍然成立，這結果即為以下所謂的“連鎖
律”定理(chain rule)。

定 理 ｜ 3-2-1 （連鎖律）

設 g 在 x 可微分且 f 在 $g(x)$ 可微分，則合成函數 fog 在 x 可微分，且

$$\frac{d}{dx}\left[fog(x)\right] = \frac{d}{dx}\left[f(g(x))\right] = f'(g(x)) \cdot g'(x)$$

$$x \xrightarrow{\ g\ } g(x) \xrightarrow{\ f\ } f(g(x))$$

$$\underbrace{}_{fog}$$

▶ 證 明

令 $u = g(x)$，$\Delta u = g(x + \Delta x) - g(x)$

由　$\dfrac{d}{dx}(fog(x)) = \lim\limits_{\Delta x \to 0} \dfrac{fog(x + \Delta x) - fog(x)}{\Delta x}$

$$= \lim\limits_{\Delta x \to 0} \frac{f(g(x + \Delta x)) - f(g(x))}{\Delta x}$$

$$= \lim\limits_{\Delta x \to 0} \frac{f(g(x + \Delta x)) - f(g(x))}{g(x + \Delta x) - g(x)} \cdot \frac{g(x + \Delta x) - g(x)}{\Delta x}$$

（假設 $g(x + \Delta x) - g(x) \neq 0$）

$$= \lim\limits_{\Delta x \to 0} \frac{f(g(x + \Delta x)) - f(g(x))}{g(x + \Delta x) - g(x)} \cdot \lim\limits_{\Delta x \to 0} \frac{g(x + \Delta x) - g(x)}{\Delta x} \quad （由於 \ f, g 為可微）$$

因為 g 為可微分函數（因而 g 為連續函數），因此

由　$\Delta x \to 0$，可得 $\Delta u = g(x + \Delta x) - g(x) \to 0$

又　$g(x + \Delta x) = g(x) + \Delta u = u + \Delta u$

因此，得

$$\frac{d}{dx}(fog(x)) = \lim\limits_{\Delta u \to 0} \frac{f(u + \Delta u) - f(u)}{\Delta u} \cdot \lim\limits_{\Delta x \to 0} \frac{g(x + \Delta x) - g(x)}{\Delta x}$$

$$= f'(u) \cdot g'(x) = f'(g(x)) \cdot g'(x)$$

例題2

設 $f(x) = x^{10}$，$g(x) = x^2 + 3x - 5$，求 $\dfrac{d}{dx}(gof(x))$

解

得

$$gof(x) = x^{20} + 3x^{10} - 5$$

且

$$\frac{d}{dx}(gof(x)) = 20x^{19} + 30x^9$$

若由連鎖律得

$$\frac{d}{dx}(gof(x)) = g'(f(x)) \cdot f'(x) = \left(2(x^{10}) + 3\right) \cdot (10x^9)$$

$$= 20x^{19} + 30x^9$$

兩者結果一樣。

例題3

設 $f'(x) = \sqrt{2x + 3}$ ， $g(x) = 4x + 5$ ，求 $(fog)'(x)$ 。

 解

由連鎖律，得

$$(fog)'(x) = \frac{d}{dx}fog(x) = f'(g(x)) \cdot g'(x) = f'(4x + 5) \cdot g'(x) = \sqrt{8x + 13} \cdot 4$$

例題4

設 $f'(2) = 3$ ， $g(1) = 2$ ， $g'(1) = 4$ ，求 $(fog)'(1)$ 。

解

由 $(fog)'(1) = f'(g(1)) \cdot g'(1)$

得 $(fog)'(1) = f'(2) \cdot g'(1) = 3 \times 4 = 12$

　　我們要如何利用連鎖律去求一個複雜函數 $h(x)$ 的導函數 $h'(x)$？（當然這 $h(x)$ 是無法用前面所學的微分法去求得時才有必要）首先去找兩個容易微分的函數 $f(x)$ 和 $g(x)$，使得 $h(x)$ 是它們的合成函數，亦即 $h(x) = fog(x)$，然後再藉由連鎖律 $h'(x) = f'(g(x))g'(x)$，去求 $f'(g(x)) \cdot g'(x)$ 而得 $h'(x)$。

例題5

設 $h(x) = (3x^2 + 4x - 5)^{10}$，求 $\dfrac{d}{dx}h(x)$。

解

要利用連鎖律求 $\dfrac{d}{dx}h(x)$，需先找兩個函數 $f(x)$，$g(x)$，使得 $h(x) = fog(x)$

我們取　$f(x) = x^{10}$，$g(x) = 3x^2 + 4x - 5$

則

　　　　$f(g(x)) = \left[g(x)\right]^{10} = (3x^2 + 4x - 5)^{10}$，此即表示函數 $h(x) = (3x^2 + 4x - 5)^{10}$

為 g，f 的合成函數，亦即 $h(x) = fog(x)$。

因此，由連鎖律得

$$\dfrac{d}{dx}(3x^2 + 4x - 5)^{10} = \dfrac{d}{dx}(fog(x))$$

$$= \dfrac{d}{dx}(f(g(x)) = f'(g(x)) \cdot g'(x)$$

$$= 10 \cdot \left[g(x)\right]^9 \cdot g'(x)$$

$$= 10 \cdot \left(3x^2 + 4x - 5\right)^9 \cdot (6x + 4)$$

即

$$\frac{d}{dx}(3x^2 + 4x - 5)^{10} = 10(3x^2 + 4x - 5)^9 \cdot (6x + 4)$$

此題亦可由定理3-1-2，即

$$\frac{d}{dx}(g(x))^n = n(g(x))^{n-1} \cdot D_x g(x) \text{ 直接求得。}$$

若用萊布尼茲的導函數符號來表示連鎖律，則連鎖律可以有以下的另一種表示式。

設 $y = f(u)$ ， $u = g(x)$ ，

則得　　$y = f(u) = f(g(x)) = fog(x)$（即得 y 是 x 的函數且此函數是由 g, f 所合成的函數）

$$(x \xrightarrow{\ g\ } u \xrightarrow{\ f\ } y \text{ ， } x \xrightarrow{\ fog\ } y)$$

且得： $\dfrac{d}{dx}f(g(x)) = \dfrac{dy}{dx}$ ， $f'(g(x)) = \dfrac{dy}{du}$（改用萊布尼茲符號表示）， $g'(x) = \dfrac{du}{dx}$（改用萊布尼茲符號表示）。

因而，定理 3-2-1 的連鎖律： $\dfrac{d}{dx}f(g(x)) = f'(g(x)) \cdot g'(x)$ 可改寫為

$$\frac{dy}{dx} = \frac{dy}{du} \cdot \frac{du}{dx}$$

這是連鎖律的另一種表示法，此即以下的定理內容。

定 理　3-2-2 （連鎖律）

設 $y = f(u)$ 是 u 的可微分函數，且 $u = g(x)$ 是 x 的可微分函數，則得 $y = f(g(x))$ 是 x 的可微分函數且其導函數 $\dfrac{dy}{dx}$ （亦即 $\dfrac{d}{dx} f(g(x))$ ）為 $\dfrac{dy}{dx} = \dfrac{dy}{du} \cdot \dfrac{du}{dx}$ 。

$x \xrightarrow[\frac{du}{dx}]{g} u \xrightarrow[\frac{dy}{du}]{f} y$ ， $x \xrightarrow[\frac{dy}{dx}]{fog} y$

註▶

以上結果可推廣至二個以上函數的合成。設 $y = f(u)$ ， $u = g(x)$ ， $x = h(t)$ ，則 $\dfrac{dy}{dt} = \dfrac{dy}{du} \dfrac{du}{dx} \dfrac{dx}{dt}$ 。

雖然在前面我們曾提過，符號 $\dfrac{dy}{dx}$ 和符號 y' 是一樣的意義，但在某些場合，符號 $\dfrac{dy}{dx}$ 比符號 y' 更清楚。例如， $y = f(u) = u^2$ ， $u = g(x) = x^3$ ，則得 y 是 x 的函數，但 y 也是 u 的函數，因此可以去考慮它們的導函數，只是這個導函數是對自變數 x 還是對自變數 u 來談的，其意義和符號是不同。前者用 $\dfrac{dy}{dx}$ 或 $D_x y$ 表示；而後者用 $\dfrac{dy}{du}$ 或 $D_u y$ 表示，且 $\dfrac{dy}{dx} = 6x^5$ ， $\dfrac{dy}{du} = 2u$ 。在此情況下，符號 y' 不是一個清楚的符號。而**我們稱 $\dfrac{dy}{dx}$ 為：y 對 x 的導函數(the derivative of y with respect to x)或稱 y 對 x 微分；稱 $\dfrac{dy}{du}$ 為：y 對 u 的導函數或稱 y 對 u 微分。**

例題6

設 $y = f(u) = u^2 + 3u - 5$ ， $u = g(x) = x^{10}$ ，求 $\dfrac{dy}{dx}$ 。

由定理3-2-2的連鎖律，得

$$\frac{dy}{dx} = \frac{dy}{du}\frac{du}{dx} = (2u+3)(10x^9)$$

$$= (2x^{10}+3)(10x^9) = 20x^{19} + 30x^9$$

另法，由

$$y = u^2 + 3u - 5 = (x^{10})^2 + 3(x^{10}) - 5 = x^{20} + 3x^{10} - 5$$

得 $\frac{dy}{dx} = 20x^{19} + 30x^9$

 例題7

設 $h(x) = \sqrt{4x^2+3}$ ，求 $\frac{dh(x)}{dx}$ 。

解

取 $y = f(u) = \sqrt{u}$ ，$u = g(x) = 4x^2 + 3$

則得 $y = f(u) = f(g(x)) = f(4x^2+3) = \sqrt{4x^2+3}$

因而得 $y = h(x) = f(g(x))$

因此，由定理3-2-2及 $\frac{dy}{du} = \frac{1}{2\sqrt{u}}$ （由2-1節例題16），得

$$\frac{d}{dx}h(x) = \frac{dy}{dx} = \frac{dy}{du}\cdot\frac{du}{dx} = \frac{1}{2\sqrt{u}}8x$$

$$= \frac{4x}{\sqrt{4x^2+3}}$$

例題8

已知 $D_x \cos x = -\sin x$。設 $h(x) = \cos \dfrac{3x+4}{2x-1}$，求 $\dfrac{dh(x)}{dx}$。

解

取 $y = f(u) = \cos u$， $u = g(x) = \dfrac{3x+4}{2x-1}$

則得 $y = f(u)\, f(g(x)) = \cos \dfrac{3x+4}{2x-1}$

因而得 $y = h(x) = f(g(x))$

因此，由定理3-2-2，得

$$\frac{d}{dx} h(x) = \frac{dy}{dx} = \frac{dy}{du} \cdot \frac{du}{dx} = (-\sin u) \frac{3(2x-1) - 2(3x+4)}{(2x-1)^2}$$

$$= -\sin \frac{3x+4}{2x-1} \cdot \frac{-11}{(2x-1)^2}$$

定 理 | 3-2-3 （亦為定理 3-1-2）

設 $g(x)$ 為可微分函數，則

$$\frac{d}{dx}(g(x))^n = n(g(x))^{n-1} \frac{d}{dx} g(x)，n 為整數。（其實 n 為實數仍然成立）$$

▶**證 明**

取 $f(u) = u^n$

則得 $f(g(x)) = (g(x))^n$

因此，由連鎖律，得

$$\frac{d}{dx}(g(x))^n = \frac{d}{dx} f(g(x)) = f'(g(x)) g'(x) = n(g(x))^{n-1} \cdot \frac{d}{dx} g(x)$$

例題9

求 $\dfrac{d}{dx}\left[(2x^2+1)^{10}+\dfrac{2x-1}{4x+3}\right]^{30}$ 。

解

由定理3-2-3及取 $g(x)=(2x^2+1)^{10}+\dfrac{2x-1}{4x+3}$ ，得

$$\dfrac{d}{dx}\left[(2x^2+1)^{10}+\dfrac{2x-1}{4x+3}\right]^{30}=30\left[(2x^2+1)^{10}+\dfrac{2x-1}{4x+3}\right]^{29}\dfrac{d}{dx}\left[(2x^2+1)^{10}+\dfrac{2x-1}{4x+3}\right]$$

$$=30\left[(2x^2+1)^{10}+\dfrac{2x-1}{4x+3}\right]^{29}\left[10(2x^2+1)^9(4x)+\dfrac{10}{(4x+3)^2}\right]$$

 例題10

設一正方形其邊長以每秒 5 公分的速率增長，問當邊為 15 公分時，其面積的增加率為何？

解

設正方形的面積為 A，邊長為 x，則得 $A=x^2$。又由題意知邊長 x 是時間 t 的函數，且 $\dfrac{dx}{dt}=5$ 公分／秒，而所求之面積增加率為 $\dfrac{dA}{dt}$。我們有 $t\rightarrow x$ $\rightarrow A$，且由連鎖律，得

$$\dfrac{dA}{dt}=\dfrac{dA}{dx}\dfrac{dx}{dt}=2x\cdot5=10x$$

因此得，當 $x=15$ 公分時，其面積的增加率為

$10\times15=150$ 平方公分／秒

例題11

若以每分鐘 8 立方公尺的等速率，將水注入頂部半徑為 10 公尺，高為 30 公尺的圓錐水槽。問當水深 6 公尺時，其水面上升的速率為多少？

解

若設 t 分後水深的高度為 h，水面之半徑為 r，則本題要求：$\dfrac{dh}{dt}\Big|_{h=6}$

方法一：(a)先找出 $h = h(t)$

(b)再求 $\dfrac{dh}{dt}\Big|_{h=6}$

已知圓錐體積為 $\dfrac{1}{3}\pi r^2 h$。由於所注入之水量即為水槽中之水量。因此，t 分後水槽裡的水體積為 $8t$ 且

$$8t = \frac{1}{3}\pi (r(t))^2 h(t)$$

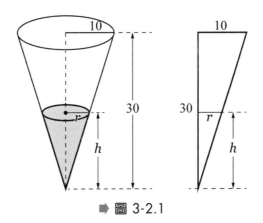

➡ 圖 3-2.1

由相似三角形的特性，得 $\dfrac{r(t)}{h(t)} = \dfrac{10}{30}$，這得 $r(t) = \dfrac{1}{3}h(t)$

因而得 $8t = \frac{1}{3}\pi(r(t))^2 h(t) = \frac{1}{3}\pi\left(\frac{1}{3}h(t)\right)^2 h(t) = \frac{\pi}{27}(h(t))^3$

解得 $h(t) = 6\left(\frac{t}{\pi}\right)^{\frac{1}{3}}$

因而得 $h'(t) = 2\left(\frac{t}{\pi}\right)^{\frac{-2}{3}} \cdot \frac{1}{\pi}$

又當 $h = 6$ 公尺時，得 $t = \pi$

因此，得 $\left.\frac{dh}{dt}\right|_{h=6} = \left.\frac{dh}{dt}\right|_{t=\pi} = \frac{2}{\pi}$（公尺／分）

方法二：

設 t 分後，水槽中水的體積為 v，則

$$v = v(t) = \frac{1}{3}\pi(r(t))^2 h(t) = \frac{\pi}{27}(h(t))^3$$

對 t 微分，得

$$\frac{dv}{dt} = \frac{3\pi}{27}h^2 \cdot \frac{dh}{dt}$$

又知 $\frac{dv}{dt} = 8$

將 $\frac{dv}{dt} = 8$ 及 $h = 6$ 代入 $\frac{dv}{dt} = \frac{3\pi}{27}h^2\frac{dh}{dt}$

得 $\left.\frac{dh}{dt}\right|_{h=6} = \frac{2}{\pi}$（公尺／分）

習題 3-2

1. 設 $f(x) = \dfrac{x}{1+x^2}$，$g(x) = x^4$，求 $D_x(g \circ f(x))$

2. 求 $\dfrac{d}{dx} f(x^3 + 4x^2 - 6)$。（提示：令 $g(x) = x^3 + 4x^2 - 6$，則 $\dfrac{d}{dx} f(x^3 + 4x^2 - 6)$

$= \dfrac{d}{dx} f(g(x))$ ）

3. 設 $y = u^3 + 4u - 5$，$u(x) = \dfrac{3}{1-x}$，求 $\dfrac{dy}{dx}$。

4. 設 $y = 2u^3 + 4$，$u = x^2 + 5x - 1$，$x = 4t + 1$，求 $\dfrac{dy}{dt}$。

5. 設 $y = \left((4t+1)^5 - 3\right)^{10}$，求 $\dfrac{dy}{dt}$。

6. 若以每分鐘 3 立方公尺的等速率，將水注入頂部半徑為 10 公尺，高為 20 公尺的圓錐水槽。試問當水深 4 公尺時，其水面上升的速率為何？

7. 設 $y = f(x^3 + 1)$，且 $f'(2) = 3$，求 $\left. \dfrac{dy}{dx} \right|_{x=1} = ?$（提示：令 $u = g(x) = x^3 + 1$ ）

8. 設 $y = f\left(\dfrac{x-1}{x}\right)$，且 $f'(x) = \dfrac{1}{x}$，求 $\dfrac{dy}{dx} = ?$

9. 若 $\dfrac{d}{dx} f(3x) = 6x$，求 $\dfrac{d}{dx} f(x) = ?$

10. 設 $y = f(x^3 + 1) = x^6 - 4x^3 + 2$，求 $f'(2) = ?$（提示：將式子 $f(x^3+1) = x^6 - 4x^3 + 2$ 兩邊對 x 微分，得 $f'(x^3+1) \cdot 3x^2 = 6x^5 - 12x^2$，因而得 $f'(x^3+1) = \dfrac{6x^5 - 12x^2}{3x^2}$ ）

3-3 隱函數微分法

　　至目前為止，我們所介紹的微分方法都是針對「顯函數」(explicit function)。什麼是顯函數？就是其應變數 y 以僅含自變數 x 的數學式子直接來表示的函數，亦即 $y = f(x)$。例如 $y = 3x^2 + 6x - 8$ ； $y = x^2 \cos x$ 等。這是過去我們所見到的函數樣子。有時一個函數不是直接用顯函數來呈現，而是「隱藏」在一個方程式裡面。更清楚的說，定義一個 x 和 y 的函數關係亦可由滿足某一個 x, y 的二元方式來得到（產生）。給了 x, y 的二元方程式，它不但連結了 x 和 y 的關係，且藉由 x, y 需滿足這個方程式來明確出 x 和 y 的函數關係。例如，我們可由 x, y 要滿足方程式 $6x - 3y + 15 = 0$ 來確定 x, y 這二個變量之間的函數關係。如給定 $x = 1$，則由 x, y 須滿足方程式 $6x - 3y + 15 = 0$ 而可唯一確定出 $y = 7$ ；給定 $x = 2$ 可唯一確定出 $y = 9$ 等，若將這個函數用 f 表示，則得 $f(1) = 7$，$f(2) = 9$ 等，亦即此函數 $y = f(x)$ 滿足 $6x - 3f(x) + 15 = 0$ （其實這個函數關係，可由 $6x - 3y + 15 = 0$，解得 $y = f(x) = 2x + 5$，這個顯函數來表示），這個函數 $y = f(x)$ （即 $y = f(x) = 2x + 5$）就稱為是由方程式 $6x - 3y + 15 = 0$ 所定義的**隱函數**（由於它，即函數 $y = f(x) = 2x + 5$，隱藏在 $6x - 3y + 15 = 0$ 這個方程式裡面，所以稱它為隱函數。但當我們將它用式子 $y = f(x) = 2x + 5$ 明顯表示時，它就是顯函數了）。

　　一般而言，如果函數 $y = f(x)$，滿足二元方程式 $F(x, y) = c$，亦即 $F(x, f(x)) = c$，則此函數 $y = f(x)$ 就稱為是由方程式 $F(x, y) = c$ 所定義的隱函數(implicit function)。我們要知道由一個二元方程式 $F(x, y) = c$ 所定義的隱函數可能不只一個。例如，$x^2 + y^2 = 1$ 至少可定義三個隱函數來。若將它們顯示出來為（其圖形如圖 3-3-1 所示）：

$y = f_1(x) = \sqrt{1 - x^2}$ ，$-1 \le x \le 1$ （這是從 $x^2 + y^2 = 1$ 解得 $y = \sqrt{1 - x^2}$ 所得到的）

$y = f_2(x) = -\sqrt{1 - x^2}$ ，$-1 \le x \le 1$ （這是從 $x^2 + y^2 = 1$ 解得 $y = -\sqrt{1 - x^2}$ 所得到的）

$$y = f_3(x) = \begin{cases} \sqrt{1-x^2} & , \quad -1 \le x < \dfrac{1}{2} \\ -\sqrt{1-x^2} & , \quad \dfrac{1}{2} \le x < 1 \end{cases}$$

　　此外，一個二元方程式 $F(x,y) = c$ 即便可以確定（由隱函數定理）它存在有隱函數，我們也不一定很容易（甚至不可能）將其隱函數顯示出來。例如，方程式 $y^3 + 7y - x^3 = 0$，我們就不易從 $y^3 + 7y - x^3 = 0$ 去解得 $y = f(x)$ 而顯示其隱函數來。又例如，方程式 $xy + \sqrt{x+y} = \cos(xy)$，我們就不可能將其隱函數顯示出來。但在某些場所，我們需要去求這隱函數的導函數。例如，我們想求方程式 $x^2 + 3y^2 = 4$ 的圖形在點 $(1,1)$ 處的切線方程式。這需要先求此切線的斜率，而其切線斜率就是由 $x^2 + 3y^2 = 4$ 所定義的隱函數 $y = f(x)$ 在 $x = 1$ 處的導數 $f'(1)$（由於所考慮的函數 $y = f(x)$，其圖形是方程式 $x^2 + 3y^2 = 4$ 圖形的一部分。因此，此函數 $y = f(x)$ 是 $x^2 + 3y^2 = 4$ 所定義的隱函數）。沒有將這隱函數顯示成 $y = f(x)$ 的顯函數樣子，我們有辦法去求 $f'(1)$ 嗎（在過去，只有給定顯函數才能求得其導函數）？可以的，這辦法稱為**隱函數微分法(implicit differentication)**，其方法如下：

　　設 $y = f(x)$ 為由方程式 $F(x,y) = c$ 所定義的可微分函數，則求 $\dfrac{dy}{dx}$ 之步驟如下：

(1) 在方程式 $F(x,y) = c$ 中，將 y 視為 x 的可微分函數。

(2) 在方程式等號兩邊同時進行 y 對 x 的微分運算，即 $\dfrac{d}{dx} F(x,y) = \dfrac{d}{dx} c$。

(3) 從(2)微分後的式子中，將含 $\dfrac{dy}{dx}$ 與不含 $\dfrac{dy}{dx}$ 的項分離在等號兩邊，進而解出 $\dfrac{dy}{dx}$。

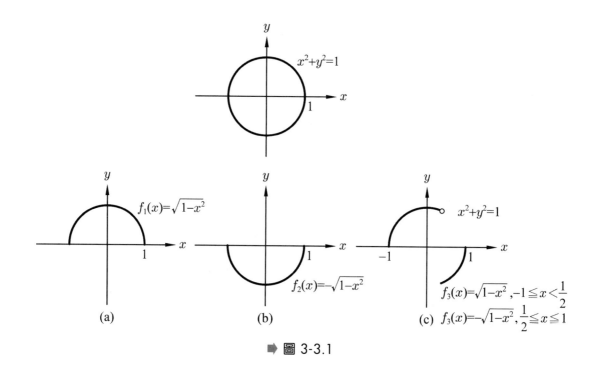

➡ 圖 3-3.1

 例題1

設 $y = f(x)$ 為由 $6x - 3y + 15 = 0$ 所定義的可微分函數，求 $\dfrac{dy}{dx}$。

解

由隱函數微分法，在方程式 $6x - 3y + 15 = 0$ 中，將 y 視為 x 的函數，亦即 $6x - 3f(x) + 15 = 0$，並在方程式兩邊同時對 x 微分，亦即

$$\frac{d}{dx}(6x - 3f(x) + 15) = \frac{d}{dx}0 \text{，得}$$

$$6 - 3\frac{d}{dx}f(x) = 0 \text{，亦即} 6 - 3\frac{dy}{dx} = 0 \text{，這可解得} \frac{dy}{dx} = 2$$

另法：由 $6x - 3y + 15 = 0$

得 $y = f(x) = 2x + 5$，因而得 $\dfrac{dy}{dx} = 2$

其結果和由隱函數微分法一致。

例題2

設 $y = f(x)$ 為由 $x^2 + y^2 = 1$ 所定義的可微分函數，求 $\dfrac{dy}{dx}$。

解

由隱函數微分法，在方程式 $x^2 + y^2 = 1$ 中，將 y 視為 x 的函數，亦即
$x^2 + (f(x))^2 = 1$，並在方程式兩邊同時對 x 微分，得

$$2x + 2f(x)\frac{d}{dx}f(x) = 0，亦即 2x + 2y\frac{dy}{dx} = 0$$

從 $2x + 2y\dfrac{dy}{dx} = 0$，可解得 $\dfrac{dy}{dx} = \dfrac{-x}{y}$

註

(1) 由 $x^2+y^2=1$，可解得 $y=f_1(x)=\sqrt{1-x^2}$ 或 $y=f_2(x)=-\sqrt{1-x^2}$，這二個顯函數，且它們都為可微分函數。

當 $y=f_1(x)=\sqrt{1-x^2}$，則得 $\dfrac{dy}{dx}=\dfrac{-x}{\sqrt{1-x^2}}=\dfrac{-x}{y}$（由定理 3-3-2）

當 $y=f_2(x)=-\sqrt{1-x^2}$，則得 $\dfrac{dy}{dx}=\dfrac{x}{\sqrt{1-x^2}}\dfrac{-x}{y}$（由定理 3-3-2）

這顯示：不管我們是要求哪一個隱函數的導函數 $\dfrac{dy}{dx}$，只要這些隱函數都是可微分函數，隱函數微分法都可以適用。又由於這些隱函數 $y=f(x)$ 都會滿足方程式 $F(x,y)=c$，因而其導函數 $\dfrac{dy}{dx}$ 也都會滿足 $\dfrac{d}{dx}F(x,y)=\dfrac{d}{dx}c$。因此，從 $\dfrac{d}{dx}F(x,y)=\dfrac{d}{dx}c$ 所解得的 $\dfrac{dy}{dx}$ 即為所求的隱函數的導函數。但我們要知道，並不是任意給定一個方程式都可定義出可微分的隱函數來，如 $x^2+y^2+2=0$，此方程式就無法

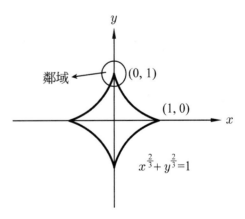

定義出一個隱函數 $y=f(x)$；又如方程式 $x^{\frac{2}{3}}+y^{\frac{2}{3}}=1$，雖然在 $(0,1)$ 的一個鄰域內，由 $x^{\frac{2}{3}}+y^{\frac{2}{3}}=1$ 可定義一個函數 $y=f(x)$，但在 $(0,1)$ 的任何鄰域內，都不能定義出一個**可微分**函數。

(2) 什麼條件，方程式 $F(x,y)=0$ 才可定義出一個可微分函數 $y=f(x)$ 來呢？**隱函數定理 (Implicit Function Theorem)說**：設 D 為包含點 (a,b) 的開圓盤區域，而 $z=F(x,y)$ 為定義在 D 上的二變數函數，若 (1) $F(a,b)=0$ ，(2) $F_x(x,y)$ 及 $F_y(x,y)$ 在 D 上連續，(3) $F_y(a,b) \neq 0$ ，則在 (a,b) 的某一鄰域內，由 $F(x,y)=0$ 可定義出一個**可微分函數** $y=f(x)$ ，且 $f(a)=b$ 。

(3) 由隱函數微分法所求得的導函數 $\dfrac{dy}{dx}$ ，只適用在此隱函數 $y=f(x)$ 為可微分的範圍上。

 例題3

設 $y=f(x)$ 為由 $x^2y-3xy^2+5x-2=0$ 所定義的可微分函數，求 $\dfrac{dy}{dx}$ 。

解

(1) 視方程式中的 y 為 x 的函數，並在方程式兩邊同時對 x 微分，得

$$2x \cdot y + x^2 \cdot \frac{dy}{dx} - \left(3 \cdot y^2 + 3x \cdot 2y \cdot \frac{dy}{dx}\right) + 5 = 0$$

將上式整理，可得 $(x^2-6xy)\dfrac{dy}{dx} = 3y^2 - 2xy - 5$（將含有 $\dfrac{dy}{dx}$ 項移至同一邊且合併成一項，其餘的項移至另一邊）

解得 $\dfrac{dy}{dx} = \dfrac{3y^2-2xy-5}{x^2-6xy}$ （等號兩邊同除以 x^2-6xy）

 例題4

設 $s=f(r)$ 為由 $4r^3s+2r^2+6s=3r^2s^3+5s^2+10$ 所定義的可微分函數，求 $\dfrac{ds}{dr}$ 。

解

視方程式中的 s 為 r 的函數，並在方程式兩邊同時對 r 微分，亦即

$$\frac{d}{dr}(4r^3s + 2r^2 + 6s) = \frac{d}{dr}(3r^2s^3 + 5s^2 + 10)$$

得

$$12r^2s + 4r^3\frac{ds}{dr} + 4r + 6\frac{ds}{dr} = 6rs^3 + 9r^2s^2\frac{ds}{dr} + 10s\frac{ds}{dr}$$

將上式中含有 $\dfrac{ds}{dr}$ 的項移至同一邊，其餘的項移至另一邊，得

$$4r^3\frac{ds}{dr} + 6\frac{ds}{dr} - 9r^2s^2\frac{ds}{dr} - 10s\frac{ds}{dr} = 6rs^3 - 12r^2s - 4r$$

$$(4r^3 + 6 - 9r^2s^2 - 10s)\frac{ds}{dr} = 6rs^3 - 12r^2s - 4r$$

解得

$$\frac{dr}{ds} = \frac{6rs^3 - 12r^2s - 4r}{4r^3 + 6 - 9r^2s^2 - 10s}$$

 例題5

求過曲線 $x^2 + 3y^2 = 4$ 上點 $(1,1)$，以及點 $(1,-1)$ 的切線方程式。

解

方法1：將隱函數顯示成顯函數。

可得由 $x^2 + 3y^2 = 4$ 所定義的兩個隱函數分別為

$$y = f_1(x) = \sqrt{\frac{4 - x^2}{3}}$$

及

$$y = f_2(x) = -\sqrt{\frac{4-x^2}{3}}$$

且知$(1,1)$為f_1圖形上的點；而$(1,-1)$為f_2圖形上的點。

由定理3-3-2，可得

$$f_1'(x) = \frac{-x}{3}\left(\frac{4-x^2}{3}\right)^{\frac{-1}{2}}$$

$$f_2'(x) = \frac{x}{3}\left(\frac{4-x^2}{3}\right)^{\frac{-1}{2}}$$

因而得過點$(1,1)$之切線斜率為 $f_1'(1) = \dfrac{-1}{3}$ ；且得過點$(1,-1)$之切線斜率為 $f_2'(1) = \dfrac{1}{3}$ 。

因此，得

過$(1,1)$的切線方程式為

$$\frac{y-1}{x-1} = \frac{-1}{3}$$

過$(1,-1)$的切線方程式為

$$\frac{y+1}{x-1} = \frac{1}{3}$$

方法2：由隱函數微分法求。

對方程式 $x^2 + 3y^2 = 4$ ，進行隱函數微分，得

$$2x + 6y\frac{dy}{dx} = 0$$

解得

$$\frac{dy}{dx} = \frac{-x}{3y}$$

因而得

過$(1,1)$的切線斜率為 $\left.\dfrac{dy}{dx}\right|_{x=1,y=1} = \dfrac{-1}{3}$

$(1,-1)$的切線斜率為 $\left.\dfrac{dy}{dx}\right|_{x=1,y=-1} = \dfrac{1}{3}$

因此，得

過$(1,1)$的切線方程式為 $\dfrac{y-1}{x-1} = \dfrac{-1}{3}$

過$(1,-1)$的切線方程式為 $\dfrac{y+1}{x-1} = \dfrac{1}{3}$

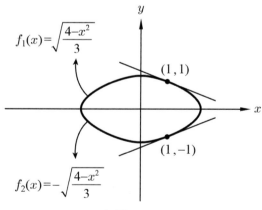

$f_1(x) = \sqrt{\dfrac{4-x^2}{3}}$

$(1,1)$

$(1,-1)$

$f_2(x) = -\sqrt{\dfrac{4-x^2}{3}}$

➡ 圖 3-3.2

 例題6

設 $y = f(x)$ 為由 $4x^2 + 9y^2 = 36$ 所定義的可微分函數，求 $\dfrac{d^2y}{dx^2}$ 。

解

由隱函數微分法，得

$$8x + 18y \cdot \frac{dy}{dx} = 0$$

得　$\dfrac{dy}{dx} = -\dfrac{4x}{9y}$

且得　$\dfrac{d^2y}{dx^2} = \dfrac{-\left(4 \cdot 9y - 4x \cdot 9\dfrac{dy}{dx}\right)}{81y^2} = \dfrac{-36y + 36x \cdot \left(\dfrac{-4x}{9y}\right)}{81y^2}$

$$= \dfrac{-36y^2 - 16x^2}{81y^3} = \dfrac{-4(4x^2 + 9y^2)}{81y^3}$$

$$= \dfrac{-4(36)}{81y^3} = \dfrac{-16}{9y^3}$$

對於公式 $D_x x^n = n x^{n-1}$ 而言，我們已得到當 n 是整數時其公式成立，其實在 n 是分數時公式仍然成立，以下定理將說明這件事。

定　理　3-3-1

$\dfrac{d}{dx} x^{\frac{n}{m}} = D_x x^{\frac{n}{m}} = \dfrac{n}{m} x^{\frac{n}{m}-1}$ ，其中 m，n 為整數，且 $m > 0$ 。

▶證 明

令 $y = x^{\frac{n}{m}}$，得 $y^m = x^n$

由隱函數微分法，得

$$my^{m-1}y' = nx^{n-1}$$

$$\Rightarrow y' = \frac{nx^{n-1}}{my^{m-1}} = \frac{nx^{n-1}}{m\left(x^{\frac{n}{m}}\right)^{m-1}} = \frac{n}{m}x^{n-1-n+\frac{n}{m}} = \frac{n}{m}x^{\frac{n}{m}-1}$$

由連鎖律及定理 3-3-1，可得以下定理。

定 理　3-3-2

$D_x(f(x))^r = r(f(x))^{r-1}D_xf(x)$，其中 r 為分數，且 $f(x)$ 為可微分函數。

註

其實 r 為任意實數時仍然可得：$D_x x^r = rx^{r-1}$，以及

$D_x(f(x))^r = r(f(x))^{r-1}D_xf(x)$。但這要等談到實數指數的定義之後才能探討。

例題7

求

(1) $D_x\left(\sqrt{x} + \dfrac{3}{\sqrt{x}} + \sqrt[3]{x^2}\right)$

(2) $D_x\sqrt{3x^2+5}$

(3) $D_x 4x^3\sqrt{3x^2+5}$

解

(1) $D_x\left(\sqrt{x}+\dfrac{3}{\sqrt{x}}+\sqrt[3]{x^2}\right)=D_x\left(x^{\frac{1}{2}}+3x^{\frac{-1}{2}}+x^{\frac{2}{3}}\right)$

$=\dfrac{1}{2}x^{\frac{-1}{2}}-\dfrac{3}{2}x^{\frac{-3}{2}}+\dfrac{2}{3}x^{\frac{-1}{3}}$ （由定理3-3-1）

(2) $D_x\sqrt{3x^2+5}=D_x(3x^2+5)^{\frac{1}{2}}=\dfrac{1}{2}(3x^2+5)^{\frac{-1}{2}}\cdot D_x(3x^2+5)$ （由定理3-3-2）

$=\dfrac{1}{2}(3x^2+5)^{\frac{-1}{2}}(6x)=\dfrac{3x}{\sqrt{3x^2+5}}$

(3) $D_x4x^3\sqrt{3x^2+5}=12x^2\cdot\sqrt{3x^2+5}+4x^3\cdot\dfrac{1}{2}(3x^2+5)^{\frac{-1}{2}}(6x)$

$=12x^2\sqrt{3x^2+5}+\dfrac{12x^4}{\sqrt{3x^2+5}}$

例題8

設 $y=f(x)$ 為由 $xy^2+7x-6=\sqrt{2x-3y+5}$ 所定義的可微分函數，求 $\dfrac{dy}{dx}\Big|_{x=1,\,y=1}$ 。

 解

由隱函數微分法，得

$$1\cdot y^2+x\cdot 2y\cdot\dfrac{dy}{dx}+7=\dfrac{1}{2\sqrt{2x-3y+5}}\cdot\left(2-3\dfrac{dy}{dx}\right)$$

將(1,1)代入上式得

$$1 + 2 \cdot \frac{dy}{dx}\bigg|_{x=1, y=1} + 7 = \frac{1}{4} \cdot \left(2 - 3\frac{dy}{dx}\bigg|_{x=1, y=1}\right)$$

得 $\quad \dfrac{dy}{dx}\bigg|_{x=1, y=1} = -\dfrac{30}{11}$

接著我們要去探討：一個函數和其反函數，它們的導函數間的關係。例如，給定函數 $y = 3x + 4$，則得其反函數為 $x = \dfrac{y-4}{3} = \dfrac{y}{3} - \dfrac{4}{3}$，以及得其導函數為 $\dfrac{dx}{dy} = \dfrac{1}{3}$。又知函數 $y = 3x + 4$ 的導函數為 $\dfrac{dy}{dx} = 3$。這得到 $\dfrac{dy}{dx} \cdot \dfrac{dx}{dy} = 3 \cdot \dfrac{1}{3} = 1$，亦即 $\dfrac{dy}{dx} = \dfrac{1}{\dfrac{dx}{dy}}$。這個結論其實對一般函數仍然是對的。這即為以下的定理。

定 理 | 3-3-3 （反函數的導函數）

設函數 $y = f(x)$ 之定義域為 I_1，值域為 I_2，而 f 在 I_1 上為可微分且可逆，若其反函數 $x = g(y)$ 在 I_2 上亦為可微分，則

$$g'(f(x)) = \frac{1}{f'(x)} \;,\; \forall x \in I_1 \;,\; 亦即 \; \frac{dx}{dy} = \frac{1}{\dfrac{dy}{dx}}$$

註

(1) 設 $y = f(x)$ 為可逆函數，而 g 為其反函數。若 f 為連續函數，則 g 亦為連續函數。

(2) 設 f 在開區間 I 上為可微分且為可逆函數，而 g 為 f 的反函數。又設 $x_0 \in I$，若 $f'(x_0) \neq 0$，則 g 在 $f(x_0)$ 上可微分，且 $g'(f(x_0)) = \dfrac{1}{f'(x_0)}$。

▶ **註解之證明**

令 $f(x_0) = y_0$

$$g'(y_0) = \lim_{y \to y_0} \frac{g(y) - g(y_0)}{y - y_0}$$

$$= \lim_{x \to x_0} \frac{g(y) - g(y_0)}{y - y_0} \quad (\text{由於 } g \text{ 在 } y_0 \text{ 連續})$$

$$= \lim_{x \to x_0} \frac{x - x_0}{f(x) - f(x_0)} = \lim_{x \to x_0} \frac{1}{\dfrac{f(x) - f(x_0)}{x - x_0}}$$

$$= \frac{1}{\displaystyle\lim_{x \to x_0} \frac{f(x) - f(x_0)}{x - x_0}} \quad (\text{由於 } f'(x_0) \neq 0) = \frac{1}{f'(x_0)}$$

註▶

一個有反函數的可微分函數，其反函數不一定是可微分函數。例如， $f(x) = x^3$ ， $x \in [-1, 1]$ ，它在 $[-1, 1]$ 上可微分函數，但其反函數 $f^{-1}(x) = x^{\frac{1}{3}}$ 在 $[-1, 1]$ 上並不是可微分函數。

▶ **證　明**

由於 $g(f(x)) = x$ 。將式子 $g(f(x)) = x$ 兩邊對 x 微分，由於 f, g 皆為可微分函數，因此由連鎖律，得

$$g'(f(x)) \cdot f'(x) = 1 \quad (\text{這可得 } f'(x) \neq 0 \text{ 及 } g'(f(x)) \neq 0)$$

上式兩邊同除以 $f'(x)$ ，可得 $g'(f(x)) = \dfrac{1}{f'(x)}$

此即 $\dfrac{dx}{dy} = \dfrac{1}{\dfrac{dy}{dx}}$

例題9

設 $y = f(x) = x^3$，且 $g = f^{-1}$，求 $f(2)$，$g'(8)$，以及 $\dfrac{dx}{dy}$。

解

得 $f(2) = 8$ 及 $f'(x) = 3x^2$

由定理3-3-3，得

$$g'(8) = \frac{1}{f'(2)} = \frac{1}{12}$$

且得 $\dfrac{dx}{dy} = \dfrac{1}{\dfrac{dy}{dx}} = \dfrac{1}{3x^2} = \dfrac{1}{3y^{\frac{2}{3}}}$（由於 $x = y^{\frac{1}{3}}$）$= \dfrac{1}{3}y^{\frac{-2}{3}}$

另法：由 $y = f(x) = x^3$，得 $x = g(y) = \sqrt[3]{y}$

因而得　$\dfrac{dx}{dy} = g'(y) = \dfrac{1}{3}y^{\frac{-2}{3}}$

進而得　$g'(8) = \dfrac{1}{12}$

習題 3-3

1. 求 $\dfrac{dy}{dx}$。

(a) $y = \sqrt{3x^2 + 6x + 1} + \dfrac{3}{\sqrt{x}} + \sqrt[4]{x} + \dfrac{1}{x}$

(b) $y = \sqrt[3]{\dfrac{2x + 7}{x^3 + 4x - 5}}$

(c) $y = \sqrt{x + \sqrt{x + \sqrt{x}}}$

(d) $y = (4x^2 + (3x+2)^6)^4$

(e) $y = (4x-10)\sqrt{x^2+3}$

2. 求 $\dfrac{dy}{dx}$ 。

(a) $4x + 5y - 3 = x^2 + 6x - 3y$

(b) $x^{\frac{2}{3}} + y^{\frac{2}{3}} = a^{\frac{2}{3}}$

(c) $x^4 + 2xy + y^3 - 6x = 0$

(d) $xy = \sqrt{x+y}$

(e) $\dfrac{x}{y} + \dfrac{y}{x} = 1$

(f) $\dfrac{x-y}{x+y} = \dfrac{2x+3}{y}$

3. 設 $3x^2 + 4y^2 = 5$ ，求 $\dfrac{d^2y}{dx^2}$ 。

4. 設曲線 $y = \sqrt{6 + \sqrt{x}}$ ，求過曲線上一點$(9,3)$的切線方程式。

5. 求曲線 $x^3 + 2xy + y^2 = 4$ 在點$(1,1)$處的切線方程式。

6. 求曲線 $\sqrt{x} + \sqrt{y} = 3$ 在點$(4,1)$處的切線方程式。

7. 設 $f(x) = x^3 + x - 1$ 且令 $g = f^{-1}$ ，求 $f(2)$ 及 $g'(9)$ 。

3-4 參數式微分法

我們已經知道一條曲線可用函數關係式或方程式來描述。除此以外，它亦可用接著要介紹的參數式(parametric equations)來描述，有時用參數式描述會顯得較自然、容易，甚至有些曲線只適合用參數式描述。例如在物理學上，欲描述一個質點的運動軌跡(trajectory)，為了簡化探討，我們常會從其水平及鉛直方向分別去考慮其運動狀況，而得其軌跡曲線的 x 坐標及 y 坐標和時間 t 的關係，分別為 $x = h(t)$ ， $y = k(t)$ 。經由這二個式子，我們即可描繪其軌跡曲線（即取定一個 t 值，將它代入此二式子即可產生軌跡曲線上的一個點坐標 $(h(t), k(t))$ ），像這樣的二個式子就是此質點軌跡的參數

式。一般而言，當兩個變數 x , y 分別是另一變數 t 的函數時，即 $\begin{cases} x = h(t) \\ y = k(t) \end{cases}$ ，

此式子就稱為參數式(parametric equations)，且稱 t 為參數(parameter)，而點 $(h(t), k(t))$ 所形成的圖形即為此參數式的圖形。由於 x, y 都是 t 的函數，所以 x, y 可藉由 t 而產生關係，並使 y 成為 x 的函數，因此我們可以探討 $\dfrac{dy}{dx}$ 的問題（即探討參數曲線的切線斜率），那 $\dfrac{dy}{dx}$ 要如何求呢？若 h 的反函數 h^{-1} 存在且 h, k 及 h^{-1} 皆為可微分函數，則由連鎖律，得 y 為 x 的可微分函數且 $\dfrac{dy}{dx} = \dfrac{dy}{dt}\dfrac{dt}{dx}$ 。但又知 $\dfrac{dt}{dx} = \dfrac{1}{\dfrac{dx}{dt}}$ （由定理 3-3-2），因此得

$$\frac{dy}{dx} = \frac{dy}{dt}\frac{dt}{dx} = \frac{dy}{dt}\frac{1}{\dfrac{dx}{dt}} = \frac{\dfrac{dy}{dt}}{\dfrac{dx}{dt}}$$

上面的討論結果即為以下的定理。

定 理 | 3-4-1 （參數式微分公式）

給定參數式 $\begin{cases} x = h(t) \\ y = k(t) \end{cases}$ 。若在 (α, β) 上，$h(t)$ ，$k(t)$ 都為連續的可微分函數 (continuously differentiable)（註），且 $h'(t) \neq 0$ ，則 $\dfrac{dy}{dx} = \dfrac{\dfrac{dy}{dt}}{\dfrac{dx}{dt}}$ ，$\forall t \in (\alpha, \beta)$

註

(1) $h(t)$ 為連續的可微分函數，其意思為：$h'(t)$ 為連續函數。

(2) 若 $h(t)$ 為連續的可微分函數且 $h'(t) \neq 0$ ，$\forall t \in (\alpha, \beta)$ ，則 h 在 (α, β) 上可逆，且其反函數 h^{-1} 為連續的可微分函數。

例題1

設 $x = 3t + 5$，$y = 2t^2 - 7t + 3$，求 $\dfrac{dy}{dx}$ 及過此參數曲線上點 $(8, -2)$ 的切線斜率。

解

由定理3-4-1，得

$$\frac{dy}{dx} = \frac{\dfrac{dy}{dt}}{\dfrac{dx}{dt}} = \frac{4t - 7}{3}$$

又知 $t = 1$，可得點 $(8, -2)$

因此，得所求之切線斜率為 $\dfrac{dy}{dx}\bigg|_{t=1} = -1$

另法：由 $x = 3t + 5 \Rightarrow t = \dfrac{x - 5}{3}$

$$\Rightarrow y = 2\left(\frac{x-5}{3}\right)^2 - 7\left(\frac{x-5}{3}\right) + 3 = \frac{2}{9}x^2 - \frac{41}{9}x + \frac{182}{9}$$

$$\Rightarrow \frac{dy}{dx} = \frac{4}{9}x - \frac{41}{9} = \frac{4}{9}(3t+5) - \frac{41}{9} = \frac{4}{3}t - \frac{7}{3}$$

例題2

設 $x = 4t^3 - 7t + 5$，$y = 2t + 9$，$t \in (2, 10)$，求 $\dfrac{d^2y}{dx^2} = ?$

解

$$\frac{dy}{dx} = \frac{\dfrac{dy}{dt}}{\dfrac{dx}{dt}} = \frac{2}{12t^2 - 7}$$

由連鎖法則，得

$$\frac{d^2y}{dx^2} = \frac{d}{dx}\left(\frac{2}{12t^2 - 7}\right) = \frac{d}{dt}\left(\frac{2}{12t^2 - 7}\right) \cdot \frac{dt}{dx}$$

$$= \frac{d}{dt}\left(\frac{2}{12t^2 - 7}\right)\frac{1}{\dfrac{dx}{dt}} = \frac{-2(24t)}{(12t^2 - 7)^2}\frac{1}{12t^2 - 7}$$

$$= \frac{-48t}{(12t^2 - 7)^3}$$

一般而言，設 $x = h(t)$，$y = k(t)$，則

$$\frac{d^2y}{dx^2} = \frac{d}{dx}\left(\frac{dy}{dx}\right) = \frac{d}{dt}\left(\frac{dy}{dx}\right)\frac{dt}{dx} \quad (\text{由連鎖律}) = \frac{d}{dt}\left(\frac{dy}{dx}\right)\frac{1}{\dfrac{dx}{dt}}$$

習題 3-4

1. 設 $y = t^2 + 3$，$x = 3t + 5$，求 $\dfrac{dy}{dx}$。

2. 設 $x = 1 + \dfrac{1}{t}$，$y = t^2 - 1 - \dfrac{1}{t}$，求 $\dfrac{dy}{dx}$。

3. 設 $x = 2t^2 + 4t + 1$，$y = (t+1)^4$，$t \in (0,4)$，求 $\dfrac{dx}{dy}$。

4. 設 $x = 2t^2 - 5$，$y = t + 1$，$t \in (1,3)$，求 $\dfrac{d^2y}{dx^2}$。

5. 求參數曲線：$x = t^3 + 2$，$y = t^4 - 4t^2 + 2$，在點 $(x, y) = (3, -1)$ 處的切線方程式。

6. 試問參數曲線：$x = t^2 - 2t$，$y = t^3 - 12t$ 在何處有水平切線？

3-5 相關變率

假設有幾個相關的變數，亦即給定一個由這幾個變數所組成的方程式，且其中每個變數又同時是另一個變數 t（這 t 通常表時間）的函數。若對這個方程式兩邊同時對 t 微分，則這些變數對 t 的瞬時變化率彼此會產生關連，因而稱它們為「相關變率」(related rates)。而所謂相關變率的問題是：已知幾個變數對 t 的瞬時變化率，想去求其餘那一個變數對 t 的瞬時變化率。以下的例子就是一些相關變率的問題。

 例題1

設 x 和 y 都是 t 的可微分函數，且 $3x^2 + 4xy = 2y^2 + 18$。

(1) 求 x 和 y 的相關變率，即求 $\dfrac{dy}{dt}$ 和 $\dfrac{dx}{dt}$ 的關係式。

(2) 若在 $t = t_0$ 時，$x = 2$，$y = 1$，$\dfrac{dx}{dt} = 3$，求在 $t = t_0$ 時，$\dfrac{dy}{dt} = ?$，亦即求

$$\left. \frac{dy}{dt} \right|_{t=t_0} = ?$$

解

將 $3x^2 + 4xy = 2y^2 + 18$ 的兩邊同時對 t 微分，即

$$\frac{d}{dt}(3x^2 + 4xy) = \frac{d}{dt}(2y^2 + 18)$$

得

$$6x\frac{dx}{dt} + 4y\frac{dx}{dt} + 4x\frac{dy}{dt} = 4y\frac{dy}{dt}$$

移項整理,得

$$(4y - 4x)\frac{dy}{dt} = (6x + 4y)\frac{dx}{dt}$$

等號兩邊同時除以 $(4y - 4x)$,得

$$\frac{dy}{dt} = \frac{6x + 4y}{4y - 4x}\frac{dx}{dt}$$

因此,得

(1) $\frac{dy}{dt}$ 和 $\frac{dx}{dt}$ 的關係為 $\frac{dy}{dt} = \frac{6x + 4y}{4y - 4x}\frac{dx}{dt}$

(2) $\left.\frac{dy}{dt}\right|_{t=t_0} = \frac{12 + 4}{4 - 8}(3) = -12$

 例題2

一圓球形氣球,以每分鐘 10 立方公尺的速率灌入空氣使其膨脹。當氣球半徑為 1 公尺時,求(1)其半徑的瞬時變化率(2)其表面積的瞬時變化率。

解

本題的變數有:

　　t 表所經的時間

　　r 表經 t 分時球體的半徑

　　s 表經 t 分時球體的表面積

v 表經 t 分時球體的體積

已知：$\dfrac{dv}{dt} = 10$（立方公尺／分）

想求：

(1) $\left.\dfrac{dr}{dt}\right|_{r=1}$

(2) $\left.\dfrac{ds}{dt}\right|_{r=1}$

(1) 由球體體積公式，得 v 和 r 的方程式關係為

$$v = \frac{4}{3}\pi r^3$$

上式兩邊同時對 t 微分，得

$$\frac{dv}{dt} = 4\pi r^2 \frac{dr}{dt}$$

將 $r=1$，及 $\dfrac{dv}{dt}=10$ 代入上式，得當半徑為 1 公尺時，其半徑的瞬時變化率為

$$\left.\frac{dr}{dt}\right|_{r=1} = \frac{5}{2\pi}\text{（公尺／分）}$$

(2) 由球體表面積公式，得 s 和 r 的方程式關係為

$$s = 4\pi r^2$$

上式兩邊同時對 t 微分，得

$$\frac{ds}{dt} = 8\pi r \frac{dr}{dt}$$

又由(1)知，當 $r = 1$ 時，$\frac{dr}{dt} = \frac{5}{2\pi}$

將 $r = 1$，$\frac{dr}{dt} = \frac{5}{2\pi}$ 代入 $\frac{ds}{dt} = 8\pi r \frac{dr}{dt}$，得當半徑為1公尺時，表面積的瞬

時變化率為 $\left.\frac{ds}{dt}\right|_{r=1} = 8\pi\left(\frac{5}{2\pi}\right) = 20$（平方公尺／分）

例題3

設有南北向及東西向的兩條互相垂直的道路，若甲車從道路交點往北行駛，同時乙車從交點往東行駛。已知當甲車在距交點北邊 60 公里處，乙車在距交點東邊 80 公里處，當時兩車分離的速率為 118 公里／時，而當時甲車的速率為 70 公里／時，試問當時乙車的速率是多少？

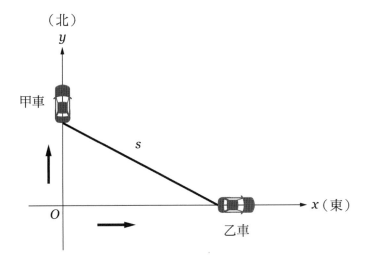

解

首先引進平面坐標系，使 x 軸的正向定為東邊，而 y 軸的正向定為北邊，且道路交點定為坐標原點，如圖所示。

本題的變數有：

t 表所經的時間

x 表經 t 小時後，乙車和交點的距離

y 表經 t 小時後，甲車和交點的距離

s 表經 t 小時後，兩車之間的距離

已知：當 $x = 80$，$y = 60$ 時，$\dfrac{ds}{dt} = 118$，$\dfrac{dy}{dt} = 70$

想求：$\dfrac{dx}{dt}\bigg|_{x=80,\, y=60,\, \frac{ds}{dt}=118,\, \frac{dy}{dt}=70}$

由畢氏定理，得 x，y，s 的方程式關係為

$$x^2 + y^2 = s^2$$

上式兩邊同時對 t 微分，得

$$2x\frac{dx}{dt} + 2y\frac{dy}{dt} = 2s\frac{ds}{dt}$$

整理上式，可得

$$\frac{ds}{dt} = \frac{1}{s}\left(x\frac{dx}{dt} + y\frac{dy}{dt} \right) = \frac{1}{\sqrt{x^2+y^2}}\left(x\frac{dx}{dt} + y\frac{dy}{dt} \right)$$

將 $x = 80$，$y = 60$，$\dfrac{ds}{dt} = 118$，$\dfrac{dy}{dt} = 70$ 代入上式，得

$$118 = \frac{1}{100}\left(80\frac{dx}{dt} + 4200 \right)$$

解得 $\dfrac{dx}{dt} = 95$

因此，得當時乙車的速率為95公里／時。

習題 3-5

1. 設 x 和 y 都是 t 的可微分函數，且 $x^3 - y^3 + 2y - x + 15 = 0$。又已知在 $t = t_0$ 時，$x = 2$，$y = 3$，$\dfrac{dx}{dt} = 2$，求在 $t = t_0$ 時，$\dfrac{dy}{dt} = ?$

2. 設 x 和 y 都是 t 的可微分函數，且 $x^3 y^2 = 432$。又已知在 $t = t_0$ 時，$x = 3$，$y = 4$，$\dfrac{dy}{dt} = 2$，求在 $t = t_0$ 時，$\dfrac{dx}{dt} = ?$

3. 一質點沿著曲線 $y = \sqrt{1 + x^3}$ 移動，當移動到點$(2, 3)$時，知其 y 坐標的瞬時變化為 2（單位／秒），試問此刻其 x 坐標的瞬時變化率？

4. 一質點沿著曲線 $\dfrac{xy^3}{1 + y^2} = \dfrac{8}{5}$ 移動，當移動到點$(1, 2)$時，知其 x 坐標的瞬時變化率為 6（單位／秒），試問此刻其 y 坐標的瞬時變化率？

5. 設一個正方體，一開始其邊長為 24 公尺。若其邊長的瞬時減少率是 3 公尺／分，問當其邊長為 4 公尺時，其表面積的瞬時減少率是多少？

6. 設有一圓柱體，若其半徑的瞬時變化率為–1 公尺／秒，而高的瞬時變化率為 1 公尺／秒，問當半徑為 10 公尺，高為 6 公尺時，其體積的瞬時變化率是多少？

7. 有一個氣球，以每分鐘 100 公尺的等速率垂直上升，而有一觀測站位在距氣球升高處 100 公尺的地方，問當氣球距地面 200 公尺時，氣球和觀測站之間距離的瞬時變化率是多少（亦即氣球離開觀測站的速率）？

8. 設有 5 公尺長之梯子倚靠牆壁，而梯子的底端向右滑動。當梯子底端距離牆壁 3 公尺時，底端滑動的速率為 2 公尺／秒。

(a) 求當時梯頂下滑的速度。

(b) 求當時由梯子，牆壁，以及地面所形成三角形面積的瞬時變化率。

9. 甲、乙兩船在同地點沿互相垂直的航線航行。已知甲船的速率為 30 公里／時，而乙船的速率為 40 公里／時，問經 3 小時，當時兩船的分離速率是多少。

　　很少有其他學科能像數學那樣，具有如此高的精確性、抽象化以及廣泛的應用。這是數學很明顯的特質。

CHAPTER

04

超越函數的
導函數

CALCULUS

4-0 前 言

我們曾經藉由 $D_x x^n = n x^{n-1}$ 這個最基本的微分公式,以及第三章所介紹的微分法去求出多項函數、有理函數、無理函數的導函數(這類函數稱為代數函數),但還有一些重要的函數,到目前為止我們尚未去探討其導函數是什麼,這類函數就是所謂的 **超越函數(transcendental functions)**。一個函數,若其應變數值是由自變數值的加、減、乘、除、開方運算而得到的話,就稱它為 **代數函數(algebraic function)**。**不是代數函數的函數,就稱為超越函數**。像三角函數、反三角函數、對數函數、指數函數等都是超越函數,這類函數是不能藉由 $D_x x^n = n x^{n-1}$ 這個公式去求其導函數。本章內容將要探討這些函數以及由它們衍生出來的函數的導函數。

4-1 三角函數的導函數

在探討三角函數的導函數之前,我們需要先知道以下的定理 4-1-1 和定理 4-1-2,才能求得正弦函數 $f(x) = \sin x$ 的導函數。

📖 定 理 | 4-1-1

(1) $\displaystyle\lim_{\theta \to 0} \sin \theta = 0$　　(2) $\displaystyle\lim_{\theta \to 0} \cos \theta = 1$

▶ 證 明

(1) 因考慮 θ 趨近於 0,故可設 $0 < |\theta| < \dfrac{\pi}{2}$。

由於　$0 < |\sin \theta| < |\theta|$

而　$\displaystyle\lim_{\theta \to 0} |\theta| = 0$

故由夾擠定理，得

$$\lim_{\theta \to 0} |\sin \theta| = 0 \text{，因而得 } \lim_{\theta \to 0} \sin \theta = 0$$

(2) 由於 $\cos^2 \theta = 1 - \sin^2 \theta$，且設 $0 < |\theta| < \dfrac{\pi}{2}$

因此，$\cos \theta = \sqrt{1 - \sin^2 \theta}$

得 $\lim_{\theta \to 0} \cos \theta = \lim_{\theta \to 0} \sqrt{1 - \sin^2 \theta} = \sqrt{\lim_{\theta \to 0}(1 - \sin^2 \theta)}$

$$= \sqrt{\lim_{\theta \to 0} 1 - \lim_{\theta \to 0} \sin^2 \theta} = 1$$

▶ 系 理

(1) $\lim_{\theta \to a} \sin \theta = \sin a$

(2) $\lim_{\theta \to a} \cos \theta = \cos a$

▶ 證 明

令 $h = x - a$

得 $\lim_{x \to a} \sin x = \lim_{h \to 0} \sin(a + h)$

$= \lim_{h \to 0} \sin a \cosh + \cos a \sinh = \sin a$

由類似作法，可得 $\lim_{\theta \to a} \cos \theta = \cos a$

此系理告訴我們：$y = \sin x$ 和 $y = \cos x$ 都是連續函數。

定 理 | 4-1-2

(1) $\lim_{\theta \to 0} \dfrac{\sin \theta}{\theta} = 1$　　(2) $\lim_{\theta \to 0} \dfrac{1 - \cos \theta}{\theta} = 0$　　(3) $\lim_{\theta \to 0} \dfrac{\tan \theta}{\theta} = 1$

▶ **證 明**

(1)(a)當 $0 < \theta < \dfrac{\pi}{2}$，則由圖 4-1.1 知

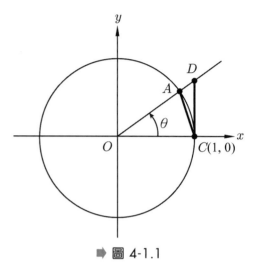

➡ 圖 4-1.1

ΔAOC 面積 < 扇形 AOC 面積 < ΔDOC 面積

因而得

$$\frac{1}{2} \cdot 1 \sin\theta < \frac{1}{2} \cdot 1^2 \cdot \theta < \frac{1}{2} \cdot 1 \cdot \tan\theta$$

同乘 2，得

$$\sin\theta < \theta < \frac{\sin\theta}{\cos\theta}$$

取倒數，得

$$\frac{1}{\sin\theta} > \frac{1}{\theta} > \frac{\cos\theta}{\sin\theta}$$

同乘 $\sin\theta$（此時 $\sin\theta > 0$），得

$$\cos\theta < \frac{\sin\theta}{\theta} < 1$$

(b)當 $-\dfrac{\pi}{2} < \theta < 0$，得 $0 < -\theta < \dfrac{\pi}{2}$，則由(a)之結果，得

$$\cos(-\theta) < \frac{\sin(-\theta)}{-\theta} < 1$$

又因 $\cos(-\theta) = \cos\theta$，$\sin(-\theta) = -\sin\theta$，得

$$\cos\theta < \frac{\sin\theta}{\theta} < 1$$

因此，由(a)(b)得，當 $-\dfrac{\pi}{2} < \theta < \dfrac{\pi}{2}$ 且 $\theta \neq 0$ 時，可得 $\cos\theta < \dfrac{\sin\theta}{\theta} < 1$

而 $\lim\limits_{\theta \to 0} \cos\theta = 1$，$\lim\limits_{\theta \to 0} 1 = 1$

故由夾擠定理，得

$$\lim_{\theta \to 0} \frac{\sin\theta}{\theta} = 1$$

(2) $\displaystyle\lim_{\theta\to 0}\frac{1-\cos\theta}{\theta}=\lim_{\theta\to 0}\frac{(1-\cos\theta)(1+\cos\theta)}{\theta(1+\cos\theta)}$

$\displaystyle\qquad\qquad=\lim_{\theta\to 0}\frac{1-\cos^2\theta}{\theta\cdot(1+\cos\theta)}=\lim_{\theta\to 0}\frac{\sin^2\theta}{\theta\cdot(1+\cos\theta)}$

$\displaystyle\qquad\qquad=\lim_{\theta\to 0}\frac{\sin\theta}{\theta}\cdot\frac{\sin\theta}{1+\cos\theta}$

$\displaystyle\qquad\qquad=1\cdot 0=0$

(3) $\displaystyle\lim_{\theta\to 0}\frac{\tan\theta}{\theta}=\lim_{\theta\to 0}\frac{\dfrac{\sin\theta}{\cos\theta}}{\theta}$

$\displaystyle\qquad\qquad=\lim_{\theta\to 0}\frac{\sin\theta}{\theta\cdot\cos\theta}=\lim_{\theta\to 0}\frac{\sin\theta}{\theta}\cdot\frac{1}{\cos\theta}$

$\displaystyle\qquad\qquad=1\cdot 1=1$

▶ 系 理

$a\in R$，$\displaystyle\lim_{\theta\to 0}\frac{\sin a\theta}{a\theta}=1$，$\displaystyle\lim_{\theta\to 0}\frac{1-\cos a\theta}{a\theta}=0$，$\displaystyle\lim_{\theta\to 0}\frac{\tan a\theta}{a\theta}=1$（令 $t=a\theta$）

 例題1

求 (a) $\displaystyle\lim_{x\to 0}\frac{\sin 2x}{3x}$　　(b) $\displaystyle\lim_{x\to 0}\frac{1-\cos 2x}{\sin 5x}$

解

(a) $\displaystyle\lim_{x\to 0}\frac{\sin 2x}{3x}=\lim_{x\to 0}\frac{\sin 2x}{2x}\cdot\frac{2}{3}=1\cdot\frac{2}{3}=\frac{2}{3}$

(b) $\displaystyle\lim_{x\to 0}\frac{1-\cos 2x}{\sin 5x}=\lim_{x\to 0}\frac{1-\cos 2x}{2x}\cdot\frac{5x}{\sin 5x}\cdot\frac{2}{5}=0\cdot 1\cdot\frac{2}{5}=0$

例題2

求 (a) $\displaystyle\lim_{x\to 0}\frac{\tan 5x}{3x}$　　(b) $\displaystyle\lim_{x\to 0}\frac{1-\cos x}{x^2}$

解

(a) $\displaystyle\lim_{x\to 0}\frac{\tan 5x}{3x}=\lim_{x\to 0}\frac{\tan 5x}{5x}\cdot\frac{5}{3}=1\cdot\frac{5}{3}=\frac{5}{3}$

(b) $\displaystyle\lim_{x\to 0}\frac{1-\cos x}{x^2}=\lim_{x\to 0}\frac{(1-\cos x)(1+\cos x)}{x^2(1+\cos x)}$

$$=\lim_{x\to 0}\frac{1-\cos^2 x}{x^2(1+\cos x)}=\lim_{x\to 0}\frac{\sin^2 x}{x^2\cdot(1+\cos x)}$$

$$=\lim_{x\to 0}\left(\frac{\sin x}{x}\right)^2\cdot\frac{1}{1+\cos x}$$

$$=1^2\cdot\frac{1}{2}=\frac{1}{2}$$

定 理 | **4-1-3** （三角函數的導函數）

$\dfrac{d}{dx}\sin x=\cos x$ $\qquad\qquad$ $\dfrac{d}{dx}\cos x=-\sin x$

$\dfrac{d}{dx}\tan x=\sec^2 x$ $\qquad\qquad$ $\dfrac{d}{dx}\cot x=-\csc^2 x$

$\dfrac{d}{dx}\sec x=\sec x\cdot\tan x$ $\qquad\qquad$ $\dfrac{d}{dx}\csc x=-\csc x\cdot\cot x$

▶**證 明**

(1)令 $f(x)=\sin x$，則得

$$\frac{d}{dx}\sin x=f'(x)=\lim_{\Delta x\to 0}\frac{f(x+\Delta x)-f(x)}{\Delta x}$$

$$=\lim_{\Delta x\to 0}\frac{\sin(x+\Delta x)-\sin x}{\Delta x}$$

$$=\lim_{\Delta x\to 0}\frac{\sin x\cos\Delta x+\sin\Delta x\cos x-\sin x}{\Delta x}$$

$$= \lim_{\Delta x \to 0} \frac{\sin x(\cos \Delta x - 1) + \cos x \cdot \sin \Delta x}{\Delta x}$$

$$= \lim_{\Delta x \to 0} \left[\sin x \cdot \frac{\cos \Delta x - 1}{\Delta x} + \cos x \cdot \frac{\sin \Delta x}{\Delta x} \right]$$

$$= \sin x \cdot \lim_{\Delta x \to 0} \frac{\cos \Delta x - 1}{\Delta x} + \cos x \cdot \lim_{\Delta x \to 0} \frac{\sin \Delta x}{\Delta x}$$

$$= \sin x \cdot 0 + \cos x \cdot 1$$

$$= \cos x \qquad 故得證$$

$(2) \dfrac{d}{dx} \cos x = \dfrac{d}{dx} \sin(\dfrac{\pi}{2} - x)$

$$= \cos(\dfrac{\pi}{2} - x) \dfrac{d}{dx}(\dfrac{\pi}{2} - x) \qquad （由連鎖律）$$

$$= \sin x(-1) = -\sin x$$

$(3) \dfrac{d}{dx} \tan x = \dfrac{d}{dx} \dfrac{\sin x}{\cos x} = \dfrac{\cos x \cdot \cos x - \sin x \cdot (-\sin x)}{(\cos x)^2}$

$$= \dfrac{1}{\cos^2 x} = \sec^2 x$$

$(4) \dfrac{d}{dx} \cot x = \dfrac{d}{dx} \cdot \dfrac{1}{\tan x} = \dfrac{-\sec^2 x}{\tan^2 x} = -\csc^2 x$

$(5) \dfrac{d}{dx} \sec x = \dfrac{d}{dx} \cdot \dfrac{1}{\cos x} = \dfrac{-(-\sin x)}{\cos^2 x} = \dfrac{\sin x}{\cos x} \cdot \dfrac{1}{\cos x}$

$$= \tan x \cdot \sec x$$

$(6) \dfrac{d}{dx} \csc x = \dfrac{d}{dx} \cdot \dfrac{1}{\sin x} = \dfrac{-\cos x}{\sin^2 x} = -\dfrac{\cos x}{\sin x} \cdot \dfrac{1}{\sin x}$

$$= -\cot x \cdot \csc x$$

若 $u(x)$ 為可微分函數，則由連鎖律可得以下的定理。

定 理 4-1-4

$$\frac{d}{dx}\sin u(x) = (\cos(u(x)) \cdot u'(x)$$

$$\frac{d}{dx}\cos u(x) = -(\sin(u(x)) \cdot u'(x)$$

$$\frac{d}{dx}\tan u(x) = (\sec^2(u(x)) \cdot u'(x)$$

$$\frac{d}{dx}\cot u(x) = -(\csc^2(u(x)) \cdot u'(x)$$

$$\frac{d}{dx}\sec u(x) = (\sec u(x) \cdot \tan u(x)) \cdot u'(x)$$

$$\frac{d}{dx}\csc u(x) = -(\csc u(x) \cdot \cot u(x)) \cdot u'(x)$$

▶**證 明**

取 $f(u) = \sin u$

則得 $f(u(x)) = \sin u(x)$。因此由連鎖律，得

$$\frac{d}{dx}\sin u(x) = \frac{d}{dx}f(u(x)) = f'(u(x)) \cdot u'(x)$$

$$= \cos u(x)u'(x)$$。其餘五個公式，可由類似證法得證。

例題3

設 $y = \sin x \cdot \cos x - x^3 \sec x + \dfrac{6\tan x}{x^2 - \csc x}$ ，求 $\dfrac{dy}{dx}$ 。

解

$$\frac{dy}{dx} = \cos x \cdot \cos x + \sin x(-\sin x) - 3x^2 \sec x - x^3 \sec x \cdot \tan x$$

$$+ \frac{6\sec^2 x(x^2 - \csc x) - (2x + \csc x \cdot \cot x)(6\tan x)}{(x^2 - \csc x)^2}$$

例題4

設 $y = \sin \sqrt{x}$ ，求 $\dfrac{dy}{dx}$ 。

 解

由定理4-1-4及取 $u(x) = \sqrt{x}$ 得

$$\frac{dy}{dx} = \frac{d}{dx} \sin \sqrt{x} = \cos \sqrt{x} \frac{d}{dx} \sqrt{x} = \cos \sqrt{x} \cdot \frac{1}{2} x^{\frac{-1}{2}}$$

 例題5

求 $\dfrac{d}{dx} \sin x^2$ ， $\dfrac{d}{dx} \sin^2 x$ 。

 解

$$\frac{d}{dx} \sin x^2 = \cos x^2 \cdot \frac{d}{dx} x^2 = 2x \cdot \cos x^2$$

$$\frac{d}{dx} \sin^2 x = \frac{d}{dx} (\sin x)^2 = 2 \sin x \cdot \cos x$$

 例題6

設 $y = \sin 3x + \cot(x^2 + 2)$ ，求 $\dfrac{dy}{dx}$ 。

 解

$$\frac{dy}{dx} = \cos 3x \cdot \frac{d}{dx} 3x + (-\csc^2(x^2 + 2)) \cdot \frac{d}{dx}(x^2 + 2)$$

$$= (\cos 3x) \cdot 3 + (-\csc^2(x^2 + 2)) \cdot 2x$$

$$= 3 \cos 3x - 2x \cdot \csc^2(x^2 + 2)$$

 例題7

設 $y = \dfrac{\tan 5x + 3}{\sin 3x + \cos 2x}$ 求 $\dfrac{dy}{dx}$ 。

解

$$\frac{dy}{dx} = \frac{(5\sec^2 5x) \cdot (\sin 3x + \cos 2x) - (\tan 5x + 3)(3\cos 3x - 2\sin 2x)}{(\sin 3x + \cos 2x)^2}$$

 例題8

設 $y = \sin^2 \cos x$ ，求 $\dfrac{dy}{dx}$ 。

解

$$y = (\sin \cos x)^2$$

$$\frac{dy}{dx} = 2\sin \cos x \cdot \frac{d}{dx} \sin \cos x$$

$$= 2\sin \cos x \cdot \cos \cos x \cdot (-\sin x)$$

 例題9

設 $x + \tan xy = y + \sin x$ ，求 $\dfrac{dy}{dx}$ 。

解

由隱函數微分法，得

$$1 + (\sec^2 xy) \cdot (1 \cdot y + x \cdot y') = y' + \cos x$$

$$\Rightarrow y'(x \cdot \sec^2 xy - 1) = \cos x - 1 - y \cdot \sec^2 xy$$

$$\Rightarrow \frac{dy}{dx} = y' = \frac{\cos x - 1 - y \cdot \sec^2 xy}{x \cdot \sec^2 xy - 1}$$

✍ 習題 4-1

1. 求 y'。

(a) $y = (3\cot x + 2\sec x)^6$

(b) $y = \dfrac{\tan x - 1}{\csc x}$

(c) $y = \cos \sqrt{x} + \tan \sin x$

(d) $y = \sqrt{\sin 3x + \cos 2x}$

(e) $y = \dfrac{\cot 2x + 1}{\cos 3x + \sin x^2}$

(f) $y = x^2 \sec \sqrt{x} + \tan \csc x^2$

(g) $y = \cos^2 \sin x$

(h) $y = \sin^2 \cos(3x^2 + 4x + 1)$

2. 設 $x \cdot \sin(2xy) = x^2 - 1$，求 $\dfrac{dy}{dx}$。

4-2 反三角函數的導函數

反三角函數

在微積分裡所說的「反三角函數」就是指三角函數的反函數。我們都知道六個三角函數都不是一對一函數，按理說它們都不會有反函數，但為了讓它們都有反函數，我們採取的辦法就是限縮其原來的定義域，使它們都成為一對一函數。例如，將正弦函數 $y = \sin x$ 的定義域縮小為 $\left[\dfrac{-\pi}{2}, \dfrac{\pi}{2}\right]$，且將縮小定義域後的函數，用 g 表示，亦即 $g(x) = \sin x$，$x \in \left[\dfrac{-\pi}{2}, \dfrac{\pi}{2}\right]$，則 g 是一對一函數，因而 g 有反函數 g^{-1}。而在數學上會用符號 $\text{Sin}^{-1} x$ 去表示 $g^{-1}(x)$。因此，若 $\theta \in \left[\dfrac{-\pi}{2}, \dfrac{\pi}{2}\right]$，且 $\sin \theta = a$，則 $\text{Sin}^{-1} a = \theta$。如 $\text{Sin}^{-1} \dfrac{1}{2} = \dfrac{\pi}{6}$，

$\mathrm{Sin}^{-1}\dfrac{-1}{2}=\dfrac{-\pi}{6}$ 等。有了符號 $\mathrm{Sin}^{-1}x$ 的定義，我們可將 $g(x)=\mathrm{Sin}\,x$ 反函數寫為 $g^{-1}(x)=\mathrm{Sin}^{-1}x$，且稱它為反正弦函數。而對其餘五個三角函數，我們亦分別引進 $\mathrm{Cos}^{-1}a$，$\mathrm{Tan}^{-1}a$，$\mathrm{Cot}^{-1}a$，$\mathrm{Sec}^{-1}a$，$\mathrm{Csc}^{-1}a$ 等符號，以方便去定義它們的反函數，這些符號的意義，分別說明如下：

定義 4-2-1

(1) 若 $\dfrac{-\pi}{2}\le\theta\le\dfrac{\pi}{2}$，且 $\sin\theta=a$，則定義 $\mathrm{Sin}^{-1}a=\theta$。

(2) 若 $0\le\theta\le\pi$，且 $\cos\theta=a$，則定義 $\mathrm{Cos}^{-1}a=\theta$。

(3) 若 $\dfrac{-\pi}{2}<\theta<\dfrac{\pi}{2}$，且 $\tan\theta=a$，則定義 $\mathrm{Tan}^{-1}a=\theta$。

(4) 若 $0<\theta<\pi$，且 $\cot\theta=a$，則定義 $\mathrm{Cot}^{-1}a=\theta$。

(5) 若 $0\le\theta<\dfrac{\pi}{2}$ 或 $-\pi\le\theta<\dfrac{-\pi}{2}$，且 $\sec\theta=a$，則定義 $\mathrm{Sec}^{-1}a=\theta$。

(6) 若 $0<\theta\le\dfrac{\pi}{2}$ 或 $-\pi<\theta\le\dfrac{-\pi}{2}$，且 $\csc\theta=a$，則定義 $\mathrm{Csc}^{-1}a=\theta$。

有了以上 $\mathrm{Sin}^{-1}a$，$\mathrm{Cos}^{-1}a$，$\mathrm{Tan}^{-1}a$，$\mathrm{Cot}^{-1}a$，$\mathrm{Sec}^{-1}a$，$\mathrm{Csc}^{-1}a$ 的符號定義之後，我們將用這些符號去定義六個反三角函數如下：

(1) $y=f(x)=\mathrm{Sin}^{-1}x$，$-1\le x\le1$，稱為反正弦函數。

(2) $y=f(x)=\mathrm{Cos}^{-1}x$，$-1\le x\le1$，稱為反餘弦函數。

(3) $y=f(x)=\mathrm{Tan}^{-1}x$，$x\in R$，稱為反正切函數。

(4) $y=f(x)=\mathrm{Cot}^{-1}x$，$x\in R$，稱為反餘切函數。

(5) $y=f(x)=\mathrm{Sec}^{-1}x$，$|x|\ge1$，稱為反正割函數。

(6) $y=f(x)=\mathrm{Csc}^{-1}x$，$|x|\ge1$，稱為反餘割函數。

$\mathrm{Sin}^{-1}x$ 讀作 arcsine；$\mathrm{Cos}^{-1}x$ 讀作 arccosine。其餘讀法可比照而得。此六個反三角函數的圖形分別列出如下：

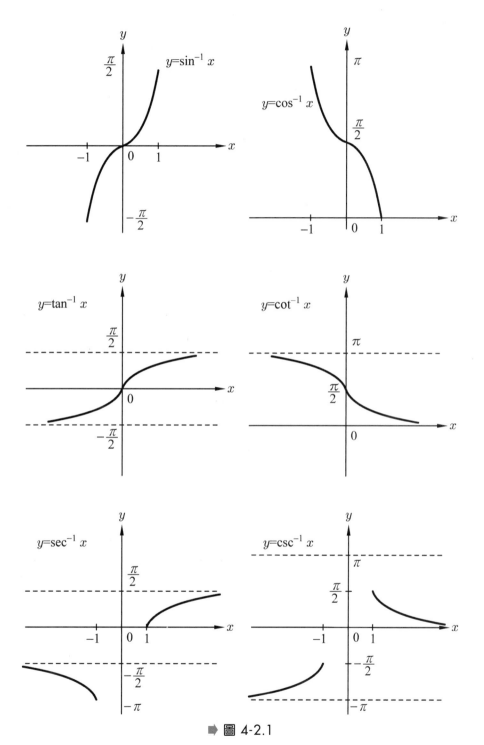

➡ 圖 4-2.1

例題1

求(a) $\mathrm{Sin}^{-1}\left(\dfrac{-1}{2}\right)$　　(b) $\mathrm{Cot}^{-1}(-\sqrt{3})$　　(c) $\mathrm{Sec}^{-1}\dfrac{-2}{\sqrt{3}}$

解

(a) 令 $\mathrm{Sin}^{-1}\dfrac{-1}{2}=\theta$，則 $\theta\in\left[\dfrac{-\pi}{2},\dfrac{\pi}{2}\right]$

　　且 $\sin\theta=\dfrac{-1}{2}$

　　因此 $\theta=\dfrac{-\pi}{6}$，即 $\mathrm{Sin}^{-1}\left(\dfrac{-1}{2}\right)=\dfrac{-\pi}{6}$

(b) 令 $\mathrm{Cot}^{-1}(-\sqrt{3})=\theta$，則 $\theta\in(0,\pi)$

　　且 $\cot\theta=-\sqrt{3}$

　　因此 $\theta=\dfrac{5\pi}{6}$，即　$\mathrm{Cot}^{-1}(-\sqrt{3})=\dfrac{5\pi}{6}$

(c) 令 $\mathrm{Sec}^{-1}\dfrac{-2}{\sqrt{3}}=\theta$，則 $\theta\in\left[0,\dfrac{\pi}{2}\right)\cup\left[-\pi,\dfrac{-\pi}{2}\right)$，

　　且 $\sec\theta=\dfrac{-2}{\sqrt{3}}$

　　因此 $\theta=\dfrac{-5\pi}{6}$

　　即 $\mathrm{Sec}^{-1}\dfrac{-2}{\sqrt{3}}=\dfrac{-5\pi}{6}$

例題2

求(a) $\operatorname{Sin}^{-1}\sin\dfrac{5\pi}{6}$　　(b) $\operatorname{Sec}^{-1}\sec\dfrac{5\pi}{4}$　　(c) $\sin\operatorname{Sin}^{-1}\dfrac{1}{3}$

　　(d) $\cos\operatorname{Sin}^{-1}\dfrac{-1}{2}$

解

(a) $\operatorname{Sin}^{-1}\sin\dfrac{5\pi}{6}=\sin^{-1}\dfrac{1}{2}=\dfrac{\pi}{6}$

(b) $\operatorname{Sec}^{-1}\sec\dfrac{5\pi}{4}=\operatorname{Sec}^{-1}(-\sqrt{2})=\dfrac{-3\pi}{4}$

(c) $\sin\operatorname{Sin}^{-1}\dfrac{1}{3}=\dfrac{1}{3}$

(d) $\cos\operatorname{Sin}^{-1}\dfrac{-1}{2}=\cos\dfrac{-\pi}{6}=\dfrac{\sqrt{3}}{2}$

反三角函數的導函數

　　現在我們要來探討反三角函數的導函數。反三角函數是三角函數的反函數，因此我們不須從定義去求其導函數，我們可藉由三角函數的導函數結果，以及利用隱函數微分法或定理 3-3-2 而得到以下的定理 4-2-1。

定理 4-2-1 （反三角函數的導函數）

(1) $\dfrac{d}{dx}\operatorname{Sin}^{-1}x=\dfrac{1}{\sqrt{1-x^2}}$，$|x|<1$　　(2) $\dfrac{d}{dx}\operatorname{Cos}^{-1}x=\dfrac{-1}{\sqrt{1-x^2}}$，$|x|<1$

(3) $\dfrac{d}{dx}\operatorname{Tan}^{-1}x=\dfrac{1}{1+x^2}$，$x\in R$　　(4) $\dfrac{d}{dx}\operatorname{Cot}^{-1}x=\dfrac{-1}{1+x^2}$，$x\in R$

(5) $\dfrac{d}{dx}\operatorname{Sec}^{-1}x=\dfrac{1}{x\sqrt{x^2-1}}$，$|x|>1$　　(6) $\dfrac{d}{dx}\operatorname{Csc}^{-1}x=\dfrac{-1}{x\sqrt{x^2-1}}$，$|x|>1$

▶ 證 明

(1)令 $\theta = Sin^{-1}x$（它為可微分函數）

得 $\sin\theta = x$

兩邊對 x 微分，由連鎖律得

$$\cos\theta \cdot \frac{d\theta}{dx} = 1$$

$$\Rightarrow \quad \frac{d\theta}{dx} = \frac{1}{\cos\theta}$$

由於 θ 在 I、IV 象限，得 $\cos\theta > 0$

因此，得 $\quad \dfrac{d\theta}{dx} = \dfrac{1}{\cos\theta} = \dfrac{1}{\sqrt{1-\sin^2\theta}} = \dfrac{1}{\sqrt{1-x^2}}$

即 $\quad \dfrac{d}{dx}Sin^{-1}x = \dfrac{1}{\sqrt{1-x^2}}$

(2)令 $\theta = Cos^{-1}x$

得 $\cos\theta = x$

兩邊對 x 微分

得 $-\sin\theta \cdot \dfrac{d\theta}{dx} = 1$

$$\Rightarrow \quad \frac{d\theta}{dx} = -\frac{1}{\sin\theta}$$

由於 θ 在 I、II 象限，得 $\sin\theta > 0$

故 $\dfrac{d\theta}{dx} = \dfrac{-1}{\sqrt{1-\cos^2\theta}} = \dfrac{-1}{\sqrt{1-x^2}}$

即 $\dfrac{d}{dx}Cos^{-1}x = \dfrac{-1}{\sqrt{1-x^2}}$

(3)令 $\theta = Sec^{-1}x$

得 $\sec\theta = x$，及 $\tan\theta = \sqrt{\sec^2\theta - 1} = \sqrt{x^2-1}$（由於 θ 在 I、III 象限，$\tan\theta > 0$）

兩邊對 x 微分

得 $\sec\theta \cdot \tan\theta = 1$

$\Rightarrow \dfrac{d\theta}{dx} = \dfrac{1}{\sec\theta \cdot \tan\theta} = \dfrac{1}{x\sqrt{x^2-1}}$

即 $\dfrac{d}{dx}\mathrm{Sec}^{-1}x = \dfrac{1}{x\sqrt{x^2-1}}$

其餘 3 個證明可仿前面證法而得。

若 $u(x)$ 為可微分函數，則由連鎖律可得以下的定理。

定 理 ┃ 4-2-2

(1) $\dfrac{d}{dx}\mathrm{Sin}^{-1}u(x) = \dfrac{u'(x)}{\sqrt{1-u^2(x)}}$

(2) $\dfrac{d}{dx}\mathrm{Cos}^{-1}u(x) = \dfrac{-u'(x)}{\sqrt{1-u^2(x)}}$

(3) $\dfrac{d}{dx}\mathrm{Tan}^{-1}u(x) = \dfrac{u'(x)}{1+u^2(x)}$

(4) $\dfrac{d}{dx}\mathrm{Cot}^{-1}u(x) = \dfrac{-u'(x)}{1+u^2(x)}$

(5) $\dfrac{d}{dx}\mathrm{Sec}^{-1}u(x) = \dfrac{u'(x)}{u(x)\sqrt{u^2(x)-1}}$

(6) $\dfrac{d}{dx}\mathrm{Csc}^{-1}u(x) = \dfrac{-u'(x)}{u(x)\sqrt{u^2(x)-1}}$

 例題3

設 $y = x^2 \cdot \text{Tan}^{-1}x + \dfrac{4\text{Cot}^{-1}x}{\text{Sin}^{-1}x} - 6(\text{Cos}^{-1}x)^3$ ，求 $\dfrac{dy}{dx}$ 。

解

$$\frac{dy}{dx} = 2x \cdot \text{Tan}^{-1}x + x^2 \cdot \frac{1}{1+x^2} + \frac{\dfrac{-4}{1+x^2}\text{Sin}^{-1}x - \dfrac{4\text{Cot}^{-1}x}{\sqrt{1-x^2}}}{(\text{Sin}^{-1}x)^2}$$

$$-18(\text{Cos}^{-1}x)^2(\frac{-1}{\sqrt{1-x^2}})$$

 例題4

求 $\dfrac{d}{dx}\text{Sin}^{-1}(3x^2-1)$ 。

解

由定理4-2-2，得

$$\frac{d}{dx}\text{Sin}^{-1}(3x^2-1) = \frac{6x}{\sqrt{1-(3x^2-1)^2}} = \frac{6x}{\sqrt{6x^2-9x^4}}$$

$$= \frac{6x}{|x|\sqrt{6-9x^2}}$$

 例題5

求 $\dfrac{d}{dx}\text{Cot}^{-1}\sqrt{x+7}$ 。

解

由定理4-2-2，得

$$\frac{d}{dx}\text{Cot}^{-1}\sqrt{x+7} = \frac{-1}{1+\left(\sqrt{x+7}\right)^2} \cdot \frac{1}{2\sqrt{x+7}}$$

$$= \frac{-1}{2(x+8)\sqrt{x+7}}$$

 例題6

求 $\dfrac{d}{dx}x^2 \cdot \text{Cos}^{-1}(x-1)$。

 解

$$\frac{d}{dx}x^2 \cdot \text{Cos}^{-1}(x-1) = 2x \cdot \text{Cos}^{-1}(x-1) + x^2 \cdot \frac{-1}{\sqrt{1-(x-1)^2}}$$

$$= 2x \cdot \text{Cos}^{-1}(x-1) - \frac{x^2}{\sqrt{2x-x^2}}$$

 例題7

求 $\dfrac{d}{dx}(\text{Sec}^{-1}\sqrt{x})^3$。

 解

$$\frac{d}{dx}\left(\text{Sec}^{-1}\sqrt{x}\right)^3 = 3\left(\text{Sec}^{-1}\sqrt{x}\right)^2 \cdot \frac{\frac{1}{2\sqrt{x}}}{\sqrt{x}\cdot\sqrt{x-1}}$$

$$= \frac{3}{2}\left(\text{Sec}^{-1}\sqrt{x}\right)^2 \cdot \frac{1}{x \cdot \sqrt{x-1}}$$

 例題8

求 $\dfrac{d}{dx}\text{Tan}^{-1}\dfrac{1+x}{1-x}$ 。

$$\dfrac{d}{dx}\text{Tan}^{-1}\dfrac{1+x}{1-x}=\dfrac{1}{1+\left(\dfrac{1+x}{1-x}\right)^2}\cdot\dfrac{d}{dx}\left(\dfrac{1+x}{1-x}\right)$$

$$=\dfrac{(1-x)^2}{2(1+x^2)}\cdot\dfrac{(1-x)-(1+x)(-1)}{(1-x)^2}$$

$$=\dfrac{2}{2(1+x^2)}=\dfrac{1}{1+x^2}$$

 例題9

求 $\dfrac{d}{dx}\text{Cos}^{-1}\sin(3x^2+5x-2)$ 。

令 $u(x)=\sin(3x^2+5x-2)$ ，則由定理4-2-2，得

$$\dfrac{d}{dx}\text{Cos}^{-1}\sin(3x^2+5x-2)$$

$$=\dfrac{d}{dx}\text{Cos}^{-1}u(x)$$

$$=\dfrac{-1}{\sqrt{1-\sin^2(3x^2+5x-2)}}\dfrac{d}{dx}\sin(3x^2+5x-2)$$

$$=\dfrac{-1}{\sqrt{1-\sin^2(3x^2+5x-2)}}\cos(3x^2+5x-2)\cdot(6x+5)$$

習題 4-2

求 $\dfrac{dy}{dx}$ 。

1. $y = x^2 \text{Sin}^{-1} x + (\text{Cos}^{-1} x)^2$

2. $y = \text{Cot}^{-1}(x^2 + 1)$

3. $y = \text{Cos}^{-1} \sqrt{1 - x^2}$

4. $y = \text{Sec}^{-1} \tan x$

5. $y = \sqrt{x \text{Sin}^{-1} x}$

6. $y = x^2 \text{Tan}^{-1} \dfrac{1}{\sqrt{x}}$

7. $y = \left(\text{Csc}^{-1} \sqrt{x} \right)^3$

8. $y = \text{Sin}^{-1} \cos(3x^2 + 4x + 6)$

9. $y = (\text{Cos}^{-1} \sin x^2)^4$

4-3 對數函數的導函數

在談論本節及下一節內容之前。我們要先簡單說明實數指數是如何定義的。有了實數指數才能談論指數函數以及相關問題。整個實數指數的建構過程，依序定義如下：

$n \in N$ ， $a^n \equiv \underbrace{a \cdot a \cdot a \cdots a}_{\text{共}n\text{個}}$

$a \neq 0$ ， $n \in N$ ， $a^0 \equiv 1$ ， $a^{-n} \equiv \dfrac{1}{a^n}$ （注意：0^0 沒有定義）

$a > 0$ ， $n \in N$ ， $a^{\frac{1}{n}} \equiv \sqrt[n]{a}$

$a > 0$ ， $n \in N$ ， $m \in Z$(整數) ， $a^{\frac{m}{n}} \equiv (\sqrt[n]{a})^m = \sqrt[n]{a^m}$

$a > 0$ ， x 為無理數， a^x 要如何定義呢？

　　由實數的完備性，給定任意無理數 x，我們可取一個有理數的數列 r_n，使得 $r_n \to x$。而我們定義 a^x 為

$$a^x \equiv \lim_{x \to \infty} a^{r_n}$$

　　因而當 $a > 0$，$x \in R$，a^x 已經有了定義。至此我們已完成了實數指數的定義。

　　完成了整個實數指數的建構之後，對於實數指數我們有以下的性質：設 x，$y \in R$，$a > 0$，$b > 0$，則

(1) $a^x \cdot a^y = a^{x+y}$

(2) $\dfrac{a^x}{a^y} = a^{x-y}$

(3) $(a^x)^y = a^{xy}$，$(ab)^x = a^x \cdot b^x$，$\left(\dfrac{a}{b}\right)^x = \dfrac{a^x}{b^x}$

(4) $f(x) = a^x$，$x \in R$，為連續的一對一函數。

(5) 設 $a > 1$，$\lim\limits_{x \to \infty} a^x = \infty$，$\lim\limits_{x \to -\infty} a^x = 0$

(6) 設 $a < 1$，$\lim\limits_{x \to \infty} a^x = 0$，$\lim\limits_{x \to -\infty} a^x = \infty$

　　其次，我們要說明對數符號 $\log_a b$ 的意義以及其性質。我們很容易可以知道方程式 $2^x = 8$ 的解為 $x = 3$，但 $2^x = 7$ 的解呢？雖然可以確定它的解是存在，但它為無理數（為什麼？），因此須用一個符號去表示，而數學上是用 $\log_2 7$ 表示此解，並稱它為以 2 為底，真數是 7 的對數。其一般的定義如下：

　　設 $a, b > 0$，且 $a \neq 1$，則滿足 $a^x = b$ 的 x 用 $\log_a b$ 表示，亦即 $a^x = b \Leftrightarrow x = \log_a b$

對數有以下幾個性質：

設 $a, b > 0$，$r \in R$，$c, d > 0$，且 $c, d \neq 1$，則

(1) $\log_c ab = \log_c a + \log_c b$

(2) $\log_c \dfrac{a}{b} = \log_c a - \log_c b$

(3) $\log_c a^r = r \log_c a$

(4) $\log_c a = \dfrac{\log_d a}{\log_d c}$（換底公式）

(5) $a^{\log_a b} = b$

定義 4-3-1

設 $a > 0$，且 $a \neq 1$，則函數 $f(x) = \log_a x$，$x > 0$，稱為以 a 為底的對數函數（其圖形如圖 4-3.1 所示）。而以 e（註）為底的對數函數 $f(x) = \log_e x$，稱為自然對數函數 (natural logarithmic function)。又我們會用 $\ln x$ 去表示 $\log_e x$，亦即 $\log_e x \equiv \ln x$。因此，我們稱 $f(x) = \ln x$ 為自然對數函數。

註

(a) $e \equiv \lim\limits_{n \to \infty} \left(1 + \dfrac{1}{n}\right)^n \approx 2.7182818284$

(b) 由於 $\lim\limits_{n \to \infty} \left(1 - \dfrac{1}{n}\right)^{-n} = \lim\limits_{n \to \infty} \left(\dfrac{n}{n-1}\right)^n = \lim\limits_{n \to \infty} \left(1 + \dfrac{1}{n-1}\right)^{n-1} \left(1 + \dfrac{1}{n-1}\right) = e$

令 $m = -n$，可得

$e = \lim\limits_{n \to \infty} \left(1 - \dfrac{1}{n}\right)^{-n} = \lim\limits_{m \to -\infty} \left(1 + \dfrac{1}{m}\right)^m$，亦即可得 $\lim\limits_{n \to -\infty} \left(1 + \dfrac{1}{n}\right)^n = e$

(c) 由(a)及(b)，可得 $\lim\limits_{x \to 0} (1 + x)^{\frac{1}{x}} = e$

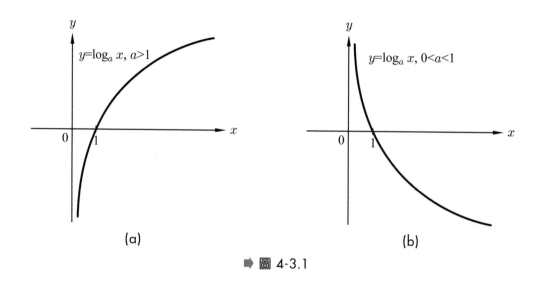

(a)　　　　　　　　　　(b)

➡ 圖 4-3.1

自然對數函數 $f(x) = \ln x$ 有以下的性質（參見圖 4-3.2）

(1) 自然對數函數為嚴格遞增的連續函數。

(2) $\displaystyle\lim_{x \to \infty} \ln x = \infty$ ， $\displaystyle\lim_{x \to 0^+} \ln x = -\infty$

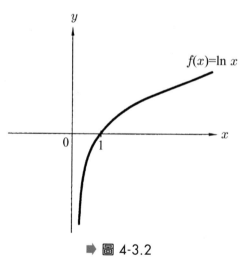

➡ 圖 4-3.2

例題1

求 $\displaystyle\lim_{x\to 0}(1+ax)^{\frac{1}{x}}$ ， $a\in R$ 。

解

令 $y=ax$

則由 $x\to 0$ ，可得 $y\to 0$

因而得 $\displaystyle\lim_{x\to 0}(1+ax)^{\frac{1}{x}} = \lim_{x\to 0}\left((1+ax)^{\frac{1}{ax}}\right)^{a} = \lim_{y\to 0}\left((1+y)^{\frac{1}{y}}\right)^{a}$

$$= \left(\lim_{y\to 0}(1+y)^{\frac{1}{y}}\right)^{a} = e^{a}$$

定 理 ┃ 4-3-1 （自然對數函數的導函數）

(a) $\dfrac{d}{dx}\ln x = \dfrac{1}{x}$ ， $x>0$ 　　　　(b) $\dfrac{d}{dx}\ln|x| = \dfrac{1}{x}$ ， $x\neq 0$

▶ **證 明**

(a) 令 $f(x)=\ln x$ ，則得

$$\frac{d}{dx}\ln x = f'(x) = \lim_{\Delta x\to 0}\frac{f(x+\Delta x)-f(x)}{\Delta x}$$

$$= \lim_{\Delta x\to 0}\frac{\ln(x+\Delta x)-\ln x}{\Delta x} = \lim_{\Delta x\to 0}\frac{1}{\Delta x}\ln\left(\frac{x+\Delta x}{x}\right)$$

$$= \lim_{\Delta x\to 0}\ln\left(1+\Delta x\cdot\frac{1}{x}\right)^{\frac{1}{\Delta x}} = \ln\lim_{\Delta x\to 0}\left(1+\Delta x\cdot\frac{1}{x}\right)^{\frac{1}{\Delta x}}$$

（由 $f(x)=\ln x$ 為連續函數，以及定理 1-5-2，可將 $\displaystyle\lim_{\Delta x\to 0}$ 和 $\ln$ 對調）

$$= \ln e^{\frac{1}{x}}\text{（由例 1）} = \frac{1}{x}$$

(b) 當 $x > 0$，則 $\ln|x| = \ln x$ 且 $\dfrac{d}{dx}\ln|x| = \dfrac{d}{dx}\ln x = \dfrac{1}{x}$

當 $x < 0$，則 $\ln|x| = \ln(-x)$ 且 $\dfrac{d}{dx}\ln|x| = \dfrac{d}{dx}\ln(-x) = \dfrac{-1}{-x} = \dfrac{1}{x}$

因此，得 $\dfrac{d}{dx}\ln|x| = \dfrac{1}{x}$，$x \neq 0$

若 $u(x)$ 為可微分函數，則由連鎖律可得以下定理。

定理 4-3-2

(a) $\dfrac{d}{dx}\ln u(x) = \dfrac{1}{u(x)} \cdot \dfrac{d}{dx}u(x)$

(b) $\dfrac{d}{dx}\ln|u(x)| = \dfrac{1}{u(x)} \cdot \dfrac{d}{dx}u(x)$

▶ **證 明**

(a) 令 $y = h(x) = \ln u(x)$，且 $y = f(u) = \ln u$ 和 $u = u(x)$

則得 $h(x) = f \circ u(x)$

因此，由連鎖律，得

$$\frac{d}{dx}\ln u(x) = \frac{d}{dx}h(x) = f'(u) \cdot \frac{d}{dx}u(x) = \frac{1}{u}\frac{d}{dx}u(x)$$

$$= \frac{1}{u(x)}\frac{d}{dx}u(x)$$

(b) 由類似作法以及利用定理 4-3-2(b)，可得證 $\dfrac{d}{dx}\ln|u(x)| = \dfrac{1}{u(x)}\dfrac{d}{dx}u(x)$

例題2

設 $y = \ln(x^3 + 4x - 5)$ ，求 $\dfrac{dy}{dx}$ 。

解

由定理4-3-2及取 $u(x) = x^3 + 4x - 5$

得 $\dfrac{dy}{dx} = \dfrac{1}{x^3 + 4x - 5} \cdot (3x^2 + 4)$

 例題3

設 $y = \ln(2x^3 + 4)^{20}$ ，求 $\dfrac{dy}{dx}$ 。

解

由 $y = \ln(2x^3 + 4)^{20} = 20\ln(2x^3 + 4)$

得 $\dfrac{dy}{dx} = 20 \cdot \dfrac{1}{2x^3 + 4} \cdot 6x^2 = \dfrac{60x^2}{x^3 + 2}$

 例題4

設 $y = \ln \sqrt[3]{\dfrac{(4x^3 + 7)(5x^2 + 4x - 3)}{2x^2 + 3}}$ ，求 y' 。

解

由 $y = \ln\left[\dfrac{(4x^3 + 7)(5x^2 + 4x - 3)}{2x^2 + 3}\right]^{\frac{1}{3}}$

$= \dfrac{1}{3}\left[\ln(4x^3 + 7) + \ln(5x^2 + 4x - 3) - \ln(2x^2 + 3)\right]$

得 $y' = \dfrac{1}{3}\left[\dfrac{12x^2}{4x^3+7}+\dfrac{10x+4}{5x^2+4x-3}-\dfrac{4x}{2x^2+3}\right]$

 例題5

設 $y = \dfrac{(x^3+4x-5)^5 \cdot \cos^3 x}{(3x+2)^6(2x-1)^4(4x-3)^8}$ ，求 y' 。

解

此題若直接微分，較麻煩。若先對等號兩邊取對數，並利用對數函數的性質化簡後，再對 x 微分會較為容易，**稱此方法為對數微分法**(logarithmic differentiation)對 x 。

兩邊取對數，得

$$\ln y = \ln \frac{(x^3+4x-5)^5 \cdot \cos^3 x}{(3x+2)^6(2x-1)^4(4x-3)^8}$$

$$= 5\ln(x^3+4x-5)+3\ln(\cos x)-6\ln(3x+2)$$

$$-4\ln(2x-1)-8\ln(4x-3)$$

兩邊對 x 微分得

$$\frac{1}{y}\cdot y' = 5\cdot\frac{3x^2+4}{x^3+4x-5}+3\cdot\frac{-\sin x}{\cos x}-\frac{18}{3x+2}-\frac{8}{2x-1}-\frac{32}{4x-3}$$

兩邊同乘 y ，得

$$y' = y\left[\frac{15x^2+20}{x^3+4x-5}-3\cdot\tan x-\frac{18}{3x+2}-\frac{8}{2x-1}-\frac{32}{4x-3}\right]$$

$$= \frac{(x^3+4x-5)^5 \cdot \cos^3 x}{(3x+2)^6(2x-1)^4(4x-3)^8}\cdot\left[\frac{15x^2+20}{x^3+4x-5}-3\tan x\right.$$

$$-\frac{18}{3x+2}-\frac{8}{2x-1}-\frac{32}{4x-3}\Bigg]$$

 例題6

設 $x \cdot \ln y - y \cdot \ln x = 1$ ，求 y' 。

解

由隱函數微分法，得

$$1 \cdot \ln y + x \cdot \frac{1}{y} \cdot y' - \left(y' \cdot \ln x + y \cdot \frac{1}{x} \right) = 0$$

$$\Rightarrow y'\left(\frac{x}{y} - \ln x \right) = \frac{y}{x} - \ln y$$

$$\Rightarrow y' = \frac{\dfrac{y}{x} - \ln y}{\dfrac{x}{y} - \ln x} = \frac{\dfrac{y - x \cdot \ln y}{x}}{\dfrac{x - y \ln x}{y}} = \frac{y^2 - xy \ln y}{x^2 - xy \ln x}$$

定 理 | 4-3-3 （對數函數的導函數）

設 $a > 0$ 且 $a \neq 1$ ，則 $\dfrac{d}{dx} \log_a x = \dfrac{1}{x \cdot \ln a}$ ， $x > 0$

▶ **證 明**

利用對數換底公式，得

$$\log_a x = \frac{\log_e x}{\log_e a} = \frac{\ln x}{\ln a}$$

因此，得

$$\frac{d}{dx}\log_a x = \frac{d}{dx}\left(\frac{\ln x}{\ln a}\right) = \frac{1}{\ln a}\cdot\frac{d}{dx}\ln x = \frac{1}{x\cdot\ln a}$$

若 $u(x)$ 為可微分函數，則由連鎖律可得以下定理。

定理 | 4-3-4

設 $a>0$ 且 $a\neq 1$，則

$$\frac{d}{dx}\log_a u(x) = \frac{1}{u(x)\cdot\ln a}\cdot\frac{d}{dx}u(x)$$

 例題7

設 $y = \log_7(5x^2+4x-1)$，求 $\dfrac{dy}{dx}$。

解

由定理4-3-4及取 $u(x) = 5x^2+4x-1$

得 $\dfrac{dy}{dx} = \dfrac{1}{\ln 7}\cdot\dfrac{10x+4}{5x^2+4x-1}$

 例題8

設 $y = \log_x(3x^2+2x+4)$，求 $\dfrac{dy}{dx}$。

解

由 $y = \log_x 3x^2+2x+4 = \dfrac{\ln(3x^2+2x+4)}{\ln x}$

$$得\ \frac{dy}{dx} = \frac{\dfrac{6x+2}{3x^2+2x+4}\ln x - \dfrac{1}{x}\ln(3x^2+2x+4)}{(\ln x)^2}$$

註

本題底數是變數 x，因此不能直接利用系理 4-3-2，須換為常數為底才可以利用推論的公式求。

習題 4-3

1. 求下列各題的導函數：

(a) $y = \ln(3x^4 + 5x - 3)$

(b) $y = \ln(2x^3 + 7x - 5)^{100}$

(c) $y = \ln\sqrt{Tan^{-1}x}$

(d) $y = \ln\sqrt{\dfrac{2x+9}{3x^2+4x-5}}$

(e) $y = \log_7(2x^2 + 4x - 5)$

(f) $y = \log_{10}(\ln x)$

(g) $y = \log_6(\sec x + \tan x)$

(h) $y = \ln\dfrac{(2x^5+4x-1)^5 \cdot (4x-9)}{(x^2+7)^3}$

(i) $y = \log_3\sqrt{x^2+5x-1}$

(j) $y = \ln\sin(x^2+1)$

2. 下列各題用對數微分法求 y'：

(a) $y = \sqrt[5]{\dfrac{(4x^2+7)(6x^3+5x-7)}{2x^2+5}}$

(b) $y = (x-1)^3 \cdot (2x+5)^7 \cdot (6x+7)^{10}$

(c) $y = \dfrac{(3x+1)^4(4x+2)^3(2x+3)^5}{(5x-3)^2(6x+1)^7(4x-3)^6}$

3. 設 $y^2\ln x + x^2\ln y = y + x^3$，求 $\dfrac{dy}{dx}$。

4. 設 $y = \log_x\sin x$，求 y'。

4-4 指數函數的導函數

定義 4-4-1

設 $a > 0$，$a \neq 1$，則函數 $f(x) = a^x$，$x \in R$，稱為以 a 為底的指數函數，若取 $a = e$，則稱為自然指數函數，即 $f(x) = e^x$，$x \in R$，稱為自然指數函數 **(natural exponential function)**。

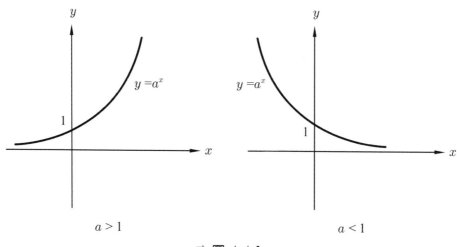

$a > 1$ 　　　　　　　　　　　$a < 1$

➡ 圖 4-4.1

由 $y = a^x \Leftrightarrow x = \log_a y$，我們可以看出，指數函數 $y = a^x$ 是對數函數 $y = \log_a x$ 的反函數，因此指數函數的導函數，可從對數函數的導函數和隱函數微分法而得到。

定理 4-4-1 （自然指數函數的導函數）

$$\frac{d}{dx} e^x = e^x \text{，} x \in R$$

▶ **證 明**

令 $y = e^x$

得 $\ln y = \ln e^x = x$

兩邊同時對 x 微分，得

$$\frac{1}{y}\frac{dy}{dx} = 1 \Rightarrow \frac{dy}{dx} = y \text{，此即得 } \frac{d}{dx}e^x = e^x$$

若 $u(x)$ 為可微分函數，則由連鎖律可得以下的定理。

定 理 │ 4-4-2

$$\frac{d}{dx}e^{u(x)} = e^{u(x)} \cdot \frac{d}{dx}u(x)$$

▶ **證 明**

令 $y = h(x) = e^{u(x)}$，且 $y = f(u) = e^u$ 和 $u = u(x)$

則得 $h(x) = f o u(x)$

因此，由連鎖律，得

$$\frac{d}{dx}e^{u(x)} = \frac{d}{dx}h(x) = f'(u)\frac{d}{dx}u(x) = e^u\frac{d}{dx}u(x) = e^{u(x)}\frac{d}{dx}u(x)$$

 例題1

求 $\dfrac{d}{dx}e^{3x^2+4x-5}$ 。

解

由定理4-4-2，及取 $u(x) = 3x^2 + 4x - 5$，得

$$\frac{d}{dx}e^{3x^2+4x-5} = e^{3x^2+4x-5} \cdot (6x+4)$$

例題2

設 $f(x) = e^{\sqrt{x}}$ ，求 $f'(x)$ 。

解

由定理4-4-2，及取 $u(x) = \sqrt{x}$ ，得

$$f'(x) = e^{\sqrt{x}} \frac{d}{dx} \sqrt{x} = \frac{1}{2} e^{\sqrt{x}} x^{\frac{-1}{2}}$$

定 理 | 4-4-3 （指數函數的導函數）

設 $a > 0$ 且 $a \neq 1$ ，則

$$\frac{d}{dx} a^x = a^x \cdot \ln a$$

▶**證 明**

$$\frac{d}{dx} a^x = \frac{d}{dx} e^{\ln a^x} = \frac{d}{dx} e^{x \ln a} = e^{x \cdot \ln a} \cdot \frac{d}{dx}(x \ln a)$$

$$= e^{x \cdot \ln a} \cdot \ln a = a^x \cdot \ln a$$

若 $u(x)$ 為可微分函數，則由連鎖律可得以下定理。

定 理 | 4-4-4

設 $a > 0$ 且 $a \neq 1$ ，則

$$\frac{d}{dx} a^{u(x)} = a^{u(x)} \cdot \ln a \cdot \frac{d}{dx} u(x)$$

例題3

設 $y = 3^{x^2+2}$，求 y'。

解

由定理4-4-4及取 $u(x) = x^2 + 2$，得

$$y' = 3^{x^2+2} \cdot \ln 3 \cdot \frac{d}{dx}(x^2 + 2) = 3^{x^2+2} \cdot \ln 3 \cdot 2x$$

在前面我們已證得微分公式：$\dfrac{d}{dx}x^n = nx^{n-1}$，其中 n 為有理數（定理 3-3-1）。而以下的定理使我們可以進一步去得到在 n 為實數時，此微分公式仍然成立。

定理　4-4-5

設 $f(x) = x^r$，其中 r 為實數，則 $f'(x) = \dfrac{d}{dx}x^r = rx^{r-1}$。

▶**證　明**

當 $x \neq 0$

令 $y = x^r$，則得 $\ln|y| = \ln|x^r| = \ln|x|^r = r\ln|x|$，即得

$$\ln|y| = r\ln|x|$$

由隱函數微分法，等號兩邊對 x 微分，得

$$\frac{1}{y}y' = r\frac{1}{x}$$

這可得

$$y' = ry\frac{1}{x} = rx^r\frac{1}{x} = rx^{r-1}$$

此即得證 $f'(x) = rx^{r-1}$ 。

當 $x = 0$ ，則

$$f'(0) = \lim_{x \to 0} \frac{f(x) - f(0)}{x - 0} = \lim_{x \to 0} \frac{x^r}{x} = \lim_{x \to 0} x^{r-1} = 0 \quad (\text{當 } r > 1 \text{ 下})$$

因此，得證 $f'(x) = rx^{r-1}$ ，其中 r 為實數。（當 $x = 0$ 時，需 $r > 1$）

由定理 4-4-5 及連鎖律，立即可得以下的定理：

定理 | 4-4-6

設 $g(x)$ 為可微分函數，則

$$\frac{d}{dx}(g(x))^r = r(g(x))^{r-1} \frac{d}{dx} g(x) \quad \text{，其中 } r \text{ 為實數。}$$

例題4

求 $\dfrac{d}{dx}\left(3x^{\sqrt{2}} + 4x^{\pi} + 2x^{\frac{5}{13}}\right)$ 。

解

$$\frac{d}{dx}\left(3x^{\sqrt{2}} + 4x^{\pi} + 2x^{\frac{5}{13}}\right) = 3\sqrt{2}x^{\sqrt{2}-1} + 4\pi x^{\pi-1} + \frac{10}{13}x^{\frac{-8}{13}}$$

例題5

求 $\dfrac{d}{dx}\sqrt{3x^2 + 4x\sqrt{6x^2 + \sqrt{x}}}$ 。

$$\frac{d}{dx}\sqrt{3x^2+4x\sqrt{6x^2+\sqrt{x}}} = \frac{d}{dx}\left(3x^2+4x\left(6x^2+x^{\frac{1}{2}}\right)^{\frac{1}{2}}\right)^{\frac{1}{2}}$$

$$= \frac{1}{2}\left(3x^2+4x\left(6x^2+x^{\frac{1}{2}}\right)^{\frac{1}{2}}\right)^{\frac{-1}{2}}\frac{d}{dx}\left(3x^2+4x\left(6x^2+x^{\frac{1}{2}}\right)^{\frac{1}{2}}\right)$$

$$= \frac{1}{2}\left(3x^2+4x\left(6x^2+x^{\frac{1}{2}}\right)^{\frac{1}{2}}\right)^{\frac{-1}{2}}\left(6x+4\left(6x^2+x^{\frac{1}{2}}\right)^{\frac{1}{2}}+2x\left(6x^2+x^{\frac{1}{2}}\right)^{\frac{-1}{2}}\left(12x+\frac{1}{2}x^{\frac{-1}{2}}\right)\right)$$

例題6

設 $y = x^e + e^x + 2^x + x^2 + (\sin x)^2 + 2^{\sin x}$，求 y'。

$$y' = ex^{e-1} + e^x + 2^x \cdot \ln 2 + 2x + 2\sin x \cdot \cos x + 2^{\sin x} \cdot \ln 2 \cdot \cos x$$

若函數的型式為 $y = f(x)^{g(x)}$，由於其底數為 $f(x)$，不是常數，求其導函數時，要先將其含有變數的底轉為以常數為底的式子，即 $y = f(x)^{g(x)} = e^{g(x)\ln f(x)}$，才能利用定理 4-4-2 求其導函數。

例題7

設 $y = x^x$，求 y'。

$$y' = \frac{d}{dx}x^x = \frac{d}{dx}e^{\ln x^x} = \frac{d}{dx}e^{x\ln x} = e^{x\ln x} \cdot \frac{d}{dx}(x\ln x)$$

$$= e^{x\ln x} \cdot \left(\ln x + x \cdot \frac{1}{x} \right)$$

$$= x^x(\ln x + 1)$$

另法：兩邊取對數，得 $\ln y = x \ln x$。兩邊對 x 微分，得

$$\frac{1}{y}y' = \ln x + 1$$

$$\Rightarrow \quad y' = y(\ln x + 1) = x^x(\ln x + 1)$$

例題8

設 $y = (3+x^2)^{\tan x}$，求 y'。

$$y' = \frac{d}{dx}y = \frac{d}{dx}(3+x^2)^{\tan x} = \frac{d}{dx}e^{\tan x \ln(3+x^2)}$$

$$= e^{\tan x \ln(3+x^2)} \cdot \frac{d}{dx}\tan x \cdot \ln(3+x^2)$$

$$= e^{\tan x \ln(3+x^2)}\left(\sec^2 x \cdot \ln(3+x^2) + \tan x \cdot \left(\frac{2x}{3+x^2} \right) \right)$$

$$= (3+x^2)^{\tan x}\left(\sec^2 x \cdot \ln(3+x^2) + \tan x \cdot \left(\frac{2x}{3+x^2} \right) \right)$$

例題9

設 $x^2y - 3^x + 3^y = 5$，求 $\dfrac{dy}{dx}$。

由隱函數微分法，得

$$2x \cdot y + x^2 \cdot \frac{dy}{dx} - 3^x \cdot \ln 3 + 3^y \cdot \ln 3 \cdot \frac{dy}{dx} = 0$$

$$\Rightarrow \frac{dy}{dx}(x^2 + 3^y \cdot \ln 3) = 3^x \cdot \ln 3 - 2xy$$

$$\Rightarrow \frac{dy}{dx} = \frac{3^x \cdot \ln 3 - 2xy}{x^2 + 3^y \cdot \ln 3}$$

習題 4-4

求 $\dfrac{dy}{dx}$ 。

1. $y = e^x + 3^x + x^3 + x^2 e^x$

2. $y = \dfrac{e^x - e^{-x}}{e^x + e^{-x}}$

3. $y = e^{x^2 + x - 4} + 4^{x^2} + 3^{\sin x}$

4. $y = e^2 e^{\frac{1}{x}} + \cos x \cdot 5^{\sqrt{x}}$

5. $y = x^3 \cdot e^{x^2 \sin x}$

6. $y = (\cos x)^{\sin x}$

7. $y = (x^2 + 1)^{\cos x}$

8. $y = x^{x^x}$

9. 設 $xy + 3^x + 4^y - x^3 = y^4$

通常數學是不會憑空想像而產生。它發展的常見模式（以微積分學為例）為：起源於實際問題→從解決問題的過程中產生一些概念和方法→將這些概念、方法和所得之結果精確化，並經系統化整理而成一門學科→廣泛應用到其它領域去。

數學的一切進展不同程度反映了實際需要，但發展之後往往超越其原有問題的應用，這正顯示出數學強大的生命力和滲透力。

數學受到兩方面的促動而發展：內在數學本身與外在大自然的不斷提供問題。

對大自然的深刻研究，是數學發現最豐富的泉源。

——傅立葉(Fourier)

CHAPTER

05

導數的應用

CALCULUS

5-0 前　言

　　導數的意義和功用在第二章已談過了，本章要談它進一步的應用。首先我們要介紹如何利用導數（含二階導函數）去分析函數的圖形及去求函的極值，進而去處理所謂「最佳化」(optimization problem)的問題。其次，要談導函數在經濟學上的意義和應用（在物理學上的意義和應用已在第二章談過）。最後會去介紹「微分量」(differential)的概念和「羅必法則」。我們可利用羅必達法則去求不定型的極限值。

5-1 函數圖形的探討

定　理 ┃ 5-1-1 （均值定理 Mean-value Theorem）

　　設 f 在$[a,b]$上連續，且在(a,b)上可微分，則存在一點 $c \in (a,b)$ ，使得

$$f'(c) = \frac{f(b)-f(a)}{b-a}$$

註

　　均值定理的證明需要藉由往後所談的一些定理及其相關定義，在這裡只先行介紹其內容，其證明在 5-2 節時再進行。

　　均值定理是一個很重要的定理，很多定理的證明都要利用此定理來論證（如微積分基本定理等），因此一定要記得其內容。均值定理的內容以幾何觀點說明如下：

　　式子 $f'(c) = \frac{f(b)-f(a)}{b-a}$ ，其右邊表示函數圖形上頭尾兩點連線的斜率，其左邊 $f'(c)$表過函數 f 圖形上點 $(c, f(c))$的切線斜率。而這二者會相等。因

此，均值定理是說：任何一條平滑的連續曲線，其頭尾兩點的連線一定會和其圖形上某點的切線平行（見圖 5-1.1）。這在直觀上很容易接受。

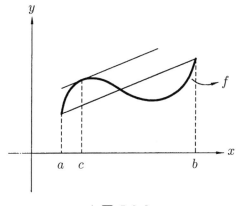

➡ 圖 5-1.1

 例題1

設 $f(x) = x^3 - 5x^2 + 4x - 2$ ，求點 $c \in (1,3)$ 使其滿足均值定理。

解

由於 f 在 $[1,3]$ 連續且在 $(1,3)$ 可微分

又 $f'(x) = 3x^2 - 10x + 4$ ，且 $\dfrac{f(3) - f(1)}{3 - 1} = -3$

因此由均值定理知，一定存在有 $c \in (1,3)$ ，使得

$$3c^2 - 10c + 4 = -3$$

而由 $3c^2 - 10c + 4 = -3$

得 $c = \dfrac{7}{3}$ 或 $c = 1$ （不合）

所以取 $c = \dfrac{7}{3}$ 即可滿足均值定理的要求。

定 義 5-1-1

若對區間 I 上任意的二數 x_1，x_2

(1) 當 $x_1 < x_2$ 時，恆有 $f(x_1) < f(x_2)$，則說 f 在 I 上為嚴格遞增 (strictly increasing)。

(2) 當 $x_1 < x_2$ 時，恆有 $f(x_1) > f(x_2)$，則說 f 在 I 上為嚴格遞減 (strictly decreasing)。

從定義我們可以得到：一個嚴格遞增函數的圖形是一個從左到右上升的曲線，而嚴格遞減函數的圖形是一個從左到右下降的曲線。（見圖 5-1.2）

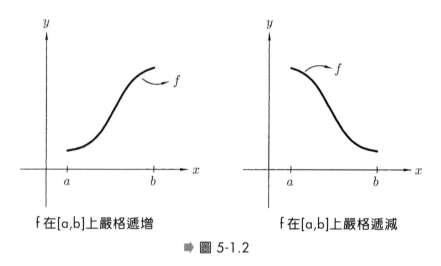

f 在[a,b]上嚴格遞增　　　　f 在[a,b]上嚴格遞減

➡ 圖 5-1.2

而從嚴格遞增函數的圖形可看出其圖形上每一點的切線斜率為正，而嚴格遞減函數的圖形上每一點的切線斜率為負（見下圖）。因此，我們有以下的定理：

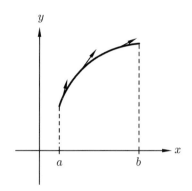 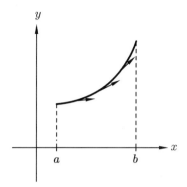

遞增圖形

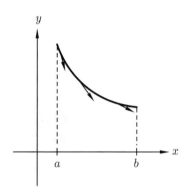 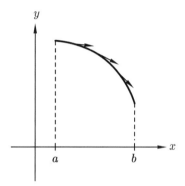

遞減圖形

➡ 圖 5-1.3

📖 定 理 | 5-1-2

設 $f(x)$ 在 (a,b) 上可微分，且在 $[a,b]$ 上連續。

(1) 若 $f'(x) > 0$，$\forall \ x \in (a,b)$，

則 f 在 $[a,b]$ 上為嚴格遞增。

(2) 若 $f'(x) < 0$，$\forall \ x \in (a,b)$，

則 f 在 $[a,b]$ 上為嚴格遞減。

(3) 若 $f'(x) = 0$，$\forall \ x \in (a,b)$，

則 f 在 $[a,b]$ 上是常數。

註

此定理之逆敘述不成立。例如，$f(x) = x^3$。

▶**證　明**

(1) 設 $x_1, x_2 \in [a, b]$，且 $x_1 < x_2$。由於 f 在 $[x_1, x_2]$ 上連續且在 (x_1, x_2) 上微分，因此由均值定理知，存在 $c \in (x_1, x_2)$，使得 $f'(c) = \dfrac{f(x_2) - f(x_1)}{x_2 - x_1}$，但已知 $f'(c) > 0$，且 $x_2 > x_1$。因此，得 $f(x_2) > f(x_1)$。因而得證 f 在 $[a, b]$ 上為嚴格遞增函數。

由類似證法，可證得(2)，(3)。

▶**系　理**

設 $f(x)$，$g(x)$ 都是可微分函數且

$$f'(x) = g'(x) \ , \quad \forall x \in (a, b)$$

則 $f(x) = g(x) + k$，$\forall x \in (a, b)$，k 為某一常數。

上述的推論告訴我們兩個導函數相等的函數，它們最多只差一個常數而已。

 例題2

設 $f(x) = x^3 + x^2 - 5x + 3$，試求 f 的嚴格遞增及遞減區間。

解

得 $f'(x) = 3x^2 + 2x - 5 = (3x + 5)(x - 1)$

由定理5-1-2知，欲求 f 的嚴格遞增及減區間，須先去求得 $f'(x) = (3x + 5)(x - 1) > 0$ 及 $f'(x) = (3x + 5)(x - 1) < 0$ 之解集合。而這不等式的解法步驟如下：

(1)解 $f'(x) = 0$，即解方程式 $f'(x) = (3x+5)(x-1) = 0$，解得 $x = \dfrac{-5}{3}, 1$。

(2)以所求得解 $\dfrac{-5}{3}, 1$ 做為實軸的分割點，將實軸分割成 $\left(-\infty, \dfrac{-5}{3}\right)$，$\left(\dfrac{-5}{3}, 1\right)$，$(1, \infty)$ 三個開區間。

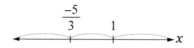

(3)對每個開區間分別檢測其 $f'(x)$ 的正負值。

　　由於在每個開區間上，每一點其 $f'(x)$ 的正負值都一樣，因此只要任取一點去檢測就足以知道整個區間其 $f'(x)$ 的正負值。例如，在 $\left(-\infty, \dfrac{-5}{3}\right)$ 取 -2，得 $f'(-2) = 3 > 0$，因而知在 $\left(-\infty, \dfrac{-5}{3}\right)$ 上，$f'(x) > 0$；在 $\left(\dfrac{-5}{3}, 1\right)$ 取 0，得 $f'(0) = -5 < 0$，因而知在 $\left(\dfrac{-5}{3}, 1\right)$ 上，$f'(x) < 0$；在 $(1, \infty)$ 取 2，得 $f'(2) = 11 > 0$，因而知在 $(1, \infty)$ 上，$f'(x) > 0$。

　　可得檢測結果如下：

x	$\left(-\infty, \dfrac{-5}{3}\right)$	$\left(\dfrac{-5}{3}, 1\right)$	$(1, \infty)$
$f'(x)$	$+$	$-$	$+$

　　由上表之結果，可得

　　　$f'(x) > 0$ 的解集合為：$\left(-\infty, \dfrac{-5}{3}\right) \cup (1, \infty)$。

　　　$f'(x) < 0$ 的解集合為：$\left(\dfrac{-5}{3}, 1\right)$。

　　因此，由定理 5-1-2，得

嚴格遞增區間：$\left(-\infty, \dfrac{-5}{3}\right], [1, \infty)$

嚴格遞減區間：$\left[\dfrac{-5}{3}, 1\right]$

註

以上求解 $(3x+5)(x-1) > 0$ 及 $(3x+5)(x-1) < 0$ 的方法，對 $f'(x)$ 為多項式函數時都可適用。

例題3

設 $f(x) = 4x^3 - 3x^4 + 6$，試求 f 的嚴格遞增、減區間。

解

$$f'(x) = 12x^2 - 12x^3 = 12x^2(1-x)$$

解 $f'(x) = 12x^2(1-x) = 0$，解得 $x = 0, 1$。以 0 和 1 為分界點將定義域分成 $(-\infty, 0)$, $(0, 1)$, $(1, \infty)$ 三個開區間，並對每個開區間檢測其一階導數 $f'(x)$ 的正、負值後，其結果如下：

x	$(-\infty, 0)$	$(0, 1)$	$(1, \infty)$
$f'(x)$	+	+	−

由表及定理5-1-2，得

嚴格遞增區間：$(-\infty, 1]$

嚴格遞減區間：$[1, \infty)$

我們可以發現一個嚴格遞增（減）函數的圖形，其圖形還可以再由其「凹性」細分為下圖所示(1)和(2)之二種情況。

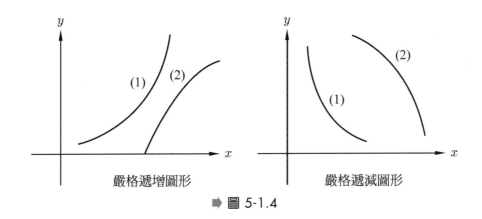

嚴格遞增圖形　　　　　嚴格遞減圖形

➡ 圖 5-1.4

為了區別(1)和(2)這二種凹性，我們有以下的定義：

定義 5-1-2

(1) 若曲線弧上的每一點的切線都在曲線弧的下方時，則稱此曲線弧是上凹的 (concave up)（見圖 5-1.5 及圖 5-1.6）。

(2) 若曲線弧上的每一點的切線都在曲線弧的上方時，則稱此曲線弧是下凹的 (concave down)（見圖 5-1.5 及圖 5-1.6）。

　　從上凹曲線的切線斜率的變化可看出，其切線斜率，當 x 越往右，其值越大，亦即其切線斜率 $f'(x)$ 為嚴格遞增函數。因此，由定理 5-1-2 得，當 $f''(x) > 0$，則 $f'(x)$ 為嚴格遞增，因而得 f 為上凹形。而下凹曲線，其切線斜率，當 x 越往右其值越小，亦即切線斜率 $f'(x)$ 為嚴格遞減函數。因此得，當 $f''(x) < 0$，則 f 為下凹圖形。於是我們有以下定理。

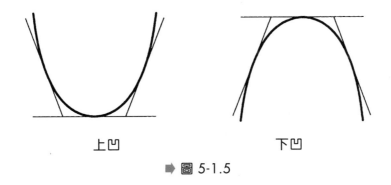

上凹　　　　　下凹

➡ 圖 5-1.5

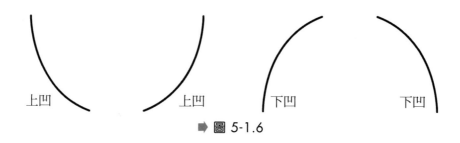

上凹　　　　上凹　　　　下凹　　　　下凹

➡ 圖 5-1.6

定理 5-1-3

(1) 若 $f''(x) > 0$ ， $\forall x \in (a,b)$ ，則 f 圖形在(a,b)上為上凹的。

(2) 若 $f''(x) < 0$ ， $\forall x \in (a,b)$ ，則 f 圖形在(a,b)上為下凹的。

定義 5-1-3 （反曲點）

　　設 f 在包含 x_0 的開區間上連續。若存在一個 x_0 的鄰域（即包含 x_0 的開區間），使在此鄰域的左右兩側，其圖形有相反的凹性時，則說點 $P(x_0, f(x_0))$ 為函數 f 圖形的**反曲點(inflection point)**。（如圖 5-1.7 所示）

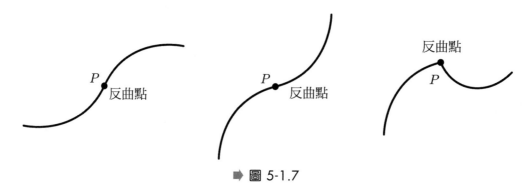

➡ 圖 5-1.7

例題4

求函數 $f(x) = 6x^2 - x^3$ 之上及下凹區間及反曲點。

解

$$f'(x) = 12x - 3x^2$$

$$f''(x) = 12 - 6x = 6(2 - x)$$

解 $f''(x) = 6(2-x) = 0$ ，得 $x = 2$

以2為分界點將定義域分成 $(-\infty, 2)$ 及 $(2, \infty)$ 二個開區間，並對每個開區間檢測其二階導數 $f''(x)$ 的正、負值後，其結果如下：

x	$(-\infty, 2)$	$(2, \infty)$
$f''(x)$	$+$	$-$

由上表及定理5-1-3，得

$(2, f(2)) = (2, 16)$ 為其反曲點

上凹區間： $(-\infty, 2)$

下凹區間： $(2, \infty)$

函數圖形的描繪

在過去我們要畫一個函數的圖形大都要藉由所謂的「描點法」來進行，所取的點越多，畫得就越像。這顯然不是好辦法。現在學過導數之後，我們可以不必再依賴描點法來繪圖，我們只要將函數微分，就可取得函數圖形的升降和凹性變化狀況的訊息，再加上知道漸近線、對稱性、截距、值域和定義域等訊息，我們就可以很快速的畫出這個函數圖形的大致樣子（訊息知道越多，所繪之圖形就越精確）。其具體的作法，我們用以下的一些例子來說明。

例題5

試作 $f(x) = 3x^4 - 4x^3 - 2$ 的圖形。

解

$f'(x) = 12x^3 - 12x^2 = 12x^2(x-1)$

$f''(x) = 36x^2 - 24x = 12x(3x-2)$

解 $f'(x) = 0$，得 $x = 0, 1$

解 $f''(x) = 0$，得 $x = 0, \dfrac{2}{3}$

為了能知道其圖形的升降及凹性的變化情況，我們分別檢測 f' 及 f'' 在各開區間的正負值後，其結果如下：

x	$(-\infty, 0)$	$(0, 1)$	$(1, \infty)$
$f'(x)$	$-$	$-$	$+$
$f(x)$	遞減	遞減	遞增

x	$(-\infty, 0)$	$\left(0, \dfrac{2}{3}\right)$	$\left(\dfrac{2}{3}, \infty\right)$
$f''(x)$	$+$	$-$	$+$
$f(x)$	上凹	下凹	上凹

又 $f(0) = -2$，$f(\dfrac{2}{3}) = \dfrac{-70}{27}$，$f(1) = -3$

因而知其圖形會通過 $(0, f(0)) = (0, -2)$，$\left(\dfrac{2}{3}, f(\dfrac{2}{3})\right) = \left(\dfrac{2}{3}, \dfrac{-70}{27}\right)$

$(1, f(1)) = (1, -3)$ 等圖形轉折的點。反曲點
和相對極點在圖形上的點，就是圖形轉
折的地方。

現依以上所得的結果，先標出這三個轉
折點，然後再依二表的結果，分別在

$(-\infty, 0)$ 上畫遞減上凹圖形；在 $(0, \dfrac{2}{3})$ 上畫

遞減下凹圖形；在 $(\dfrac{2}{3}, 1)$ 上畫遞減上凹圖

形；在 $(1, \infty)$ 上畫遞增上凹圖形。

可得如圖5-1.8所示之圖形。

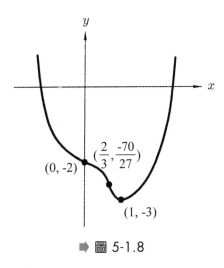

➡ 圖 5-1.8

接著我們來探討有理函數的圖形。值得
注意的是，有理函數通常都會有漸近線，知道漸近線在哪裡，對描繪函數
的圖形有很大的幫助，且在作圖時也須優先考慮漸近線。

例題6

試作 $f(x) = \dfrac{2x}{1 + x^2}$ 的圖形。

 解

(1) 找升降及凹性區間。

得 $f'(x) = \dfrac{2(1 - x^2)}{(1 + x^2)^2} = \dfrac{2(1 - x)(1 + x)}{(1 + x^2)^2}$

及 $f''(x) = \dfrac{4x^3 - 12x}{(1 + x^2)^3} = \dfrac{4x(x^2 - 3)}{(1 + x^2)^3} = \dfrac{4x(x - \sqrt{3})(x + \sqrt{3})}{(1 + x^2)^3}$

由於

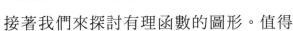 解 $f'(x) = \dfrac{2(1 - x)(1 + x)}{(1 + x^2)^2} \underset{(<)}{>} 0 \Leftrightarrow$ 解 $2(1 - x)(1 + x)(1 + x^2)^2 \underset{(<)}{>} 0$

$$\Leftrightarrow \underset{(<)}{\text{解}(1-x)(1+x) > 0}$$

因而知：$f'(x)$ 正負值的開區間的分界點為 $-1,1$。

又由於

$$\text{解}\, f''(x) = \frac{4x(x-\sqrt{3})(x+\sqrt{3})}{(1+x^2)^3} \underset{(<)}{>} 0 \Leftrightarrow \text{解}\, 4x(x-\sqrt{3})(x+\sqrt{3})(1+x^2)^3 \underset{(<)}{>} 0$$

$$\Leftrightarrow \text{解}\, x(x-\sqrt{3})(x+\sqrt{3}) \underset{(<)}{>} 0$$

因而知：$f''(x)$ 正負值的開區間的分界點為 $-\sqrt{3}, 0, \sqrt{3}$。

經分別檢測 f' 及 f'' 在各開區間的正負值，可得 f 圖形的升降及凹性區間如以下二表所示：

x	$(-\infty, -1)$	$(-1, 1)$	$(1, \infty)$
$f'(x)$	$-$	$+$	$-$
$f(x)$	遞減	遞增	遞減

x	$(-\infty, -\sqrt{3})$	$(-\sqrt{3}, 0)$	$(0, \sqrt{3})$	$(\sqrt{3}, \infty)$
$f''(x)$	$-$	$+$	$-$	$+$
$f(x)$	下凹	上凹	下凹	上凹

(2) 求轉折點。

由 $f(-\sqrt{3}) = \dfrac{-\sqrt{3}}{2}$，$f(-1) = -1$，$f(0) = 0$，$f(1) = 1$，$f(\sqrt{3}) = \dfrac{\sqrt{3}}{2}$，因此得 $\left(-\sqrt{3}, \dfrac{-\sqrt{3}}{2}\right)$，$(-1, -1)$，$(0, 0)$，$(1, 1)$，$\left(\sqrt{3}, \dfrac{\sqrt{3}}{2}\right)$ 為圖形的轉折點。

(3) 考慮漸近線。

由於 $\lim\limits_{x \to \infty} \dfrac{2x}{1+x^2} = 0$，$\lim\limits_{x \to -\infty} \dfrac{2x}{1+x^2} = 0$

因此，$y = 0$ 是其水平漸近線。

(4) 探討對稱性。

由 $f(-x) = -f(x)$，知其圖形對稱原點。

先標出轉折點，然後再依上面所得的 f 圖形特性去畫圖，可得其圖形
如下：

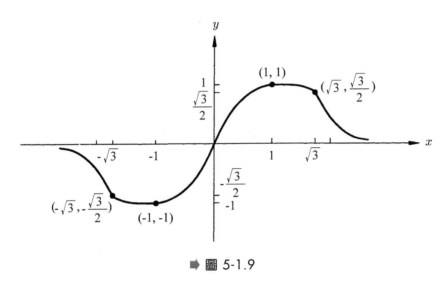

➡ 圖 5-1.9

 例題7

試作 $f(x) = \dfrac{x^2 - 4}{x^2 - 9}$ 的圖形。

解

(1) 找升降及凹性區間。

得 $f'(x) = \dfrac{-10x}{(x-3)^2(x+3)^2}$ ，

及得 $f''(x) = \dfrac{30(x^2+3)}{(x-3)^3(x+3)^3}$

由於

解 $f'(x) = \dfrac{-10x}{(x-3)^2(x+3)^2} \underset{(<)}{>} 0 \Leftrightarrow$ 解 $\underset{(<)}{-10x(x-3)^2(x+3)^2 > 0} \Leftrightarrow$ 解 $\underset{(>)}{10x < 0}$

因而知：當 $x<0$ 時，$f'(x)>0$；當 $x>0$ 時，$f'(x)<0$。

又由於

解 $f''(x)=\dfrac{30(x^2+3)}{(x-3)^3(x+3)^3}\underset{(<)}{>}0 \Leftrightarrow$ 解 $30(x^2+3)(x-3)^3(x+3)^3\underset{(<)}{>}0$

$\Leftrightarrow$ 解 $(x-3)(x+3)\underset{(<)}{>}0$

因而知：$f''(x)$ 正負值的開區間分界點為 $-3,3$。

經檢測 f'' 在各開區間的正負值，及已得：當 $x<0$ 時，$f'(x)>0$；當 $x>0$ 時，$f'(x)<0$。可得 f 圖形的升降及凹性區間如以下二表所示：

x	$(-\infty,0)$	$(0,\infty)$
$f'(x)$	$+$	$-$
$f(x)$	遞增	遞減

x	$(-\infty,-3)$	$(-3,3)$	$(3,\infty)$
$f''(x)$	$+$	$-$	$+$
$f(x)$	上凹	下凹	上凹

(2) 考慮漸近線。

由 $\displaystyle\lim_{x\to-\infty}\dfrac{x^2-4}{x^2-9}=1$ 及 $\displaystyle\lim_{x\to\infty}\dfrac{x^2-4}{x^2-9}=1$

得，$y=1$ 為其圖形之水平漸近線。

又由 $\displaystyle\lim_{x\to3^+}\dfrac{x^2-4}{x^2-9}=\infty$，$\displaystyle\lim_{x\to3^-}\dfrac{x^2-4}{x^2-9}=-\infty$

$\displaystyle\lim_{x\to-3^+}\dfrac{x^2-4}{x^2-9}=-\infty$，$\displaystyle\lim_{x\to-3^-}\dfrac{x^2-4}{x^2-9}=\infty$

得 $x=3$ 及 $x=-3$ 為其圖形之垂直漸近線。

(3) 探討對稱性。

由 $f(x) = f(-x)$，知其圖形是對稱 y 軸。

(4) 求轉折點。

由 $f(0) = \dfrac{4}{9}$，得 $\left(0, \dfrac{4}{9}\right)$ 為轉折點。

綜合以上的結果，可得其圖形如下：（由於有漸近線，繪圖時須先考慮漸近線，接著再標出轉折點，然後再依所得到的 f 圖形的特性去作圖。）

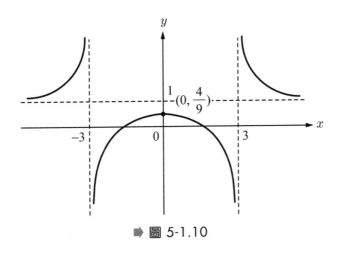

➡ 圖 5-1.10

例題8

試作 $f(x) = x + \dfrac{1}{x}$ 的圖形。

解

(1) 找升降及凹性區間。

得 $f'(x) = \dfrac{(x-1)(x+1)}{x^2}$，及得 $f''(x) = \dfrac{2x}{x^4}$

由於

解 $f'(x) = \dfrac{(x-1)(x+1)}{x^2} \underset{(<)}{>} 0 \Leftrightarrow \underset{(<)}{\text{解}}(x-1)(x+1)x^2 > 0 \Leftrightarrow \underset{(<)}{\text{解}}(x-1)(x+1) > 0$

因而知：$f'(x)$ 正負值的開區間分界點為 $-1,1$。

又由於

解 $f''(x) = \dfrac{2x}{x^4} \underset{(<)}{>} 0 \Leftrightarrow \underset{(<)}{\text{解}}x^4(2x) > 0 \Leftrightarrow \underset{(<)}{\text{解}}2x > 0$

因而知：當 $x>0$ 時，$f''(x)>0$；當 $x<0$ 時，$f''(x)<0$

經檢測 f' 在各開區間的正負值，及已得：當 $x>0$ 時，$f''(x)>0$；當 $x<0$ 時，$f''(x)<0$。

可得 f 圖形的升降及凹性區間如以下二表所示：

x	$(-\infty, -1)$	$(-1, 1)$	$(1, \infty)$
$f'(x)$	+	−	+
$f(x)$	遞增	遞減	遞增

x	$(-\infty, 0)$	$(0, \infty)$
$f''(x)$	−	+
$f(x)$	下凹	上凹

(2) 考慮漸近線。

由 $\lim\limits_{x \to 0^+} x + \dfrac{1}{x} = \infty$ 及 $\lim\limits_{x \to 0^-} x + \dfrac{1}{x} = -\infty$

得 $x=0$ 為其圖形之垂直漸近線。

又由 $\lim\limits_{x \to \infty} x + \dfrac{1}{x} - x = 0$ 及 $\lim\limits_{x \to -\infty} x + \dfrac{1}{x} - x = 0$

得 $y=x$ 為圖形之斜漸近線。

(3) 探討對稱性。

由 $f(-x) = -f(x)$，得其圖形對稱原點。

(4) 求轉折點。

由 $f(-1) = -2$，$f(1) = 2$，知其圖形通過 $(-1, 2)$ 及 $(1, 2)$ 這二個轉折點。

綜合以上的結果，可得其圖形如下：

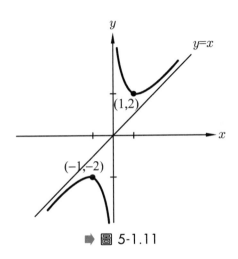

→ 圖 5-1.11

習題 5-1

1. 設 $f(x) = 4x^3 - 5x^2 + x - 2$，求一點 $c \in (0,1)$，使得 $f'(c) = \dfrac{f(1) - f(0)}{1 - 0}$。

2. 設 $f''(x) = 12x$，且 $f'(1) = 2$，$f(0) = 1$，求 $f(x)$。

3. 求 $f(x) = x^3 - 3x^2 - 9x + 14$ 的嚴格遞增、減區間。

4. 求 $f(x) = (x-1)^3(2x+2)^2$ 的嚴格遞增、減區間。

5. 求 $f(x) = x^4 - 18x^2 + 2$ 的上、下凹區間及反曲點。

6. 求 $f(x) = x^4 - 2x^3 + 6$ 的上、下凹區間及反曲點。

7. 試作 $f(x) = x^3 - 3x^2 + 2$ 的圖形。

8. 試作 $f(x) = \dfrac{3}{20}x^5 - x^3 + \dfrac{4}{5}$ 的圖形。

9. 試作 $f(x) = \dfrac{x^2}{x^2+1}$ 的圖形。

10. 試作 $f(x) = \dfrac{x^2}{9-x^2}$ 的圖形。

11. 試作 $f(x) = \dfrac{x^2-2x+4}{x-2}$ 的圖形。

12. 利用均值定理，證明：對任意的二數 a,b，都有 $|\sin a - \sin b| \leq |a-b|$。（提示：取 $f(x) = \sin x$）

5-2　函數的極值

　　尋找一個函數的最大值、最小值是多少或出現在何處一直是數學上很重要的工作，也具有相當的實用價值。像求取最大利潤、最小成本、最短時間等這些實際有用的問題都可適當的轉變成數學上的最大值、最小值問題來處理。在本節中我們要藉助微分這一工具來探討這個問題。在探討之前，我們先定義什麼是**絕對極值**(absolute extreme)和**相對極值**(relative extreme)。這兩者在微積分學上有不同的含意，它是需要分清楚的。

定義　5-2-1　（絕對極值）

設函數 f 定義在區間 A 上，且 $x_0 \in A$

(1) 若對任意 $x \in A$，都有 $f(x) \leq f(x_0)$，則說 $f(x_0)$ 為 f 在 A 上的**絕對極大值**(absolute maximum)或說**最大值**，而 x_0 稱為 f 在 A 上的絕對極大點或說最大點。

(2) 若對任意 $x \in A$，都有 $f(x) \geq f(x_0)$，則說 $f(x_0)$ 為 f 在 A 上的**絕對極小值**(absolute minimum)或說**最小值**，而 x_0 稱為 f 在 A 上的絕對極小點或說最小點。

定 義　5-2-2　（相對極值）

設 f 定義在區間 A 上，且 $x_0 \in A$。

(1) 若在 A 上存在一個包含 x_0 的**開**區間 (c,d)，使得對任意 $x \in (c,d)$，都有 $f(x) \leq f(x_0)$，則說 $f(x_0)$ 是 f 的**相對極大值(relative maximum)**，而 x_0 稱為 f 的相對極大點。

(2) 若在 A 上存在一個包含 x_0 的**開**區間 (c,d)，使得對任意 $x \in (c,d)$，都有 $f(x) \geq f(x_0)$，則說 $f(x_0)$ 是 f 的**相對極小值(relative minimum)**，而 x_0 稱為 f 的相對極小點。

　　從以上定義我們知道：絕對極值是針對整個所定義的區間 A 來要求；但相對極值只針對一個包含 x_0 的小開區間來要求，而這個在 A 上的小開區間只要能找得到就可以，不管它多小都算。因此，絕對極值一定是唯一，而相對極值可以很多。若以圖 5-2-1(a)來說明，則 x_1 為相對極大點；而 x_2 為相對極小點。又若以圖 5-2.1(b)來說明，可得：

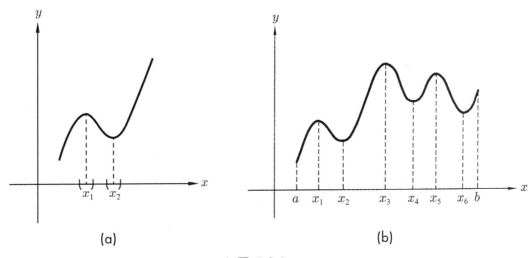

(a)　　　　　　　　　　　　　　(b)

➡ 圖 5-2.1

相對極大點：x_1, x_3, x_5

相對極小點：x_2, x_4, x_6

在 $[a,b]$ 上的絕對極大點：x_3

在 $[a,b]$ 上的絕對極小點：a

值得注意的是，相對極大值不一定會大於相對極小值（如圖 5-2.1(b)，相對極小值 $f(x_4)$ > 相對極大值 $f(x_1)$）。此外，絕對極值也可能不是相對極值，如圖 5-2.1(b)，$f(a)$ 是絕對極小值，但它不是相對極小值。這種情況是很特殊，這只有絕對極點是在端點時才會發生（因為端點是無法找到一個包含端點的開區間，因此端點一定不是相對極點）。**如果絕對極值不產生在端點時，則絕對極值也一定是相對極值。**因此，對一般的連續函數而言，其絕對極點若存在的話，它一定是落在由**相對極點**和**端點**所組成的集合中。這個結論很重要，這是我們將來要去尋找絕對極點的依據。

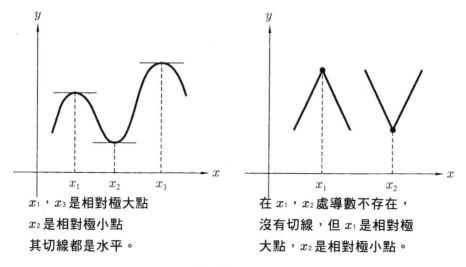

x_1，x_3 是相對極大點
x_2 是相對極小點
其切線都是水平。

在 x_1，x_2 處導數不存在，
沒有切線，但 x_1 是相對極
大點，x_2 是相對極小點。

➡ 圖 5-2.2

從圖形 5-2.2，我們發現：在相對極點之處，其切線是水平的或切線不存在（例如 $f(x) = |x|$，其 $f'(0)$ 不存在，但 0 為其相對極小點）。這發現是正確的，可以由以下定理得到確認。

定 理 | 5-2-1

若 f 在 x_0 點可微分,且 x_0 是函數 f 的相對極點,則 $f'(x_0) = 0$。

▶ 證 明

假設 $f(x_0)$ 為相對極大值(假設 $f(x_0)$ 為相對極小值時,其證明類似)

由假設及相對極大值的定義,得

$$當 \ x < x_0 時 , \quad \frac{f(x) - f(x_0)}{x - x_0} \geq 0 \quad \cdots\cdots\cdots\cdots\cdots\cdots\cdots\cdots\cdots\cdots\cdots (1)$$

$$當 \ x_0 < x 時 , \quad \frac{f(x) - f(x_0)}{x - x_0} \leq 0 \quad \cdots\cdots\cdots\cdots\cdots\cdots\cdots\cdots\cdots\cdots\cdots (2)$$

由(1)得 $\displaystyle\lim_{x \to x_0^-} \frac{f(x) - f(x_0)}{x - x_0} \geq 0$

由(2)得 $\displaystyle\lim_{x \to x_0^+} \frac{f(x) - f(x_0)}{x - x_0} \leq 0$

但已知 $f'(x_0)$ 存在,因而知 $\displaystyle\lim_{x \to x_0^-} \frac{f(x) - f(x_0)}{x - x_0} = \lim_{x \to x_0^+} \frac{f(x) - f(x_0)}{x - x_0}$ $\cdots\cdots\cdots$ (3)

由(1)(2)(3),得 $\displaystyle\lim_{x \to x_0} \frac{f(x) - f(x_0)}{x - x_0} = 0$,這亦即得 $f'(x_0) = 0$

此定理的逆敘述不成立,即

若 $f'(x_0) = 0$ 或 f 在 x_0 導數不存在,則 x_0 不一定是相對極點。這可以用以下例子來說明。

例題1

作函數 $f(x) = x^3$ 的圖形,並說明 $f'(0) = 0$,但 0 不是相對極點。

解

$f'(x) = 3x^2$ ，解 $3x^2 = 0$ ，得 $x = 0$

$f''(x) = 6x$ ，解 $6x = 0$ ，得 $x = 0$

可分別得升降及凹性區間如下：

x	$(-\infty, 0)$	$(0, \infty)$
$f'(x)$	$+$	$+$
$f(x)$	遞增	遞增

x	$(-\infty, 0)$	$(0, \infty)$
$f''(x)$	$-$	$+$
$f(x)$	下凹	上凹

由以上二表的結果，以及 $f(0) = 0$ ，可得其圖形如下：

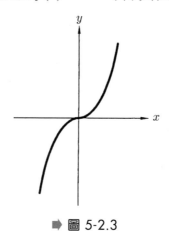

➡ 圖 5-2.3

而 $f'(0) = 0$ ，但從圖可知 0 不是相對極點。

定 義　5-2-3　（臨界點的定義）

設 x_0 為 f 定義域上的點。若 $f'(x_0)=0$ 或 f 在 x_0 處導數不存在，則說 x_0 是 f 的**臨界點(critical point)**。

　　由定理 5-2-1 和例 1，以及定義 5-2-3 知：相對極點一定是臨界點，但臨界點不一定是相對極點。

求絕對極值

　　現在我們要談如何求絕對極值。在前面我們已分析過，若絕對極點存在時，則此絕對極點一定會落在由相對極點及端點所組成的集合裡。但由於臨界點比相對極點容易求得，且相對極點又一定是臨界點。因此，我們在尋找絕對極點時可改在由臨界點和端點所組成的集合裡去找就可以。又定理 1-5-3 說：若 f 在閉區間 $[a,b]$ 上連續，則 f 在 $[a,b]$ 上一定有絕對極大值及絕對極小值。綜合以上的說明，若 f 在**閉區間 $[a,b]$** 上連續，則求其絕對極值的方法如下：

(1)求出 f 在 $[a,b]$ 上的臨界點。

(2)計算所有臨界點和端點 a,b 的函數值。

(3)在**(2)**所求的值中，其最大值就是 f 在 $[a,b]$ 上的絕對極大值，其最小值就是 f 在 $[a,b]$ 上的絕對極小值。

 例題2

　　設 $f(x)=2x^3-3x^2-12x+7$，求 f 在 $[-2,4]$ 上的絕對極值。

解

$$f'(x)=6x^2-6x-12=6(x+1)(x-2)$$

解 $f'(x)=0$，即解 $6(x-2)(x+1)=0$

解得臨界點為 $2,-1$

因而知其絕對極值一定是由 $-2,4,2,-1$ 這些點的函數值所產生的。

又 $f(-1)=14$ $f(2)=-13$ $f(-2)=3$ $f(4)=39$

而以上四個值中，以 39 最大；-13最小。因此，得 $f(4)=39$為絕對極大值；$f(2)=-13$為絕對極小值。

 例題3

設 $f(x)=x^{\frac{2}{3}}+1$，求 f 在$[-2,1]$上絕對極值。

解

由於 $f'(x)=\dfrac{2}{3\sqrt[3]{x}}$，$x\neq 0$（參考2-1節，例題15），可知 f 在0處的導數不存在，且在$[-2,1]$上，f 沒有導數為0的點，

因此，其臨界點只有0這一點。

由 $f(-2)=1+\sqrt[3]{4}$

$f(0)=1$，$f(1)=2$

得 $f(-2)=1+\sqrt[3]{4}$ 為絕對極大值，$f(0)=1$為絕對極小值。

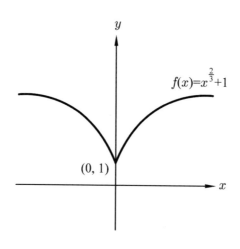

➡ 圖 5-2.4

求相對極值

　　由定理 5-2-1 知相對極點一定是臨界點，但由例 1 知臨界點可以不是相對極點，亦即臨界點只是相對極點的候選者而已。那什麼樣的臨界點才能進一步成為相對極點呢？我們從相對極點的圖形（參考圖 5-2.5）可發現：一個臨界點之鄰近，若其左側是遞增（減）且其右側是遞減（增）的話，則此臨界點會是相對極大（小）點。這樣的特性就成為我們進一步判定臨界點是否成為相對極點的依據。這就是以下所謂一階導數判別法的內容。

定理　5-2-2　（一階導數判別法）

設 x_0 是臨界點，且 f 在包含 x_0 的開區間 (a,b) 上連續。

(1) 當 $a < x < x_0$ 時，$f'(x) > 0$，且當 $x_0 < x < b$ 時，$f'(x) < 0$，
　　則 $f(x_0)$ 是相對極大值。（見圖 5-2.5(a)）

(2) 當 $a < x < x_0$ 時，$f'(x) < 0$，且當 $x_0 < x < b$ 時，$f'(x) > 0$，
　　則 $f(x_0)$ 是相對極小值。（見圖 5-2.5(b)）

(3) 若它不為(1)或(2)的情況，則 $f(x_0)$ 不是相對極值。

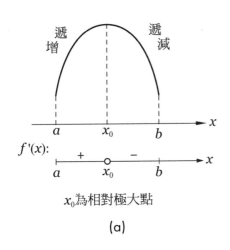

x_0為相對極大點

(a)

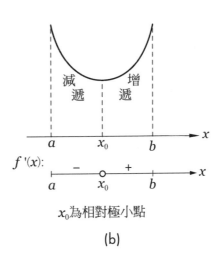

x_0為相對極小點

(b)

➡ 圖 5-2.5

 例題4

求 $f(x) = x^3 - 3x + 2$ 的相對極值。

解

$$f'(x) = 3x^2 - 3 = 3(x-1)(x+1)$$

解 $f'(x) = 0$，即解 $3(x-1)(x+1) = 0$，解得其臨界點為 $1, -1$，經分別檢測臨界點左右兩側開區間，其 $f'(x)$ 的正負值，得其結果如下：

$$f'(x): \quad \overset{+}{\underset{-1}{\circ}} \quad \overset{-}{} \quad \overset{+}{\underset{1}{\circ}} \quad \longrightarrow x$$

由定理 5-2-2，得 $f(-1) = 4$ 為相對極大值，$f(1) = 0$ 為相對極小值。

 例題5

求 $f(x) = x - x^{\frac{2}{3}} + 1$ 的相對極值。

解

$$f'(x) = 1 - \frac{2}{3\sqrt[3]{x}} = \frac{3\sqrt[3]{x} - 2}{3\sqrt[3]{x}} \text{。解 } f'(x) = 0 \text{，得 } x = \frac{8}{27}$$

因此，其臨界點為 $0, \frac{8}{27}$

經檢測臨界點左右兩側 $f'(x)$ 之正負值，得其結果如下：

$$f'(x): \quad \overset{+}{\underset{0}{\circ}} \quad \overset{-}{} \quad \overset{+}{\underset{\frac{8}{27}}{\circ}} \quad \longrightarrow x$$

由上圖之結果及定理5-2-2，得 $f(0) = 1$ 為相對極大值

且 $f(\frac{8}{27}) = \frac{23}{27}$ 為相對極小值。

　　在相對極點的判定上，除了可用一階導數判別法外，亦可用以下的二階導數判別法，它通常會較容易。

　　由相對極點的圖形（參考圖 5-2.4）可發現：在相對極大點鄰近的圖形總是下凹的；而在相對極小點鄰近的圖形總是上凹的。因此，我們有以下所謂的二階導數判別法。

定 理 | 5-2-3 （二階導數判別法）

設 $f'(x_0) = 0$，且 f'' 在包含 x_0 的一個開區間上連續。

(1) 若 $f''(x_0) < 0$，則 $f(x_0)$ 為相對極大值。

(2) 若 $f''(x_0) > 0$，則 $f(x_0)$ 為相對極小值。

註

(1) 此法不能用在 $f'(x_0)$ 不存在時。

(2) 若 $f''(x_0) = 0$，則此法無法判斷，此時可用一階導數判別法去判斷。

(3) 在此定理內容裡，其前提有 f'' 在包含 x_0 的開區間上連續，若將它改為 f'' 在包含 x_0 的一個開區間上存在，此定理仍然成立。

　　定理 5-2-3 裡的條件：「f'' 在包含 x_0 的開區間上**連續**」。此條件會使得：當 $f''(x_0)$ 大於 0 時，則 f'' 在 x_0 附近的點也都會大於 0，因而在 x_0 附近圖形為上凹；反之，當 $f''(x_0)$ 小於 0 時會得到在 x_0 附近之圖形為下凹。

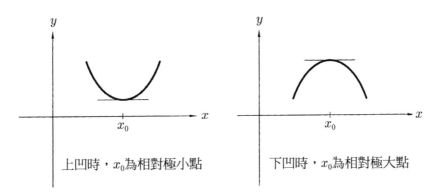

上凹時，x_0 為相對極小點　　　　下凹時，x_0 為相對極大點

➡ 圖 5-2.6

例題6

求 $f(x) = x^3 - 6x^2 + 9x + 2$ 的相對極值。

解

由 $f'(x) = 3x^2 - 12x + 9 = 3(x-1)(x-3)$

得 $f'(1) = 0$ ， $f'(3) = 0$

又由 $f''(x) = 6x - 12$ ，得 $f''(1) = -6 < 0$ ， $f''(3) = 6 > 0$

因此由定理5-2-3，得

$f(1) = 6$ 為相對極大值， $f(3) = 2$ 為相對極小值。

　　雖然在實際應用上我們所要找的是絕對極點而不是相對極點，但以下定理將告訴我們在某種情況下，相對極點即為絕對極點。

定理 | 5-2-4

　　設 f 在區間 I 上連續，且 f 在此區間僅有一個臨界點 x_0 。

(1) 若 x_0 為 f 在 I 上的相對極小點，則 x_0 亦為 f 在 I 上的絕對極小點。

(2) 若 x_0 為 f 在 I 上的相對極大點，則 x_0 亦為 f 在 I 上的絕對極大點。

例題7

(1) 求 $f(x) = x^2 - 8x + 21$ 在 $(-\infty, \infty)$ 上的絕對極小值。

(2) 求 $g(x) = 4x^3 - 74x^2 + 336x$ 在 $(0,8)$ 上的絕對極大值。

解

由於 f, g 都不是定義在閉區間上，因此前面所介紹用來求絕對極值的方法不適用。

(1) 由 $f(x) = x^2 - 8x + 21$ ，得 $f'(x) = 2x - 8$ ，及得 $f''(x) = 2$

解 $2x - 8 = 0$ ，解得 $x = 4$ 為其臨界點。

又由 $f''(4) = 2 > 0$ ，得4為相對極小點。

由於 f 在 $(-\infty, \infty)$ 上僅有一個臨界點4，且又知此臨界點4為相對極小點。因此，由定理5-2-4，得4為絕對極小點，亦即得所求之絕對極小值為 $f(4) = 5$ 。

(2) 由 $g(x) = 4x^3 - 74x^2 + 336x$ ，得

$g'(x) = 12x^2 - 148x + 336 = 4(3x - 28)(x - 3)$ ，以及得 $g''(x) = 24x - 148$

解 $g'(x) = 0$ ，亦即解 $4(3x - 28)(x - 3) = 0$

解得 $x = 3$ 或 $x = \dfrac{28}{3}$ （這不合，它不在(0,8)裡面）

又由 $g''(3) = -76 < 0$ ，得3為相對極大點。

由於 g 在 $(0,8)$ 上僅有一個臨界點3，且又知此臨界點3為相對極大點。因此，由定理5-2-4，得3為絕對極大點，亦即得所求之絕對極大值為 $g(3) = 450$ 。

　　在 5-1 節裡，我們曾談到重要的均值定理，但卻沒有證明，現在我們可以來談它的證明，而這需先從以下的洛爾(Rolle's Theorem)定理談起。

定理 5-2-5 （洛爾定理）

　　設 f 在 $[a,b]$ 上連續，且 f 在 (a,b) 上可微分，又 $f(a) = f(b)$ ，則存在一點 $c \in (a,b)$ ，使得 $f'(c) = 0$

▶ **證 明**

(1) 若 f 為常數函數，則本定理顯然成立。

(2) 若 f 不為常數函數。由於 f 在 $[a,b]$ 上連續，因此它有絕對極值。但又知 $f(a) = f(b)$ ，因此至少有一絕對極點，說是 c ，它不在端點上。因而 c 為其相對極點。因此由定理 5-2-1，得 $f'(c) = 0$ 且 $c \in (a,b)$ 。

定 理 | 5-2-6 （均值定理）

設 f 在 $[a,b]$ 上連續，且 f 在 (a,b) 上可微分，則存在 $c \in (a,b)$，使得
$f'(c) = \dfrac{f(b) - f(a)}{b - a}$ 。

▶ 證 明

令 $g(x) = f(x) - f(a) - \dfrac{f(b) - f(a)}{b - a}(x - a)$

由於 f 在 $[a,b]$ 上連續且 f 在 (a,b) 上可微分，因而 g 亦在 $[a,b]$ 上連續且在 (a,b) 上可微分。

又有 $g(a) = g(b) = 0$

因此，由洛爾定理，一定存在有一點 $c \in (a,b)$，使得 $g'(c) = 0$。又由 $g'(c) = f'(c) - \dfrac{f(b) - f(a)}{b - a}$，可得： $g'(c) = 0 \Leftrightarrow f'(c) = \dfrac{f(b) - f(a)}{b - a}$。因此，得證。

習題 5-2

求 1 至 9 題之各函數在所給定區間之絕對極值。

1. $f(x) = 8 - 3x,\ [-3, 5]$

2. $f(x) = 2x^3 + 3x^2 - 12x + 2,\ [-4, 4]$

3. $f(x) = x^5 - 5x^4 + 5x^3 + 6,\ [-1, 2]$

4. $f(x) = (x-1)^2 (x+2)^2,\ [-3, 2]$

5. $f(x) = x^2 e^x,\ [-2, 3]$

6. $f(x) = x + \dfrac{1}{x},\ [\dfrac{1}{3}, 3]$

7. $f(x) = \dfrac{4}{3}x - x^{\frac{2}{3}},\ [0, 8]$

8. $f(x) = \sqrt{x}(x-5)^{\frac{1}{3}}$, $[0,6]$

9. $f(x) = \dfrac{x}{x^2+2}$, $[-1,4]$

求 10 至 13 題之各函數的相對極值。

10. $f(x) = -3x^4 + 6x^2 + 2$

11. $f(x) = x^3 - 3x^2 - 9x + 6$

12. $f(x) = x^{\frac{2}{3}}(\dfrac{x}{5} - 4)$

13. $f(x) = x^5 + 5x^4 - 10x^3 + 2$

14. $f(x) = x^2 e^{-x}$

15. $f(x) = \dfrac{1}{x(1-x)}$，問 f 在 $(0,1)$ 上是否有絕對極值？若有，是多少？

5-3　應　用

最佳化問題

　　前節所學到的求絕對極值的方法可用來解決實際問題上所謂「最佳化問題」(optimization problems)。這是微分最重要的應用之一。欲利用微分法處理最佳化問題，須先將求原始問題的最佳化轉化為求函數的絕對極值，然後才能利用微分法加以解決。因此，整個最佳化問題的處理步驟如下：

(1) 了解題意。必要時將題意用適當的圖形描述。

(2) 知道要求的目標是什麼。基本上它是要求某種量的最大值或最小值。將這種量視為應變數，並引進符號（如 y, z 等）去代表這個應變數。

(3) 要知道這個應變數和什麼因素有關或者說受什麼因素影響。將這些因素視為自變數,並引進符號(如 x, t 等)去代表這些自變數。

(4) 寫出應變數和自變數間的關係式子,此關係式即為原始問題所要轉化的函數關係式子。

(5) 利用問題中所給的訊息或條件,找出這些自變數間的關係,然後將這些關係式代入(4)中的函數關係式子,使(4)中所得的函數關係式子變成單自變數函數關係式子,如 $y = f(x)$。

(6) 由微分法,求 $y = f(x)$ 的絕對極值。

以下是一些最佳化問題的例子:

 例題1

將一寬 16 公分,長 21 公分的矩形紙板,四角各切去一正方形後,摺成無蓋之紙盒,問所切去之正方形邊長為多少時,才可使紙盒有最大容積。

解

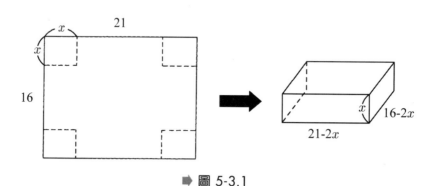

➡ 圖 5-3.1

分析:本題欲求紙盒之最大容積,因此容積為應變數,並設為 V。又容積和其長、寬、高有關,而其長、寬、高又和所切去之正方形邊長有關,因此所切去之正方形邊長為自變數。

設切去之正方形的邊長為 x 公分,則其容積為

$$V = x(21-2x)(16-2x) = 336x - 74x^2 + 4x^3$$

若令

$$V = f(x) = x(21-2x)(16-2x) \ , \ 0 \le x \le 8$$

則我們已將原問題轉化為求函數 $f(x)$的最大值問題。

得 $f'(x) = (12x^2 - 148x + 336) = 4(3x-28)(x-3)$

解 $4(3x-28)(x-3) = 0$ ，得 $x=3$ 或 $x = \dfrac{28}{3}$（不合，因為 $0 \le x \le 8$）

又 $f(0) = 0$ ， $f(3) = 450$ ， $f(8) = 0$

經比較以上所求三個值的大小後，可知 $x=3$ 為絕對極大點，亦即每邊各切去3公分時會有最大容積。

除了以上的方法（即比較所有臨界點和端點的函數值大小）可以用來判定所求之臨界點是否為絕對極大點和絕對極小點外，在這裡我們要再提供二個方法如下：

方法1：利用定理5-2-4。
由 $f'(x) = 12x^2 - 148x + 336$ ，得
$f''(x) = 24x - 148$ ，進而得 $f''(3) = -76 < 0$
因而知 $x=3$ 為相對極大點。
又由於 f 在[0,8]上僅有一個臨界點3，且此臨界點為相對極大點。
因此，由定理5-2-4，知 $x=3$ 為絕對極大點。

方法2：作 f 的一階導數的正負值區間圖。這方法最具一般性。

作 f 的一階導數正負值區間圖如下：

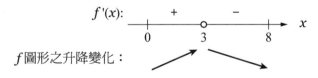

由上圖的函數圖形之升降變化，知 $x=3$ 不但是相對極大點，也為其在[0,8]上的絕對極大點。

因此我們得到，當剪去的正方形邊長為3公分時有最大容積。

　　由端點值 $f(0)$，$f(8)$ 和臨界值 $f(3)$，這三個值去比較大小而得到絕對極值的作法只適用在所考慮的範圍為**閉區間**時。而較一般性的做法（可用在不是閉區間）是作一階導數的正、負區間表後，再視表中所得到的函數值變化情況來決定其絕對極點（其變化情況也可能告訴我們其絕對極點不存在）。

例題2

設二非負數 x、y 的和為 40，欲使其積最大時，問 x、y 各多少？

解

由 $x + y = 40$，得　$y = 40 - x$，因而得　$x \cdot y = x(40 - x)$

因此，設 $f(x) = x(40 - x)$，$0 \leq x \leq 40$

得　　$f'(x) = -2x + 40$

解　　$-2x + 40 = 0$，得　　$x = 20$

進而得 f 的一階導數的正負值區間圖如下：

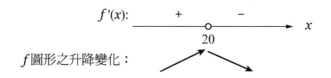

由上圖 f 圖形的升降變化知，$x = 20$ 為其絕對極大點，亦即當 $x = 20$，$y = 20$ 時會使其乘積 xy 的值最大。

本題在確定 $x = 20$ 是否為絕對極大點時，亦可用例題1所提的另二種方法去判定。

例題3

某賣飯糰的早餐店，若每個售價 50 元，則每天可賣出 200 個。又若每個多漲（降）1 元，則每天會少（多）賣出 5 個。已知每個飯糰的成本為 20 元，且每天的固定開銷為 1000 元。試問要如何定價才會有最大利潤？

解

設定價為 x 元，則得

> 銷售量：$200 + (50 - x) \times 5 = 450 - 5x$
>
> 總收入：$x(450 - 5x) = 450x - 5x^2$
>
> 總支出：$20(450 - 5x) + 1000 = 10000 - 100x$
>
> 利潤：$450x - 5x^2 - [10000 - 100x] = -5x^2 + 550x - 10000$

取 $f(x) = -5x^2 + 550x - 10000$ ， $0 \le x \le 90$

則 f 在 $[0, 90]$ 上的絕對極大點即為有最大利潤的定價。

得 $f'(x) = -10x + 550$ ，及得 $f''(x) = -10$

解 $-10x + 550 = 0$ ，解得 $x = 55$ 為 f 的臨界點。

由 $f''(55) = -10 < 0$ ，得 $x = 55$ 為 f 的相對極大點。

由於 f 在 $[0, 90]$ 僅有一個臨界點 55，且此臨界點又為相對極大點，因此 $x = 55$ 為 f 在 $[0, 90]$ 上的絕對極大點，亦即定價為 55 元，才會有最大利潤。

例題4

設一砲彈自砲口射出，若其初速的大小為 V_0 公尺／秒，且設此砲彈唯一所受的外力為地心引力，試證其射出的水平夾角為 45° 時有最大射程。

解

設射出的水平夾角為 θ，則砲彈在 x 方向（水平方向）、y 方向（垂直方向）的初速大小分別為 $V_0 \cos\theta$，$V_0 \sin\theta$。由牛頓的運動公式，知 t 秒後 x 方向、y 方向的位置分別為：

$$x = V_0 \cos\theta t \qquad (1)$$

$$y = V_0 \sin\theta t - \frac{1}{2}gt^2 \qquad (2)$$

則砲彈落地時間，可由(2)式，令 $y=0$ 求得（為什麼？）

➡ 圖 5-3.2

即由

$$0 = V_0 \sin\theta t - \frac{1}{2}gt^2$$

得 $V_0 \sin\theta t = \frac{1}{2}gt^2$

因而得　$t = \dfrac{2V_0 \sin\theta}{g}$ 或　$t=0$（不是所要的）

將 $t = \dfrac{2V_0 \sin\theta}{g}$ 代入(1)式，可得落地的水平位置 x，而這就是砲彈的射程

因此得射程為

$$x = V_0 \cos\theta \frac{2V_0 \sin\theta}{g} = \frac{V_0^2 \sin 2\theta}{g}$$

令 $f(\theta) = \dfrac{V_0^2 \sin 2\theta}{g}$ ，$0° \leq \theta \leq 90°$

則我們的問題就變成去求 $f(\theta)$ 的絕對極大值

得 $f'(\theta) = \dfrac{2V_0^2 \cos 2\theta}{g}$

解 $\dfrac{2V_0^2 \cos 2\theta}{g} = 0$

得 $2\theta = 90° \Rightarrow \theta = 45°$

又 $f''(\theta) = \dfrac{-4V_0^2 \sin 2\theta}{g}$

得 $f''(45°) = \dfrac{-4V_0^2}{g} < 0$

因此，知 $\theta = 45°$ 為其相對極大點。又由於 f 僅有一個臨界點且 f 為連續函數，因而由定理5-2-4，得此相對極大點也是絕對極大點。

所以，得證水平夾角為 $45°$ 時有最大射程。

本題在確定 $\theta = 45°$ 是否為絕對極大點時，亦可由之前所使用的一階導數的正負區間表，或由其臨界點及端點的值中去比較大小而得到判定。

 例題5

試求在曲線 $y = x^2$ 上，而和點$(0,5)$最近的點。

解

設 $P(x,y)$ 為曲線 $y = x^2$ 上的點，而 P 到$(0,5)$的距離為 d，

則得 $d = \sqrt{x^2 + (y-5)^2} = \sqrt{x^2 + (x^2-5)^2} = \sqrt{x^4 - 9x^2 + 25}$

又由於 $f(x) = x^4 - 9x^2 + 25$ 和 $g(x) = \sqrt{x^4 - 9x^2 + 25}$ 在 $(-\infty, \infty)$ 上有相同的絕對極小點

為了簡化計算，取 $f(x) = x^4 - 9x^2 + 25$，$x \in R$

則原來問題變成為求 $f(x)$ 的絕對極小點問題。

得 $f'(x) = 4x^3 - 18x = 2x(2x^2 - 9)$

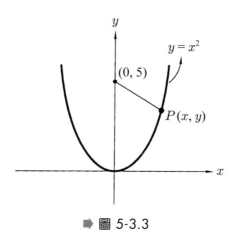

➡ 圖 5-3.3

解 $2x(2x^2 - 9) = 0$，得 $x = 0$，$x = \dfrac{3\sqrt{2}}{2}$，$x = \dfrac{-3\sqrt{2}}{2}$

進而得 f 的一階導數的正負值區間圖如下：

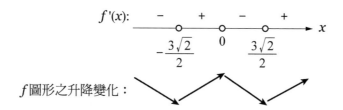

由上圖 f 圖形之升降變化知：$f(x)$ 的絕對極小點是 $\dfrac{-3\sqrt{2}}{2}$ 和 $\dfrac{3\sqrt{2}}{2}$ 這二點中，其函數值較小的點。

而 $f(\dfrac{-3\sqrt{2}}{2}) = f(\dfrac{3\sqrt{2}}{2}) = \dfrac{19}{4}$

因此，得 f 的絕對極小點為 $\dfrac{3\sqrt{2}}{2}$ 和 $\dfrac{-3\sqrt{2}}{2}$

亦即點 $\left(\dfrac{3\sqrt{2}}{2}, \dfrac{9}{2} \right)$ 和點 $\left(\dfrac{-3\sqrt{2}}{2}, \dfrac{9}{2} \right)$ 均為所求之點。

註

　　此題的連續函數並不是定義在閉區間上，且它有三個臨界點。在這種情況要尋找絕對極點，只能如本例的作法，先作一階導數的正負區間表，從而得函數圖形的升降變化，再依函數圖形的升降變化，去確定其絕對極點。

 例題6

　　設某人在 E 地工作，當工作完後要返回家 F 地之前，須先到河邊提水後再回家（其相關位置和距離如圖 5-3.4 所示），求其從工作地點返家的最短路線。

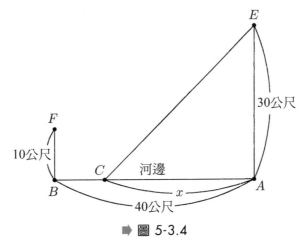

➡ 圖 5-3.4

解

設所走路線為從工作點 E 到河邊 C 處後，再由 C 點走到家 F 點，則其回家路線將由 C 點決定，即不同的 C 點表示不同的路線。

若設 $\overline{AC} = x$，則其回家路線的長度為 $L = \overline{CE} + \overline{CF}$，並得

$$L = \sqrt{x^2 + (30)^2} + \sqrt{(40-x)^2 + (10)^2}$$

$$= \sqrt{x^2 + 900} + \sqrt{x^2 - 80x + 1700}$$

若令

$$f(x) = \sqrt{x^2 + 900} + \sqrt{x^2 - 80x + 1700}，0 \leq x \leq 40$$

則此問題就變成是求 $f(x)$ 的絕對極小值問題。

得 $f'(x) = \dfrac{x}{\sqrt{x^2+900}} + \dfrac{x-40}{\sqrt{x^2-80x+1700}}$

令 $f'(x)=0$，得

$$\frac{x}{\sqrt{x^2+900}} = \frac{40-x}{\sqrt{x^2-80x+1700}}$$

因而得　$\dfrac{x^2}{x^2+900} = \dfrac{x^2-80x+1600}{x^2-80x+1700}$　（兩邊平方）

整理得 $x^2-90x+1800=0$

解 $x^2-90x+1800=0$

得 $x=30$　或　$x=60$（不合）

進而得 f' 的正負值區間圖如下：

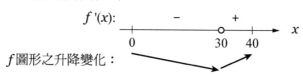

由上圖 f 圖形之升降變化，知 $x=30$ 為其絕對極小點。

此即，若到距 A 點30公尺處的河邊提水後再回家，則其路線最短。

註

　　此題亦可由幾何方法得到。先取 E 點對 $\overline{AB}$ 的對稱點 G，則 $\overline{FG}$ 和 $\overline{AB}$ 的交點即為所求之 C 點位置（為什麼？）

例題7

　　欲造油管，使從海中油井 W 處輸油到岸邊 B 處儲存。（其相關位置如圖 5-3.5 所示）又假設海中油管造價 1,000,000 元／公里，而陸上造價 750,000 元／公里，求其最少造價的路線。

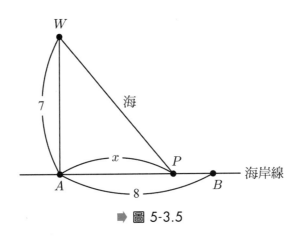

➡ 圖 5-3.5

設其路線為 W 至線段 $\overline{AB}$ 中之 P 點後，再從 P 點沿海岸線到 B 點，則其路線將由 P 點決定。若設 $\overline{AP}$ 的長為 x，則得路線 $W \to P \to B$ 的造價為：

$$C = f(x) = 1000000\sqrt{49+x^2} + 750000(8-x) \ , \ 0 \le x \le 8$$

且得 $f'(x) = \dfrac{1000000x}{\sqrt{49+x^2}} - 750000$

解 $f'(x) = 0$，即解 $\dfrac{4x}{\sqrt{49+x^2}} = 3$，得 $x = 3\sqrt{7}$

或 $x = -3\sqrt{7}$（不合）

進而得 f' 的正負值區間圖如下：

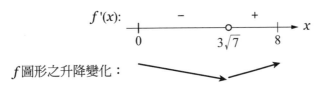

由上圖 f 圖形之升降變化得，$x = 3\sqrt{7}$ 時，其函數值最小，亦即若選 P 點為距 A 點 $3\sqrt{7}$ 公里處的位置時，其路線有最少的造價。

例題8

給定一個邊長分別為 3 公分、4 公分和 5 公分的直角三角形。若內接如圖所示形狀之矩形，問此矩形之面積最大值是多少？

解

設此內接矩形的長為 x（公分），寬為 y（公分）。

得其面積 $A = xy$

利用相似三角形的性質，可得 $\dfrac{x}{3} = \dfrac{4-y}{4}$ 。

由 $\dfrac{x}{3} = \dfrac{4-y}{4}$ ，得 $y = 4 - \dfrac{4}{3}x$

因而得 $A = xy = x\left(4 - \dfrac{4}{3}x\right) = 4x - \dfrac{4}{3}x^2$

令 $A = f(x) = 4x - \dfrac{4}{3}x^2$ ，$0 \le x \le 3$ 。

得 $f'(x) = 4 - \dfrac{8}{3}x$

解 $4 - \dfrac{8}{3}x = 0$ ，得 $x = \dfrac{3}{2}$

進而得 f' 的正負值區間圖如下：

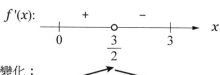

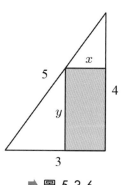

➡ 圖 5-3.6

由上圖 f 圖形之升降變化知：$x = \dfrac{3}{2}$ 為絕對極大點。

因此，得最大值為 $f\left(\dfrac{3}{2}\right) = 3$（平方公分）

在經濟學上的應用

(一) 邊際函數(marginal function)

　　我們已經知道「導數」的意義為函數值的瞬時變化率。而在經濟學上會將一個經濟函數（如成本函數、收入函數、利潤函數等）$f(x)$的導函數稱為$f(x)$的**邊際函數**(marginal function)。例如，成本函數(cost function)的導函數稱為邊際成本函數；收入函數(revenue function)的導函數稱為邊際收入函數等。而邊際函數在經濟學應如何詮釋，我們以成本函數為例來說明。設某產品其生產x單位所需的總成本為$c(x)$。由於

$$c'(a) = \lim_{\Delta x \to 0} \frac{c(a+\Delta x) - c(a)}{\Delta x}$$

因而當Δx很小時，$c'(a) \approx \dfrac{c(a+\Delta x) - c(a)}{\Delta x}$

取$\Delta x = 1$，可得$c'(a) \approx c(a+1) - c(a)$

　　這表示：已生產了a單位，若再生產一單位所增加的總成本大約為$c'(a)$，亦即已生產了a單位，再增產一單位的成本大約為$c'(a)$。因此，一個經濟函數$f(x)$，其$f'(a)$可解釋為：在a處，當自變數x再增加一個單位時，其應變數$f(x)$的改變（增加或減少）量大約為$f'(a)$。

例題9

　　設某產品其生產x單位所需的總成本為$c(x) = 6000 + 4x + \dfrac{x^2}{1000}$，且當賣出$x$單位時，其價格為$p(x) = 150 - \dfrac{x}{100}$（此即價格函數）。

(1) 求賣出x單位時的總收入$r(x)$。

(2) 求賣出x單位時的利潤$f(x)$。

(3) 當生產與賣出 1000 單位時，分別求其邊際成本，邊際收入，以及邊際利潤。

(4) 當生產與賣出 1000 單位時，若再增產與賣出一單位，分別求其總成本，總收入，以及利潤的變化量。

(5) 問賣出多少單位時，其利潤最大？

(6) 問生產多少單位時，會有最小的平均成本？

解

(1) 由於賣出 x 單位時，其單價為 $p(x) = 150 - \dfrac{x}{100}$，因而賣出 x 單位的總收入 $r(x)$ 為

$$r(x) = x \cdot p(x) = x\left(150 - \frac{x}{100}\right) = 150x - \frac{x^2}{100}$$

(2) 賣出 x 單位的利潤 $f(x)$ 為

$$f(x) = r(x) - c(x) = 150x - \frac{x^2}{100} - 6000 - 4x - \frac{x^2}{1000}$$

$$= -6000 + 146x - \frac{11}{1000}x^2$$

(3) 當生產與賣出 1000 單位時

其邊際成本為 $c'(1000) = 4 + \dfrac{x}{500}\Big|_{x=1000} = 6$

其邊際收入為 $r'(1000) = 150 - \dfrac{x}{50}\Big|_{x=1000} = 130$

其邊際利潤為 $f'(1000) = 146 - \dfrac{11}{500}x\Big|_{x=1000} = 124$

(4) 當生產與賣出 1000 單位時，再增產與賣出一單位，其

總成本的變化量為 $c(1001) - c(1000) = 6.001$

總收入的變化量為 $r(1001) - r(1000) = 129.99$

利潤的變化量為 $f(1001) - f(1000) = 123.989$

比較(3),(4)的結果，發現它們的值差不多。

(5) 由利潤函數 $f(x) = r(x) - c(x) = -6000 + 146x - \dfrac{11}{1000}x^2$

得 $f'(x) = r'(x) - f'(x) = 146 - \dfrac{11}{500}x$

解 $146 - \dfrac{11}{500}x = 0$，得 $x = \dfrac{73000}{11}$

又由 $f''(x) = \dfrac{-11}{500}$，知 $f''\left(\dfrac{73000}{11}\right) = \dfrac{-11}{500} < 0$

因此，$x = \dfrac{73000}{11}$ 時，$f(x)$ 有最大值。

又由於最接近 $\dfrac{73000}{11}$ 的兩個整數分別為 6636 和 6637，且
$f(6636) > f(6637)$。

因此，賣出6636個單位時，會有最大的利潤。

此外，值得一提的是，從 $f'(x) = r'(x) - c'(x)$ 可看出有最大利潤的產量
是：其邊際成本等於其邊際收入時的產量。

(6) 由成本函數 $c(x) = 6000 + 4x + \dfrac{x^2}{1000}$，得平均成本函數 $\overline{c}(x)$ 為

$$\overline{c}(x) = \dfrac{c(x)}{x} = \dfrac{6000}{x} + 4 + \dfrac{x}{1000}$$

進而得

$$\overline{c}'(x) = \frac{-6000}{x^2} + \frac{1}{1000}$$

解 $\dfrac{-6000}{x^2} + \dfrac{1}{1000} = 0$ ，得 $x = 1000\sqrt{6}$

又由 $\overline{c}''(x) = 12000x^{-3}$ ，知 $\overline{c}''(1000\sqrt{6}) > 0$

因此， $x = 1000\sqrt{6}$ 時， $\overline{c}(x)$ 有最小值。

又由於最接近 $1000\sqrt{6}$ 的兩個整數分別為2450和2449，且
$\overline{c}(2450) < \overline{c}(2449)$ 。

因此，生產2450個單位時有最小平均成本。

此外，由 $\overline{c}(x) = \dfrac{\overline{c}(x)}{x}$ ，得 $\overline{c}'(x) = \dfrac{c'(x)}{x} - \dfrac{c(x)}{x^2}$

而又知其極點（絕對極小點）為方程式 $\dfrac{c'(x)}{x} - \dfrac{c(x)}{x^2} = 0$ 的解，亦即極

點為方程式 $\dfrac{c(x)}{x} = c'(x)$ 的解。

這表示有最小平均成本的產量是：其平均成本等於其邊際成本時的
產量。

(二) 彈性函數(elasticity function)

我們已解釋「邊際」在經濟學上的意思。現在要談另一經濟學術語「彈
性」(elasticity)。它是用來衡量：當自變數變動時，所引起應變數變動的靈
敏程度。其精確定義如下：

定　義　5-3-1　（ f 在 a 處的彈性）

設 f 在 a 處可微分，且 $f(a) \neq 0$，則稱

$$\lim_{\Delta x \to 0} \frac{\dfrac{f(a+\Delta x)-f(a)}{f(a)}}{\dfrac{\Delta x}{a}}$$ 為 f 在 a 處的彈性，且以符號 $E_f(a)$ 表示，亦即

$$E_f(a) \equiv \lim_{\Delta x \to 0} \frac{\dfrac{f(a+\Delta x)-f(a)}{f(a)}}{\dfrac{\Delta x}{a}}。$$

　　若 $f(x)$ 為需求函數（其中 x 表價格）則稱 $E_f(x)$ 為需求彈性函數；稱 $E_f(a)$ 為價格是 a 時的需求彈性。又若 $f(x)$ 為成本函數（其中 x 表產量），則稱 $E_f(x)$ 為成本彈性函數；稱 $E_f(a)$ 為產量是 a 時的成本彈性。

　　現在我們來說明 $E_f(a)$ 在經濟學上的意義。首先我們來談式子

$$\frac{\dfrac{f(a+\Delta x)-f(a)}{f(a)}}{\dfrac{\Delta x}{a}}$$ 的意義。

　　由於其分子 $\dfrac{f(a+\Delta x)-f(a)}{f(a)}$ 表示：在應變數為 $f(a)$ 時，其應變數的變化率；而其分母 $\dfrac{\Delta x}{a}$ 表示：在自變數為 a 時，其自變數的變化率。因此，若

$$\frac{\dfrac{f(a+\Delta x)-f(a)}{f(a)}}{\dfrac{\Delta x}{a}} = P_1$$，則 P_1 的意義為：在 $x=a$，且當自變數的改變量為 Δx 時，

所引起應變數的變化率會是自變數變化率的 $|P_1|$ 倍。這亦即表示：在 $x=a$，且當自變數的改變量為 Δx 時，自變數變動 1%，會引起應變數變動 $|P_1|\%$。值得注意的是，這個比值 P_1，不但和 $f(x)$ 及 a 有關，也和 Δx 有關。

　　明白 P_1 的意義之後，我們要藉 P_1 的意義去說明 $E_f(a)$ 的意義。由於 Δx 很小時，可得

$$\frac{\dfrac{f(a+\Delta x)-f(a)}{f(a)}}{\dfrac{\Delta x}{a}} \approx E_f(a)$$

因此，若 $E_f(a)=P$，其意義為：在 $x=a$ 時，當自變數變動 1%，其應變數值大約變動 $|P|\%$。此 P 值和 Δx 的大小無關。例如，設 $f(x)$ 為需求函數，而 x 表價格。若 $|P|=3$，則 $|P|=3$ 表示：在價格為 a 時，其價格上升 1% 會引起需求量大約下降 3%。

由於

$$E_f(a) \equiv \lim_{\Delta x \to 0} \frac{\dfrac{f(a+\Delta x)-f(a)}{f(a)}}{\dfrac{\Delta x}{a}} = \lim_{\Delta x \to 0} \frac{f(a+\Delta x)-f(a)}{\Delta x}\frac{a}{f(a)}$$

$$= f'(a)\frac{a}{f(a)}$$

因此，在計算 $E_f(a)$ 時，可用 $f'(a)\dfrac{a}{f(a)}$ 去求 $E_f(a)$，以及用 $f'(x)\dfrac{x}{f(x)}$ 去求 $E_f(x)$。亦即得

$$E_f(x) = f'(x)\frac{x}{f(x)}$$

👆 **例題10**

設某商品於價格為 x 元時，其需求量 $f(x)$ 為

$$f(x) = 4800 - 200x^2$$

(1) 求 $E_f(2)$，並解釋其意義。

(2) 當價格從 2 元漲至 2.1 元時，分別求價格的變化率和需求量的變化率。

(3) 當價格從 2 元漲至 2.1 元時，試用 $E_f(2)$ 去估算需求量的變化率。

解

(1) $E_f(2) = f'(2)\dfrac{2}{f(2)} = -0.4$

其意義為：在價格為2元時，當售價上漲1%時，會引起需求量大約下降0.4%（負值表下降）

(2) 價格的變化率為 $\dfrac{2.1-2}{2} = 0.05$

需求量的變化率為 $\dfrac{f(2.1)-f(2)}{f(2)} = \dfrac{3918-4000}{4000} \approx -0.0205$

(3) 由 $\dfrac{\dfrac{f(2.1)-f(2)}{f(2)}}{\dfrac{2.1-2}{2}} \approx E_f(2)$ ，得 $\dfrac{f(2.1)-f(2)}{f(2)} \approx E_f(2)\dfrac{2.1-2}{2}$

因此，得需求量的變化率 $\dfrac{f(2.1)-f(2)}{f(2)}$ 大約為

$$E_f(2)\dfrac{2.1-2}{2} = -0.4(0.05) = -0.02$$

比較(2),(3)之計算結果，兩者差距不大。

 例題11

設某產品生產 x 單位時之總成本 $C(x)$ 為

$$C(x) = x^3 - 4x^2 + 16x + 30$$

(1) 求成本彈性函數 $E_c(x)$ 。

(2) 分別求在 $x = 1$ ，及在 $x = 2$ 時之成本彈性。

解

(1) $E_c(x) = C'(x)\dfrac{x}{C(x)} = (3x^2 - 8x + 16)\dfrac{x}{x^3 - 4x^2 + 16x + 30}$

$$= \frac{3x^3 - 8x^2 + 16x}{x^3 - 4x^2 + 16x + 30}$$

(2) 在 $x = 1$ 時之成本彈性為 $E_c(1) = \dfrac{11}{43}$

　　在 $x = 2$ 時之成本彈性為 $E_c(2) = \dfrac{4}{9}$

習題 5-3

1. 設二正數 a、b 的乘積為 72，求 $2a + 3b$ 的最小值。

2. 設某產品每天生產 x 件的總成本為 $C(x) = 60000 + 30x + 0.0045x^2$，而每件售價 120 元，問每天要生產多少件時才有最大利潤。

3. 設某一商品售價為 100 元時，其每月可銷售 6000 個，但若每增加售價 1 元時，其銷售量會減少 50 個，問其售價多少時，其每月才會有最大銷售額。

4. 試證：線外一點 $P(x_0, y_0)$ 至直線 $ax + by + c = 0$ 之最短距離為
$$d = \frac{|ax_0 + by_0 + c|}{\sqrt{a^2 + b^2}}$$

5. 找出曲線 $y = \dfrac{x^2}{4}$ 上最靠近 $(0,3)$ 之點。

6. 求平面上過 $P(2,1)$ 的直線中和兩軸正向所圍的三角形面積裡，其面積最小的直線。（提示：用截距式表直線方程式）

7. 找出曲線 $y = \sqrt{x}$，$0 \le x \le 4$ 上最靠近及最遠離 $(2,0)$ 的點。

8. 試設計一個圓柱形無蓋杯子，使其容積為 $500C$，而其製作材料最省。（這意指其表面積為最小。）

9. 求直徑為 4 的半圓，在其內接矩形中，其最大的面積是多少？

10. 某人沿著沙漠邊的公路欲從甲地開車並通過沙漠到乙地去。其相關位置及距離如下圖所示。設其在公路中的時速為 50 公里／小時，而沙漠中的時速為 25 公里／小時，求其最快到達乙地的路線。

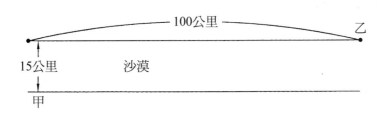

11. 將半徑為 12 公分之圓切去一塊扇形後,然後將扇形兩邊 CA 和 CB(如圖所示)接起形成一個圓錐。求使圓錐體積最大的 θ 角。

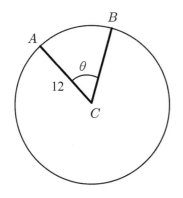

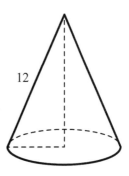

12. 給定一個底半徑為 b,高為 a 的正角錐,問其所有之內接正圓柱體中,其體積之最大值是多少?

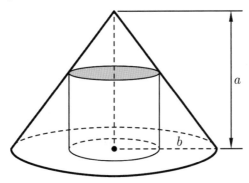

13. 給定一個邊長分別為 3 公分、4 公分與 5 公分的直角三角形。問如圖所示之內接矩形的最大面積是多少。(提示:內接矩形的面積由 x 確定。及利用 $\sin\theta = \dfrac{3}{5}$)

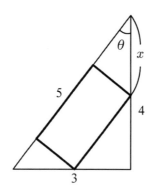

14. 給定一個長為 10 公分，寬為 6 公分的矩形。問如圖所示之外接矩形的最大面積是多少？（提示：外接矩形的面積由 θ 確定）

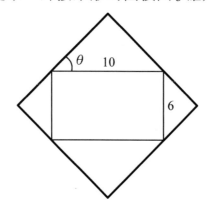

15. 設成本函數 $C(x) = 5000 + 50x + \dfrac{1}{10}x^2$，其中 x 表產量，又價格函數為 $P(x) = 120 - \dfrac{1}{60}x$，其中 x 表需求量。

   (1) 求其收入函數，及求其利潤函數。

   (2) 求生產 500 單位時的邊際成本，以及求賣出 900 單位時的邊際收入。

   (3) 問賣出多少單位時會有最大利潤。

16. 設某物品的需求函數為 $D(x) = 100 - x - x^2$，其中 x 表價格。

   (1) 當價格從 5 元漲至 6 元時，求其價格的變化率，及需求量的變化率，並進而求它們的比值。

   (2) 求 $E_D(5)$，並解釋其意義。

5-4 微分量

在前面我們曾以 $f'(x)$ 或 $D_x f(x)$ 或 $\dfrac{df(x)}{dx}$ 來表示函數 f 的導函數，而 $\dfrac{df(x)}{dx}$ 是一個整體的符號，它不能視為 $df(x)$ 除以 dx，此時 $df(x)$，dx 並無定義。在本節中我們要分別對它們下定義，使它們不但可單獨存在，且讓它們相除之後正好等於 $f'(x)$。以下是它們的定義。

定義 5-4-1

設 $y = f(x)$ 為可微分函數，且 Δx 表自變數 x 的變化量。則定義

(1) $dx \equiv \Delta x$，稱為**自變數 x 的微分量(differential of x)**。（即自變數之變化量和微分量同義）

(2) $\Delta y = \Delta f(x, \Delta x) = f(x + \Delta x) - f(x)$，稱為函數 f 於自變數從 x 增加 Δx 時，函數值 $f(x)$（或應變數 y）的變化量。也可將 $\Delta f(x, \Delta x)$ 簡寫成 $\Delta f(x)$，並簡稱為**函數值 $f(x)$（或應變數 y）的變化量**。

(3) $dy = df(x, \Delta x) = f'(x) \cdot \Delta x$，稱為函數 f 於 x 處，當自變數的變化量為 Δx，其函數值 $f(x)$（或應變數 y）的**微分量**。也可將 $df(x, \Delta x)$ 簡寫成 $df(x)$，並簡稱為**函數值 $f(x)$（或應變數 y）的微分量(differential of $f(x)$)**。

註

函數值 $f(x)$ 的微分量(differential)和對函數 f 微分(differentiate)，分別表示不同的含意，須分清楚。前者用符號 $df(x)$ 表示；後者用 $D_x f(x)$ 表示，且 $df(x) = D_x f(x) dx$。

從以上的定義知，$\Delta f(x, \Delta x)$（亦可寫為 $\Delta f(x)$），和 $df(x, \Delta x)$（亦可寫為 $df(x)$），它們的值都和 x 及 Δx 有關，當給定 x 及 Δx 值時，$\Delta f(x, \Delta x)$ 和 $df(x, \Delta x)$ 的值就確定了，因此它們是 x 及 Δx 的函數。

由 $\Delta x \equiv dx$ ，可得 $df(x, \Delta x) \equiv df(x) = f'(x)\Delta x = f'(x)dx$ ，即得 $df(x) = f'(x)dx$。又由 $df(x) = f'(x)dx$，可得 $\dfrac{df(x)}{dx} = f'(x)$，這告訴我們：從現在開始，我們也可以將 $f'(x)$ 視為是應變數的微分量 $df(x)$ 除以自變數的微分量 dx 的結果。此外，要知道 $df(x)$ 及 dx 已是具有**單獨**意義的變量符號，它們是可以個別拿來運算的，如由 $df(x) = f'(x)dx$，得 $dx = \dfrac{df(x)}{f'(x)}$ 及得 $\dfrac{dx}{df(x)} = \dfrac{1}{f'(x)}$。

將以前所得的微分運算性質兩邊同乘 dx，可得以下的微分量的運算性質：

(1) $d(f(x) \pm g(x)) = df(x) \pm dg(x)$

(2) $d(f(x) \cdot g(x)) = g(x)df(x) + f(x)dg(x)$

(3) $d\left(\dfrac{f(x)}{g(x)}\right) = \dfrac{g(x)df(x) - f(x)dg(x)}{(g(x))^2}$

(4) $d(g(x))^r = r(g(x))^{r-1}dg(x)$

👆 **例題1**

設 $f(x) = x^2$，求 $\Delta f(x, \Delta x)$（即 $\Delta f(x)$），$df(x, \Delta x)$（即 $df(x)$），$\Delta f(1, 0.2)$，$\Delta f(2, -1)$，$df(1, 0.2)$，$df(2, -1)$。

解

$\Delta f(x, \Delta x) = f(x + \Delta x) - f(x) = (x + \Delta x)^2 - x^2 = 2x \cdot \Delta x + (\Delta x)^2$

$df(x, \Delta x) = df(x) = 2x \cdot \Delta x = 2x \cdot dx$

$\Delta f(1, 0.2) = f(1 + 0.2) - f(1) = 1.44 - 1 = 0.44$

$\Delta f(2, -1) = f(2 + (-1) - f(2) = 1 - 4 = -3$

$df(1, 0.2) = f'(1)(0.2) = 0.4$

$df(2, -1) = f'(2)(-1) = -4$

例題2

設 $y = f(x) = 3x^2 + 4x + 6 + \sin x$ ， $z = g(x) = x^2 e^x + \sqrt{x^2+1}$ ，求 $df(x)$ （即 $df(x, \Delta x)$ ）， $dg(x)$ （即 $dg(x, \Delta x)$ ）。

解

$$dy = df(x) = (6x + 4 + \cos x)dx$$

$$dz = dg(x) = \left(2x \cdot e^x + x^2 e^x + \frac{x}{\sqrt{x^2+1}} \right)dx$$

雖然我們已經知道 $\Delta x = dx$，但是我們要知道函數值的變化量 Δy 和它的微分量 dy 是不會相等的 $\Delta y \neq dy$，即。這可由圖5-4.1看出，我們說明如下：

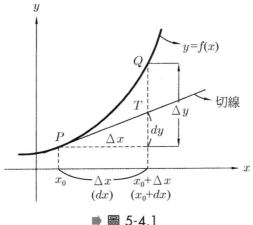

➡ 圖 5-4.1

從 Δy 的定義我們知道，Δy 是自變數從 x_0 增加了 Δx 後，在函數曲線上其 y 坐標的變化量（參考圖5-4.1）。而由於過 p 點的切線方程式為 $y = f(x_0) + f'(x_0)(x - x_0)$。因此，**$dy = f'(x_0)\Delta x$ 是自變數從 x_0 增加了 Δx 後，在其切線上的 y 坐標變化量**（參考圖5-4.1）。從圖5-4.1可看出：Δy 和 dy 並不相等，它們的差距為 $\overline{TQ}$ 的長度（參考圖5-4.1），但這個長度會隨著 Δx 變小而減少。

即當 $\Delta x \approx 0$ 時，則 $\Delta y \approx dy$（符號 $\approx$ 表近似之意）。

又由

$$\Delta y \approx dy \Leftrightarrow f(x_0 + \Delta x_0) - f(x_0) \approx f'(x_0)\Delta x$$

$$\Leftrightarrow f(x_0 + \Delta x) \approx f(x_0) + f'(x_0) \cdot \Delta x$$

因此，我們得到：**當 $\Delta x \approx 0$，則 $f(x_0 + \Delta x) \approx f(x_0) + f'(x_0) \cdot \Delta x$**。通常我們會用此式子之右邊來求 $f(x_0 + \Delta x)$ 近似值。當然這在式子左邊 $f(x_0 + \Delta x)$ 不易求，而右邊中 $f(x_0)$，$f'(x_0)$ 都易求時才有這個必要。

雖然以上的結論是來自圖形的觀察，但它是正確的，我們說明如下：

由於 f 在 x_0 處可微分，得 $\lim\limits_{\Delta x \to 0} \dfrac{f(x_0 + \Delta x) - f(x_0)}{\Delta x} - f'(x_0) = 0$

若令　$R = \dfrac{f(x_0 + \Delta x) - f(x_0)}{\Delta x} - f'(x_0)$

則得　(1)　$f(x_0 + \Delta x) = f(x_0) + f'(x_0)\Delta x + R\Delta x$

　　　(2)　$\lim\limits_{\Delta x \to 0} R = 0$

因此，由(1)、(2)可得：當 $\Delta x \approx 0$ 時，$f(x_0 + \Delta x) \approx f(x_0) + f'(x_0)\Delta x$

 例題3

設 $f(x) = 4x^3 + 6x^2 - 2x + 3$，求 $f(1.998)$ 的近似值。

解

由於 $f(2)$ 比 $f(1.998)$ 好計算，且2和1.998很接近，因而由 $f(2)$ 去做為 $f(1.998)$ 的近似值，其誤差不大。

因此，取 $x_0 = 2$。由 $x_0 = 2$，得 $\Delta x = 1.998 - 2 = -0.002$

利用 $f(x_0 + \Delta x) \approx f(x_0) + f'(x_0)\Delta x$，及 $f'(x) = 12x^2 + 12x - 2$

得

$$f(1.998) = f(2 + (-0.002)) \approx f(2) + f'(2)(-0.002) = 55 - 0.14 = 54.86$$

這即得

$f(1.998) \approx 54.86$

 例題4

請利用式子 $f(x_0 + \Delta x) \approx f(x_0) + f'(x_0)\Delta x$，求 $(2.985)^4$ 的近似值。

解

要先確定 $f(x)$，以及 x_0 和 Δx，才能由式子 $f(x + \Delta x) \approx f(x_0) + f'(x_0)\Delta x$ 去求 $(2,985)^4$ 的近似值。

顯然需取 $f(x) = x^4$，則 $(2,985)^4 = f(2.985)$

因而得 $x_0 + \Delta x = 2.985$

接著要如何取 x_0？

由於所取的 x_0，不但要能容易計算 $f(x_0)$ 和 $f'(x_0)$ 外，還要和2.985很接近才行，因而取 $x_0 = 3$。

又由 $x_0 + x_0 = 2.985$，得 $\Delta x = 2.985 - 3 = -0.015$

因此，我們取 $f(x) = x^4$，$x_0 = 3$，$\Delta x = -0.015$

由式子

$$f(x_0 + \Delta x) \approx f(x_0) + f'(x_0) \cdot \Delta x$$

得

$$(2.985)^4 = f(2.985) = f(3 + (-0.015)) \approx f(3) + f'(3)(-0.015)$$

$$= 81 + 108(-0.015) = 81 - 1.62 = 79.38$$

例題5

求 $\sqrt[5]{33}$ 的近似值。

解

取 $f(x) = \sqrt[5]{x}$ ， $x_0 = 32$ ， $\Delta x = 33 - 32 = 1$

則得 $f'(x) = \dfrac{1}{5\sqrt[5]{x^4}}$

且得 $\quad \sqrt[5]{33} = f(33) = f(32+1) \approx f(32) + f'(32) \cdot 1$

$$= 2 + \frac{1}{80} = 2.0125$$

習題 5-4

1. 設 $f(x) = 2x^2 + 3$ ，求 $df(x, \Delta x)$ ， $\Delta f(x, \Delta x)$ ， $df(1, -0.2)$ ， $\Delta f(1, -0.2)$ 。

2. 求下列各函數的微分量 $df(x)$ 。

   (a) $f(x) = 4x^3 + 6x^2 - 3x + 1$

   (b) $f(x) = x^3 \cdot \cos 2x + \ln x + 3^x$

   (c) $f(x) = x \cdot \sqrt{x^2 + 1} + e^x$

   (d) $f(x) = \text{sincos}(3x^2 + 4x + 2)$

3. 利用 $f(x_0 + \Delta x) \approx f(x_0) + f'(x_0) \cdot \Delta x$ ，求下列各數的近似值。

   (1) $\sqrt{122}$ 　　 (2) $\sqrt[3]{997}$ 　　 (3) $(3.015)^3$ 　　 (4) $\sqrt[5]{31}$

5-5 不定型極限值的求法

在探討函數的極限值的問題中，我們已知有以下的結果：

(1) 若 $\lim\limits_{x \to a} f(x) = A$，$\lim\limits_{x \to a} g(x) = B \neq 0$，則 $\lim\limits_{x \to a} \dfrac{f(x)}{g(x)} = \dfrac{A}{B}$

(2) 若 $\lim\limits_{x \to a} f(x) = A \neq 0$，$\lim\limits_{x \to a} g(x) = 0$，則 $\lim\limits_{x \to a} \dfrac{f(x)}{g(x)} = \infty$ 或 $-\infty$（視情況而定）

(3) 若 $\lim\limits_{x \to a} f(x) = A$，$\lim\limits_{x \to a} g(x) = \infty$（或 $-\infty$），則 $\lim\limits_{x \to a} \dfrac{f(x)}{g(x)} = 0$

(4) 若 $\lim\limits_{x \to a} f(x) = \infty$（或 $-\infty$），$\lim\limits_{x \to a} g(x) = B$，則 $\lim\limits_{x \to a} \dfrac{f(x)}{g(x)} = \infty$ 或 $-\infty$（視情況而定）

以上情況之極限值都很明確。但若 (a) $\lim\limits_{x \to a} f(x) = 0$ 且 $\lim\limits_{x \to a} g(x) = 0$ 或

(b) $\lim\limits_{x \to a} f(x) = \infty(-\infty)$ 且 $\lim\limits_{x \to a} g(x) = \infty(-\infty)$，則 $\lim\limits_{x \to a} \dfrac{f(x)}{g(x)}$ 不一定會存在，即使存在，其值也不一定，其極限值須進一步明確給了 $f(x)$ 和 $g(x)$ 是什麼樣的函數時才能確定，而不同的 $f(x)$ 及 $g(x)$ 可能會確定出不同的極限值來。（如 $\lim\limits_{x \to 0} \dfrac{x^2}{x} = 0$，$\lim\limits_{x \to 0} \dfrac{x}{x^3} = \infty$，$\lim\limits_{x \to 0} \dfrac{2x}{3x} = \dfrac{2}{3}$，雖然它們的分子，分母的個別極限值都是 0，但其極限值卻不同。另一個情況，如 $\lim\limits_{x \to \infty} \dfrac{4x+3}{5x+2} = \dfrac{4}{5}$，$\lim\limits_{x \to \infty} \dfrac{4x+3}{5x^2+2x+1} = 0$，$\lim\limits_{x \to \infty} \dfrac{4x^2+6x+1}{3x+4} = \infty$，這三個函數，其分子，分母的個別極限值是 ∞）。因此，當具有(a)或(b)狀況，則稱 $\lim\limits_{x \to a} \dfrac{f(x)}{g(x)}$ 為 **不定型(indeterminate form)**，同時為了方便區分這二類不定型，當 $\lim\limits_{x \to a} f(x) = 0$，且 $\lim\limits_{x \to a} g(x) = 0$，則稱 $\lim\limits_{x \to a} \dfrac{f(x)}{g(x)}$ 為 $\dfrac{0}{0}$ 之不定型；而當 $\lim\limits_{x \to a} f(x) = \infty$（或 $-\infty$），且 $\lim\limits_{x \to a} g(x) = \infty$（或 $-\infty$），則稱 $\lim\limits_{x \to a} \dfrac{f(x)}{g(x)}$ 為 $\dfrac{\infty}{\infty}$ 之不定型（注意：這符號只是表示所代表的不定型類別，不是說它的

極限值為 $\dfrac{0}{0}$ 或 $\dfrac{\infty}{\infty}$，$\dfrac{0}{0}$ 是沒有意義的計算式子，分母是不能為 0 的。而 ∞ 不是一個數，因而在實數計算上不會出現 $\dfrac{\infty}{\infty}$ ）。對 $\dfrac{0}{0}$ 之不定型，以前的處理技巧是先想辦法約掉使分母之極限值為 0 之因式後，再去求其極限值；而對 $\dfrac{\infty}{\infty}$ 之不定型，其技巧是分子分母同除以分母的 x 最高次方後，再去求其極限值。但是這些技巧通常只適合 $f(x)$，$g(x)$ 為代數函數的情況。而在本節中我們將提供一個更具一般性的方法，這方法稱為**羅必達法則(L'Hospital's rule)**，用它可以來處理 $\dfrac{0}{0}$ 和 $\dfrac{\infty}{\infty}$ 這二種不定型的極限值問題。以下為羅必達法則的內容。

定理 | 5-5-1　（羅必達法則 L'Hospital's rule）

設在包含 a 的某個開區間上（ a 點可除外），$f(x)$ 及 $g(x)$ 均可微分，且 $x \neq a$ 時，$g'(x) \neq 0$。若

(1) $\lim\limits_{x \to a} f(x) = 0$ 且　$\lim\limits_{x \to a} g(x) = 0$

又 $\lim\limits_{x \to a} \dfrac{f'(x)}{g'(x)} = l$ 或 ∞（或 $-\infty$），

則 $\lim\limits_{x \to a} \dfrac{f(x)}{g(x)} = \lim\limits_{x \to a} \dfrac{f'(x)}{g'(x)}$

(2) $\lim\limits_{x \to a} f(x) = \infty$（或 $-\infty$）且 $\lim\limits_{x \to a} g(x) = \infty$（或 $-\infty$）

又 $\lim\limits_{x \to a} \dfrac{f'(x)}{g'(x)} = l$ 或 ∞（或 $-\infty$），

則 $\lim\limits_{x \to a} \dfrac{f(x)}{g(x)} = \lim\limits_{x \to a} \dfrac{f'(x)}{g'(x)}$

註▶

(1) 以上定理中若將 $x \to a$ 改為 $x \to a^+$，或 $x \to a^-$ 或 $x \to \infty$ 或 $x \to -\infty$，此定理仍然成立。

(2) 羅必達法則這個方法，是由於法國數學家 Guillaume L'Hospital 首先提出，因此以他的姓來命名，但真正的發現者是他的老師數學家 Johann Bernoulli。

(3) 羅必達法則(1)，若額外加上 f'，g' 在 a 點連續且 $g'(a) \neq 0$ 的條件，則其證明如下：

$$\lim_{x \to a} \frac{f'(x)}{g'(x)} = \frac{f'(a)}{g'(a)} = \frac{\lim\limits_{x \to a} \dfrac{f(x) - f(a)}{x - a}}{\lim\limits_{x \to a} \dfrac{g(x) - g(a)}{x - a}}$$

$$= \lim_{x \to a} \frac{\dfrac{f(x) - f(a)}{x - a}}{\dfrac{g(x) - g(a)}{x - a}} = \lim_{x \to a} \frac{f(x) - f(a)}{g(x) - g(a)} = \lim_{x \to a} \frac{f(x)}{g(x)}$$

其實還有一些情況，其極限值也不一定。例如，若 $\lim\limits_{x \to a} f(x) = 0$ 且 $\lim\limits_{x \to a} g(x) = \infty$，則 $\lim\limits_{x \to a} f(x) \cdot g(x)$ 之值不一定。因此，它也是一種不定型的極限值，此時我們稱極限值 $\lim\limits_{x \to a} f(x) \cdot g(x)$ 為 $0 \cdot \infty$ 之不定型。又如，若 $\lim\limits_{x \to a} f(x) = \lim\limits_{x \to a} g(x) = \infty$，則 $\lim\limits_{x \to a} \big(f(x) - g(x)\big)$ 之值也不一定，我們稱它為 $\infty - \infty$ 之不定型。此外仍有一些不定型，若用符號表示其不定型之型式，則有 0°，∞° 及 1^∞。雖然這五類的不定型我們是不能直接用定理 5-5-1 去求其極限值，但它們都可以透過適當的整理轉化為 $\dfrac{0}{0}$ 或 $\dfrac{\infty}{\infty}$ 的不定型後，再利用定理 5-5-1 去求。現在我們用以下的一些例子來說明 $\dfrac{0}{0}$，$\dfrac{\infty}{\infty}$，$\infty - \infty$，$0 \cdot \infty$ 等不定型的求法。

 例題1

求 $\lim\limits_{x \to 2} \dfrac{x^2 - 4}{x - 2}$。

解

本題為 $\dfrac{0}{0}$ 的不定型。

依羅必達法則，得

$$\lim_{x \to 2} \frac{x^2 - 4}{x - 2} = \lim_{x \to 2} \frac{2x}{1} = 4 \ (\text{已事先確定 } \lim_{x \to 2} \frac{2x}{1} \ \text{存在})$$

另法（以前之作法）：

$$\lim_{x \to 2} \frac{x^2 - 4}{x - 2} = \lim_{x \to 2} \frac{(x-2)(x+2)}{x-2} = \lim_{x \to 2} x + 2 = 4$$

 例題2

求 $\displaystyle\lim_{x \to \infty} \frac{4x^2 + 3x + 2}{5x^2 - 8x + 3}$。

解

本題為 $\dfrac{\infty}{\infty}$ 的不定型。依羅必達法則，得

$$\lim_{x \to \infty} \frac{4x^2 + 3x + 2}{5x^2 - 8x + 3} = \lim_{x \to \infty} \frac{8x + 3}{10x - 8}$$

$$= \lim_{x \to \infty} \frac{8}{10} \ (\text{依羅必達法則})$$

$$= \frac{8}{10} = \frac{4}{5}$$

另法（以前作法）：

$$\lim_{x \to \infty} \frac{4x^2 + 3x + 2}{5x^2 - 8x + 3}$$

$$= \lim_{x \to \infty} \frac{4 + \dfrac{3}{x} + \dfrac{2}{x^2}}{5 - \dfrac{8}{x} + \dfrac{3}{x^2}} \ (\text{分子、分母同除以 } x^2)$$

$$= \frac{\lim\limits_{x\to\infty} 4 + \dfrac{3}{x} + \dfrac{2}{x^2}}{\lim\limits_{x\to\infty} 5 - \dfrac{8}{x} + \dfrac{3}{x^2}} = \frac{4}{5}$$

 例題3

求 $\lim\limits_{x\to\infty} \dfrac{\ln x}{\sqrt{x}}$ 。

解

本題為 $\dfrac{\infty}{\infty}$ 的不定型。依羅必達法則,得

$$\lim_{x\to\infty} \frac{\ln x}{\sqrt{x}} = \lim_{x\to\infty} \frac{\dfrac{1}{x}}{\dfrac{1}{2}\dfrac{1}{\sqrt{x}}} = \lim_{x\to\infty} \frac{2}{\sqrt{x}} = 0$$

 例題4

求 $\lim\limits_{x\to 0^+} \left(\dfrac{1}{\sin x} - \dfrac{1}{x} \right)$ 。

解

此為 $\infty - \infty$ 之不定型

$$\lim_{x\to 0^+} \frac{1}{\sin x} - \frac{1}{x} = \lim_{x\to 0^+} \frac{x - \sin x}{x\sin x} = \lim_{x\to 0^+} \frac{1 - \cos x}{\sin x + x\cos x}$$

$$= \lim_{x\to 0^+} \frac{\sin x}{\cos x + \cos x - x\sin x} = \frac{0}{2} = 0$$

例題5

求 $\lim\limits_{x \to 0^+} x \ln x$ 。

解

此為 $0 \cdot (-\infty)$ 之不定型

$$\lim_{x \to 0^+} x \cdot \ln x = \lim_{x \to 0^+} \frac{\ln x}{\dfrac{1}{x}} = \lim_{x \to 0^+} \frac{\dfrac{1}{x}}{-\dfrac{1}{x^2}} = \lim_{x \to 0^+} -x = 0$$

接著我們來探討 0°，∞° 及 1^∞ 等指數型之不定型。它們都是由 $\lim\limits_{x \to a} f(x)^{g(x)}$ 所產生。(1)若 $\lim\limits_{x \to a} f(x) = \lim\limits_{x \to a} g(x) = 0$，則稱 $\lim\limits_{x \to a} f(x)^{g(x)}$ 為 0° 的不定型。(2)若 $\lim\limits_{x \to a} f(x) = \infty$，且 $\lim\limits_{x \to a} g(x) = 0$，則稱 $\lim\limits_{x \to a} f(x)^{g(x)}$ 為 ∞° 的不定型。(3)若 $\lim\limits_{x \to a} f(x) = 1$，且 $\lim\limits_{x \to a} g(x) = \infty$，則稱 $\lim\limits_{x \to a} f(x)^{g(x)}$ 為 1^∞ 的不定型。求這三類不定型的步驟如下：

(1) 將 $f(x)^{g(x)}$ 改寫為 $e^{g(x)\ln f(x)}$。

得 $\lim\limits_{x \to a} f(x)^{g(x)} = \lim\limits_{x \to a} e^{g(x)\ln f(x)}$

(2) 將極限符號移至指數位置。（這依定理 1-5-2）

得 $\lim\limits_{x \to a} e^{g(x)\ln f(x)} = e^{\lim\limits_{x \to a} g(x)\ln f(x)}$

(3) 求 $\lim\limits_{x \to a} g(x)\ln f(x)$（它為 $0 \cdot \infty$ 的不定型）。

(4) 若求得 $\lim\limits_{x \to a} g(x)\ln f(x) = \ell$，則得 $\lim\limits_{x \to a} f(x)^{g(x)} = e^\ell$。

至此我們已經介紹完七類不定型的求法。我們要知道只有這七類不定型，再也沒有其它不定型了。值得注意的是，若 $\lim\limits_{x \to a} f(x) = 0$，且 $\lim\limits_{x \to a} g(x) = \infty$，

則可以確定 $\lim\limits_{x \to a} f(x)^{g(x)} = 0$；若 $\lim\limits_{x \to a} f(x) = 0$，且 $\lim\limits_{x \to a} g(x) = -\infty$，則可以確定 $\lim\limits_{x \to a} f(x)^{g(x)} = \infty$。因此，我們並沒有 0^{∞} 和 $0^{-\infty}$ 這二種不定型。

例題6

求 $\lim\limits_{x \to 0^+} (1+3x)^{\frac{1}{2x}}$。

解

此為 1^{∞} 之不定型。

$$\lim_{x \to 0^+} (1+3x)^{\frac{1}{2x}} = \lim_{x \to 0^+} e^{\frac{1}{2x} \ln(1+3x)} = e^{\lim\limits_{x \to 0^+} \frac{1}{2x} \ln(1+3x)} \qquad （由定理1-5-2）$$

$$= e^{\lim\limits_{x \to 0^+} \frac{\ln(1+3x)}{2x}} = e^{\lim\limits_{x \to 0^+} \frac{\frac{3}{1+3x}}{2}}$$

$$= e^{\frac{3}{2}}$$

註

  一般而言，$\lim\limits_{x \to 0^+} (1+ax)^{\frac{1}{bx}} = e^{\frac{a}{b}}$。此極限值是多少，完全視 a、b 而定，所以它為不定型。但不管 a,b 是多少，我們都有 $\lim\limits_{x \to 0^+} 1+ax = 1$，且 $\lim\limits_{x \to 0^+} \frac{1}{bx} = \infty$（設 $b > 0$）。這說明：當 $\lim\limits_{x \to a} f(x) = 1$，且 $\lim\limits_{x \to a} g(x) = \infty$，則 $\lim\limits_{x \to a} f(x)^{g(x)}$ 之值不一定，亦即它為不定型。

例題7

求 $\lim\limits_{x \to \infty} x^{\frac{1}{x}}$。

解

此為 ∞^0 之不定型

$$\lim_{x \to \infty} x^{\frac{1}{x}} = \lim_{x \to \infty} e^{\frac{1}{x} \ln x} = e^{\lim_{x \to \infty} \frac{1}{x} \ln x} = e^{\lim_{x \to \infty} \frac{\ln x}{x}}$$

$$= e^{\lim_{x \to \infty} \frac{\frac{1}{x}}{1}} = e^0 = 1$$

例題8

求 $\lim_{x \to 0^+} x^x$。

 解

此為 0^0 之不定型。

$$\lim_{x \to 0^+} x^x = \lim_{x \to 0^+} e^{x \ln x} = e^{\lim_{x \to 0^+} x \ln x}$$

$$= e^0 \ （由例題5）$$

$$= 1$$

我們要知道，並不是所有的不定型都可藉由羅必達法則去求得其極限值。以下的例題 9 及例題 10 就不適用羅必達法則。

例題9

求 $\lim_{x \to \infty} \frac{x + \sin x}{x}$。

解

此為 $\dfrac{\infty}{\infty}$ 不定型。

由於 $\lim\limits_{x \to \infty} \dfrac{D_x(x+\sin x)}{D_x x} = \lim\limits_{x \to \infty} \dfrac{1+\cos x}{1}$

但 $\lim\limits_{x \to \infty} \dfrac{1+\cos x}{1}$ 之極限值不存在，因而它不滿足羅必達法則成立的條件。

因此，$\lim\limits_{x \to \infty} \dfrac{x+\sin x}{x} \neq \lim\limits_{x \to \infty} \dfrac{1+\cos x}{1}$，這表示我們是不能由右邊去得右邊。

但這不表示 $\lim\limits_{x \to \infty} \dfrac{x+\sin x}{x}$ 不能求得，只是無法由羅必達法則去求極限值而已。

這可由以下作法求得：

$$\lim_{x \to \infty} \frac{x+\sin x}{x} = \lim_{x \to \infty} 1 + \frac{\sin x}{x} = 1 \ \left(\text{由於} \ \lim_{x \to \infty} \frac{\sin x}{x} = 0 \right)$$

 例題10

求 $\lim\limits_{n \to \infty} \dfrac{x}{\sqrt{x^2+1}}$。

解

此為 $\dfrac{\infty}{\infty}$ 之不定型。

由羅必達法則，得

$$\lim_{x \to \infty} \frac{x}{\sqrt{x^2+1}} = \lim_{x \to \infty} \frac{1}{x(x^2+1)^{\frac{-1}{2}}} = \lim_{x \to \infty} \frac{\sqrt{x^2+1}}{x}$$

上式右邊為 $\dfrac{\infty}{\infty}$ 之不定型，對右邊再使用羅必達法則一次，得

$$\lim_{x\to\infty} \frac{\sqrt{x^2+1}}{x} = \lim_{x\to\infty} \frac{x(x^2+1)^{\frac{-1}{2}}}{1} = \lim_{x\to\infty} \frac{x}{\sqrt{x^2+1}}$$

此時上式右邊已是原來的不定型。

這顯示經二次羅必達法則後會回到原先的不定型。這也表示例題10，若使用羅必達法則來求，並沒有任何幫助。現改用其它作法如下：

$$\lim_{x\to\infty} \frac{x}{\sqrt{x^2+1}} = \lim_{x\to\infty} \frac{x}{\sqrt{x^2\left(1+\frac{1}{x^2}\right)}} = \lim_{x\to\infty} \frac{x}{\sqrt{x^2}\sqrt{1+\frac{1}{x^2}}}$$

$$= \lim_{x\to\infty} \frac{x}{x\sqrt{1+\frac{1}{x^2}}} \quad（由於 x>0） = \lim_{x\to\infty} \frac{1}{\sqrt{1+\frac{1}{x^2}}} = 1$$

羅必達法則亦可用來求無窮數列的極限值。這是依據以下的定理。

定理 5-5-2

設 f 定義在 $[1,\infty)$ 上，且 $\lim_{x\to\infty} f(x) = \ell$。若 $a_n = f(n)$，則

$$\lim_{n\to\infty} a_n = \ell$$

 例題11

求 $\lim_{n\to\infty} n^{\frac{1}{n}}$。

解

由例題7，知 $\lim_{x\to\infty} x^{\frac{1}{x}} = 1$

若取 $f(x) = x^{\frac{1}{x}}$，則由定理5-5-2，得

$$\lim_{n \to \infty} n^{\frac{1}{n}} = 1$$

註

我們不能用羅必達法則去求 $\lim\limits_{n \to \infty}\left(1+\dfrac{1}{n}\right)^n$。因為用羅必達法則求 $\lim\limits_{n \to \infty}\left(1+\dfrac{1}{x}\right)^x$ 時，需用

到 $D_x \ln x = \dfrac{1}{x}$ 這結果，但要得到這結果是需要先知道 $\lim\limits_{n \to \infty}\left(1+\dfrac{1}{n}\right)^n = e$ 才行。

習題 5-5

求下列各題中的極限值。

1. $\lim\limits_{x \to 0} \dfrac{\sin x - 5x}{3x}$

2. $\lim\limits_{x \to \infty} \dfrac{x^2}{e^x}$

3. $\lim\limits_{x \to \infty} \dfrac{2x^3 - 5x}{3x^2 + 1}$

4. $\lim\limits_{x \to 0} \dfrac{\ln x}{\cot x}$ （提示：$\dfrac{\frac{1}{x}}{-\csc^2 x} = \dfrac{\sin^2 x}{-x}$）

5. $\lim\limits_{x \to \infty}\left(x^2 + e^x\right)^{\frac{3}{x}}$

6. $\lim\limits_{x \to 0^+} \sin x \cdot \ln x$

7. $\lim\limits_{x \to 1^+}\left(\dfrac{1}{\ln x} - \dfrac{1}{x-1}\right)$

8. $\lim\limits_{x \to 0^+} (\sin x)^x$

9. $\lim\limits_{x \to \left(\frac{\pi}{2}\right)^-} (\sec x - \tan x)$

10. $\lim\limits_{x \to 0} \dfrac{\sqrt{4+x} - \sqrt{4-x}}{x}$

11. $\lim\limits_{x \to 0} (x + \cos 2x)^{\csc 3x}$

12. 設 $f(x) = x^2 - x + 3$，求 $\lim\limits_{h \to 0} \dfrac{f(x+h) - 2f(x) + f(x-h)}{h^2}$。

13. $\lim\limits_{x \to 0} \dfrac{x^2 \sin \dfrac{1}{x}}{\sin x}$（提示：本題不適用羅必達法則求）。

14. $\lim\limits_{x \to \infty} (1 + x^2)^{\frac{1}{\ln x}}$

15. $\lim\limits_{x \to 0^+} (\sin x)^{\frac{3}{\ln x}}$

16. $\lim\limits_{x \to \infty} \left(\sqrt{x^2 + x} - x \right)$

17. $\lim\limits_{x \to \infty} x \left(2^{\frac{1}{x}} - 1 \right)$

18. $\lim\limits_{x \to \infty} \left(\dfrac{1}{x} \right)^x$（它不是不定型。提示：$\forall x \geq 2$，$0 \leq \left(\dfrac{1}{x} \right)^x \leq \left(\dfrac{1}{2} \right)^x$）

19. $\lim\limits_{x \to \infty} \dfrac{x + \sin x}{x - \cos x}$（提示：$\dfrac{x + \sin x}{x - \cos x} = \dfrac{1 + \dfrac{\sin x}{x}}{1 + \dfrac{\cos x}{x}}$）

20. $\lim\limits_{x \to 0^+} \left(1 + \dfrac{x}{3} + \dfrac{x^2}{5} \right)^{\frac{2}{x}}$

21. $\lim\limits_{x \to 0^+} \dfrac{e^{\frac{1}{x}}}{x}$（提示：令 $y = \dfrac{1}{x}$）

22. (a) $\displaystyle\lim_{x \to 1} \frac{\sqrt{\ln x}}{\sqrt{x^4 - 1}}$

(b) $\displaystyle\lim_{x \to 0^+} \frac{\sqrt{x}}{\sqrt{\sin x}}$（提示：先求其平方後的極限值）

23. 求 $\displaystyle\lim_{x \to \infty} \left(\frac{x+a}{x-2a} \right)^x$

24. 求 $\displaystyle\lim_{x \to 0^+} \frac{e^{\frac{-1}{x}}}{x^8}$（提示：先令 $t = \dfrac{1}{x}$）

數學的方法裡，有歸納、有演繹。數學的形成過程分為兩個階段：一為發現的過程；二為驗證及整理的過程。前者使用歸納法；後者使用演繹法。而令人感到惋惜的是，我們所看到的內容大都只呈現後半段。如果你能知道一個理論是如何被發現，你才會對這個理論有深刻的理解。追求真理的過程比擁有真理還珍貴。

演繹推理是從一般到特殊的推理。歸納推理是從特殊到一般的推理。一個科學發展到成熟階段，總是以演繹系統的形式來呈現。

歐幾里得幾何學是由：23 個定義開始，然後是 5 個幾何公理和 5 個一般公理，從而推導出 465 個定理所組成的系統知識。它是演繹數學的典範。

大數學家龐卡萊(Poincare,1854~1912)說：「直覺是數學發展的工具；而邏輯是數學的證明工具。」

直覺是以所獲得的知識和已累積的經驗為基礎。

不定積分

CALCULUS

6-0 前　言

　　我們已介紹了定積分的意義，而且也知道在求定積分 $\int_a^b f(x)dx$ 時可以藉由微積分基本定理（即定理 2-3-4(2)），先去找 $f(x)$ 的反導函數 $g(x)$，然後 再 計 算 $g(b)-g(a)$ 而 求 得 $\int_a^b f(x)dx$。 即 $\int_a^b f(x)dx \equiv \lim_{x \to \infty} \sum_{i=1}^n f(t_i)\ \Delta x_i$ $= g(b)-g(a)$，其中 $g'(x)=f(x)$。因此能知道 f 的反導函數就成為求得其定積分值的關鍵。但是一般說來，去求一個函數的反導函數比起去求一個函數的導函數要困難多了，除了一些明顯由基本微分公式直接求得的函數外，通常都不容易，它需要一些經驗與方法。本章主要的內容就是要去介紹這些求反導函數的方法和技巧。此外，我們也要介紹所謂的**「廣義積分」** **(improper integral)**，這有別於過去所談的定積分。我們已知道在考慮定積分時，其積分範圍只能在一個**有限區間上**，且積分函數也一定是一個**有界函數(bounded function)**才行（否則它是不能進行定積分的）。但在物理、工程以及機率統計上需要考慮在無限區間上或對一個不是有界函數進行所謂的「積分」，這種積分就稱為**廣義積分**。

6-1 基本不定積分公式

　　由於微積分基本定理的關係，我們需要去求一個函數的反導函數。而什麼是反導函數？這雖然在 2-3 節裡曾說明過，但由於它的重要性（本章的內容就是在教如何求反導函數），使得我們有必要在本章一開始之時再次給予定義如下：

定義｜6-1-1　（反導函數）

若在區間 I 上，$g'(x) = f(x)$，則說 $g(x)$ 是 $f(x)$ 在 I 上的一個反導函數 (antiderivative)。

$$g(x) \xrightarrow{\text{微分}} f(x)$$

$$f(x) \xrightarrow{\text{反微分}} g(x)$$

$f(x)$ 是 $g(x)$ 的導函數

$g(x)$ 是 $f(x)$ 的反導函數

 例題1

求 $f(x) = x^2$ 的反導函數。

解

由於 $D_x\left(\dfrac{1}{3}x^3 + 1\right) = x^2$

因此 $g(x) = \dfrac{1}{3}x^3 + 1$ 是 $f(x) = x^2$ 的反導函數。

又由於對常數的微分會等於0，因而

$g(x) = \dfrac{1}{3}x^3 + 2$ 或 $\dfrac{1}{3}x^3 + 3$ 或 $\dfrac{1}{3}x^3 + \pi$ 等也都是 $f(x) = x^2$ 的反導函數。

一般而言，取 $g(x) = \dfrac{1}{3}x^3 + c$，其中 c 為任何實數，都會是 $f(x) = x^2$ 的反導函數。

由例題 1 可知道只要取 $g(x) = \dfrac{1}{3}x^3 + c$，則此 $g(x)$ 就會是 $f(x) = x^2$ 的反導函數，因而 $f(x)$ 的反導函數會有無限多個。接著我們要問的是：函數 $f(x) = x^2$

的反導函數，除了是 $g(x) = \frac{1}{3}x^3 + c$ 這樣形式的無限多個函數外，還有其它可能的函數嗎？以下定理將告訴我們，$f(x) = x^2$ 的所有反導函數都是 $\frac{1}{3}x^3 + c$ 這種樣子的函數，沒有其它可能了。

📖 定理 6-1-1

若 $g_1'(x) = g_2'(x)$，$x \in (a, b)$

則 $g_1(x) = g_2(x) + c$，$x \in (a, b)$，其中 c 為任何實數。

▶ **證 明**

令 $h(x) = g_1(x) - g_2(x)$，$x \in (a, b)$

得 $h'(x) = g_1'(x) - g_2'(x) = 0$，$x \in (a, b)$（由於已知 $g_1'(x) = g_2'(x)$）

因而由定理 5-1-2，得

$\quad h(x) = c$，$x \in (a, b)$

因此，得 $g_1(x) = g_2(x) + c$，$x \in (a, b)$。

由定理 6-1-1 可得：若 $g(x)$ 為 $f(x)$ 的反導函數，則 $f(x)$ 的任何反導函數一定是 $g(x) + c$ 的形式，沒有其它可能了。由於任何具有 $g(x) + c$ 形式的函數都會是 $f(x)$ 的反導函數，因而 $g(x) + c$ 可說是 $f(x)$ 的反導函數的「一般式」，亦可說是 $f(x)$ 的所有反導函數的集合，而為了方便以後的探討，我們稱此一般式為 $f(x)$ 的**不定積分**(indefinite integral)，且以符號 $\int f(x)dx$ 表示，亦即 $\int f(x)dx = g(x) + c$。現將以上的說明，整理成為以下的定義：

🧊 定義 6-1-2 （不定積分）

若 $g'(x) = f(x)$，則符號 $\int f(x)dx$ 稱為是 $f(x)$ 的**不 定 積 分**，且 $\int f(x)dx = g(x) + c$，其中 $c \in R$。

註

　　由於計算定積分 $\int_a^b f(x)dx$，和求 $f(x)$ 的反導函數有很密切的關係，因而我們才會用符號 $\int f(x)dx$ 去表示 $f(x)$ 的反導函數的一般式。且符號中沒有寫出上、下界，因而稱它為不定積分。

 例題2

求 $\int x^2 dx$。

解

　　由定義及例題1，可得 $\int x^2 dx = \frac{1}{3}x^3 + c$

　　一個容易且立即可得的不定積分公式為

　　當 $n \neq -1$，$\int x^n dx = \frac{1}{n+1}x^{n+1} + c$

由導函數的性質，易得以下不定積分的性質。

定理 6-1-2

(1) $\int kf(x)dx = k\int f(x)dx$，$k$ 為常數。

(2) $\int f_1(x) \pm f_2(x)dx = \int f_1(x)dx \pm \int f_2(x)dx$。

（此式可推廣到有限個函數的情況，不僅限兩個）

　　在介紹求不定積分的各種技巧之前，我們先提供一些可立即看出其不定積分的基本公式，以供往後參考。

不定積分的基本公式

導函數	反導函數

1. $\dfrac{d}{dx}\dfrac{1}{n+1}x^{n+1}=x^n$，$n\neq -1$ $\qquad\qquad$ $\displaystyle\int x^n dx=\dfrac{1}{n+1}x^{n+1}+c$，$n\neq -1$

2. $\dfrac{d}{dx}\ln|x|=\dfrac{1}{x}$，$x\neq 0$ $\qquad\qquad$ $\displaystyle\int \dfrac{1}{x}dx=\ln|x|+c$，$x\neq 0$

3. $\dfrac{d}{dx}e^x=e^x$ $\qquad\qquad$ $\displaystyle\int e^x dx=e^x+c$

4. $\dfrac{d}{dx}\sin x=\cos x$ $\qquad\qquad$ $\displaystyle\int \cos x\,dx=\sin x+c$

5. $\dfrac{d}{dx}\cos x=-\sin x$ $\qquad\qquad$ $\displaystyle\int \sin x\,dx=-\cos x+c$

6. $\dfrac{d}{dx}\tan x=\sec^2 x$ $\qquad\qquad$ $\displaystyle\int \sec^2 x\,dx=\tan x+c$

7. $\dfrac{d}{dx}\cot x=-\csc^2 x$ $\qquad\qquad$ $\displaystyle\int \csc^2 x\,dx=-\cot x+c$

8. $\dfrac{d}{dx}\sec x=\sec x\tan x$ $\qquad\qquad$ $\displaystyle\int \sec\cdot\tan x\,dx=\sec x+c$

9. $\dfrac{d}{dx}\csc x=-\csc x\cdot\cot x$ $\qquad\qquad$ $\displaystyle\int \csc x\cdot\cot x\,dx=-\csc x+c$

10. $\dfrac{d}{dx}\mathrm{Sin}^{-1}x=\dfrac{1}{\sqrt{1-x^2}}$ $\qquad\qquad$ $\displaystyle\int \dfrac{1}{\sqrt{1-x^2}}dx=\mathrm{Sin}^{-1}x+c$

11. $\dfrac{d}{dx}\mathrm{Tan}^{-1}x=\dfrac{1}{1+x^2}$ $\qquad\qquad$ $\displaystyle\int \dfrac{1}{1+x^2}dx=\mathrm{Tan}^{-1}x+c$

12. $\dfrac{d}{dx}\mathrm{Sec}^{-1}x=\dfrac{1}{x\sqrt{x^2-1}}$ $\qquad\qquad$ $\displaystyle\int \dfrac{1}{x\sqrt{x^2-1}}dx=\mathrm{Sec}^{-1}x+c$

13. $\dfrac{d}{dx}a^x=\ln a\cdot a^x$ $\qquad\qquad$ $\displaystyle\int a^x dx=\dfrac{1}{\ln a}a^x+c$

由於用什麼變數符號來表示函數關係式並不會改變函數的本質，因此 $\displaystyle\int x^2 dx=\dfrac{1}{3}x^3+c$，$\displaystyle\int u^2 du=\dfrac{1}{3}u^3+c$，$\displaystyle\int t^2 dt=\dfrac{1}{3}t^3+c$ 都是正確的公式。此外，我們可將 $\displaystyle\int \dfrac{1}{g(x)}dx$ 寫為 $\displaystyle\int \dfrac{dx}{g(x)}$，如 $\displaystyle\int \dfrac{1}{1+x^2}dx=\int \dfrac{dx}{1+x^2}$。

👆 例題3

求 $\int 5x^4 dx$。

解

$$\int 5x^4 dx = 5\int x^4 dx = 5 \cdot \frac{1}{5}x^5 + c = x^5 + c$$

👆 例題4

求 $\int (3x^2 + 4x - 7)dx$。

解

$$\int (3x^2 + 4x - 7)dx = \int 3x^2 dx + \int 4x dx - \int 7 dx = x^3 + 2x^2 - 7x + c$$

👆 例題5

求 $\int 6u^2 + \frac{3}{u} + \sqrt{u} + \frac{4}{u^2} du$。

解

$$\int 6u^2 + \frac{3}{u} + \sqrt{u} + \frac{4}{u^2} du$$

$$= 2u^3 + 3\ln|u| + \frac{2}{3}u^{\frac{3}{2}} - 4u^{-1} + c$$

👆 例題6

求 $\int \frac{2x^3 - 4x + 5}{\sqrt[3]{x}} dx$。

解

$$\int \frac{2x^3 - 4x + 5}{\sqrt[3]{x}} dx = \int \frac{2x^3 - 4x + 5}{x^{\frac{1}{3}}} dx$$

$$= \int 2x^{3-\frac{1}{3}} - 4x^{1-\frac{1}{3}} + 5x^{-\frac{1}{3}} dx$$

$$= \int 2x^{\frac{8}{3}} - 4x^{\frac{2}{3}} + 5x^{-\frac{1}{3}} dx$$

$$= \frac{6}{11}x^{\frac{11}{3}} - \frac{12}{5}x^{\frac{5}{3}} + \frac{15}{2}x^{\frac{2}{3}} + c$$

$$= \frac{6}{11}x^3\sqrt[3]{x^2} - \frac{12}{5}x \cdot \sqrt[3]{x^2} + \frac{15}{2}\sqrt[3]{x^2} + c$$

例題7

求 $\int (x-1)^3 dx$ 。

解

$$\int (x-1)^3 dx = \int (x^3 - 3x^2 + 3x - 1) dx$$

$$= \frac{1}{4}x^4 - x^3 + \frac{3}{2}x^2 - x + c$$

例題8

求 $\int 7^{x+2} dx$ 。

解

$$\int 7^{x+2} dx = \int 7^x \cdot 7^2 \cdot dx = 49 \int 7^x dx$$

$$= \frac{49}{\ln 7} 7^x + c$$

例題9

求 $\int \dfrac{1}{1-\sin x}\,dx$。

解

$$\int \dfrac{1}{1-\sin x}\,dx = \int \dfrac{1+\sin x}{1-\sin^2 x}\,dx = \int \dfrac{1+\sin x}{\cos^2 x}\,dx = \int \dfrac{1}{\cos^2 x} + \dfrac{1}{\cos x}\dfrac{\sin x}{\cos x}\,dx$$

$$= \int \sec^2 x + \sec x \cdot \tan x\,dx$$

$$= \tan x + \sec x + c$$

習題 6-1

1. $\displaystyle\int 2x^3 + 4x - 7\,dx$

2. $\displaystyle\int \sqrt{x}(3x^2 + 5x)\,dx$

3. $\displaystyle\int \dfrac{9}{x\sqrt{x}}\,dx$

4. $\displaystyle\int \dfrac{4x^2 - \sqrt{x^3} + 7}{\sqrt{x}}\,dx$

5. $\displaystyle\int \dfrac{1}{x} + 4x^3 - 3^x + e^x\,dx$

6. $\displaystyle\int (2x+3)^2\,dx$

7. $\displaystyle\int 6^{x+1}\,dx$

8. $\displaystyle\int \tan^2 x\,dx$

9. $\displaystyle\int \dfrac{1}{1+\cos x}\,dx$（提示：$\dfrac{1}{1+\cos x} = \dfrac{1-\cos x}{(1+\cos x)(1-\cos x)} = \dfrac{1-\cos x}{\sin^2 x}$
$= \csc^2 x - \csc x \cdot \cot x$）

10. $\displaystyle\int \dfrac{3}{x\sqrt{4x^2-4}} + \dfrac{5}{\sqrt{9-9x^2}}\,dx$

11. $\displaystyle\int \dfrac{x^2}{1+x^2}\,dx$

6-2 變數代換法

通常能直接由基本積分公式馬上就能求得不定積分的函數實在不多，因此在這小節裡我們要介紹一個稱為「變數代換法」的積分技巧，希望藉由這個方法，將不易積分的函數轉換到一個差不多可直接利用基本積分公式來積分的函數。而這個轉換方法就是依據以下的定理 6-2-1。

定理 6-2-1 （變數代換法）

設 $x = g(u)$ 為一個可逆且可微分的函數。

若 $\displaystyle\int f(g(u))g'(u)du = H(u) + c$

則 $\displaystyle\int f(x)dx = H(g^{-1}(x)) + c$

▶ 證 明

我們要證明：$\dfrac{d}{dx}H(g^{-1}(x)) = f(x)$。

由於假設 $\displaystyle\int f(g(u))g'(u)du = H(u) + c$

因此，可得 $H'(u) = f(g(u))g'(u)$

又由連鎖律，得

$$\frac{d}{dx}H(g^{-1}(x)) = H'(g^{-1}(x))\frac{d}{dx}g^{-1}(x)$$

$$= H'(u)\frac{d}{dx}g^{-1}(x)$$

$$= f(g(u))g'(u)\frac{d}{dx}g^{-1}(x) \quad （由於已得 H'(u) = f(g(u))g'(u)）$$

$$= f(g(u))\frac{dx}{du}\frac{du}{dx} \quad （由於 x = g(u)）$$

$$= f(g(u)) \text{（由於 } \frac{dx}{du}\frac{du}{dx} = 1 \text{）}$$

$$= f(x) \text{，得證。}$$

為了方便使用變數代換法，我們將定理 6-2-1 改寫成以下的式子：

> **變數代換法：**設 $x = g(u)$ （ g 為可逆函數），則 $\int f(x)dx = \int f(g(u)g'(u)du$

利用上式進行變數代換法時，在求得右邊 $\int f(g(u))g'(u)du$ 的積分結果後，依定理 6-2-1，尚須將這結果裡的自變數 u，用舊自變數 x 來表示（即依 $u = g^{-1}(x)$ 的關係代入），這才算是左邊 $\int f(x)dx$ 的積分結果。

定理 6-2-1 告訴我們：若想要去求 $\int f(x)dx$，可先去求 $\int f(g(u))g'(u)du$，只要能求得 $\int f(g(u))g'(u)du$，說它為 $H(u) + c$，就可知道 $\int f(x)dx$ 為 $H(g^{-1}(x)) + c$。因此，要利用這個方法求 $\int f(x)dx$，一定要能求得 $\int f(g(u))g'(u)du$ 才行。雖然這裡的 $g(u)$，只要求是一個可逆且可微分的函數就可以，但 $f(g(u))g'(u)$ 是否容易不定積分會和 $g(u)$ 的選取有很大的關係（ $f(g(u))g'(u)$ 中的 $f(x)$ 已給定了，只剩 $g(u)$ 可選擇了）。這個定理讓我們可以將求 $f(x)$ 的不定積分轉換到求 $f(g(u))g'(u)$ 的不定積分，這已經改變了積分函數，只是前者是對舊的自變數 x 來進行不定積分，後者是對新的自變數 u 來進行不定積分。因此，我們稱利用定理 6-2-1 的積分技巧為**變數代換法**(integration by substitution)。而由變數代換法求 $f(x)$ 的不定積分的作法就是：**先取定一個函數 $x = g(u)$，然後去求 $f(g(u))g'(u)$ 的不定積分，最後再將所求得的不定積分的自變數 u 用 $g^{-1}(x)$ 去代換後即得 $f(x)$ 的不定積分。**

我們用以下的例子來說明變數代換法。

👆 **例題1**

求 $\int (3x + 12)^{100} dx$。

解

取 $x = g(u) = \dfrac{u}{3} - 4$，亦即取 $u = 3x + 12$

而知 $f(x) = (3x+12)^{100}$（由題目）

因而得

$$f(g(u)) = f\left(\frac{u}{3} - 4\right) = \left(3\left(\frac{u}{3} - 4\right) + 12\right)^{100} = u^{100}$$

及得

$$g'(u) = \frac{1}{3}$$

由變數代換法，得

$$\int (3x+12)^{100}\,dx = \int f(g(u))g'(u)\,du = \int u^{100}\frac{1}{3}\,du$$

$$= \frac{1}{303}u^{101} + c = \frac{1}{303}(3x+12)^{101} + c$$

由於若將 $\int f(x)dx$ 和 $\int f(g(u))g'(u)du$ 的 dx 和 du 視為微分量 (differential)，且將 $x = g(u)$ 及 $dx = g'(u)du$（微分量的定義）代入 $\int f(x)dx$ 即可得 $\int f(g(u))g'(u)du$，因而變數代換法亦可由以下的步驟來「操作」：

(1) 選取一個適當的新舊自變數之間的代換關係式 $x = g(u)$，亦即 $u = g^{-1}(x)$。（這 g 是可逆且可微分的函數）

(2) 由 $x = g(u)$ 得 $dx = g'(u)du$（這是微分量的定義）。

(3) 用 $g'(u)du$ 去代換 dx，且將 $f(x)$ 中的 x 用 $g(u)$ 去代換，而得 $f(g(u))$，則可將 $\int f(x)dx$ 轉換成 $\int f(g(u))g'(u)du$。即用 $g'(u)du$ 去代換 dx；用 $f(g(u))$ 去代換 $f(x)$，則可將 $\int f(x)dx$ 轉換成 $\int f(g(u))g'(u)du$。

(4) 求 $\int f(g(u))g'(u)du$。若求得 $\int f(g(u))g'(u)du = H(u) + c$。

(5) 依定理 6-2-1，得 $\int f(x)dx = H(g^{-1}(x)) + c$。

現在我們用以下的例題 1 來示範這個「操作」過程。

 例題2

求 $\int \dfrac{4x^2 + 3}{\sqrt{2x-5}} dx$。

解

(1) 取新舊變數的關係為 $x = g(u) = \dfrac{u+5}{2}$，亦即取 $u = g^{-1}(x) = 2x-5$。

(2) 由 $x = g(u) = \dfrac{u+5}{2}$，得 $dx = g'(u)du = \dfrac{1}{2}du$（亦可由 $u = 2x-5$，得

$du = 2dx$，因而得 $dx = \dfrac{1}{2}du$）。

(3) 將 dx 用 $\dfrac{1}{2}du$ 代換，且將 $x = \dfrac{u+5}{2}$ 代入 $\dfrac{4x^2+3}{\sqrt{2x-5}}$，則可將 $\int \dfrac{4x^2+3}{\sqrt{2x-5}}dx$ 轉

換成 $\int \dfrac{4\left(\dfrac{u+5}{2}\right)^2 + 3}{\sqrt{u}} \dfrac{1}{2}du = \int \dfrac{u^2 + 10u + 28}{\sqrt{u}} \dfrac{1}{2}du$

(4) 求 $\int \dfrac{u^2 + 10u + 28}{\sqrt{u}} \dfrac{1}{2}du$。

得 $\int \dfrac{u^2 + 10u + 28}{\sqrt{u}} \dfrac{1}{2}du = \int \dfrac{1}{2}u^{\frac{3}{2}} + 5u^{\frac{1}{2}} + 14u^{\frac{-1}{2}} du$

$= \dfrac{1}{5}u^{\frac{5}{2}} + \dfrac{10}{3}u^{\frac{3}{2}} + 28u^{\frac{1}{2}} + c \equiv H(u)$

(5) 將 $u = g^{-1}(x) = 2x-5$ 代入 $H(u)$，亦即求 $H(g^{-1}(x))$。可得

$$H(g^{-1}(x)) = \frac{1}{5}(2x-5)^{\frac{5}{2}} + \frac{10}{3}(2x-5)^{\frac{3}{2}} + 28(2x-5)^{\frac{1}{2}} + c \text{ 。}$$

再依定理6-2-1，得

$$得 \int \frac{4x^2+3}{\sqrt{2x-5}} dx = \frac{1}{5}(2x-5)^{\frac{5}{2}} + \frac{10}{3}(2x-5)^{\frac{3}{2}} + 28(2x-5)^{\frac{1}{2}} + c$$

而以上從(3)到(5)的步驟，在清楚其含意下，我們可將它們合併寫為：

$$\int \frac{4x^2+3}{\sqrt{2x-5}} dx = \int \frac{4\left(\frac{u+5}{2}\right)^2+3}{\sqrt{u}} \frac{1}{2} du = \int \frac{u^2+10u+28}{\sqrt{u}} \frac{1}{2} du$$

$$= \frac{1}{5}u^{\frac{5}{2}} + \frac{10}{3}u^{\frac{3}{2}} + 28u^{\frac{1}{2}} + c = \frac{1}{5}(2x-5)^{\frac{5}{2}} + \frac{10}{3}(2x-5)^{\frac{3}{2}} + 28(2x-5)^{\frac{1}{2}} + c$$

例題 2 已詳細說明了變數代換法的操作過程。以下所有使用變數代換法的例子都是依這些步驟（其中從(3)到(5)的步驟會合併寫）來進行的，只是我們將精簡其過程，甚至會省略某些細節，若看不懂，可再回顧例題 1 的求解過程和其說明。

 例題3

求 $\int (3x^2+2)^{10} 5x\, dx$ 。

解

取 $x = \sqrt{\dfrac{u-2}{3}}$ ，亦即取 $u = 3x^2+2$

由 $x = \sqrt{\dfrac{u-2}{3}} = \left(\dfrac{u-2}{3}\right)^{\frac{1}{2}}$ ，得 $dx = \dfrac{1}{6}\left(\dfrac{u-2}{3}\right)^{\frac{-1}{2}} du$

將 $x = \left(\dfrac{u-2}{3}\right)^{\frac{1}{2}}$ ，及 $dx = \dfrac{1}{6}\left(\dfrac{u-2}{3}\right)^{\frac{-1}{2}} du$ 代入，

得 $\int (3x^2+2)^{10}5xdx = \int u^{10}5\left(\dfrac{u-2}{3}\right)^{\frac{1}{2}}\dfrac{1}{6}\left(\dfrac{u-2}{3}\right)^{\frac{-1}{2}}du$

$\qquad = \dfrac{5}{6}\int u^{10}du = \dfrac{5}{66}u^{11}+c = \dfrac{5}{66}(3x^2+2)^{11}+c$

本題亦可由 $u=3x^2+2$，得 $du=6xdx$

因而得 $dx=\dfrac{1}{6x}du$

將 $u=3x^2+2$（亦即 $x=\left(\dfrac{u-2}{3}\right)^{\frac{1}{2}}$），及 $dx=\dfrac{1}{6x}du$ 代入，

得 $\int (3x^2+2)^{10}5xdx = \int u^{10}5x\dfrac{1}{6x}du = \dfrac{5}{6}\int u^{10}du$

$\qquad = \dfrac{5}{66}u^{11}+c = \dfrac{5}{66}(3x^2+2)^{11}+c$

看來以這樣的方式（即後者）去進行代換操作會較容易。這是由於在代換 $f(x)$ 和 dx 的過程中，其 $f(x)=u^{10}5x$ 中的 x 正好和 $dx=\dfrac{1}{6x}du$ 中 x 消掉，這讓我們可以省掉將 x 再用 $g(u)$ 去表示的步驟。但不是每題都會如此剛好，因此一開始的作法才是最一般性的作法。在往後的例題裡，我們會靈活運用這二種不同的操作。

 例題4

求 $\int \dfrac{3}{5x-2}dx$。

解

令 $u=5x-2$，亦即令 $x=\dfrac{u+2}{5}$

由 $u=5x-2$，得 $du=5dx$，因而得 $dx=\dfrac{1}{5}du$

（亦可由 $x = \dfrac{u+2}{5}$，得 $dx = \dfrac{1}{5}du$）

將 $u = 5x - 2$ 和 $dx = \dfrac{1}{5}du$ 代入

（亦可將 $x = \dfrac{u+2}{5}$ 和 $dx = \dfrac{1}{5}du$ 代入）

得

$$\int \frac{3}{5x-2}dx = \int \frac{3}{u}\frac{1}{5}du = \frac{3}{5}\ln|u| + c = \frac{3}{5}\ln|5x-2| + c$$

 例題5

求 $\displaystyle\int \frac{2x}{3x^2+5}dx$。

解

令 $u = 3x^2 + 5$，得 $du = 6x\,dx$，因而得 $dx = \dfrac{1}{6x}du$。

則 $\displaystyle\int \frac{2x}{3x^2+5}dx = \int \frac{2x}{u}\frac{1}{6x}du$

$$= \frac{1}{3}\int \frac{1}{u}du = \frac{1}{3}\ln|u| + c$$
$$= \frac{1}{3}\ln\left|3x^2+5\right| + c$$

 例題6

求 $\displaystyle\int \sqrt{2x+5}\,dx$。

令 $u = 2x + 5$ ，得 $du = 2dx$ ，因而得 $dx = \dfrac{1}{2}du$ 。

則 $\displaystyle\int \sqrt{2x+5}\,dx = \int u^{\frac{1}{2}} \cdot \frac{1}{2}\,du = \frac{1}{2}\int u^{\frac{1}{2}}\,du$

$$= \frac{1}{2}\frac{2}{3}u^{\frac{3}{2}} + c = \frac{1}{3}(2x+5)^{\frac{3}{2}} + c$$

👆 例題7

求 $\displaystyle\int e^{\sin x} \cdot \cos x\,dx$ 。

令 $u = \sin x$ ，得 $du = \cos x\,dx$

則 $\displaystyle\int e^{\sin x} \cdot \cos x\,dx = \int e^{u} \cdot du = e^{u} + c$

$$= e^{\sin x} + c$$

👆 例題8

求 $\displaystyle\int \frac{\ln x}{x}\,dx$ 。

解

令 $u = \ln x$ ，得 $du = \dfrac{1}{x}\,dx$

則 $\displaystyle\int \frac{\ln x}{x}\,dx = \int \ln x \cdot \frac{1}{x}\,dx = \int u \cdot du$

$$= \frac{1}{2}u^2 + c = \frac{1}{2}(\ln x)^2 + c$$

欲利用變數代換法求不定積分，要如何變換（即如何選取 $x = g(u)$）並無通則可循，只有多嘗試，以累積經驗。而以下例題 8 為變數代換法中常見的題型（例 3,4,5 為其特例）。

 例題9

求 $\int x^r (ax^{r+1} + b)^k dx$ ， $a, b, r, k \in R$ 。

解

令 $u = ax^{r+1} + b$

得 $du = (r+1)ax^r dx$

因而得 $dx = \dfrac{1}{(r+1)ax^r} du$

則 $\int x^r (ax^{r+1} + b)^k dx = \dfrac{1}{a(r+1)} \int u^k du$

$$= \begin{cases} \dfrac{1}{a(r+1)(k+1)} u^{k+1} & \text{當 } k \neq -1 \\ \dfrac{1}{a(r+1)} \ln|u| & \text{當 } k = -1 \end{cases}$$

$$= \begin{cases} \dfrac{1}{a(r+1)(k+1)} (ax^{r+1} + b)^{k+1} & \text{當 } k \neq -1 \\ \dfrac{1}{a(r+1)} \ln|ax^{r+1} + b| & \text{當 } k = -1 \end{cases}$$

這個積分函數，其形式的特徵是：對 x^r 和 $(ax^{r+1}+b)^k$ 這二個部分而言，其 x 的次數，後者為 x^{r+1}，而前者為 x^r，後者比前者正好多一次，其餘的 a, b, r, k 為不受限制的任意實數。只要合乎這個條件，就可考慮作 $u = ax^{r+1}+b$ 的變換。

例題10

求 $\int \dfrac{c}{ax^2+b} dx$。

解

它不是例題8形式的積分函數，因此不可令 $u = ax^2+b$ 去進行變數代換。

由於 $\int \dfrac{c}{ax^2+b} dx = \int \dfrac{\frac{c}{b}}{\frac{a}{b}x^2+1} dx$（分子，分母同除以 b）

令 $u = \sqrt{\dfrac{a}{b}} x$，得 $du = \sqrt{\dfrac{a}{b}} dx$，因而得 $dx = \sqrt{\dfrac{b}{a}} du$

則

$$\int \frac{c}{ax^2+b} dx = \int \frac{\frac{c}{b}}{\frac{a}{b}x^2+1} dx = \frac{c}{b} \sqrt{\frac{b}{a}} \int \frac{1}{u^2+1} du$$

$$= \frac{c}{\sqrt{ab}} \text{Tan}^{-1} u + c_1 = \frac{c}{\sqrt{ab}} \text{Tan}^{-1} \sqrt{\frac{a}{b}} x + c_1$$

例題11

求 $\int e^{ax} dx$，$a \in R$。

解

令 $u = ax$，得 $du = adx$，因而得 $dx = \dfrac{1}{a}du$

則

$$\int e^{ax}dx = \int e^{u}\dfrac{1}{a}du = \dfrac{1}{a}e^{u} + c = \dfrac{1}{a}e^{ax} + c$$

由類似作法，可得

$$\int \sin ax\,dx = \dfrac{-1}{a}\cos ax + c$$

$$\int \cos ax\,dx = \dfrac{1}{a}\sin ax + c$$

以上所得的三個結果，經常會用到，且很容易求得，往後我們可將它們視為基本不定積分公式直接來利用。

例如，$\displaystyle\int e^{3x}dx = \dfrac{1}{3}e^{3x} + c$，$\displaystyle\int \cos\dfrac{x}{2}dx = 2\sin\dfrac{x}{2} + c$，$\displaystyle\int \sin 4x\,dx = \dfrac{-1}{4}\cos 4x + c$。

例題12

求 $\displaystyle\int (5x-1)\sqrt{3x+2}\,dx$。

 解

令 $u = 3x + 2$，亦即 $x = \dfrac{u-2}{3}$

得 $dx = \dfrac{1}{3}du$。

將 $x = \dfrac{u-2}{3}$ 及 $dx = \dfrac{1}{3}du$ 代入，得

$$\int (5x-1)\sqrt{3x+2}\,dx = \int \left(5\left(\frac{u-2}{3} \right) -1 \right) \sqrt{u}\,\frac{1}{3}\,du$$

$$= \frac{1}{9}\int 5u^{\frac{3}{2}} - 13u^{\frac{1}{2}}\,du = \frac{2}{9}u^{\frac{5}{2}} - \frac{26}{27}u^{\frac{3}{2}} + c$$

$$= \frac{2}{9}(3x+2)^{\frac{5}{2}} - \frac{26}{27}(3x+2)^{\frac{3}{2}} + c$$

 例題13

求 $\int 4x^5\sqrt{3+x^2}\,dx$ 。

解

令 $x = \sqrt{u-3} = (u-3)^{\frac{1}{2}}$ ，亦即 $u = 3+x^2$

得 $dx = \frac{1}{2}(u-3)^{\frac{-1}{2}}\,du$

將 $x = (u-3)^{\frac{1}{2}}$ 及 $dx = \frac{1}{2}(u-3)^{\frac{-1}{2}}\,du$ 代入，得

$$\int 4x^5\sqrt{3+x^2}\,dx = \int 4(u-3)^{\frac{5}{2}}u^{\frac{1}{2}}\frac{1}{2}(u-3)^{\frac{-1}{2}}\,du = \int 2(u-3)^2 u^{\frac{1}{2}}\,du$$

$$= 2\int (u-3)^2 u^{\frac{1}{2}}\,du$$

$$= 2\int (u^2-6u+9)u^{\frac{1}{2}}\,du = 2\int u^{\frac{5}{2}} - 6u^{\frac{3}{2}} + 9u^{\frac{1}{2}}\,du$$

$$= \frac{4}{7}u^{\frac{7}{2}} - \frac{24}{5}u^{\frac{5}{2}} + 12u^{\frac{3}{2}} + c$$

$$= \frac{4}{7}(3+x^2)^{\frac{7}{2}} - \frac{24}{5}(3+x^2)^{\frac{5}{2}} + 12(3+x^2)^{\frac{3}{2}} + c$$

 例題14

求 $\int \cos^3 x dx$。

解

$$\int \cos^3 x dx = \int \cos^2 x \cos x dx = \int (1-\sin^2 x)\cos x dx$$

令 $u = \sin x$，得 $du = \cos x dx$，因而得 $dx = \frac{1}{\cos x}du$

則

$$\int \cos^3 x dx = \int (1-\sin^2 x)\cos x dx = \int 1-u^2 du = u - \frac{1}{3}u^3 + c$$

$$= \sin x - \frac{1}{3}\sin^3 x + c$$

由類似作法，且令 $u = \cos x$，可得 $\int \sin^3 x dx = -\cos x + \frac{1}{3}\cos^3 x + c$

 例題15

求 $\int \cos^2 x dx$。

解

由 $\cos 2x = 2\cos^2 x - 1$，得 $\cos^2 x = \frac{1+\cos 2x}{2}$

因此，得

$$\int \cos^2 x dx = \int \frac{1 + \cos 2x}{2} dx = \int \frac{1}{2} + \frac{1}{2}\cos 2x dx = \frac{x}{2} + \frac{1}{4}\sin 2x + c$$

由類似作法，及利用 $\sin^2 x = \dfrac{1 - \cos 2x}{2}$ ，可得

$$\int \sin^2 x dx = \frac{x}{2} - \frac{1}{4}\sin 2x + c$$

一般而言，$\int \cos^n x dx$ 或 $\int \sin^n x dx$ 的積分方法要分 n 是奇數或偶數而有不同的作法。當 n 為正奇數時，可仿例 14 的作法；當 n 為正偶數時，可仿例 15 的作法。

 例題16

求 $\int \tan x dx$ 。

解

$$\int \tan x dx = \int \frac{\sin x}{\cos x} dx$$

令 $u = \cos x$ ，得 $du = -\sin x dx$ ，因而得 $dx = \dfrac{1}{-\sin x} du$

將 $u = \cos x$ 及 $dx = \dfrac{1}{-\sin x} du$ 代入，得

$$\int \tan x dx = \int \frac{\sin x}{\cos x} dx = \int \frac{-1}{u} du = \ln|u| + c = -\ln|\cos x| + c$$

$$= \ln|\cos x|^{-1} + c = \ln\left|\frac{1}{\cos x}\right| + c = \ln|\sec x| + c$$

因此，得 $\int \tan x dx = \ln|\sec x| + c$

由類似的作法，且令 $u = \sin x$ ，可得 $\int \cot x dx = \ln|\sin x| + c$

 例題17

求 $\int \sec x dx$ 。

解

$$\int \sec x dx = \int \frac{\sec x(\sec x + \tan x)}{\sec x + \tan x} dx = \int \frac{\sec^2 x + \sec x \tan x}{\sec x + \tan x} dx$$

令 $u = \sec x + \tan x$ ，得 $du = (\sec x \cdot \tan x + \sec^2 x) dx$

因而得

$$dx = \frac{1}{\sec x \tan x + \sec^2 x} du$$

$$= \int \frac{\sec^2 x + \sec x \tan x}{u} \frac{1}{\sec x \tan x + \sec^2 x} du$$

$$= \int \frac{1}{u} du = \ln|u| + c = \ln|\sec x + \tan x| + c$$

由類似的作法，且令 $u = \csc x + \cot x$ ，可得

$$\int \csc x dx = \ln|\csc x - \cot x| + c$$

 例題18

求 $\int \sin 3x \cos 2x dx$ 。

解

利用積化和差公式，可得

$$\sin 3x \cos 2x = \frac{1}{2}\left[\sin(3x+2x)+\sin(3x-2x)\right] = \frac{1}{2}\sin 5x + \frac{1}{2}\sin x$$

進而得

$$\int \sin 3x \cos 2x \, dx = \int \frac{1}{2}\sin 5x + \frac{1}{2}\sin x \, dx = \frac{-1}{10}\cos 5x - \frac{1}{2}\cos x + c$$

由類似的作法（即利用積化和差公式），可求

$$\int \sin ax \sin bx \, dx \;\; \text{及} \int \cos ax \cos bx \, dx \;\; \circ$$

例題19

求 $\int \sqrt{1-x^2}\, dx$ 。

 解

令 $x = g(u) = \sin u$ ， $\dfrac{-\pi}{2} \le u \le \dfrac{\pi}{2}$ （這個限制使得 g 是可逆函數）

得 $dx = \cos u\, du$

則

$$\int \sqrt{1-x^2}\, dx = \int \sqrt{1-\sin^2 u}\,\cos u\, du = \int \sqrt{\cos^2 u}\,\cos u\, du = \int \cos^2 u\, du \quad （由於$$

$\dfrac{-\pi}{2} \le u \le \dfrac{\pi}{2}$ ，因而得 $\sqrt{\cos^2 u} = |\cos u| = \cos u$ ）

$$= \frac{u}{2} + \frac{1}{4}\sin 2u + c \quad （由例題15）$$

$$= \frac{u}{2} + \frac{1}{2}\sin u \cos u + c$$

$$= \frac{\sin^{-1} x}{2} + \frac{1}{2}\sin\sin^{-1} x \cdot \cos u + c \quad (\text{由 } x = \sin u \text{，得 } u = \sin^{-1} x)$$

$$= \frac{\sin^{-1} x}{2} + \frac{x}{2}\sqrt{1-x^2} + c \quad (\text{由 } x = \sin u \text{，得 } \cos u = \sqrt{1-x^2})$$

我們已經知道如何由變數代換法求不定積分。而由所求得之不定積分，再藉由微積分基本定理，可進一步去求它們的定積分值。其實我們亦可藉由以下定積分的變數代換法，直接以新的變數 u 來求其定積分值。

定理 6-2-2 （定積分的變數代換法）

設 $x = g(u)$ 為可逆函數，且 $g'(u)$ 為連續函數，又 f 在 $[a,b]$ 上連續，則

$$\int_a^b f(x)dx = \int_{g^{-1}(a)}^{g^{-1}(b)} f(g(u))g'(u)du$$

▶ **證 明**

由定理 6-2-1，知

若 $\int f(g(u))g'(u)du = H(u) + c$

則 $\int f(x)dx = H(g^{-1}(x)) + c$

因此，得

$$\int_a^b f(x)dx = H(g^{-1}(x))\Big|_a^b = H(g^{-1}(b)) - H(g^{-1}(a)) \quad (\text{由微積分基本定理})$$

$$= H(u)\Big|_{g^{-1}(a)}^{g^{-1}(b)} = \int_{g^{-1}(a)}^{g^{-1}(b)} f(g(u))g'(u)du \text{。}$$

另證明如下：

首先在 $[a,b]$ 上作 n 等分割，並將其分點和 a,b 兩點，依序標示為（如圖 6-2.1 所示）

$x_0, x_1, x_2, \ldots, x_n$

令 $u_i = g^{-1}(x_i)$ ， $i = 0,1,2,3,\dots,n$ 。（不妨假設 g 是嚴格遞增函數）

可得

$$\Delta x_i = x_i - x_{i-1} = g(u_i) - g(u_{i-1})$$

$$= g'(t_i)(u_i - u_{i-1}) \text{，} t_i \in [u_{i-1}, u_i] \text{（由均值定理）}$$

$$= g'(t_i)\Delta u_i$$

因此，得

$$\int_a^b f(x)dx = \lim_{n \to \infty} \sum_{i=1}^n f(x_i)\Delta x_i \text{（由定義）}$$

$$= \lim_{n \to \infty} \sum_{i=1}^n f(g(u_i))g'(t_i)\Delta u_i \text{（由前面之結果）}$$

$$= \lim_{n \to \infty} \sum_{i=1}^n f(g(u_i))g'(u_i)\Delta u_i \text{（由於 } g'(u) \text{ 是連續函數）}$$

$$= \int_{g^{-1}(a)}^{g^{-1}(b)} f(g(u))g'(u)du \text{（由定義）}$$

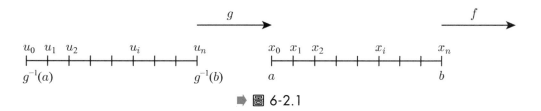

➡ 圖 6-2.1

例題20

求 $\displaystyle\int_0^4 2x\sqrt{x^2+9}\,dx$ 。

解

令 $x = g(u) = \sqrt{u-9}$ ，亦即令 $u = g^{-1}(x) = x^2 + 9$

可得 $du = 2xdx$ ，因而得 $dx = \dfrac{1}{2x}du$

而當 $x=0$ 時，得 $g^{-1}(0)=9$，當 $x=4$ 時，得 $g^{-1}(4)=25$

由定理6-2-2，得 $\int_0^4 2x\sqrt{x^2+9}\,dx = \int_9^{25}\sqrt{u}\,du = \frac{2}{3}u^{\frac{3}{2}}\Big|_9^{25} = \frac{196}{3}$

另法：

令 $x=\sqrt{u-9}$，亦即令 $u=x^2+9$

可得 $du=2x\,dx$，因而得 $dx=\frac{1}{2x}du$

則 $\int 2x\sqrt{x^2+9}\,dx = \int \sqrt{u}\,du = \frac{2}{3}u^{\frac{3}{2}}+c = \frac{2}{3}(x^2+9)^{\frac{3}{2}}+c$

由微積分基本定理，得

$$\int_0^4 2x\sqrt{x^2+9}\,dx = \frac{2}{3}(x^2+9)^{\frac{3}{2}}+c\Big|_0^4 = \frac{196}{3}$$

 例題21

求 $\int_0^4 \dfrac{2x^3}{\sqrt{x^2+9}}dx$ 。

解

令 $x=\sqrt{u-9}$，亦即令 $u=x^2+9$

可得 $du=2x\,dx$，因而得 $dx=\frac{1}{2x}du$

而當 $x=0$ 時，得 $u=9$；當 $x=4$ 時，得 $u=25$

由定理6-2-2，得

$$\int_0^4 \frac{2x^3}{\sqrt{x^2+9}}dx = \int_9^{25} \frac{u-9}{\sqrt{u}}du = \int_9^{25} u^{\frac{1}{2}} - 9u^{\frac{-1}{2}}du$$

$$= \frac{2}{3}u^{\frac{3}{2}} - 18u^{\frac{1}{2}} + c\bigg|_9^{25} = 29\frac{1}{3}。$$

 例題22

求 $\int_0^2 2x+4dx$。

解

令 $x = \frac{u-4}{2}$，亦即令 $u = 2x+4$

可得 $dx = \frac{1}{2}du$

而當 $x=0$ 時，得 $u=4$；當 $x=2$ 時，得 $u=8$

由定理6-2-2，得

$$\int_0^2 2x+4dx = \int_4^8 u\frac{1}{2}du = \frac{1}{4}u^2\bigg|_4^8 = 12$$

顯然本題不須利用變數代換法即可輕易求得。我們會用定積分的變數代換法來求其值，只是想讓讀者看到它的幾何意義。由 $\int_0^2 2x+4dx = \int_4^8 \frac{u}{2}du$
顯示出：定積分的變數變換法，可讓我們將求如圖6-2.2所示之斜線區域的面積，轉換到求如圖6-2.3所示之斜線區域的面積，而這二個區域的面積是相等的。若後者的積分計算是較容易時，這轉換就值得。

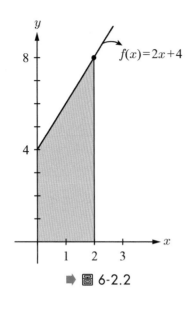

➡ 圖 6-2.2

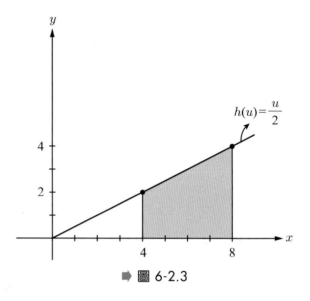

➡ 圖 6-2.3

在利用定理 6-2-2 去求定積分時，不可忽視函數 $x = g(u)$ 為可逆函數這個條件，不然會得到錯誤的結果。我們用以下的例子來說明。

 例題23

求 $\int_4^9 \sqrt{x}\,dx$ 。

解

直接求，得 $\int_4^9 \sqrt{x}\,dx = \dfrac{2}{3} x^{\frac{3}{2}} \Big|_4^9 = \dfrac{2}{3}(27 - 8) = \dfrac{38}{3}$ 。

另法，利用定理6-2-2求解如下：

令 $x = g(u) = u^2$

得 $dx = 2u\,du$

當 $x = 4$ 時，得 $u = -2$ （也可以是 $u = 2$ ）

當 $x = 9$ 時，得 $u = 3$ （也可以是 $u = -3$ ）

由定理6-2-2，得

$$\int_4^9 \sqrt{x}\, dx = \int_{-2}^3 \sqrt{u^2}\, 2u\, du$$

$$= \int_{-2}^3 u \cdot 2u\, du = \frac{2}{3}u^3 \Big|_{-2}^3 = \frac{70}{3}$$

這結果顯然是錯的，錯在哪裡？以下是正確的作法。

作法1：

令 $x = g(u) = u^2$，$u > 0$（這 $u > 0$ 的限制，使得 g 是可逆函數）

得 $dx = 2u\, du$

當 $x = 4$ 時，得 $u = 2$（由於限制 $u > 0$）

當 $x = 9$ 時，得 $u = 3$（由於限制 $u > 0$）

由定理6-2-2，得

$$\int_4^9 \sqrt{x}\, dx = \int_2^3 \sqrt{u^2}\, 2u\, du = \int_2^3 |u|\, 2u\, du$$

$$= \int_2^3 u \cdot 2u\, du \text{（因為 } u > 0 \text{）} = \frac{2}{3}u^3 \Big|_2^3 = \frac{38}{3}\text{。}$$

作法2：

令 $x = g(u) = u^2$，$u < 0$（這 $u < 0$ 的限制，使得 g 是可逆函數）

得 $dx = 2u\, du$

當 $x = 4$ 時，得 $u = -2$（由於限制 $u < 0$）

當 $x = 9$ 時，得 $u = -3$（由於限制 $u < 0$）

由定理6-2-2，得

$$\int_4^9 \sqrt{x}\,dx = \int_{-2}^{-3} \sqrt{u^2}\,2u\,du = \int_{-2}^{-3} |u|\,2u\,du$$

$$= \int_{-2}^{-3} -u \cdot 2u\,du \;(\text{因為 } u < 0) = \left. \frac{-2}{3}u^3 \right|_{-2}^{-3} = \frac{38}{3} \text{。}$$

 例題24

求 $\displaystyle\int_2^4 \frac{\sqrt{x^2-4}}{x}\,dx$ 。

解

令 $x = g(u) = 2\sec u$ ， $0 \le u < \dfrac{\pi}{2}$ （此 $g(u)$ 在 $\left[0, \dfrac{\pi}{2}\right)$ 上是可逆函數）

得 $dx = 2\sec u \cdot \tan u\,du$

當 $x = 2$ 時，得 $u = 0$

當 $x = 4$ 時，得 $u = \dfrac{\pi}{3}$

由定理6-2-2，得

$$\int_2^4 \frac{\sqrt{x^2-4}}{x}\,dx = \int_0^{\frac{\pi}{3}} \frac{\sqrt{4\tan^2 u}}{2\sec u}\,2\sec u \cdot \tan u\,du$$

$$= \int_0^{\frac{\pi}{3}} \frac{|2\tan u|}{2\sec u}\,2\sec u \cdot \tan u\,du$$

$$= \int_0^{\frac{\pi}{3}} 2\tan^2 u\,du \;\left(\text{因為 } 0 \le u < \frac{\pi}{2} \text{，所以 } |\tan u| = \tan u\right)$$

$$= 2\int_0^{\frac{\pi}{3}} (\sec^2 u - 1) du = 2\tan u - 2u \Big|_0^{\frac{\pi}{3}} = 2\sqrt{3} - \frac{2\pi}{3}$$

習題 6-2

1. $\displaystyle\int (2x+1)^{50} dx$

2. $\displaystyle\int \frac{1}{ax+b} dx$

3. $\displaystyle\int \sec^2 3x \, dx$

4. $\displaystyle\int (x^2+3x-7)^{10}(2x+3) dx$

5. $\displaystyle\int 4^{2x} dx$

6. $\displaystyle\int \sin(3x+5) dx$

7. $\displaystyle\int \frac{cx}{ax^2+b} dx$

8. $\displaystyle\int \frac{1}{(2-5x)^3} dx$

9. $\displaystyle\int \frac{x}{(5x^2+1)^8} dx$

10. $\displaystyle\int \frac{x}{(3+x^2)^4} dx$

11. $\displaystyle\int \frac{2x^2}{\sqrt{x^3+1}} dx$

12. $\displaystyle\int \frac{1}{\sqrt[3]{(1+5x)^2}} dx$

13. $\displaystyle\int \frac{Tan^{-1}x}{1+x^2} dx$

14. $\displaystyle\int \frac{\cos(\frac{1}{x})}{x^2} dx$

15. $\displaystyle\int x 2^{-x^2} dx$

16. $\displaystyle\int \frac{\sin\sqrt{x}}{\sqrt{x}} dx$

17. $\displaystyle\int \frac{1}{x\ln x} dx$

18. $\displaystyle\int (x^2+1)\sqrt{x-3} \, dx$

19. $\displaystyle\int \frac{e^x}{1-e^x} dx$

20. $\displaystyle\int \frac{1-e^x}{e^x} dx$

21. $\displaystyle\int \frac{e^x+e^{-x}}{e^x-e^{-x}} dx$

22. $\displaystyle\int \frac{1}{1+e^x} dx$（提示：$\dfrac{1}{1+e^x} = \dfrac{e^{-x}}{1+e^{-x}}$）

23. $\displaystyle\int_0^{\sqrt{3}} \frac{x}{x^2+9} dx$

24. $\displaystyle\int_1^9 \frac{e^{\sqrt{x}}}{\sqrt{x}} dx$

25. $\displaystyle\int \frac{x}{1+\sqrt{x}}\,dx$

26. $\displaystyle\int \frac{x^2}{\sqrt{2x+1}}\,dx$

27. $\displaystyle\int_0^1 x^2(1-x)^8\,dx$

28. $\displaystyle\int_1^6 \frac{x}{\sqrt{3x-2}}\,dx$

29. $\displaystyle\int \frac{1}{x^2+4}\,dx$

30. $\displaystyle\int \frac{1}{x^2+4x+5}\,dx$

31. $\displaystyle\int \frac{\sqrt{x^2-1}}{x}\,dx$（提示：令 $u=\sqrt{x^2-1}$）

32. $\displaystyle\int \frac{\sqrt{4x+3}}{x}\,dx$（提示：令 $u=\sqrt{4x+3}$）

33. $\displaystyle\int \frac{x}{1+x^4}\,dx$（提示：令 $u=x^2$）

34. $\displaystyle\int \frac{2+x}{\sqrt[3]{2-x}}\,dx$（提示：令 $u=\sqrt[3]{2-x}$）

35. $\displaystyle\int (x^3+5x^2)^{\frac{1}{2}}\,dx$（提示：$(x^3+5x^2)^{\frac{1}{2}}=x(x+5)^{\frac{1}{2}}$）

36. $\displaystyle\int \frac{1-\sqrt{x}}{1+\sqrt{x}}\,dx$

37. $\displaystyle\int x^3(2x^2-1)^5\,dx$

38. $\displaystyle\int x^5\sqrt{1+x^2}\,dx$

39. $\displaystyle\int x^5\sqrt{1+x^3}\,dx$

40. $\displaystyle\int \cot x\,dx$

41. $\displaystyle\int \csc x\,dx$

42. $\displaystyle\int \cos x \cos 3x\,dx$

6-3 分部積分法

　　當用變數變換法無法求得不定積分時，可試著用本節所介紹的「**分部積分法**」(**Integration by parts**)。而所謂的分部積分法就是依據以下定理的式子來進行的積分方法。

定 理　6-3-1　（分部積分法）

設 $f(x)$，$g(x)$ 皆為可微分函數，則

$$\int f(x) \cdot g'(x)dx = f(x) \cdot g(x) - \int f'(x) \cdot g(x)dx$$

註▶

若求定積分，則有 $\displaystyle\int_a^b f(x)g'(x)dx = f(x) \cdot g(x)\Big|_a^b - \int_a^b f'(x)g(x)dx$

▶證 明

由 $\dfrac{d}{dx}[f(x) \cdot g(x)] = f'(x) \cdot g(x) + f(x) \cdot g'(x)$

等號兩邊同時取不定積分，得

$$\int \dfrac{d}{dx}[f(x) \cdot g(x)]dx = \int f'(x) \cdot g(x)dx + \int f(x) \cdot g'(x)dx$$

移項整理，得 $\displaystyle\int f(x) \cdot g'(x)dx = f(x) \cdot g(x) - \int f'(x) \cdot g(x)dx$，得證。

上式若令　$u = f(x)$　且　$dv = g'(x)dx$

則得　$du = f'(x)dx$　和

$$v = \int dv = \int g'(x)dx = g(x)$$

因此，定理 6-3-1 亦可表成

$$\int u\,dv = u \cdot v - \int v\,du$$

　　分部積分法是一種間接的方法，因為在運用上，我們不是直接去求 $\displaystyle\int f(x)g'(x)dx$，而是先去求 $\displaystyle\int f'(x)g(x)dx$，等求得 $\displaystyle\int f'(x)g(x)dx$ 後，再利用定理 6-3-1 的公式，由 $f(x)g(x) - \displaystyle\int f'(x)g(x)dx$ 而求得 $\displaystyle\int f(x)g'(x)dx$。當然要使用這個方法的前提是：$\displaystyle\int f'(x)g(x)dx$ 要「積得出來」，而 $\displaystyle\int f(x)g'(x)dx$「積不出來」。否則，沒有使用這個方法的必要。現在我們將分部積分法的操作步驟整理如下：

(1) 將積分函數，分成二個部分，其中一個部分，稱為 $f(x)$（用符號 $f(x)$ 只是配合定理 6-3-1 的符號），其餘的部分，稱為 $g'(x)$。

(2) 微分 $f(x)$，得 $f'(x)$；積分 $g'(x)$，即 $\int g'(x)dx$，得 $g(x)$。（從這裡讓我們看到選取 $f(x)$ 和 $g'(x)$ 的原則是：將不易積分的部分做為（分配給）$f(x)$，而 $g'(x)$ 要容易積分）

(3) 求 $\int f'(x)g(x)dx$。

(4) 得 $\int f(x)g'(x)dx$ 為 $f(x) \cdot g(x) - \int f'(x)g(x)dx$。

 例題1

求 $\int x \cdot \cos x \, dx$。

解

若令 $f(x) = x$，$g'(x) = \cos x$

則 $f'(x) = 1$，$g(x) = \sin x$

由定理6-3-1得

$$\int x \cdot \cos x \, dx = x \cdot \sin x - \int \sin x \, dx$$
$$= x \cdot \sin x + \cos x + c$$

若令 $f(x) = \cos x$，$g'(x) = x$

則 $f'(x) = -\sin x$，$g(x) = \frac{1}{2}x^2$

得 $\int x \cos x \, dx = \frac{1}{2}x^2 \cos x + \int \frac{1}{2}x^2 \sin x \, dx$

此時 $\int \frac{1}{2}x^2 \sin x \, dx$ 比 $\int x \cos x \, dx$ 更不易求，因此這樣的分派就不對。

例題2

求 $\int \ln x \, dx$ 。

解

若令 $f(x) = \ln x$ ， $g'(x) = 1$

$f'(x) = \dfrac{1}{x}$ ， $g(x) = x$

得 $\int \ln x \, dx = x \cdot \ln x - \int x \cdot \dfrac{1}{x} \, dx$

$= x \cdot \ln x - x + c$

 例題3

求 $\int \mathrm{Tan}^{-1} x \, dx$ 。

解

若令 $f(x) = \mathrm{Tan}^{-1} x$ ， $g'(x) = 1$

則 $f'(x) = \dfrac{1}{1+x^2}$ ， $g(x) = x$

得

$\int \mathrm{Tan}^{-1} x \, dx = x \cdot \mathrm{Tan}^{-1} x - \int \dfrac{1}{1+x^2} \cdot x \, dx$

$= x \cdot \mathrm{Tan}^{-1} x - \dfrac{1}{2} \ln(1+x^2) + c$

 例題4

求 $\int x^2 \cdot \ln x\, dx$。

 解

若令 $f(x) = \ln x$， $g'(x) = x^2$

則 $f'(x) = \dfrac{1}{x}$， $g(x) = \dfrac{1}{3}x^3$

得

$$\int x^2 \cdot \ln x\, dx = \frac{1}{3}x^3 \cdot \ln x - \int \frac{1}{3}x^3 \cdot \frac{1}{x}\, dx = \frac{1}{3}x^3 \cdot \ln x - \frac{1}{3}\int x^2\, dx$$

$$= \frac{1}{3}x^3 \cdot \ln x - \frac{1}{9}x^3 + c$$

有些積分問題，如 $\int x^n \sin ax\, dx$， $\int x^n \cos ax\, dx$， $\int x^n e^{ax}\, dx$，並不能只利用一次分部積分法即可求得，它需要進行二次或更多次才能求得。我們用以下例子來說明。

 例題5

求 $\int x^2 \cdot e^x\, dx$。

 解

若令 $f(x) = x^2$， $g'(x) = e^x$

則 $f'(x) = 2x$， $g(x) = e^x$

得 $\int x^2 \cdot e^x\, dx = x^2 \cdot e^x - \int 2x \cdot e^x\, dx$

針對 $\int 2x e^x\, dx$

令 $f(x) = 2x$， $g'(x) = e^x$

則 $f'(x) = 2$， $g(x) = e^x$

合併得

$$\int x^2 e^x dx = x^2 \cdot e^x - [2x \cdot e^x - \int 2e^x dx]$$

$$= x^2 \cdot e^x - 2xe^x + 2e^x + c$$

而本例多次利用分部積分法所進行的過程，可用以下圖表來呈現：

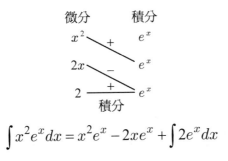

$$\int x^2 e^x dx = x^2 e^x - 2xe^x + \int 2e^x dx$$

 例題6

求 $\int x^2 \cos 3x dx$ 。

解

微分　　　積分
x^2　　　$\cos 3x$
$2x$　　　$\frac{1}{3}\sin 3x$
2　　　$-\frac{1}{9}\cos 3x$

得 $\int x^2 \cos 3x dx = \frac{1}{3}x^2 \sin 3x + \frac{2}{9}x \cos 3x - \frac{2}{9}\int \cos 3x dx$

$$= \frac{1}{3}x^2 \sin 3x + \frac{2}{9}x \cos 3x - \frac{2}{27}\sin 3x + c$$

　　下例是不能直接由分部積分法求得其不定積分，但卻能由分部積分法得到含一個未知函數（此即所欲求的不定積分）的等號關係式，再由此等式去求得所欲求的不定積分。

例題7

求 $\int e^x \cdot \cos x \, dx$。

解

若令 $f(x) = e^x$，$g'(x) = \cos\ x$

則 $f'(x) = e^x$，$g(x) = \sin\ x$

得 $\int e^x \cdot \cos x \, dx = e^x \cdot \sin x - \int e^x \cdot \sin x \, dx$

針對 $\int e^x \sin x \, dx$

令 $f(x) = e^x$，$g'(x) = \sin\ x$

則 $f'(x) = e^x$，$g(x) = -\cos\ x$

合併得 $\int e^x \cos x \, dx = e^x \cdot \sin x - [-e^x \cos x + \int e^x \cos x \, dx]$

$\Rightarrow \int e^x \cos x \, dx = e^x \cdot \sin x + e^x \cos x - \int e^x \cos x \, dx$（這是含一個未知函數，即 $\int e^x \cos x \, dx$，的等號式子）

$\Rightarrow 2\int e^x \cos x \, dx = e^x \cdot \sin x + e^x \cos x$

$\Rightarrow \int e^x \cos x \, dx = \dfrac{1}{2} e^x (\sin x + \cos x) + c$

例題8

求 $\int \cos \sqrt{x} \, dx$。

解

令 $t = \sqrt{x} \Rightarrow dt = \dfrac{1}{2\sqrt{x}} dx \Rightarrow dx = 2t dt$

則 $\displaystyle\int \cos\sqrt{x}\, dx = 2\int t\cos t\, dt$

利用例1的結果得

$$2\int t\cos t\, dt = 2(t\sin t + \cos t) + c$$

因此，得

$$\int \cos\sqrt{x}\, dx = 2\sqrt{x}\sin\sqrt{x} + 2\cos\sqrt{x} + c$$

例題9

試證：$\displaystyle\int \cos^n x\, dx = \dfrac{1}{n}\sin x \cdot \cos^{n-1} x + \dfrac{n-1}{n}\int \cos^{n-2} x\, dx$。

解

令 $f(x) = \cos^{n-1} x$ ， $g'(x) = \cos x$

則 $f'(x) = (n-1)\cos^{n-2} x(-\sin x)$ ， $g(x) = \sin x$

得 $\displaystyle\int \cos^n x\, dx = \sin x \cdot \cos^{n-1} x + (n-1)\int \sin^2 x \cos^{n-2} x\, dx$

$\qquad\qquad = \sin x \cos^{n-1} x + (n-1)\int (1-\cos^2 x)\cos^{n-2} x\, dx$

$\qquad\qquad = \sin x \cos^{n-1} x + (n-1)\int \cos^{n-2} x\, dx - (n-1)\int \cos^n x\, dx$

移項整理可得

$$n\int \cos^n x\, dx = \sin x \cos^{n-1} x + (n-1)\int \cos^{n-2} x\, dx$$

兩邊同除以 n 而得證

$$\int \cos^n x dx = \frac{1}{n} \sin x \cos^{n-1} x + \frac{n-1}{n} \int \cos^{n-2} x dx$$

習題 6-3

1. $\int x \sin x dx$

2. $\int x \cos 4x dx$

3. $\int x e^{-x} dx$

4. $\int x^2 e^{3x} dx$

5. $\int x^2 \cos x dx$

6. $\int x \cdot 3^x dx$

7. $\int x^3 \ln x dx$

8. $\int \frac{\ln x}{\sqrt{x}} dx$

9. $\int Sin^{-1} x dx$

10. $\int e^x \sin x dx$

11. $\int e^{\sqrt{x}} dx$ （提示：先作 $u = \sqrt{x}$ 的變換）

12. $\int \sin \sqrt{x} dx$ （提示：先作 $u = \sqrt{x}$ 的變換）

13. $\int (\ln x)^2 dx$

14. $\int x^3 \cdot e^{x^2} dx$ （提示：令 $f(x) = x^2$ ， $g'(x) = xe^{x^2}$ ）

15. 證明： $\int \sin^n x dx = \frac{-1}{n} \cos x \sin^{n-1} x + \frac{n-1}{n} \int \sin^{n-2} x dx$

（提示：令 $f(x) = \sin^{n-1} x \cdot g'(x) = \sin x$ ）

16. 證明： $\int (\ln x)^n dx = x(\ln x)^n - n \int (\ln x)^{n-1} dx$

17. 證明： $\int \sec^n x dx = \frac{\sec^{n-2} x \tan x}{n-1} + \frac{n-2}{n-1} \int \sec^{n-2} x dx$

（提示：令 $f(x) = \sec^{n-2} x \cdot g'(x) = \sec^2 x$ ）

18. $\int \sin \ln x dx$ （提示：令 $u = \ln x$ ）

6-4 有理函數的積分探討

本節要探討有理函數的不定積分問題，亦即探討型如 $\int \dfrac{P(x)}{Q(x)} dx$ 的不定積分，其中 $P(x)$，$Q(x)$ 為多項式。學會本節的方法，足可對付所有的有理函數的不定積分問題。首先我們觀察以下的等式：

$$\frac{2x+3}{(x+2)(x-1)^2} = \frac{-\dfrac{1}{9}}{x+2} + \frac{\dfrac{5}{3}}{(x-1)^2} + \frac{\dfrac{1}{9}}{x-1}$$

可發現：右邊式子每一項的積分都很容易，而左邊式子的積分就困難多了。從左式得到右式，稱為真分式的分解（反向回去，就稱為合併）。經分解後的真分式，其每一項的真分式，它們分母的次數都會降低，這會使積分變得容易（這稍後就會明白）。這個現象讓我們想到分式型函數（亦即有理函數）積分的辦法，那就是：**將真分式分解成幾個較簡單的真分式之和後，再去積分**。以下我們就詳細來說明這個辦法。

首先我們都知道分式可分為真分式和假分式。對假分式，我們總是可以將它表示成多項式和真分式的和（這如同一個假分數，可分解成整數和真分數之和一樣，如 $\dfrac{11}{2} = 3 + \dfrac{2}{3}$）。多項式函數的積分很容易，沒有問題。因此，一個分式函數的積分問題可歸結為真分式函數的積分問題。而對真分式函數的積分辦法就是前面所提的將它分解成幾個真分式後再去積分。將一個真分式分解成幾個真分式之和，這幾個真分式就稱為是原真分式的部分分式(partial fraction)。因此，在數學上稱「真分式分解」為「部分分式分解」。要如何將一個真分式分解為其部分分式之和，其分解理論就是依據稍後所提供的定理 6-4-1 和定理 6-4-2。至於實際上要如何進行，我們會在後面的例子中詳加說明。而經分解後的這些真分式，依定理 6-4-1 和定理 6-4-2 可知它們一定是 $\dfrac{c}{(ax+b)^n}$ 或 $\dfrac{kx+r}{(ax^2+bx+c)^n}$，其中 $n \geq 1$，且 ax^2+bx+c 的係數滿足 $b^2 - 4ac < 0$（這表示 ax^2+bx+c 不可因式分解）。

因此，有理函數的積分問題，可進一步歸結為這二類真分式函數的積分問題。而這二類型函數的積分方法，我們分別說明如下：

(一) 求 $\int \dfrac{c}{(ax+b)^n}dx$ ， $n \ge 1$

令 $u=ax+b$ ，得 $du=adx$ ，因而得 $dx=\dfrac{1}{a}du$

則得 $\int \dfrac{c}{(ax+b)^n}dx = \dfrac{c}{a}\int u^{-n}du = \begin{cases} \dfrac{c}{a}ln|ax+b|+c_1 & , \quad n=1 \\[3mm] \dfrac{c}{a}\dfrac{1}{1-n}(ax+b)^{1-n} & , \quad n>1 \end{cases}$

(二) 求 $\int \dfrac{kx+r}{(ax^2+bx+c)^n}dx$ ，其中 $b^2-4ac<0$ ，且 $n \ge 1$

首先利用變數代換關係 $u=x+\dfrac{b}{2a}$ ，將

$\int \dfrac{kx+r}{(ax^2+bx+c)^n}dx$ 轉化為 $\int \dfrac{a_1u+b_1}{(u^2+c_1)^n}du$

又 $\int \dfrac{a_1u+b_1}{(u^2+c_1)^n}du = \int \dfrac{a_1u}{(u^2+c_1)^n}du + \int \dfrac{b_1}{(u^2+c_1)^n}du$

因此， $\int \dfrac{a_1u+b_1}{(u^2+c_1)^n}du$ 的不定積分求法，分兩個部分

(a) $\int \dfrac{a_1u}{(u^2+c_1)^n}du$ 和(b) $\int \dfrac{b_1}{(u^2+c_1)^n}du$ 分別來進行。

(a) 求 $\int \dfrac{a_1u}{(u^2+c_1)^n}du$ ：

令 $w=u^2+c_1$ ，得 $dw=2udu$ ，因而得 $du=\dfrac{1}{2u}dw$

則得 $\int \dfrac{a_1u}{(u^2+c_1)^n}du = \dfrac{a_1}{2}\int w^{-n}dw = \begin{cases} \dfrac{a_1}{2}\ell n|u^2+c_1|+c_2 & , \quad n=1 \\[3mm] \dfrac{a_1}{2}\dfrac{1}{1-n}(u^2+c_1)^{1-n}+c_2 & , \quad n>1 \end{cases}$

(b) 求 $\int \dfrac{b_1}{(u^2+c_1)^n}du$ ：

我們提供兩個作法。

方法 1：

令 $u = \sqrt{c_1}\tan\theta$ （此 $c_1 > 0$ ）

得 $du = \sqrt{c_1}\sec^2\theta d\theta$

則

$$\int \frac{b_1}{(u^2+c_1)^n}du = \int \frac{b_1}{(c_1\tan^2\theta+c_1)^n}\sqrt{c_1}\sec^2\theta d\theta$$

$$= \int \frac{b_1}{c_1^n(\sec^2\theta)^n}\sqrt{c_1}\sec^2 d\theta = b_1 c_1^{\frac{1}{2}-n}\int \cos^{2n-2}d\theta$$

而 $\int \cos^{2n-2}\theta d\theta$ 的不定積分計算，可用以下的遞推

公式：

$$\int \cos^n x dx = \frac{1}{n}\cos^{n-1}x\cdot\sin x + \frac{n-1}{n}\int \cos^{n-2}x dx$$

（這公式可由分部積分法得到）

因而可求得 $\int \dfrac{b_1}{(u^2+c_1)^n}du$ 。

方法 2：

利用以下的遞推公式：

$$\int \frac{1}{(x^2+a)^{n+1}}dx = \frac{x}{2na(x^2+a)^n} + \frac{2n-1}{2na}\int \frac{1}{(x^2+a)^n}dx \text{ 。}$$

以及

$$\int \frac{1}{x^2+a}dx = \frac{1}{\sqrt{a}}\text{Tan}^{-1}\frac{x}{\sqrt{a}} \text{ （由 6-2 例 10）}$$

就可求得 $\int \dfrac{b_1}{(u^2+c_1)^n}du$ 。

此遞推公式，推導如下：

令 $J_n = \int \dfrac{1}{(x^2+a)^n} dx$ ， $n \geq 1$

由分部積分法，取

$$f(x) = \frac{1}{(x^2+a)^n} \text{ , } g'(x) = 1$$

得 $f'(x) = \dfrac{-2nx}{(x^2+a)^{n+1}}$ ， $g(x) = x$

則得

$$J_n = \int \frac{1}{(x^2+a)^n} dx = \frac{x}{(x^2+a)^n} + 2n \int \frac{x^2}{(x^2+a)^{n+1}} dx$$

$$= \frac{x}{(x^2+a)^n} + 2n \int \frac{x^2+a-a}{(x^2+a)^{n+1}} dx$$

$$= \frac{x}{(x^2+a)^n} + 2n \int \frac{1}{(x^2+a)^n} dx - 2na \int \frac{1}{(x^2+a)^{n+1}} dx$$

$$= \frac{x}{(x^2+a)^n} + 2nJ_n - 2naJ_{n+1}$$

因而得

$$J_{n+1} = \frac{1}{2na} \left(\frac{x}{(x^2+a)^n} + (2n-1)J_n \right)$$

$$= \frac{x}{2na(x^2+a)^n} + \frac{2n-1}{2na} J_n$$

亦即得

$$\int \frac{1}{(x^2+a)^{n+1}} dx = \frac{x}{2na(x^2+a)^n} + \frac{2n-1}{2na} \int \frac{1}{(x^2+a)^n} dx \text{ , } n \geq 1 \text{ 。}$$

　　以上的討論是針對最一般的真分式（指經部分分式分解後的真分式），但通常我們遇到的真分式，其樣子會稍為簡單，大致為以下的三種類型，我們利用以上討論的結果，列出其不定積分如下：

$(1) \displaystyle\int \frac{1}{(ax+b)^n} dx = \begin{cases} \dfrac{1}{a}\ln|ax+b|+c & , \quad n=1 \\ \dfrac{1}{a}\dfrac{1}{1-n}(ax+b)^{1-n}+c & , \quad n>1 \end{cases}$

（令 $u = ax+b$）

$(2) \displaystyle\int \frac{x}{(x^2+a)^n} dx = \begin{cases} \dfrac{1}{2}\ln|x^2+a|+c & , \quad n=1 \\ \dfrac{1}{2}\dfrac{1}{1-n}(x^2+a)^{1-n}+c & , \quad n>1 \end{cases}$

（令 $u = x^2+a$）

$(3) \displaystyle\int \frac{1}{x^2+a} dx = \frac{1}{\sqrt{a}}\tan^{-1}\frac{x}{\sqrt{a}}+c$

（令 $u = \dfrac{1}{\sqrt{a}}x$）

$(3') \displaystyle\int \frac{1}{(x^2+a)^{n+1}} dx = \frac{x}{2na(x^2+a)^n}+\frac{2n-1}{2na}\int \frac{1}{(x^2+a)^n} dx \, , n \geq 1$

　　經由以上的詳細解說，我們已經知道有理函數要如何積分，且也一定可以「積出來」。在我們用例子來說明上述所談的方法之前，我們尚需要知道如何將真分式分解成部分分式之和，而這主要是根據以下的二個定理。

定理　6-4-1

設 $\dfrac{P(x)}{Q(x)}$ 為**最簡真分式**（$P(x),Q(x)$ 表多項式），且 $Q(x)$ 的**實係數相異質因式分解**為

$Q(x) = Q_1(x)Q_2(x)\cdots Q_n(x)$，則必存在有唯一的一組多項式 $P_1(x),P_2(x),\cdots P_n(x)$，使

得 $\dfrac{P(x)}{Q(x)} = \dfrac{P_1(x)}{Q_1(x)}+\dfrac{P_2(x)}{Q_2(x)}+\cdots+\dfrac{P_n(x)}{Q_n(x)}$，其中 $\dfrac{P_i(x)}{Q_i(x)}$ $(i=1,2,\cdots,n)$ 為**真分式**。

　　由於任何實係數的質因式分解，若不看重複的部分，其因式最高只能是二次因式（二次以上的因式一定可以再分解），因此定理 6-4-1 裡的 $Q_i(x)$ 一定是 $(a_i x+b_i)^n$ 或 $(a_i x^2+b_i x+c_i)^n$ 之一，其中 $n \geq 1$，且 $a_i x^2+b_i x+c_i$ 之係數滿

足 $b_i^2 - 4a_i c_i < 0$（這表示 $a_i x^2 + b_i x + c_i$ 是不可因式分解）。又當 $n > 1$ 時，為了利於進行不定積分，我們可依以下定理 6-4-2，將 $\dfrac{P_i(x)}{Q_i(x)}$ 再繼續分解為部分分式之和。

定理 6-4-2

(1) 設 $\dfrac{P(x)}{(ax+b)^n} \, (n > 1)$ 為**真分式**（$P(x)$ 表多項式），則必存在有唯一的一組實數 $c_1, c_2, \cdots, c_n$ 使得

$$\frac{P(x)}{(ax+b)^n} = \frac{c_1}{ax+b} + \frac{c_2}{(ax+b)^2} + \cdots + \frac{c_n}{(ax+b)^n}$$

(2) 設 $\dfrac{P(x)}{(ax^2+bx+c)^n} \, (n > 1)$ 為**真分式**（其中 $b^2 - 4ac < 0$），則必存在有唯一的一組實數 $c_1, c_2, \cdots, c_n$; $d_1, d_2, \cdots, d_n$，使得

$$\frac{P(x)}{(ax^2+bx+c)^n} = \frac{c_1 x + d_1}{ax^2+bx+c} + \frac{c_2 x + d_2}{(ax^2+bx+c)^2} + \cdots + \frac{c_n x + d_n}{(ax^2+bx+c)^n}$$

定理 6-4-1 及 6-4-2 的功用是，它告訴我們一個真分式能分解成什麼樣子的部分分式之和。例如，真分式 $\dfrac{P(x)}{(x-2)^3 (x^2+1)^2}$ 能分解成

$$\frac{P(x)}{(x-2)^3 (x^2+1)^2} = \frac{a_1 x^2 + a_2 x + a_3}{(x-2)^3} + \frac{b_1 x^3 + b_2 x^2 + b_3 x + b_4}{(x^2+1)^2} \quad （由定理 6\text{-}4\text{-}1）$$

$$= \frac{a_{11}}{x-2} + \frac{a_{21}}{(x-2)^2} + \frac{a_{31}}{(x-2)^3} + \frac{b_{11} x + b_{12}}{(x^2+1)} + \frac{b_{21} x + b_{22}}{(x^2+1)^2} \quad （由定理 6\text{-}4\text{-}2）$$

例題 1

將 $\dfrac{2x+7}{x^2 - 3x - 4}$ 分解為部分分式之和。

解

由於 $x^2 - 3x - 4 = (x-4)(x+1)$，因此由定理6-4-1知，存在有二數 A, B 使

得 $\dfrac{2x+7}{x^2-3x-4} = \dfrac{2x+7}{(x-4)(x+1)} = \dfrac{A}{x-4} + \dfrac{B}{x+1}$

接著的工作是求 A, B 之值，以使其式子成立。其作法是先將式子轉化為相等的兩個多項式，亦即等號兩邊同乘 $(x-4)(x+1)$ 使去其分母。

得 $2x + 7 = A(x+1) + B(x-4)$　　(1)

整理(1)式，得 $2x + 7 = (A+B)x + A - 4B$。二個式子要相等，其同次項的係數要相等才行。因此，比較兩邊係數後，得

$$\begin{cases} A + B = 2 \\ A - 4B = 7 \end{cases}$$

解得 $A = 3$，$B = -1$

此外，欲求得 A, B 之值亦可用以下方法：

由於(1)式兩邊為相等的兩個式子，因此不管取什麼 x 值去代入(1)式都會使其兩邊之值相等。

取 $x = 4$　　　　代入(1)式得　　$15 = 5A \Rightarrow A = 3$

取 $x = -1$　　　代入(1)式得 $5 = -5B \Rightarrow B = -1$

（這裡取 $x = 4$，$x = -1$，只是它較易求得 A, B。取其它值代入仍然可求得 A, B）

因此，得 $\dfrac{2x+7}{x^2-3x-4} = \dfrac{3}{x-4} + \dfrac{-1}{x+1}$

例題2

求 $\displaystyle\int \dfrac{2x+7}{x^2-3x-4}\,dx$。

解

由例1得 $\displaystyle\int \frac{2x+7}{x^2-3x-4}dx = \int \left(\frac{3}{x-4}+\frac{-1}{x+1}\right)dx$

$$= 3\ln|x-4|-\ln|x+1|+c$$

例題3

求 $\displaystyle\int \frac{3x^3-7x^2-16x-1}{x^2-3x-4}dx$ 。

解

由於 $\dfrac{3x^3-7x^2-16x-1}{x^2-3x-4}$ 不是真分式，因此要先用長除法將其改為：多項式

＋真分式。可得

$$\frac{3x^3-7x^2-16x-1}{x^2-3x-4} = 3x+2+\frac{2x+7}{x^2-3x-4}$$

$$= 3x+2+\frac{3}{x-4}+\frac{-1}{x+1} \quad （依例1）$$

因此，得

$$\int \frac{3x^3-7x^2-16x-1}{x^2-3x-4}dx = \int 3x+2+\frac{3}{x-4}+\frac{-1}{x+1}dx$$

$$= \frac{3}{2}x^2+2x+3\ln|x-4|-\ln|x+1|$$

例題4

求 $\displaystyle\int \frac{2x^2-x+5}{(x+1)(x^2+3)}dx$ 。

由定理6-4-1，可得 $\dfrac{2x^2-x+5}{(x+1)(x^2+3)}=\dfrac{A}{x+1}+\dfrac{Bx+C}{x^2+3}$，其中 A,B,C 為待定實數。

去分母，得 $2x^2-x+5=A(x^2+3)+(Bx+C)(x+1)$　　　(1)

取 $x=-1$ 代入(1)式得　　$8-4A=0 \Rightarrow A=2$

取 $x=0$　　代入(1)式得　　$5=2(3)+C \Rightarrow C=-1$

取 $x=1$　　代入(1)式得　　$6=2(4)+(B-1)(2) \Rightarrow B=0$

則 $\displaystyle\int \dfrac{2x^2-x+5}{(x+1)(x^2+3)}dx=\int\left(\dfrac{2}{x+1}+\dfrac{-1}{x^2+3}\right)dx$

$\qquad\qquad\qquad\qquad\qquad = 2\ln|x+1|-\dfrac{\sqrt{3}}{3}Tan^{-1}\left(\dfrac{x}{\sqrt{3}}\right)+c$

例題5

求 $\displaystyle\int \dfrac{2x+3}{(x+2)(x-1)^2}dx$。

由定理6-4-1及6-4-2，可得 $\dfrac{2x+3}{(x+2)(x-1)^2}=\dfrac{A}{x+2}+\dfrac{B}{x-1}+\dfrac{C}{(x-1)^2}$，其中

A,B,C 為待定實數。

去分母，得　　$2x+3=A(x-1)^2+B(x+2)(x-1)+C(x+2)$　　　(1)

取 $x=-2$　代入(1)式得　　$-1=A(-3)^2 \Rightarrow A=\dfrac{-1}{9}$

取 $x=1$　　代入(1)式得　　$5=3C \Rightarrow C=\dfrac{5}{3}$

取 $x=0$　　代入(1)式得　　$3=\dfrac{-1}{9}+B(2)(-1)+\dfrac{5}{3}\cdot 2 \Rightarrow B=\dfrac{1}{9}$

則 $\quad \displaystyle\int \frac{2x+3}{(x+2)(x-1)^2}dx$

$$= \int \left(\frac{\dfrac{-1}{9}}{x+2} + \frac{\dfrac{1}{9}}{x-1} + \frac{\dfrac{5}{3}}{(x-1)^2} \right) dx$$

$$= -\frac{1}{9}\ln|x+2| + \frac{1}{9}\ln|x-1| - \frac{5}{3}\cdot\frac{1}{x-1} + c$$

$$= \frac{1}{9}\ln\left|\frac{x-1}{x+2}\right| - \frac{5}{3(x-1)} + c$$

 例題6

求 $\displaystyle\int \frac{x^3 - 2x^2 + x - 5}{(x-2)^4}dx$ 。

解

由定理6-4-2，可得

$$\frac{x^3 - 2x^2 + x - 5}{(x-2)^4} = \frac{A}{x-2} + \frac{B}{(x-2)^2} + \frac{C}{(x-2)^3} + \frac{D}{(x-2)^4} \ ，其中 A, B, C, D 為待$$

定實數。

去分母得， $x^3 - 2x^2 + x - 5 = A(x-2)^3 + B(x-2)^2 + C(x-2) + D$ $\qquad$ (1)

取 $x = 2 \qquad$ 代入(1)，得 $-3 = D$

取 $x = 0 \qquad$ 代入(1)，得 $-5 = -8A + 4B - 2C - 3$ $\qquad$ (2)

取 $x = 1 \qquad$ 代入(1)，得 $-5 = -A + B - C - 3$ $\qquad$ (3)

取 $x = -1 \qquad$ 代入(1)，得 $-9 = -27A + 9B - 3C - 3$ $\qquad$ (4)

解(2),(3),(4)式之聯立，得 $A = 1, B = 4, C = 5$ 。

因此，得 $\dfrac{x^3-2x^2+x-5}{(x-2)^4}=\dfrac{1}{x-2}+\dfrac{4}{(x-2)^2}+\dfrac{5}{(x-2)^3}+\dfrac{-3}{(x-2)^4}$

另法：

由 $x^3-2x^2+x-5=(x-2)^3+4(x-2)^2+5(x-2)-3$

得 $\dfrac{x^3-2x^2+x-5}{(x-2)^4}=\dfrac{(x-2)^3+4(x-2)^2+5(x-2)-3}{(x-2)^4}$

$$=\dfrac{1}{x-2}+\dfrac{4}{(x-2)^2}+\dfrac{5}{(x-2)^3}+\dfrac{-3}{(x-2)^4}$$

則 $\displaystyle\int\dfrac{x^3-2x^2+x-5}{(x-2)^4}dx$

$$=\int(\dfrac{1}{x-2}+\dfrac{4}{(x-2)^2}+\dfrac{5}{(x-2)^3}+\dfrac{-3}{(x-2)^4})dx$$

$$=\ln|x-2|-\dfrac{4}{x-2}-\dfrac{\dfrac{5}{2}}{(x-2)^2}+\dfrac{1}{(x-2)^3}+c$$

 例題7

求 $\displaystyle\int\dfrac{3}{x^2+2x+5}dx$ 。

解

由於 x^2+2x+5 不能因式分解，因此 $\dfrac{3}{x^2+2x+5}$ 已不能分解成部分分式之和。

$$\int\dfrac{3}{x^2+2x+5}dx=\int\dfrac{3}{(x+1)^2+4}dx=\int\dfrac{3}{u^2+4}du\ （令 u=x+1）$$

$$= \int \frac{\dfrac{3}{4}}{\left(\dfrac{u}{2}\right)^2 + 1}\, du = \int \frac{\dfrac{3}{2}}{w^2 + 1}\, dw \quad \left(\text{令 } w = \frac{u}{2}\right)$$

$$= \frac{3}{2}\mathrm{Tan}^{-1}w + c$$

$$= \frac{3}{2}\mathrm{Tan}^{-1}\left(\frac{x+1}{2}\right) + c$$

 例題8

求 $\displaystyle\int \frac{3x+2}{x^2 + 4x + 5}dx$ 。

解

由於 $x^2 + 4x + 5$ 不能因式分解，因此 $\dfrac{3x+2}{x^4 + 4x + 5}$ 不能分解成部分分式之和。

令 $u = x + 2$ ，得 $du = dx$ ， $x = u - 2$

則 $\displaystyle\int \frac{3x+2}{x^2 + 4x + 5}\, dx = \int \frac{3x+2}{(x+2)^2 + 1}\, dx$

$$= \int \frac{3(u-2)+2}{u^2 + 1}\, du = \int \frac{3u-4}{u^2 + 1}\, du$$

$$= \int \frac{3u}{u^2 + 1}\, du - \int \frac{4}{u^2 + 1}\, du$$

$$= \frac{3}{2}\ln\left|u^2 + 1\right| - 4\mathrm{Tan}^{-1}u + c$$

$$= \frac{3}{2}\ln\left|x^2 + 4x + 5\right| - 4\mathrm{Tan}^{-1}(x+2) + c$$

 例題9

求 $\displaystyle\int \frac{3}{(x^2 + 4)^2}dx$ 。

解

$$令 \ x = 2\tan\theta \ \Rightarrow \ dx = 2\sec^2\theta d\theta$$

$$則 \int \frac{3}{(x^2+4)^2}dx = \int \frac{3}{16\sec^4\theta}2\sec^2\theta d\theta = \frac{3}{8}\int \cos^2\theta d\theta$$

$$= \frac{3}{8}\int \frac{1+\cos 2\theta}{2}d\theta = \frac{3\theta}{16} + \frac{3}{32}\sin 2\theta + c$$

$$= \frac{3}{16}Tan^{-1}\frac{x}{2} + \frac{3}{16}\frac{x}{\sqrt{4+x^2}}\frac{2}{\sqrt{4+x^2}} + c$$

$$= \frac{3}{16}Tan^{-1}\frac{x}{2} + \frac{3}{8}\left(\frac{x}{4+x^2}\right) + c$$

習題 6-4

1. $\int \dfrac{3x+1}{x^2+2x-3}dx$

2. $\int \dfrac{3x^2+2}{x^2-x}dx$

3. $\int \dfrac{2x+3}{x^2-7x+12}dx$

4. $\int \dfrac{3x^4+2x^2-7}{x^2+4x-5}dx$

5. $\int \dfrac{2x+1}{x^3+x^2}dx$

6. $\int \dfrac{4x+5}{(x-1)(x+2)(x^2+3)}dx$

7. $\int \dfrac{3x^2}{x^4-1}dx$

8. $\int \dfrac{x^2-1}{x^3+5x}dx$

9. $\int \dfrac{x^2+2x+6}{(x-1)^3}dx$

10. $\int \dfrac{3x^4+2x-4}{(x+1)^5}dx$

11. $\int \dfrac{x^2-x+1}{4x^2-4x+3}dx$

12. $\int \dfrac{4x^2+3}{(x+1)(x^2+2x+5)}dx$

13. $\int \dfrac{4x^2-5x+6}{(x^2+2)^2}dx$

14. $\int \dfrac{x+3}{(x^2+4x+5)^2}dx$

15. $\int \dfrac{x^3+1}{x(x-1)^3} dx$

16. $\int \dfrac{1}{x^4+4} dx$（提示：$x^4+4=(x^2+2x+2)(x^2-2x+2)$）

17. $\int \dfrac{x^2}{x^3-4x^2+5x-2} dx$（提示：$x^3-4x^2+5x-2=0$ 有一根為 1）

18. $\int \dfrac{e^{3x}}{1-e^{2x}} dx$（提示：先令 $u=e^x$）

6-5 雜　題

例題1

求 $\int \dfrac{1}{1+2\sqrt{x}} dx$。

解

令 $u=\sqrt{x} \Rightarrow x=u^2 \Rightarrow dx=2udu$

$\therefore$ 原式 $= \displaystyle\int \dfrac{1}{1+2u}\cdot 2udu = \int \dfrac{(1+2u)-1}{1+2u} du$

$= \displaystyle\int \left[1-\dfrac{1}{1+2u}\right] du = u-\dfrac{1}{2}\ln|1+2u|+c = \sqrt{x}-\dfrac{1}{2}\ln\left|1+2\sqrt{x}\right|+c$

例題2

求 $\int \dfrac{\sqrt{x}}{\sqrt[3]{x}+1} dx$。

解

由於式子含 x 的二次及三次根式，為了去掉根式，可取其二、三的公倍數6，因此，令 $u = \sqrt[6]{x}$ ，得 $x = u^6 \Rightarrow dx = 6u^5 du$

$$
\begin{aligned}
\text{則} \int \frac{\sqrt{x}}{\sqrt[3]{x}+1} dx &= \int \frac{u^3}{u^2+1} 6u^5 du = 6\int \frac{u^8}{u^2+1} du \\
&= 6\int u^6 - u^4 + u^2 - 1 + \frac{1}{u^2+1} du \\
&= \frac{6}{7}u^7 - \frac{6}{5}u^5 + 2u^3 - 6u + 6\text{Tan}^{-1}u + c \\
&= \frac{6}{7}x^{\frac{7}{6}} - \frac{6}{5}x^{\frac{5}{6}} + 2x^{\frac{1}{2}} - 6x^{\frac{1}{6}} + 6\text{Tan}^{-1}(x^{\frac{1}{6}}) + c
\end{aligned}
$$

例題3

求 $\int_1^9 \frac{\sqrt{1+\sqrt{x}}}{\sqrt{x}} dx$ 。

 解

令 $u = 1 + \sqrt{x} \Rightarrow du = \frac{1}{2\sqrt{x}} dx$

當 $x = 1$ 時， $u = 2$ ；

當 $x = 9$ 時， $u = 4$

則 $\int_1^9 \frac{\sqrt{1+\sqrt{x}}}{\sqrt{x}} dx = \int_2^4 2\sqrt{u} du = \frac{4}{3}u^{\frac{3}{2}} \Big|_2^4 = \frac{4}{3}(8 - 2\sqrt{2})$

例題4

求 $\int \frac{4x^2 + 6x - 3}{\sqrt{(2x+1)^3}} dx$ 。

解

令 $u = 2x+1$，得 $du = 2dx$，$x = \dfrac{u-1}{2}$

則 $\displaystyle\int \dfrac{4\left(\dfrac{u-1}{2}\right)^2 + 6\left(\dfrac{u-1}{2}\right) - 3}{u^{\frac{3}{2}}} \cdot \dfrac{1}{2} du = \dfrac{1}{2}\int u^{\frac{1}{2}} + u^{\frac{-1}{2}} - 5u^{\frac{-3}{2}} du$

$= \dfrac{1}{3}u^{\frac{3}{2}} + u^{\frac{1}{2}} + 5u^{\frac{-1}{2}} + c$

$= \dfrac{1}{3}(2x+1)^{\frac{3}{2}} + (2x+1)^{\frac{1}{2}} + 5(2x+1)^{\frac{-1}{2}} + c$

 例題5

求 $\displaystyle\int \sqrt{\dfrac{x^2-1}{x^8}}\, dx$。

解

$\sqrt{\dfrac{x^2-1}{x^8}} = \dfrac{1}{x^3}\sqrt{\dfrac{x^2-1}{x^2}}$

令 $u = \dfrac{x^2-1}{x^2} = 1 - \dfrac{1}{x^2}$

得 $du = 2x^{-3} dx$

因而得 $dx = \dfrac{1}{2}x^3 du$

因此，得

$\displaystyle\int \sqrt{\dfrac{x^2-1}{x^8}}\, dx$

$$= \int \frac{1}{x^3} \sqrt{\frac{x^2-1}{x^2}} \, dx$$

$$= \int \frac{1}{x^3} \sqrt{u} \frac{1}{2} x^3 du$$

$$= \frac{1}{2} \int \sqrt{u} \, du = \frac{1}{3} u^{\frac{3}{2}} + c$$

$$= \frac{1}{3} \left(\frac{x^2-1}{x^2} \right)^{\frac{3}{2}} + c$$

 例題6

求 $\displaystyle\int_0^1 \frac{\ln(1+x)}{1+x^2} dx$ 。

解

令 $x = \tan\theta$ ，得 $dx = \sec^2\theta d\theta$

當 $x = 0$ ，得 $\theta = 0$

當 $x = 1$ ，得 $\theta = \dfrac{\pi}{4}$

由定積分變數代換法，得

$$\int_0^1 \frac{\ln(1+x)}{1+x^2} dx = \int_0^{\frac{\pi}{4}} \frac{\ln(1+\tan\theta)}{1+\tan^2\theta} \sec^2\theta d\theta$$

$$= \int_0^{\frac{\pi}{4}} \ln(1+\tan\theta)d\theta = \int_0^{\frac{\pi}{4}} \ln\frac{\cos\theta+\sin\theta}{\cos\theta} d\theta$$

$$= \int_0^{\frac{\pi}{4}} \ln(\cos\theta+\sin\theta) - \ln\cos\theta \, d\theta$$

$$= \int_0^{\frac{\pi}{4}} \ln(\cos\theta+\sin\theta)d\theta - \int_0^{\frac{\pi}{4}} \ln\cos\theta d\theta$$

$$= \int_0^{\frac{\pi}{4}} \ln\left(\sqrt{2}\cos\left(\frac{\pi}{4}-\theta\right)\right)d\theta - \int_0^{\frac{\pi}{4}} \ln\cos\theta d\theta$$

令 $\theta_1 = \frac{\pi}{4}-\theta$，得 $d\theta = -d\theta_1$

當 $\theta = 0$，得 $\theta_1 = \frac{\pi}{4}$

當 $\theta = \frac{\pi}{4}$，得 $\theta_1 = 0$

$$= \int_0^{\frac{\pi}{4}} \ln\left(\sqrt{2}\cos\theta_1\right)d\theta_1 - \int_0^{\frac{\pi}{4}} \ln\cos\theta d\theta$$

$$= \int_0^{\frac{\pi}{4}} \ln\sqrt{2}d\theta_1 + \int_0^{\frac{\pi}{4}} \ln\cos\theta_1 d\theta_1 - \int_0^{\frac{\pi}{4}} \ln\cos\theta d\theta = \frac{\pi}{4}\ln\sqrt{2}$$

　　至此我們已經介紹了不少求不定積分的方法，回顧這些方法，我們會發現它們雖然巧思不同，但都有一個共同之處，那就是都在做轉化的工作，將困難的不定積分轉化成一個較容易的不定積分。而轉化的方法有：**變數代換法，分部積分法以及等號關係式**。

　　例如

$$\int \cos^2 x\, dx = \int \frac{1}{2} + \frac{\cos 2x}{2}\, dx \quad（利用 \cos^2 x = \frac{1+\cos 2x}{2}）$$

$$\int \frac{2x+7}{x^2-3x-4}\, dx = \int \frac{3}{x-4} + \frac{-1}{x+1}（將真分式分解成部分分式之和，亦即$$

$$\frac{2x+7}{x^2-3x-4} = \frac{3}{x-4} + \frac{1}{x+1}）$$

$$\int \frac{6x}{3x^2+5}\, dx = \int \frac{1}{u}\, du \quad（利用變數變換法，且令 u = 3x^2+5）$$

$$\int \ln x\, dx = x\ln x - \int 1\, dx \quad（利用分部積分法）$$

　　但對一個不易求的不定積分，我們最感困難的是要如何轉化才能將它轉化為一個容易求的不定積分，而這並無通則可循，有時它需要點經驗和巧思，這也是為什麼求不定積分（或說反導函數）比求導函數困難的原因。此外我們要知道，有些函數即使用盡了所有心思和方法都無法去求得其不定積分來，這裡求得的意思是：用**基本函數(elementary function)**來表示所求得的不定積分。**所謂基本函數是指：代數函數、三角函數、反三角函數、指數函數和對數函數，以及它們的代數運算或合成運算所得的函數**。這些無法求得其不定積分的函數，我們列出其部分如下：

$$e^{-x^2}, e^{x^2}, \frac{e^x}{x}, \frac{\sin x}{x}, \frac{\cos x}{x}, \frac{1}{\ln x}, \frac{x}{\ln x}, \ln(\ln x), \sin(x^2), \cos(x^2), \frac{1}{\sqrt{x}e^x}$$

$$\sqrt{\sin x}, \sqrt{x}\cos x, \sqrt[3]{x}\sqrt{1-x}, \sqrt{1+x^3}, \sqrt{1-x^3}, \sqrt{1+x^4}, \sqrt{1-x^4}, \frac{1}{\sqrt{1+x^3}}$$

$$\frac{1}{\sqrt{1-x^3}}, \frac{1}{\sqrt{1+x^4}}, \frac{1}{\sqrt{1-x^4}}, \sqrt{1-k^2\sin^2 x}, \quad 0 < k < 1 \text{。}$$

　　因而想對以上所列的函數求其**定積分**，只能依定積分的定義來進行，而這通常只能求得其近似值。關於求其近似值的方法，常用的有梯形法、辛普森法(Simpson's Rule)等，這部分的內容可參閱其他微積分書籍。

習題 6-5

1. $\int x\sqrt{2x+1}\,dx$

2. $\int \frac{2x}{4+\sqrt{x}}\,dx$

3. $\int \frac{1}{\sqrt{x}+\sqrt[3]{x}}\,dx$

4. $\int \frac{1}{\sqrt{x}(1+\sqrt[3]{x})}\,dx$

5. $\int \frac{1}{\sqrt{x+2}-\sqrt{x}}\,dx$

6. $\int \frac{\sqrt{x}}{\sqrt{x}+1}\,dx$

7. $\int \frac{\sqrt{x+1}+1}{\sqrt{x+1}-1}\,dx$

8. $\int \frac{x}{\sqrt{x+1}}\,dx$

9. $\int \dfrac{1}{\sqrt{9+\sqrt{x}}}dx$ （提示：令 $u=\sqrt{9+\sqrt{x}}$）　　10. $\int \dfrac{\sqrt[4]{x}}{4-\sqrt{x}}dx$ （提示：先令 $u=\sqrt[4]{x}$）

11. $\int \sqrt{\dfrac{x-5}{x^5}}\,dx$ （提示：$\sqrt{\dfrac{x-5}{x^5}}=\dfrac{1}{x^2}\sqrt{\dfrac{x-5}{x}}$，且令 $u=\dfrac{x-5}{x}=1-\dfrac{5}{x}$）

12. $\int \dfrac{\sqrt{x^2-5}}{x^4}\,dx$ （提示：$\dfrac{\sqrt{x^2-5}}{x^4}=\dfrac{1}{x^3}\sqrt{\dfrac{x^2-5}{x^2}}$，且令 $u=\dfrac{x^2-5}{x^2}=1-\dfrac{5}{x^2}$）

13. $\int \sqrt{\dfrac{1+x}{1-x}}\,dx$ （提示：$\sqrt{\dfrac{1+x}{1-x}}=\dfrac{1+x}{\sqrt{1-x^2}}$，且令 $u=1-x^2$）

14. $\int \dfrac{1}{x^{\frac{2}{3}}+x}\,dx$ （提示：令 $u=x^{\frac{1}{3}}$）

15. $\int \dfrac{1}{x^2\sqrt{4-x^2}}\,dx$ （提示：令 $u=\dfrac{1}{x}$）

16. $\int \dfrac{x-3}{x\sqrt{x-1}}\,dx$ （提示：令 $u=\sqrt{x-1}$）

17. $\int \dfrac{1}{x^{\frac{1}{3}}(x+1)^{\frac{5}{3}}}\,dx$ （提示：$\dfrac{1}{x^{\frac{1}{3}}(x+1)^{\frac{5}{3}}}=\dfrac{1}{\left(\dfrac{x+1}{x}\right)^{\frac{5}{3}}}\dfrac{1}{x^2}$，且令 $u=1+\dfrac{1}{x}$）

18. $\int \dfrac{x}{\sqrt{1+x^4}}\,dx$ （提示：令 $u=x^2$）

6-6 廣義積分

在之前我們進行定積分時，都是在一個有限的區間 $[a,b]$ 上考慮。此外我們已知道（由定理 2-2-2(3)），當函數 f 在 $[a,b]$ 上不是有界函數時，則 f 在 $[a,b]$ 上是不可以定積分的。因此，我們談定積分 $\int_a^b f(x)dx$ 時，只限於

(1)積分範圍在有限閉區間 $[a,b]$ 上。

(2)積分函數 f 為在 $[a,b]$ 上的有界函數。

亦即我們談定積分時，不僅其積分範圍為有限，且其積分函數一定是有界函數才行。在本節我們要談的**「廣義積分」**(improper integral)就是沒有這些限制下所定義的「積分」。為何我們需要去定義廣義積分？以求面積的角度而言，這樣的限制使得我們無法利用定積分去求得如圖 6-6.1(a) 及圖 6-6.1(b)所示的斜線區域的「面積」。但求得這樣區域的面積，不管在機率統計或物理學上都有其需要。為什麼這樣的區域面積不能用過去所學過的定積分來求？因為圖 6-6.1(a) 所示的斜線區域，即 $\{(x,y)|x \geq 0, 0 \leq y \leq e^{-x}\}$，若以定積分去求其「面積」，其積分範圍「應該」是一個無限區間 $[0,\infty)$，但至目前為止我們所談的定積分，其積分範圍都是一個有限區間。因此，我們無法用過去所學的定積分去求其面積。而圖 6-6.1(b)所示之斜線區域，若以定積分求其「面積」，自然會認為其面積應是 $\int_0^1 \frac{1}{\sqrt{x}} dx$。但這並不正確。為什麼？由於 $\lim\limits_{x \to 0^+} \frac{1}{\sqrt{x}} = \infty$，因而 $f(x) = \frac{1}{\sqrt{x}}$ 在 $(0,1]$ 上不是有界函數，因此 f 在 $(0,1]$ 上是不可定積分，這當然也就不能得其面積為 $\int_0^1 \frac{1}{\sqrt{x}} dx$。（此時是不能出現 $\int_0^1 \frac{1}{\sqrt{x}} dx$ 這個符號）那它們的面積要如何求（或說定義）？我們先談圖 6-6.1(a)。我們的方法是：先求在有限區間 $[0,t]$ 上的面積，亦即由函數 $f(x) = e^{-x}$ 的圖形，以及 $x = 0$，$x = t$ 和 x 軸所圍成區域的面積，它為 $\int_0^t e^{-x} dx$，且令 $A(t) = \int_0^t e^{-x} dx$。而可看出：當 t 越大時，則 $A(t)$ 會越接近所欲求的區域面積（即圖 6-6.1(a)所示之斜線區域），且當 $t \to \infty$，則 $A(t) \to$ 所欲求的面積。因此，得（或說定義）所欲求的面積為

$$\lim_{t \to \infty} A(t) = \lim_{t \to \infty} \int_0^t e^{-x} dx$$

而在數學上會用符號 $\int_0^\infty e^{-x} dx$ 去表示 $\lim\limits_{t \to \infty} \int_0^t e^{-x} dx$。

亦即

圖 6-6.1(a)所示之斜線區域的面積 $= \int_0^\infty e^{-x} dx \equiv \lim\limits_{t \to \infty} \int_0^t e^{-x} dx$

此外，為了和定積分的名稱有所區別，我們稱符號 $\int_0^\infty e^{-x}dx$ 所表示的積分為**第一類型廣義積分**。

接著談如何求（或說定義）圖 6-6.1(b)所示之斜線區域的「面積」。我們的方法是：先求函數 $f(x)=\dfrac{1}{\sqrt{x}}$ 的圖形在 $[t,1]$ 上的面積，它為 $\int_t^1 \dfrac{1}{\sqrt{x}}dx$（此時 $f(x)=\dfrac{1}{\sqrt{x}}$ 在 $[t,1]$ 上是有界函數，因而可用定積分求得），且令 $B(t)=\int_t^1 \dfrac{1}{\sqrt{x}}dx$。同樣可看出：當 t 越接近（從右邊接近）0 時，則 $B(t)$ 會越接近所欲求的區域面積（即圖 6-6.1(b)所示之斜線區域），且當 $t \to 0^+$，則 $B(t) \to$ 所欲求的面積。因此，得（或說定義）所欲求的面積為

$$\lim_{t \to 0^+} B(t) = \lim_{t \to 0^+} \int_t^1 \frac{1}{\sqrt{x}}dx$$

而在數學上會用符號 $\int_0^1 \dfrac{1}{\sqrt{x}}dx$ 去表示 $\lim_{t \to 0^+} \int_t^1 \dfrac{1}{\sqrt{x}}dx$，且稱符號 $\int_0^1 \dfrac{1}{\sqrt{x}}dx$ 所表示的積分為**第二類型廣義積分**。（值得注意的是：這符號和定積分符號完全一樣，但它不是定積分）

亦即

$$\text{圖 6-6.1(b)所示之斜線區域的面積} = \int_0^1 \frac{1}{\sqrt{x}}dx \equiv \lim_{t \to 0^+} \int_t^1 \frac{1}{\sqrt{x}}dx$$

將以上所談的廣義積分概念推廣到一般的函數 f（此 $f(x)$ 不一定要大於 0。若 $f(x)$ 不是大於 0，則其廣義積分就不能表示面積了）和更一般的情況時，就成為以下的定義 6-6-1 和定義 6-6-2。

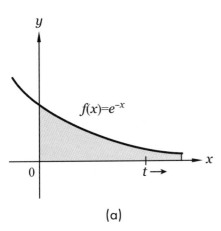

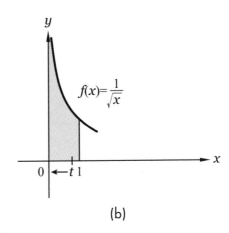

➡ 圖 6-6.1

無限區間的廣義積分

定 義 6-6-1 （第一類型廣義積分）

(1) 設 f 在 $[a,\infty)$ 上連續，若 $\lim\limits_{t\to\infty}\int_a^t f(x)dx$ 存在，則定義廣義積分

$\int_a^\infty f(x)dx \equiv \lim\limits_{t\to\infty}\int_a^t f(x)dx$，且說廣義積分 $\int_a^\infty f(x)dx$ 收斂。否則，說它為發散。

(2) 設 f 在 $(-\infty,b]$ 上連續，若 $\lim\limits_{t\to-\infty}\int_t^b f(x)dx$ 存在，則定義廣義積分

$\int_{-\infty}^b f(x)dx \equiv \lim\limits_{t\to-\infty}\int_t^b f(x)dx$，且說廣義積分 $\int_{-\infty}^b f(x)dx$ 收斂。否則，說它為發散。

(3) 設 f 在 $(-\infty,\infty)$ 上連續，若 $\lim\limits_{t\to\infty}\int_c^t f(x)dx$ 及 $\lim\limits_{t\to-\infty}\int_t^c f(x)dx$ 都存在，則定義廣義積分

$\int_{-\infty}^\infty f(x)dx \equiv \lim\limits_{t\to\infty}\int_c^t f(x)dx + \lim\limits_{t\to-\infty}\int_t^c f(x)dx$ ， $c\in R$ ， 且 說 廣 義 積 分 $\int_{-\infty}^\infty f(x)dx$ 收斂。否則，說它為發散。

上述的廣義積分均稱為**第一類型廣義積分**(improper integral of Type I)

例題1

求 $\int_0^\infty e^{-x}dx$。

解

由於 $\lim\limits_{t\to\infty}\int_0^t e^{-x}dx = \lim\limits_{t\to\infty} -e^{-x}\Big|_0^t$

$\qquad\qquad = \lim\limits_{t\to\infty} 1 - e^{-t} = 1$

因此，由定義 6-6-1，得

$$\int_0^\infty e^{-x}dx = \lim_{t\to\infty}\int_0^t e^{-x}dx = 1$$

這也求得圖 6-6.1(a)所示之斜線區域的面積為 1。

例題2

求 $\int_{-\infty}^0 xe^{-x^2}dx$。

解

由於 $\lim\limits_{t\to-\infty}\int_t^0 xe^{-x^2}dx = \lim\limits_{t\to-\infty}\dfrac{-1}{2}e^{-x^2}\Big|_t^0 = \dfrac{-1}{2}$

因此，由定義6-6-1，得

$$\int_{-\infty}^0 xe^{-x^2}dx = \lim_{t\to-\infty}\int_t^0 xe^{-x^2}dx = \frac{-1}{2}$$

例題3

下列各廣義積分是否收斂？若收斂，則求其值。

(a) $\int_1^\infty \dfrac{1}{x}dx$，(b) $\int_1^\infty \dfrac{1}{x^2}dx$

解

(a) 由於 $\lim\limits_{t\to\infty} \int_1^t \dfrac{1}{x} dx = \lim\limits_{t\to\infty} \left(\ln x \Big|_1^t \right) = \lim\limits_{t\to\infty} \ln t = \infty$

因此，$\int_1^\infty \dfrac{1}{x} dx$ 發散。

(b) 由於 $\lim\limits_{t\to\infty} \int_1^t \dfrac{1}{x^2} dx = \lim\limits_{t\to\infty} \left(\dfrac{-1}{x} \Big|_1^t \right) = \lim\limits_{t\to\infty} 1 - \dfrac{1}{t} = 1$

因此，它為收斂且 $\int_1^\infty \dfrac{1}{x^2} dx = 1$。

註

一般而言，當 $P > 1$ 時，$\int_1^\infty \dfrac{1}{x^p} dx$ 收斂；當 $P \le 1$ 時，$\int_1^\infty \dfrac{1}{x^p} dx$ 發散。

 例題4

求 $\int_{-\infty}^\infty \dfrac{2x}{(x^2+1)^3} dx$。

解

由於 $\lim\limits_{t_1\to\infty} \int_c^{t_1} \dfrac{2x}{(x^2+1)^3} dx + \lim\limits_{t_2\to-\infty} \int_{t_2}^c \dfrac{2x}{(x^2+1)^3} dx$

$= \lim\limits_{t_1\to\infty} \left(\dfrac{-1}{2(x^2+1)^2} \Big|_c^{t_1} \right) + \lim\limits_{t_2\to-\infty} \left(\dfrac{-1}{2(x^2+1)^2} \Big|_{t_2}^c \right)$

$= \lim\limits_{t_1\to\infty} \dfrac{-1}{2(t_1^2+1)^2} + \dfrac{1}{2(c^2+1)^2} + \lim\limits_{t_2\to-\infty} \dfrac{-1}{2(c^2+1)^2} + \dfrac{1}{2(t_2^2+1)^2}$

$= \dfrac{1}{2(c^2+1)^2} + \dfrac{-1}{2(c^2+1)^2}$

$= 0$

因此，它為收斂且 $\int_{-\infty}^\infty \dfrac{2x}{(x^2+1)^3} dx = 0$

例題5

　　某電話公司根據過去通話時間資料，發現通話時間的機率密度函數 (probability density function)為

$$f(x) = \begin{cases} \dfrac{1}{2}e^{\frac{-x}{2}} & , \quad x \geq 0 \\ 0 & , \quad x < 0 \end{cases}$$

求其通話時間至少三分鐘的機率。

解

通話時間至少三分鐘的機率為

$$\int_3^\infty \frac{1}{2}e^{\frac{-x}{2}}\,dx = \lim_{t \to \infty}\int_3^t \frac{1}{2}e^{\frac{-x}{2}}\,dx = \lim_{t \to \infty} -e^{\frac{-x}{2}}\Big|_3^t = \lim_{t \to \infty} e^{\frac{-3}{2}} - e^{\frac{-t}{2}} = e^{\frac{-3}{2}}$$

無界函數的廣義積分

定義 6-6-2 （第二類型廣義積分）

(1) 設 $\lim\limits_{x \to b^-} f(x) = \infty$ （ 參考圖 6-6.2(a) ）（ 或 $-\infty$ ）且 f 在 $[a,b)$ 上連續。若 $\lim\limits_{t \to b^-}\int_a^t f(x)dx$ 存在，則定義廣義積分 $\int_a^b f(x)dx \equiv \lim\limits_{t \to b^-}\int_a^t f(x)dx$，且說廣義積分 $\int_a^b f(x)dx$ 收斂。否則，說它為發散。

(2) 設 $\lim\limits_{x \to a^+} f(x) = \infty$ （ 參考圖 6-6.2(b) ）（ 或 $-\infty$ ）且 f 在 $(a,b]$ 上連續。若 $\lim\limits_{t \to a^+}\int_t^b f(x)dx$ 存在，則定義廣義積分 $\int_a^b f(x)dx \equiv \lim\limits_{t \to a^+}\int_t^b f(x)dx$，且說廣義積分 $\int_a^b f(x)dx$ 收斂。否則，說它為發散。

(3) 設 $\lim\limits_{x \to c^-} f(x) = \infty$（或 $-\infty$）， $\lim\limits_{x \to c^+} f(x) = \infty$（或 $-\infty$）（參考圖 6-6.2(c)）且 f 在 $[a,c) \cup (c,b]$ 上連續。若 $\lim\limits_{t \to c^-} \int_a^t f(x)dx$ 及 $\lim\limits_{t \to c^+} \int_t^b f(x)dx$ 都存在，則定義廣義積分 $\int_a^b f(x)dx \equiv \lim\limits_{t \to c^-} \int_a^t f(x)dx + \lim\limits_{t \to c^+} \int_t^b f(x)dx$，且說廣義積分 $\int_a^b f(x)dx$ 收斂。否則，說它為發散。

上述的廣義積分均稱為**第二類型廣義積分**(improper integral of Type II)。

註

值得注意的是，第二類型廣義積分所用符號和定積分符號完全一樣，因此看到 $\int_a^b f(x)\,dx$ 時，一定要先分清楚它到底是表示何種積分，而這可視積分函數和其積分範圍的情況去判定。

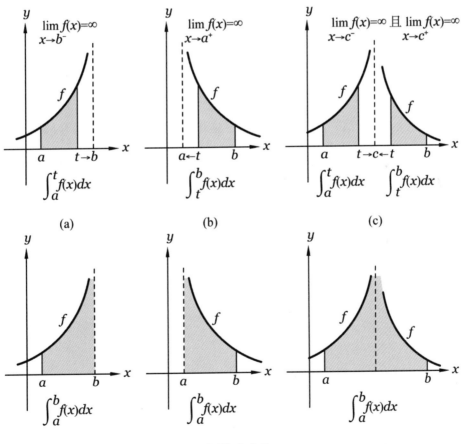

➡ 圖 6-6.2

 例題6

設 $f(x) = \begin{cases} \dfrac{1}{x} & , x \neq 0 \\ 1 & , x = 0 \end{cases}$ ， $g(x) = \begin{cases} \dfrac{1}{\sqrt{x}}, & x \neq 0 \\ 1 & , x = 0 \end{cases}$ ，問 f， g 在 $[0,1]$ 上是否可定積

分？試求 $\displaystyle\int_0^1 f(x)dx$ ， $\displaystyle\int_0^1 g(x)dx$ 。

解

由於 $\displaystyle\lim_{x \to 0^+} f(x) = \lim_{x \to 0^+} \dfrac{1}{x} = \infty$ 及 $\displaystyle\lim_{x \to 0^+} g(x) = \lim_{x \to 0^+} \dfrac{1}{\sqrt{x}} = \infty$ ，得 f 和 g 在 $[0,1]$ 上 都不是有界函數，因此它們都是不可定積分，因而本題所求的積分為廣義積分。

考慮廣義積分： 由於 $\displaystyle\int_0^1 f(x)dx = \lim_{t \to 0^+} \int_t^1 \dfrac{1}{x} dx = \lim_{t \to 0^+} \ln x \Big|_t^1 = \lim_{t \to 0^+} 0 - \ln t = \infty$ ，

因此， $\displaystyle\int_0^1 f(x)dx$ 為發散。又由於 $\displaystyle\int_0^1 g(x)dx = \lim_{t \to 0^+} \int_t^1 \dfrac{1}{\sqrt{x}} dx = \lim_{t \to 0^+} 2\sqrt{x} \Big|_t^1 = 2$ ，

因此，由定義得 $\displaystyle\int_0^1 g(x)dx = 2$ 。雖然 g 在 $[0,1]$ 上不可定積分，但它的廣義 積分存在且其值為2。而這2亦可說是圖6-6.1(b)所示區域的面積值。

 例題7

求 $\displaystyle\int_0^1 \ln x\, dx$ 。

解

由於 $\displaystyle\lim_{x \to 0^+} \ln x = -\infty$ ，因此 $\displaystyle\int_0^1 \ln x\, dx$ 為第二類型廣義積分。

而 $\displaystyle\lim_{t \to 0^+} \int_t^1 \ln x\, dx = \lim_{t \to 0^+} x \ln x - x \Big|_t^1$

$= \displaystyle\lim_{t \to 0^+} -1 - t \ln t + t = -1$ 　（由於 $\displaystyle\lim_{t \to 0^+} t \ln t = 0$ ）

因此，由定義得 $\int_0^1 \ln x\, dx = -1$

例題8

求使 $\int_0^1 \dfrac{1}{x^p}\, dx$ 收斂的 p 值。

解

當 $P \neq 1$，則 $\int_0^1 \dfrac{1}{x^p}\, dx = \lim\limits_{t \to 0^+} \int_t^1 \dfrac{1}{x^p}\, dx = \lim\limits_{t \to 0^+} \dfrac{x^{-p+1}}{-p+1}\bigg|_t^1$

$$= \begin{cases} \dfrac{1}{1-p} & , \quad p < 1 \\[2mm] \infty & , \quad p > 1 \end{cases}$$

當 $P = 1$，則 $\int_0^1 \dfrac{1}{x^p}\, dx = \lim\limits_{t \to 0^+} \int_t^1 \dfrac{1}{x^p}\, dx = \lim\limits_{t \to 0^+} \ln x \bigg|_t^1 = \infty$

由以上的結果，得

當 $P < 1$，則 $\int_0^1 \dfrac{1}{x^p}\, dx$ 收斂。

當 $P \geq 1$，則 $\int_0^1 \dfrac{1}{x^p}\, dx$ 發散。

例題9

求 $\int_0^9 \dfrac{1}{(x-1)^{\frac{2}{3}}}\, dx$。

解

由於 $\lim\limits_{x \to 1} \dfrac{1}{(x-1)^{\frac{2}{3}}} = \infty$，因此它為第二類型廣義積分。

而 $\quad \lim\limits_{t \to 1^-} \int_0^t \dfrac{1}{(x-1)^{\frac{2}{3}}}\,dx = \lim\limits_{t \to 1^-} 3(x-1)^{\frac{1}{3}}\Big|_0^t = \lim\limits_{t \to 1^-} 3(t-1)^{\frac{1}{3}} + 3 = 3$

且 $\quad \lim\limits_{t \to 1^+} \int_t^9 \dfrac{1}{(x-1)^{\frac{2}{3}}}\,dx = \lim\limits_{t \to 1^+} 3(x-1)^{\frac{1}{3}}\Big|_t^9 = \lim\limits_{t \to 1^+} 6 - 3(t-1)^{\frac{1}{3}} = 6$

因此，由定義得 $\quad \int_0^9 \dfrac{1}{(x-1)^{\frac{2}{3}}}\,dx = 3 + 6 = 9$

 例題10

求 $\int_{-2}^2 \dfrac{1}{x^2}\,dx$。

解

由於 $\lim\limits_{x \to 0} \dfrac{1}{x^2} = \infty$，因此它為第二類型廣義積分。

而 $\int_{-2}^0 \dfrac{1}{x^2}\,dx = \lim\limits_{t \to 0^-} \int_{-2}^t \dfrac{1}{x^2}\,dx = \lim\limits_{t \to 0^-} \dfrac{-1}{x}\Big|_{-2}^t$

$= \lim\limits_{t \to 0^-} \dfrac{-1}{t} - \dfrac{1}{2} = \infty \qquad$ 因此，$\int_{-2}^2 \dfrac{1}{x^2}\,dx$ 發散。

一個錯誤的作法為：

$$\int_{-2}^2 \dfrac{1}{x^2}\,dx = \dfrac{-1}{x}\Big|_{-2}^2 = -1$$

以上結果顯然不合理。積分函數 $f(x) = \dfrac{1}{x^2}$ 在 $[-2,2]$ 上，其值都是正的，其「積分值」怎麼會是負值？

這個作法錯誤的原因為：$f(x) = \dfrac{1}{x^2}$ 在 $[-2,2]$ 上不是連續函數（不管如何去定義 $f(0)$，f 在 $[-2,2]$ 上都不可能是連續函數），因而它不滿足微積分基

本定理的前提條件（即 f 在 $[a,b]$ 上連續這個條件），所以它是不能由微積分基本定理去求其「積分」。此外，最主要的原因是這積分其實是第二類型廣義積分，它不是定積分，它須依廣義積分的定義去求 $\int_{-2}^{2}\frac{1}{x^2}dx$。

這個例子再度提醒我們：在求 $\int_{a}^{b}f(x)dx$ 時，我們一定要先去確認這積分是定積分，還是第二類型廣義積分（因為符號都一樣），然後再依各自的定義去求其值。要如何確認？其確認原則是：若 $f(x)$ 在 $[a,b]$ 上存在一個點 c，使得 $\lim\limits_{x \to c^{+}}f(x)=\infty(-\infty)$ 或 $\lim\limits_{x \to c^{-}}f(x)=\infty(-\infty)$，則符號 $\int_{a}^{b}f(x)dx$ 表示第二類型廣義積分。若 f 在 $[a,b]$ 上滿足可定積分的條件，則符號 $\int_{a}^{b}f(x)dx$ 就是定積分。

習題 6-6

下列各廣義積分是否收斂？若收斂，則求其值。

1. $\displaystyle\int_{0}^{\infty}\frac{x}{1+x^2}dx$

2. $\displaystyle\int_{2}^{\infty}\frac{1}{x\ln x}dx$

3. $\displaystyle\int_{-x}^{\infty}\frac{1}{x^2+1}dx$

4. $\displaystyle\int_{-\infty}^{-1}\frac{1}{\sqrt{2-x}}dx$

5. $\displaystyle\int_{-\infty}^{\infty}\frac{1}{e^x+e^{-x}}dx$

6. $\displaystyle\int_{0}^{2}\frac{1}{2-x}dx$

7. $\displaystyle\int_{-2}^{0}\frac{1}{\sqrt{4-x^2}}dx$

8. $\displaystyle\int_{1}^{4}\frac{1}{(x-2)^2}dx$

9. $\displaystyle\int_{-1}^{1}\frac{1}{x^{\frac{2}{3}}}dx$

10. $\displaystyle\int_{0}^{4}\frac{1}{\sqrt{x}}dx$

11. $\displaystyle\int_{-1}^{1}\frac{1}{x^3}dx$

12. $\displaystyle\int_{0}^{2}x^2\ln x\,dx$

13. $\displaystyle\int_{0}^{\frac{\pi}{2}}\frac{\sin x}{1-\cos x}dx$

14. $\displaystyle\int_0^\infty \frac{1}{\sqrt{x}(x+1)}dx$ （提示：$\displaystyle\int_0^\infty \frac{1}{\sqrt{x}(x+1)}dx = \int_0^1 \frac{1}{\sqrt{x}(x+1)}dx + \int_1^\infty \frac{1}{\sqrt{x}(x+1)}dx$）

15. 試證：(1) $\displaystyle\lim_{t\to\infty}\int_{-t}^{t} x\,dx = 0$ 　(2) $\displaystyle\int_{-\infty}^{\infty} x\,dx$ 發散。

　　　　數學的學習沒有捷徑可循。如何學好數學？除了刻苦勤奮以外，好的學習態度和方法也很重要，好的學習態度是：嚴格認真，不含糊；好的方法是：循序漸近不投機、力求理解、多思考並動手解題。看懂五題不如動手做一題；動手做五題不如徹底做好一題好題。

　　　　有句話是這樣說的：「我聽過，我忘了；我看過，所以我記得；我做過，因而我了解。」

　　　　只是看懂數學是不夠的。唯有藉由解題的檢驗，才能確認是否理解了所學的數學。通過解題的實踐才有機會整合我們的知識，產生有效的經驗。

定積分的應用

CALCULUS

7-0　前　言

在談論定積分的應用之前，我們先回顧一下定積分的意義。一個函數 f 在 $[a,b]$ 上的定積分 $\int_a^b f(x)dx$，它是指以下的式子

$$\lim_{n \to \infty} \sum_{i=1}^{n} f(t_i) \cdot \Delta x_i$$

即 $\int_a^b f(x)dx = \lim_{n \to \infty} \sum_{i=1}^{n} f(t_i) \cdot \Delta x_i$

其中 Δx_i 是指在 $[a,b]$ 上作 n 等分割後所得的每一小段的長，t_i 是指第 i 個小區間 $[x_{i-1}, x_i]$ 上的任意一點。一個定積分不僅是一個和的極限值，而且是要具備某種「樣式」的和的極限值才行。我們可將積分式子 $\lim\limits_{n \to \infty} \sum\limits_{i=1}^{n} f(t_i) \cdot \Delta x_i$ 分成三個成分：一為 $\lim\limits_{n \to \infty} \sum\limits_{i=1}^{n}$ ；二為 Δx_i；三為積分函數 f 在 t_i 取值 $f(t_i)$。尤其要注意 Δx_i 這個成分不要被遺漏，否則將不能構成定積分。此外，定積分符號 $\int_a^b f(x)dx$ 和式子 $\lim\limits_{n \to \infty} \sum\limits_{i=1}^{n} f(t_i) \cdot \Delta x_i$ 間的符號對應關係是：

$$\Delta x_i \leftrightarrow dx \,,\, f(t_i) \leftrightarrow f(x) \,,\, \lim_{n \to \infty} \sum_{i=1}^{n} \leftrightarrow \int_a^b$$

而一個定積分的意義完全是由式子 $\lim\limits_{n \to \infty} \sum\limits_{i=1}^{n} f(t_i) \cdot \Delta x_i$ 來解釋。像以前我們已學過，當 $f(x) \geq 0$ 時，由於 $f(t_i)\Delta x_i$ 可看成是一個以 $f(t_i)$ 為高，Δx_i 為底的小矩形面積，因此 $\sum\limits_{i=1}^{n} f(t_i) \cdot \Delta x_i$ 就是 n 個小矩形面積全部加起來，而取其極限值 $\lim\limits_{n \to \infty} \sum\limits_{i=1}^{n} f(t_i) \cdot \Delta x_i$ 就得到一個由函數 $f(x)$ 圖形及 $x = a$，$x = b$，x 軸所圍成的區域面積。（見圖 7-0.1）

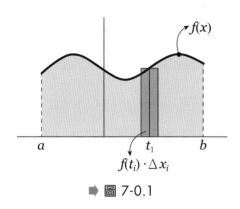

➡ 圖 7-0.1

　　因此，當 $f(x) \geqq 0$ 時，式子 $\lim\limits_{n \to \infty} \sum\limits_{i=1}^{n} f(t_i) \cdot \Delta x_i$ 可表示所圍成區域的面積；但若 $f(x)$ 在 $[a, b]$ 上的值不全都是大於 0 時，則它就不是所圍成區域的（因為 $f(t_i) \cdot \Delta x_i$ 不一定是小矩形面積）。又若積分函數不是 $f(x)$ 時，它將不再表示先前的那塊區域的面積，改變了積分函數將會使定積分表達出不同的含義，像積分式子 $\lim\limits_{n \to \infty} \sum\limits_{i=1}^{n} \pi(f(t_i))^2 \cdot \Delta x_i$，其積分函數為 $g(x) = \pi(f(x))^2$，此時式子 $\lim\limits_{n \to \infty} \sum\limits_{i=1}^{n} \pi(f(t_i))^2 \cdot \Delta x_i$ 已不是函數 $f(x)$ 圖形所圍成的面積，因為 $\pi(f(t_i))^2$ 已不再是小矩形的高，但它仍然是一個定積分，因為它具備了定積分的三個成分：(1) $\lim\limits_{n \to \infty} \sum\limits_{i=1}^{n}$。(2) $\pi(f(t_i))^2$。(3) Δx_i。而它所代表的積分符號為 $\int_a^b \pi(f(x))^2 dx$。從一個積分式子的形成過程，我們可以發現一個積分式子其實是在表達一個很重要的方法：那就是當我們無法直接去計算「整體」的「某種值」時，我們可以先將整體分割成許多小部分，然後去算出每一小部分的近似值（其真正值仍無法算出），並將它們全部加起來得到整體的近似值，最後再取其極限值（並要求其誤差的極限值為 0）而得整體的值。這樣的方法是具有普遍性，它不僅只用來求面積而已，而其分割方式也不限只對 x 軸作分割。總之，一個定積分式子分析其內容為：分割 → 取和 → 再取其極限值之意。只要用到這樣的方法就是定積分，而需要依靠這樣的方法處理的問題都是定積分可以應用的對象，因此定積分的應用非常廣泛。在本章裡我們將逐次介紹這些和定積分應用有關的題材。

7-1 曲線所圍成的區域面積

　　在第二章我們已知道如何用定積分去求面積。我們求得曲線所圍區域的面積的方法是：將區域分割而得 n 個小矩形，然後將這 n 個小矩形的面積全部加起來做為區域面積的近似值，最後再取其極限值（在 $n \to \infty$）而得區域的面積。而這些小矩形，若進一步細究，它為所謂的「直條狀」的小矩形。什麼是「直條狀」的小矩形？它是用垂直線去分割此區域所得到的小矩形，其底邊（底邊是指較短的那一邊）是平行於 x 軸，且每個小矩形的底長都相等（參考圖 7-1-0(a)）（這底長為在 x 軸上的某閉區間作 n 等分割後所得到的每小段的長度）。其實我們所取的小矩形並不是一定要取直條狀的小矩形才可以。由圖形可看出，若改取所謂「橫條狀」的小矩形，然後將這 n 個橫條狀的小矩形的面積全部加起來，最後再取其極限值仍然可得區域面積（參考圖 7-1-0(b)）。什麼是「橫條狀」的小矩形？它是用水平線去分割此區域所得到的小矩形，其底邊是平行 y 軸，且每個小矩形的底長都相等（參考圖 7-1-0(b)）（這底長在 y 軸上的某閉區間作 n 等分割後所得到的每小段的長度）。我們用以下的例子來說明。

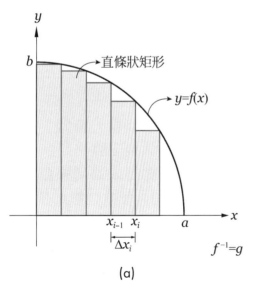

(a)

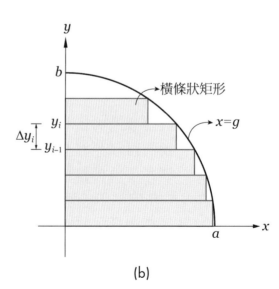

(b)

➡ 圖 7-1-0

例題1

求由曲線 $y = x^2$ 及 $y = 2x$ 所圍成的區域的面積。

解

由 $\begin{cases} y = x^2 \\ y = 2x \end{cases}$ 解得這二曲線的交點坐標為

$(0,0)$，$(2,4)$。

(1)考慮取直條狀矩形：

設 $y = f_1(x) = 2x$ ， $y = f_2(x) = x^2$

則其第 i 小塊的矩形高為 $2t_i - t_i^2$，底長為

$\Delta x_i = \dfrac{2}{n}$ ，因而面積為 $(f_1(t_i) - f_2(t_i)) \cdot \Delta x_i$

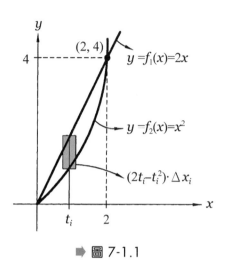

➡ 圖 7-1.1

因此，所求的區域面積為（見圖7-1.1）

$$\lim_{n \to \infty} \sum_{i=1}^{n} (2t_i - t_i^2) \cdot \Delta x_i$$

而上式即為定積分 $\displaystyle\int_0^2 2x - x^2 dx$

因而得所求區域的面積為

$$\int_0^2 2x - x^2 dx = x^2 - \frac{1}{3}x^3 \Big|_0^2$$

$$= 4 - \frac{8}{3} = \frac{4}{3}$$

(2)考慮取橫條狀矩形：

首先將這二條曲線 $y = x^2$ 及 $y = 2x$ 表為 **x 是 y 的函數關係式**（這僅是關係式的表示形式改變而已，其圖形不變。此時我們並不是將 x 視為應變數，y 為自變數而去畫其圖形，若是如此畫圖，它已是其反函數的圖形）。

得 $x = \sqrt{y}$，$x = \dfrac{y}{2}$

並令

$$x = g_1(y) = \frac{y}{2} \ , \ x = g_2(y) = \sqrt{y}$$

則其第 i 小塊的矩形的高為 $\sqrt{t_i} - \dfrac{t_i}{2}$，底長為 $\Delta y_i = \dfrac{4}{n}$，因而面積為

$$\left(\sqrt{t_i} - \frac{t_i}{2} \right) \cdot \Delta y_i \ （見圖(7\text{-}1.2)）$$

因此，所求的區域面積為

$$\lim_{n \to \infty} \sum_{i=1}^{n} \left(\sqrt{t_i} - \frac{t_i}{2} \right) \cdot \Delta y_i$$

$$\equiv \int_0^4 \sqrt{y} - \frac{y}{2} \, dy$$

$$= \frac{2}{3} y^{\frac{3}{2}} - \frac{1}{4} y^2 \Big|_0^4 = \frac{16}{3} - 4 = \frac{4}{3}$$

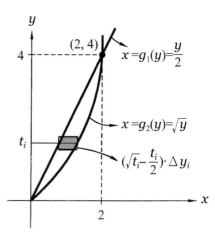

➡ 圖 7-1.2

例題2

求由曲線 $y = x - 1$ 及 $x = y^2 - 5$ 所圍成的區域面積。

解

由 $\begin{cases} y = x - 1 \\ x = y^2 - 5 \end{cases}$ 解得其交點坐標為 $(-1,-2)$，$(4,3)$

(1)考慮直條狀矩形：

先分別將曲線 $y = x - 1$ 及 $x = y^2 - 5$ 表成 y 是 x 的函數，得

$$y = f_1(x) = x - 1$$
$$y = f_2(x) = \sqrt{x+5}$$
$$y = f_3(x) = -\sqrt{x+5}$$

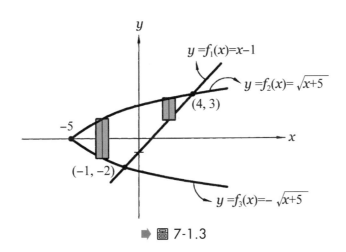

➡ 圖 7-1.3

則其面積為

$$\int_{-5}^{-1} \sqrt{x+5} - \left(-\sqrt{x+5}\right) dx + \int_{-1}^{4} \sqrt{x+5} - (x-1) dx$$

$$= \int_{-5}^{-1} 2\sqrt{x+5} dx + \int_{-1}^{4} \sqrt{x+5} - x + 1 dx$$

$$= \frac{4}{3}(x+5)^{\frac{3}{2}}\Big|_{-5}^{-1} + \frac{2}{3}(x+5)^{\frac{3}{2}}\Big|_{-1}^{4} - \left(\frac{x^2}{2} - x\right)\Big|_{-1}^{4}$$

$$= \frac{32}{3} + \frac{38}{3} - \frac{5}{2} = \frac{125}{6}$$

(2)考慮橫條狀矩形：

先將曲線表成 x 是 y 的函數，

得 $x = g_1(y) = y + 1$

$\quad x = g_2(y) = y^2 - 5$

則其面積為

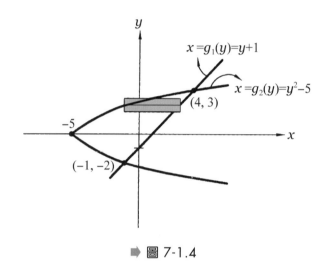

➡ 圖 7-1.4

$$\int_{-2}^{3} y + 1 - (y^2 - 5)dy = \left. \frac{y^2}{2} - \frac{1}{3}y^3 + 6y \right|_{-2}^{3} = \frac{125}{6}$$

比較後可看出，本題的定積分，若在 y 軸上作分割會較容易計算。

 例題3

求半徑為 1 的圓面積。

解

將此圓的圓心放在坐標原點，則得其方程式為 $x^2 + y^2 = 1$。

而將上半圓的曲線，寫成 y 是 x 的函數，得

$\quad y = f(x) = \sqrt{1 - x^2}$ ，即函數 $y = f(x) = \sqrt{1 - x^2}$ 之圖形為上半圓曲線。

因此其在第一象限部分的面積為

$$\int_0^1 \sqrt{1-x^2}\,dx$$

令 $x = \sin\theta$，$\dfrac{-\pi}{2} \le \theta \le \dfrac{\pi}{2}$，則

$$dx = \cos\theta\,d\theta$$

當 $x = 0$　得 $\theta = 0$

當 $x = 1$　得 $\theta = \dfrac{\pi}{2}$

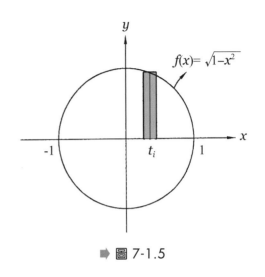

➡ 圖 7-1.5

則 $\displaystyle\int_0^1 \sqrt{1-x^2}\,dx = \int_0^{\frac{\pi}{2}} \cos^2\theta\,d\theta$

$$= \int_0^{\frac{\pi}{2}} \frac{1+\cos 2\theta}{2}\,d\theta$$

$$= \frac{\theta}{2} + \frac{1}{4}\sin 2\theta \Big|_0^{\frac{\pi}{2}} = \frac{\pi}{4}$$

因此得圓面積為

$$4 \times \frac{\pi}{4} = \pi$$

極區域面積

在前一小節裡，我們談到如何對一個直角坐標所描述的區域求其面積。但當區域是用極坐標 (r,θ) 表示時（有些區域較適合用極坐標描述），其面積要如何求？本小節要探討這個問題。

設 $r = f(\theta)$ 為 $[\alpha, \beta]$ 上的非負連續函數，$0 \le \alpha < \beta < 2\pi$。若 R 為由曲線 $r = f(\theta)$ 及射線 $\theta = \alpha$、射線 $\theta = \beta$ 所圍之區域（如圖 7-1.7 所示），則其面積 A 要如何求呢？其面積的求法，基本上和用直角坐標表示時，其理念是一樣的，都是將區域 R 分成 n 個子區域，然後對每個子區域求其近似面積，

最後將這 n 個近似面積全部加起來，再取其極限值而得到 A 值。而唯一的差別是分割的方式不同（這是為了配合極坐標及其區域形狀），因而不再取小矩形面積作為子區域面積的近似值，而是取扇形面積作為子區域面積的近似值，其具體的作法如下：

(1) 將 $[\alpha, \beta]$ 作 n 等分割，而其分割點依序標示為 $\alpha = \theta_0, \theta_1, \theta_2, \cdots \theta_n = \beta$（如圖 7-1.6 所示），並令 $\Delta\theta_i = \theta_i - \theta_{i-1} = \dfrac{\beta - \alpha}{n}$。可得 $\theta_i = \alpha + \dfrac{\beta - \alpha}{n}i$ $\quad(i = 0, 1, 2, \cdots, n)$。

(2) 分別以 $\theta = \theta_i$ $\quad(i = 1, 2, 3, \cdots, n-1)$ 的射線，將區域 R 分 n 個子區域。（如圖 7-1.6）

(3) 每個子區域面積取一個扇形面積作為近似值。設第 i 個子區域的面積為 A_i。而第 i 個扇形的取法為：以 $f(\theta_i^*)$ 為其半徑，其中 $\theta_{i-1} \le \theta_i^* \le \theta_i$；而以 $\Delta\theta_i$ 為其角度的大小（參考圖 7-1.6）。則其扇形面積為 $\dfrac{1}{2}\Big[f(\theta_i^*)\Big]^2 \Delta\theta_i$，且得 $A_i \approx \dfrac{1}{2}[f(\theta_i^*)]^2 \Delta\theta_i$

(4) 將 n 個扇形面積加起來作為 A 的近似值。即

$$A \approx \sum_{i=1}^{n} \frac{1}{2}\Big[f(\theta_i^*)\Big]^2 \Delta\theta_i$$

(5) 由於 $r = f(\theta)$ 為連續函數，因此我們有：當 $n \to \infty$，則 $\displaystyle\sum_{i=1}^{n} \frac{1}{2}\Big[f(\theta_i^*)\Big]^2 \Delta\theta_i \to A$。因此，得 $A = \displaystyle\lim_{n \to \infty} \sum_{i=1}^{n} \frac{1}{2}\Big[f(\theta_i^*)\Big]^2 \Delta\theta_i \equiv \int_{\alpha}^{\beta} \frac{1}{2}(f(\theta))^2 d\theta$

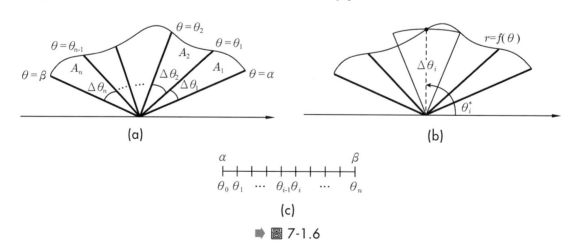

➡ 圖 7-1.6

而以上的結果即為以下的定理。

定理 | 7-1-1

設 $r = f(\theta)$ 為 $[\alpha, \beta]$ 上之非負連續函數，且 $0 \le \alpha < \beta < 2\pi$。若 R 為由極坐標曲線 $r = f(\theta)$，及射線 $\theta = \alpha$ 和 $\theta = \beta$ 所圍之區域（如圖 7-1.7 所示），則區域 R 之面積 A 為

$$A = \int_{\alpha}^{\beta} \frac{1}{2}(f(\theta))^2 \, d\theta$$

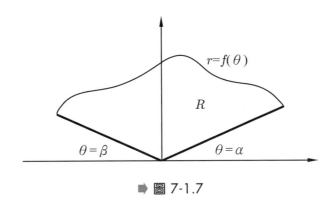

▶ 圖 7-1.7

例題4

求圓曲線 $r = 2\sin\theta$ 所圍之區域之面積。

 解

由定理7-1-1-1，得所求的面積 A 為

$$A = \int_0^{\pi} \frac{1}{2}(2\sin\theta)^2 \, d\theta$$

$$= 2\int_0^{\pi} \sin^2\theta \, d\theta$$

$$= \int_0^{\pi} 1 - \cos 2\theta \, d\theta$$

$$= \theta - \frac{1}{2}\sin 2\theta \Big|_0^{\pi} = \pi$$

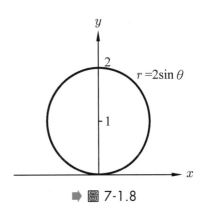

▶ 圖 7-1.8

例題5

求心臟線(cardioid) $r = 1 - \cos\theta$，所圍區域之面積。

解

由定理7-1-1-1，得所求的面積 A 為

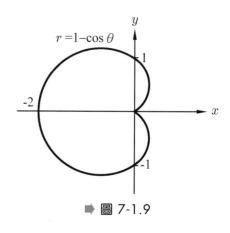

➡ 圖 7-1.9

$$A = \int_0^{2\pi} \frac{1}{2}(1 - \cos\theta)^2 d\theta$$

$$= \int_0^{2\pi} \frac{1}{2} - \cos\theta + \frac{1}{2}\cos^2\theta d\theta$$

$$= \int_0^{2\pi} \frac{1}{2} - \cos\theta + \frac{1}{4}(1 + \cos 2\theta) d\theta$$

$$= \frac{3\theta}{4} - \sin\theta + \frac{1}{8}\sin 2\theta \Big|_0^{2\pi}$$

$$= \frac{3\pi}{2}$$

習題 7-1

1. 求由曲線 $y = x^2 + 2$ 及 $y = 2x + 2$ 所圍成的區域面積。

2. 求由曲線 $y = x^3$ 及直線 $y = 4x$ 在第一象限所圍成的區域面積。

3. 求由曲線 $y + x^2 = 6$ 及直線 $y + 2x - 3 = 0$ 所圍成的區域面積。

4. 求由曲線 $y = x^2$ 及 $x = y^2$ 所圍成的區域面積。

5. 試分別用在 x 軸分割及在 y 軸分割兩法，求由曲線 $y^2 = x$ 及 $y = x - 2$ 所圍成的區域面積。

6. 求橢圓 $\dfrac{x^2}{a^2} + \dfrac{y^2}{b^2} = 1$（其中 $a > b > 0$）所圍的面積。

7. 求曲線 $y^2 - x = 0$ 及 $2y^2 + x - 3 = 0$ 所圍區域之面積。

8. 求由 $y = \ln x$，$x = y^2 - 2$，$y = 0$，$y = -1$ 所圍區域之面積。

9. 求圓曲線 $r = 2\cos\theta$ 所圍區域之面積。

10. 求心臟線 $r = 1 + \cos\theta$ 所圍在第一象限部分的區域面積。

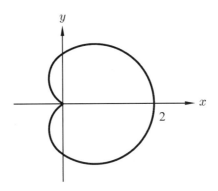

7-2　立體體積

　　在本節裡，我們要探討如何利用定積分來求體積。首先我們先探討較簡單的旋轉體體積，接著再探討一般體的體積。

圓盤法(Disk Method)或說圓柱體法

　　所謂**旋轉體**是指：在平面上的某一個區域，繞同平面上的一直線在空間旋轉而得的形體。像一矩形區域繞包含它的任一邊的直線旋轉而得圓柱體；一圓區域繞包含它的直徑的直線旋轉而得球體（參考圖 7-2.1）。這些都是旋轉體。任何一個旋轉體對其軸的垂直切面和此旋轉體的交集都是一個圓面。

　　現在我們來探討這種旋轉體體積的求法。設 $y = f(x) \geq 0$ 且 $f(x)$ 為 $[a, b]$ 上的連續函數，而考慮由方程式 $y = f(x)$ 的圖形及 x 軸，$x = a$，$x = b$ 所圍區域 A（參考圖 7-2.2(b)）繞 x 軸旋轉而得的旋轉體（參考圖 7-2.2(d)），此體積要如何求？

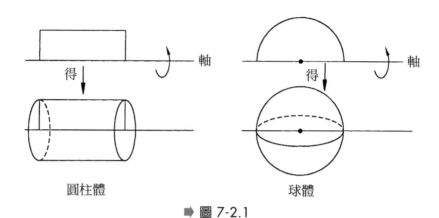

圓柱體   球體

➡ 圖 7-2.1

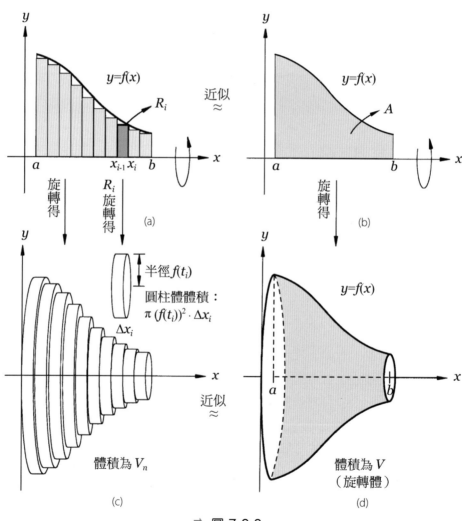

➡ 圖 7-2.2

由於區域 A 的面積是由一些小矩形面積加起來取極限而得到，因此由區域 A 繞 x 軸旋轉而得的體積，亦可由這些小矩形區域繞 x 軸旋轉而得的小體積加起來再取極限而得到。而每個小矩形區域繞 x 軸旋轉所得小體積為一**小圓柱體**，因此將這些小圓柱體加起來再取極限就可得旋轉體的體積（參考圖 7-2.2）。由於它是由小圓柱體加起來取極限而得到，因此這種作法又稱為**圓柱體法**，也稱為**圓盤法**(Disk Method)。其具體作法如下：

(1) 先將 $[a,b]$ 作 n 等分割，且其分割點依序標示為 $a = x_0 , x_1 , \ldots , x_n = b$。並令 $\Delta x_i = x_i - x_{i-1}$

(2) 如同求區域面積的過程，在第 i 個小區間 $[x_{i-1}, x_i]$ 上任取一點 t_i 後，分別以 $f(t_i)$ 及 Δx_i 做為其小矩形 R_i 的高及底，再由此小矩形繞 x 軸旋轉而得一小圓柱體，則此小圓柱體體積為 $\pi (f(t_i))^2 \cdot \Delta x_i$（由於此小圓柱體的半徑為 $f(t_i)$，高為 Δx_i）。

(3) 將這 n 個小圓柱體體積加起來做為所欲求旋轉體的體積 V 的近似值，並令其和為 V_n，則

$$V_n = \sum_{i=1}^{n} \pi (f(t_i))^2 \cdot \Delta x_i$$

(4) 由於 $f(x)$ 為連續函數，我們可以得到 n 取得越大時，V_n 就會越接近所欲求的旋轉體的體積 V，且當 $n \to \infty$，則 $V_n \to V$

因此得

$$\begin{aligned}
V &= \lim_{n \to \infty} V_n \\
&= \lim_{n \to \infty} \sum_{i=1}^{n} \pi (f(t_i))^2 \Delta x_i \\
&\equiv \int_a^b \pi (f(x))^2 dx
\end{aligned}$$

又仿上述的討論，設 $g(y)$ 為 $[c,d]$ 上的連續函數，若 A_1 為由方程式 $x = g(y)$ 的圖形及 y 軸，$y = c , y = d$ 所圍區域，則區域 A_1 繞 y 軸旋轉所得的旋轉體體積為

$$\int_c^d \pi(g(y))^2\,dy$$

將上述的結果整理即為以下的定理：

定理　7-2-1　（圓柱體法）

(1) 設 $y = f(x)$ 為在 $[a,b]$ 上非負的連續函數，則由方程式 $y = f(x)$ 的圖形及 x 軸，$x = a$，$x = b$ 所圍區域 A，

繞 x 軸旋轉而得的

旋轉體體積為

$$V = \int_a^b \pi(f(x))^2\,dx$$

(2) 設 $x = g(y)$ 為在 $[c,d]$ 上非負的連續函數，則由方程式 $x = g(y)$ 的圖形及 y 軸，$y = c$，$y = d$ 所圍區域 A_1，

繞 y 軸旋轉而得的

旋轉體體積為

$$V = \int_c^d \pi(g(y))^2\,dy$$

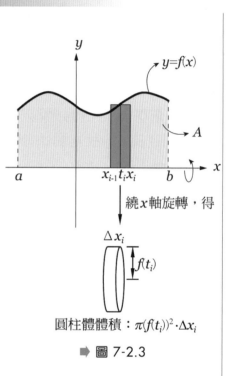

⇨ 圖 7-2.3

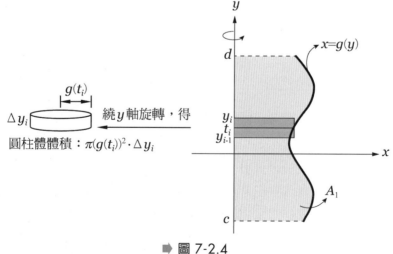

⇨ 圖 7-2.4

例題1

求半徑為 r 之球體的體積。

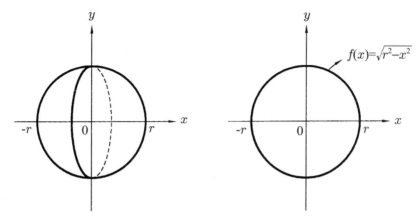

➡ 圖 7-2.5

 解

由於半徑為 r 之球體，可由半徑是 r 之圓區域繞它的直徑旋轉而得。為了簡化計算，可將此圓的圓心放在坐標原點，則其方程式為 $x^2 + y^2 = r^2$。令 $y = f(x) = \sqrt{r^2 - x^2}$，則函數 f 的圖形為其上半圓。因此它繞 x 軸（直徑）旋轉而得之球體體積為

$$\int_{-r}^{r} \pi (f(x))^2 \, dx = \int_{-r}^{r} \pi \left(\sqrt{r^2 - x^2} \right)^2 dx$$

$$= \int_{-r}^{r} \pi (r^2 - x^2) dx$$

$$= \pi \left(r^2 x - \frac{x^3}{3} \right) \Bigg|_{-r}^{r} = \frac{4}{3} \pi r^3$$

例題2

求區域 $R = \left\{(x,y)\,\middle|\,0 \leqq y \leqq x^2, 0 \leqq x \leqq 1\right\}$（如圖 7-2.6 所示），繞 x 軸旋轉而得的體積。

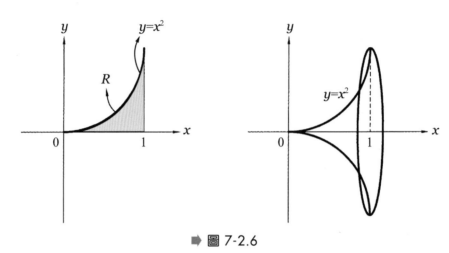

➡ 圖 7-2.6

解

所求之體積為

$$\int_0^1 \pi(f(x))^2\,dx = \int_0^1 \pi(x^2)^2\,dx = \pi \left.\frac{x^5}{5}\right|_0^1 = \frac{1}{5}\pi$$

例題3

求區域 $R = \left\{(x,y)\,\middle|\,x^2 \leqq y \leqq 1, 0 \leqq x \leqq 1\right\}$，繞 y 軸旋轉後之體積。

解

將 $y = x^2$ 改成 $x = g(y) = \sqrt{y}$

得區域 R 繞 y 軸旋轉而得體積為

$$\int_0^1 \pi(g(y))^2\,dy = \int_0^1 \pi(\sqrt{y})^2\,dy = \frac{\pi}{2}y^2\Big|_0^1 = \frac{\pi}{2}$$

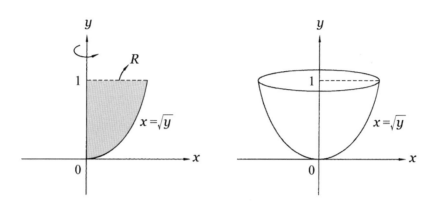

➡ 圖 7-2.7

 例題4

求由 $y = x^2$ 與 $y = 2x$ 所圍成之區域，繞 x 軸旋轉所得之體積。

解

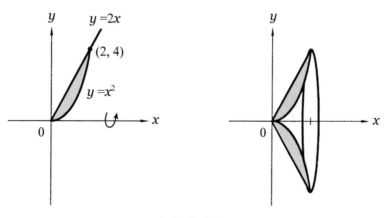

➡ 圖 7-2.8

其體積可由：$y = 2x$ 及 $x=2$，x 軸所圍區域繞 x 軸旋轉而得體積減去 $y = x^2$ 及 $x=2$，x 軸所圍區域繞 x 軸旋轉而得體積。

因此所求的體積為

$$\int_0^2 \pi(2x)^2\, dx - \int_0^2 \pi(x^2)^2\, dx$$

$$= \pi \frac{4}{3} x^3 \Big|_0^2 - \pi \frac{x^5}{5} \Big|_0^2 = \frac{64}{15}\pi$$

另法：

由於所考慮區域上的第 i 個矩形區域（如圖7-2.9(a)所示之矩形區域）繞 x 軸旋轉，會得到一個**環狀體**（Annular 或 washer）（如圖7-2.9(b)所示），而其體積為 $\pi\left[(2t_i)^2 - (t_i^2)^2\right]\Delta x_i$。因此，得所求體積為

$$\lim_{n\to\infty} \sum_{i=1}^n \pi\left[(2t_i)^2 - (t_i^2)^2\right]\Delta x_i \equiv \int_0^2 \pi\left[(2x)^2 - (x^2)^2\right]dx$$

$$= \int_0^2 4\pi x^2 - \pi x^4\, dx = \frac{4}{3}\pi x^3 - \frac{\pi}{5} x^5 \Big|_0^2$$

$$= \frac{64}{15}\pi$$

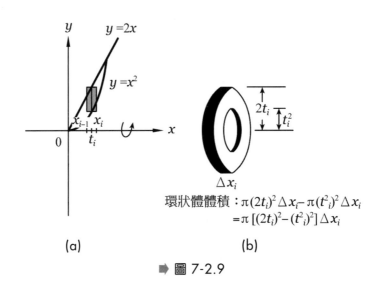

(a)　　　　　　(b)

➡ 圖 7-2.9

圓柱殼法(Cylindrical Shell Method)

在前一節我們已介紹用圓柱體法去求旋轉體的體積。它是將許多小圓柱體加起來後再取其極限值而求得旋轉體的體積。在本小節我們要介紹第二種求旋轉體體積的方法。此方法是將許多小圓柱殼加起來後再取其極限值來求其體積，因此稱它為圓柱殼法(cylindrical shell method)。在正式談論用**圓柱殼法**去求旋轉體體積之前，我們先來看一個圓柱殼的體積要如何求。設一圓柱殼，其內半徑為 r_1，外半徑為 r_2，高為 h（如圖 7-2.10 所示），則其體積 V 為

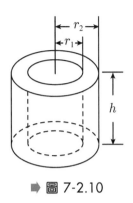

➡ 圖 7-2.10

$$V = \pi r_2^2 h - \pi r_1^2 h = \pi h(r_2^2 - r_1^2) = \pi h(r_2 + r_1)(r_2 - r_1)$$

$$= 2\pi h(\frac{r_1 + r_2}{2})(r_2 - r_1)$$

若令 $r = \dfrac{r_1 + r_2}{2}$ ， $\Delta r = r_2 - r_1$

則得

$$V = 2\pi r h \Delta r$$

即

圓柱殼體積＝2π×（平均半徑）×高度×厚度

圓柱殼要如何產生？在介紹圓柱體法時，我們已知道一個直條狀小矩形區域繞 x 軸旋轉，或一個橫條狀的小矩形區域繞 y 軸旋轉，這亦即小矩形區域和所繞的軸垂直，會產生一個小圓柱體（若小矩形的底邊和旋轉軸有一距離，則會產生一個環狀體，而不是圓柱體）。而我們進一步可發現：一個直條狀的小矩形區域繞 y 軸旋轉，或一個橫條狀的小矩形區域繞 x 軸旋轉，這亦即小矩形區域和所繞的軸平行，會產生一個圓柱殼（參考圖 7-2.11、7-2.12）。

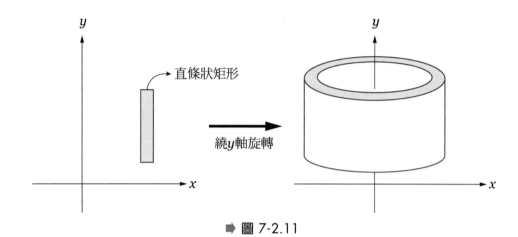

➡ 圖 7-2.11

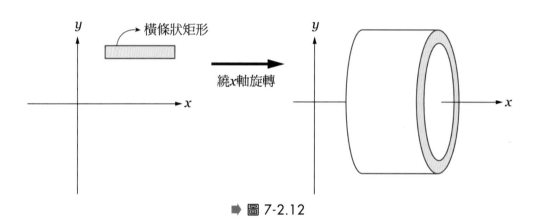

➡ 圖 7-2.12

現在我們就來談圓柱殼法的具體作法。設 f 為 $[a,b]$ 上非負的連續函數，而區域 A 是由曲線 $y = f(x)$，x 軸及直線 $x = a > 0$，$x = b(b > a)$ 所圍成，即 $A = \{(x,y) | 0 \le y \le f(x), a \le x \le b\}$（參考圖 7-2.13），求區域 A 繞 y 軸旋轉所得之體積 V。

首先在 $[a,b]$ 上作 n 等分割（由於是繞 y 軸旋轉，若要採用圓柱殼法，則須在 x 軸上分割以得直條狀小矩形），並得 n 個直條狀的小矩形。而每個直條狀的小矩形區域繞 y 軸旋轉會得一個圓柱殼，且其第 i 個圓柱殼體積為 $2\pi t_i f(t_i) \Delta x_i$，其中 $t_i = \dfrac{x_{i-1} + x_i}{2}$（參考圖 7-2.13 之右圖）。接著將這 n 個圓柱殼體積加起來，以做為所求體積 V 的近似值（當 $n = 4$ 時，參考圖 7-2.14），即 $\displaystyle\sum_{i=1}^{n} 2\pi t_i f(t_i) \Delta x_i \approx V$。又由於，當 $n \to \infty$，則 $\displaystyle\sum_{i=1}^{n} 2\pi t_i f(t_i) \Delta x_i \to V$。因此得

$$V = \lim_{n \to \infty} \sum_{i=1}^{n} 2\pi t_i f(t_i) \Delta x_i \equiv \int_a^b 2\pi x f(x) dx。$$

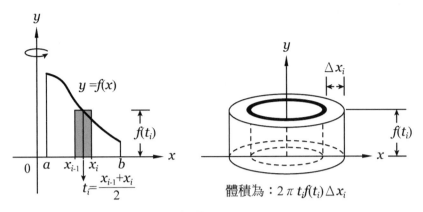

➡ 圖 7-2.13

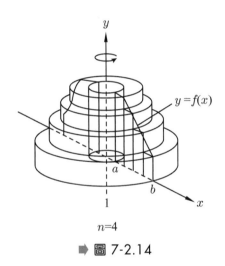

$n=4$

➡ 圖 7-2.14

而以上的結果即為以下的定理：

定 理 │ 7-2-2 （圓柱殼法）

(1) 設 $y = f(x)$ 為 $[a,b]$ 上的非負連續函數，則由

方程式 $y = f(x)$ 的圖形及 x 軸，$x = a$, $x = b$ 所圍區域（如圖 7-2.15(a)所示）

繞 y 軸旋轉所得之旋轉體體積為

$$V = \int_a^b 2\pi x f(x)\,dx$$

(2) 設 $x = g(y)$ 為 $[c,d]$ 上的非負連續函數，則由

方程式 $x = g(y)$ 的圖形及 y 軸，$y = c$, $y = d$ 所圍區域（如圖 7-2.15(b)所示）

繞 x 軸旋轉所得之旋轉體體積為

$$V = \int_c^d 2\pi y g(y) dy$$

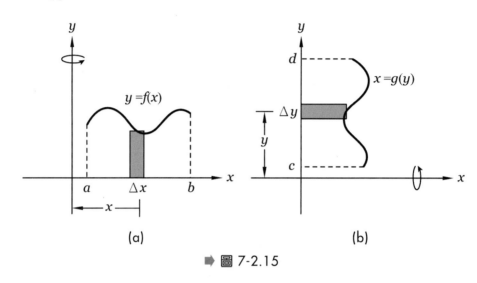

(a)

(b)

➡ 圖 7-2.15

 例題5

利用圓柱殼法,去求由拋物線 $y = x^2$,和直線 $y = 9$ 所圍在第一象限之區域,繞 x 軸旋轉而得的旋轉體體積。

解

由於繞 x 軸旋轉且要利用圓柱殼法,因而需取橫條狀小矩形。而這要在 y 軸上分割,因而需將 $y = x^2$ 改寫為 $x = \sqrt{y} \equiv g(y)$。

而定理7-2-2-1(2),得所求得之旋轉體體積為

$$\int_0^9 2\pi y \sqrt{y} dy = 2\pi \int_0^9 y^{\frac{3}{2}} dy = \frac{4\pi}{5} y^{\frac{5}{2}} \Big|_0^9 = \frac{972\pi}{5}$$

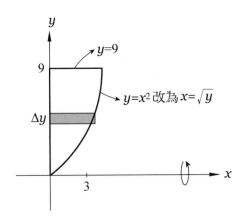

 例題6

　　求由曲線 $y = 2x^2 - x^3$ 和 x 軸所圍區域（如圖 7-2.16 所示），繞 y 軸旋轉所得之旋轉體體積。

解

　　由於它是繞 y 軸旋轉，若用圓盤法，則需取橫條狀小矩形。而這是要在 y 軸作分割，因而要將 $y = 2x^2 - x^3$ 改為 x 用 y 來表示。但這有困難，因此本題要採圓柱殼法才方便。

　　由定理7-2-2-1(1)，得所求之體積為

$$V = \int_0^2 2\pi x(2x^2 - x^3)dx = 2\pi \int_0^2 2x^3 - x^4 dx$$

$$= 2\pi(\frac{1}{2}x^4 - \frac{1}{5}x^5)\Big|_0^2$$

$$= \frac{16\pi}{5}$$

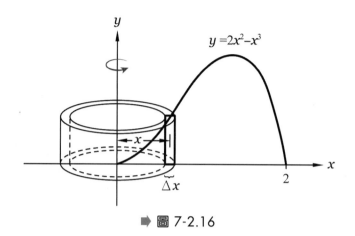

➡ 圖 7-2.16

例題7

設 R 為由直線 $y = \dfrac{x}{2}$，$x = 2$，和 x 軸所圍區域。請分別用圓盤法及圓柱殼法，求 R 繞 x 軸旋轉所得之體積。

解

圓盤法：

$$V = \int_0^2 \pi\left(\frac{x}{2}\right)^2 dx = \frac{\pi}{12} x^3 \Big|_0^2 = \frac{2\pi}{3}$$

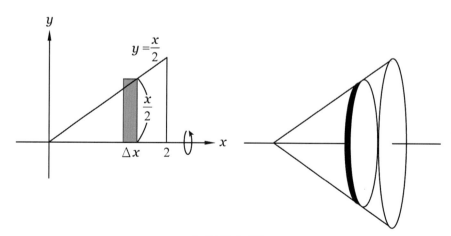

➡ 圖 7-2.17

圓柱殼法：

$$V = \int_0^1 2\pi y(2-2y)\,dy = \int_0^4 4\pi y - 4\pi y^2\,dy = 2\pi y^2 - \frac{4}{3}\pi y^3\Big|_0^1 = \frac{2\pi}{3}$$

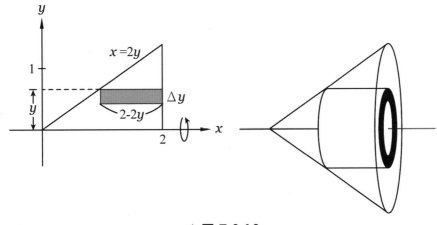

➡ 圖 7-2.18

 例題8

設 R 為由曲線 $y=x^3+x+1$，直線 $y=1$，和直線 $x=1$ 所圍區域。求 R 繞直線 $x=2$ 旋轉而得之體的體積。

解

本題不方便用圓盤法作。

由圓柱殼法求，得其體積為

$$\int_0^1 2\pi \underset{\text{半徑}}{(2-x)} \underset{\text{高}}{(x^3+x+1-1)}\,dx$$

$$=2\pi\int_0^1 -x^4+2x^3-x^2+2x\,dx$$

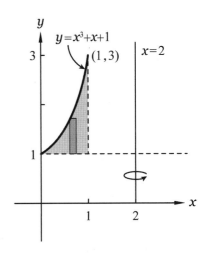

$$= 2\pi \left[\frac{-x^2}{5} + \frac{1}{2}x^4 - \frac{1}{3}x^3 + x^2 \right]_0^1$$

$$= \frac{29}{15}\pi$$

 例題9

設 R 為由：直線 $y = x$ ； $y = 2x$ ； $y = 1$ 所圍之區域。請分別用圓盤法及圓柱殼法，求 R 繞 x 軸旋轉而得之旋轉體體積。

解

(1) 圓盤法（本題情況亦可說是環圈法）：

由於繞 x 軸旋轉，圓盤法要取直條狀小矩形，亦即它是在 x 軸分割所得到的小矩形。

得所求之體積為（需分二塊去計算）

$$\pi \int_0^{\frac{1}{2}} \left[(2x)^2 - x^2 \right] dx + \pi \int_{\frac{1}{2}}^1 1 - x^2 dx$$

$$= \frac{\pi}{8} + \frac{5\pi}{24} = \frac{\pi}{3}$$

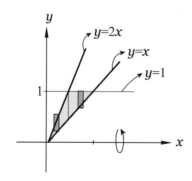

(2) 圓柱殼法：

由於繞 x 軸旋轉，圓柱殼法要取橫條狀小矩形，亦即它是在 y 軸分割所得到的小矩形。

得所求得之體積為

$$2\pi\int_0^1 y\left(y-\frac{y}{2}\right)dy = 2\pi\int_0^1 \frac{y^2}{2}dy = \frac{\pi}{3}$$

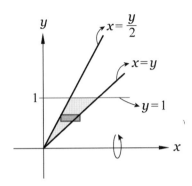

 例題10

設 R 為由曲線 $y=\sin^{-1}x$，及直線 $x=1$；$y=0$ 所圍成之區域。求 R 繞 x 軸旋轉而得之旋轉體體積。

解

若用圓盤法，則得所求之體積為

$$\int_0^1 \pi(\sin^{-1}x)^2 dx$$

這不易積分。

現改用用圓柱殼法，可得所求之體積為

$$\int_0^{\frac{\pi}{2}} 2\pi y(1-\sin y)dy = 2\pi\int_0^{\frac{\pi}{2}} y - y\sin y\, dy$$

$$= 2\pi\left[\frac{y^2}{2} + y\cos y - \sin y\Big|_0^{\frac{\pi}{2}}\right] = \frac{\pi^3}{4} - 2\pi$$

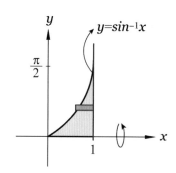

　　在本小節的最後，我們要利用圓柱殼法去證明在第三世紀時期希臘數學家帕卜(Pappus)所發現的一個著名求旋轉體的體積公式。

定理 | 7-2-3 （帕卜定理）

設一平面區域 R，而直線 L 和 R 完全分離。若 R 的形心(centroid)和 L 的距離為 d，則 R 繞 L 旋轉之旋轉體體積為 $V = 2\pi dA$，其中 A 為 R 的面積。

▶**證 明**

　　首先將所給的直線 L 定為 y 軸，且將所給的區域 R 放置在第一象限。令 $f(x_0)$ 表 $x = x_0$ 的直線和 R 相交所產生的截線段長度（如圖 7-2.19 所示），且 A 表 R 的面積值。

　　則由圓柱殼法，得 R 繞 L 旋轉，所得之體積 V 為

$$V = \int_a^b 2\pi x f(x)dx = 2\pi \int_a^b x f(x)dx$$

若設 R 之形心坐標為 $(\bar{x}, \bar{y})$，則 $\bar{x} = \dfrac{\displaystyle\int_a^b x f(x)dx}{\displaystyle\int_a^b f(x)dx} = \dfrac{\displaystyle\int_a^b x f(x)dx}{A}$

因而可得

$V = 2\pi \bar{x} A$

而 $\bar{x}$ 為形心到 y 軸之距離，亦即 $\bar{x} = d$。

因此，得證 $V = 2\pi dA$

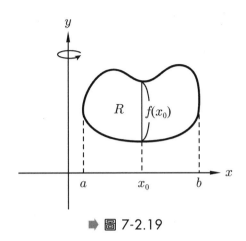

➡ 圖 7-2.19

截面法(Method of Cross Sections)

如果不是旋轉體，欲求其體積就不能用前面所介紹的圓盤法或圓柱殼法求，但若能知其截面積函數時，則可用本節將介紹的**截面法**(method of cross section)來求。設一體 S，如圖 7-2.20所示，夾在三維方程式 $x=a$ 及 $x=b$ 的兩平面之間，且知過 $[a,b]$ 上的每一點 x 而垂直於 x 軸的平面和此體 S 的截面的面積為 $A(x)$（此截面不一定是圓面）。此情況下，我們可以用**截面法**來求此 S 的體積，其方法是：將整個體 S 切成每片厚度都為 $\Delta x_i = \dfrac{b-a}{n}$ 的 n 個小體（如切土司麵包），因而得第 i 個小體體積的近似值為 $A(t_i) \cdot \Delta x_i$（參考圖 7-2.20 之右圖），然後將這 n 個小體的體積近似值全部加起來再取其極限值而求得 S 的體積。其明確的方法如下：

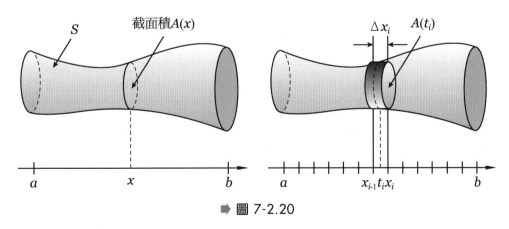

➡ 圖 7-2.20

(1) 在 $[a,b]$ 上取 n 等分割，且其分割點依序為 $a=x_0<x_1\cdots<x_n=b$。

(2) 分別作過分割點 $x_1,x_2,\cdots,x_{n-1}$，而垂直於 x 軸的平面，則此 $n-1$ 個平面將體 S 切割成 n 個小體（如切土司麵包）。

(3) 以 $A(t_i)\Delta x_i$ 做為第 i 個小體體積之近似值，$t_i\in[x_{i-1},x_i]$，$i=1,2,\cdots,n$。

(4) 得 $\displaystyle\sum_{i=1}^{n}A(t_i)\Delta x_i\approx V$

(5) 進而得

$$V=\lim_{n\to\infty}\sum_{i=1}^{n}A(t_i)\Delta x_i\equiv\int_a^b A(x)dx$$

　　而以上結果即為以下定理：

定 理 | 7-2-4 （截面法）

(1) 設 S 為一有界立體且夾在三維方程式 $x=a$ 及 $x=b$ 的兩平面之間（參考圖 7-2.20）。若已知過 $[a,b]$ 上的每一點 x 而垂直於 x 軸之平面和體 S 的截面面積為 $A(x)$，且 $A(x)$ 為連續函數，則 S 的體積為

$$V=\int_a^b A(x)dx$$

(2) 設 S 為一有界立體且夾在三維方程式 $y=c$ 及 $y=d$ 的兩平面之間。若已知過 $[c,d]$ 上的每一點 y 而垂直於 y 軸之平面和 S 的截面面積為 $A(y)$，且 $A(y)$ 為連續函數，則 S 的體積為 $V=\int_c^d A(y)dy$

　　用截面法求體積時，須要先知道其截面積函數 $A(x)$，然後再對 $A(x)$ 積分就可得到體積。這是求體積最一般性的方法。但在實際問題上，$A(x)$ 通常沒有給我們，它須自己去尋求，這是截面法使用時較為不便的地方。但對於旋轉體，其每個截面都是圓面，因而可容易求得 $A(x)=\pi(f(x))^2$，進而依截面法，得其體積為 $\int_a^d\pi(f(x))^2 dx$，這結果和用圓柱體法所得的結果一致。其實對旋轉體而言，截面法就是圓柱體法。

例題11

　　求一高度為 12 公分，底邊長為 10 公分，如圖 7-2.21(a)所示的正四角錐
體體積。

解

由圖7-2.21(a)可看出在不同的 y 點，作垂直 y 軸的平板，其和正四角錐
的截面面積會不相同，顯然 y 越大其截面積越小，因此它是 y 的函數，
且其截面為正方形。

設過 y 點作垂直 y 軸的平面和此正四角錐的正方形截面（參考圖
7-2.21(a)），其邊長為 a。

則由圖7-2.21(b)得

$$\frac{\frac{a}{2}}{5} = \frac{12-y}{12} \implies a = 10 - \frac{5}{6}y$$

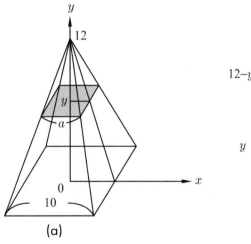

(a)　　　　　　　　　　　　(b)

➡ 圖 7-2.21

因此得截面面積為

$$A(y) = \left(10 - \frac{5y}{6}\right)^2 = 100 - \frac{50}{3}y + \frac{25}{36}y^2$$

所以由截面法，得正四角錐體為

$$\int_0^{12} A(y)dy = \int_0^{12} 100 - \frac{50}{3}y + \frac{25}{36}y^2 dy = 100y - \frac{25}{3}y^2 + \frac{25}{108}y^3 \Big|_0^{12}$$

$$= 400(立方公分)$$

註

正四角錐體積為 $\frac{1}{3} \times$ 底面積 $\times$ 高。

 例題12

有一物體，如圖 7-2.22(b)所示。其底部 R 是由曲線 $y = 1 - \frac{x^2}{4}$ ，x 軸及 y 軸所圍成在第一象限部分的區域，而其對 x 軸的垂直截面是一個正方形（如圖 7-2.22(b)所示），求其體積。

解

由圖7-2.22(a)、(b)可知，在 x_0 處，其正方形截面之邊長為 $1 - \frac{x_0^2}{4}$

因此由截面法，得所求體積為

$$V = \int_0^2 (1 - \frac{x^2}{4})^2 dx$$

$$= \int_1^2 1 - \frac{x^2}{2} + \frac{x^4}{16} dx = x - \frac{x^3}{6} + \frac{1}{80}x^5 \Big|_0^2 = \frac{16}{15}$$

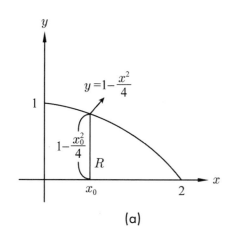

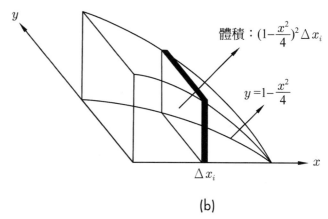

(a)   (b)

➡ 圖 7-2.22

習題 7-2

1. 求底半徑為 r，高為 h 之直圓錐的體積。

2. 求橢圓 $\dfrac{x^2}{a^2} + \dfrac{y^2}{b^2} = 1\,(a>b>0)$，繞 x 軸旋轉而得之橢圓球的體積。

3. 求由曲線 $y = \sqrt{x}$，$x=2$，$x=4$ 所圍區域繞 x 軸旋轉而得的體積。

4. 設 $R = \left\{(x,y)\,\middle|\,0 \le y \le \sin x, 0 \le x \le \pi\right\}$，求 R 繞 x 軸旋轉而得的體積。

5. 設 $R = \left\{(x,y)\,\middle|\,x^2 \le y \le 1, 0 \le x \le 1\right\}$，求 R 繞 y 軸旋轉而得的體積。

6. 求由 $y=x^2$ 與 $y=x$ 所圍區域，繞 y 軸旋轉而得的體積。

7. 用 Pappus's 定理，求以點 $(4,0)$ 為圓心，半徑為 2 的圓區域，繞 y 軸旋轉而得的體積。此立體稱為環體(torus)。

8. 求區域 $R = \left\{(x,y)\,\middle|\,0 \le y \le x^2, 0 \le x \le 2\right\}$，繞直線 $x=2$ 旋轉而得的體積。

9. 利用截面法，證明一高為 h，底邊長為 a 的正四角錐體體積為 $\dfrac{1}{3}a^2h$。

10. 設 R 為 $y = x^2$ 及 $y = 4$ 在第一象限所圍之區域。用圓盤法及圓柱殼法，求 R 繞 x 軸旋轉而得之體的體積。

11. 設 R 為 $y = x^3 + x^2 + 1$，$x = 1$，$x = 3$，以及 x 軸所圍區域。求 R 繞 y 軸旋轉而得之體的體積。

12. 設 R 為 $y = \sqrt{x}$，$y = 2$，以及 y 軸所圍區域，求 R 繞直線 $y = 2$ 旋轉而得之體的體積。

13. 有一體，其底部是由曲線 $y = 1 - x^2$，x 及 y 軸所圍成在第一象限部分的區域，而其對 x 軸的垂直截面是一個正方形，求其體積。

14. 設 R 為 $y = 3x - x^2$ 和 x 軸所圍區域。求 R 繞直線 $x = -1$ 旋轉而得之體的體積。

15. 設 R 為由 $y = e^{-x^2}$，$y = \dfrac{1}{2}$ 及 y 軸在第一象限上所圍之區域。求 R 繞 y 軸旋轉而得之體的體積。

16. 設 R 為由 $x = 2y - y^2$ 和 y 軸所圍區域。求 R 繞 x 軸旋轉而得之體的體積。

17. 設 R 為由 $y = x^2$，$y = 1$ 及 y 軸在第一象限上所圍之區域。分別求(a) R 繞 $y = 2$；(b) R 繞 $y = -1$，旋轉而得之體的體積。

18. 設 R 為由 $y = x^3$，$y = 0$，及 $x = 2$ 所圍之區域。分別用圓盤法及圓柱殼法求(a)繞 x 軸；(b)繞 y 軸，旋轉而得之體的體積。

19. 設 R 為由 $y = x^2$ 及 $y = x$ 所圍之區域。分別用圓柱殼法及環圈法求(a) R 繞 x 軸；(b)繞 y 軸，旋轉而得之體的體積。

20. 設 R 為由 $y = 3x$，$y = 0$，$x = 2$ 所圍之區域。分別求 R
(a)繞 x 軸；(b)繞 y 軸；(c)繞 $x = 4$；(d)繞 $x = -1$；(e)繞 $y = -2$；(f)繞 $y = 7$ 旋轉得之體的體積。

21. (a)說明圖(1)及圖(2)之面積相等。

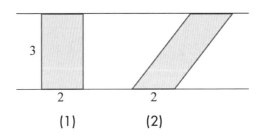

(1)   (2)

(b)用截面法求下圖所示之斜圓柱體體積。

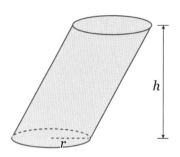

22. 用截面法求下圖所示之四面體的體積。

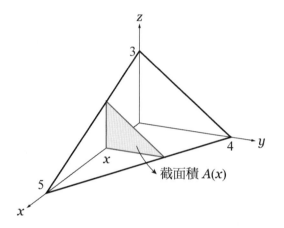

截面積 $A(x)$

7-3　曲線的長度

　　我們已經可以求得一個線段的長度，但要如何去求一段曲線的長度？在方法上我們仍然要採用微積分的一貫手法為：先求其近似值，再取其極限值而求得。具體的說，首先將曲線 c 分成許多小段，然後在每個小段曲線上取一個直線段去近似，並將所取的這些直線段的長度（這長度是可以求出的）全部加起來，並做為曲線長度的近似值。又由於曲線 c 分割的越多小段，所求得的近似值會越接近曲線 c 的長度（參考圖 7-3.0），因而取其極限值即為曲線 c 的長度。

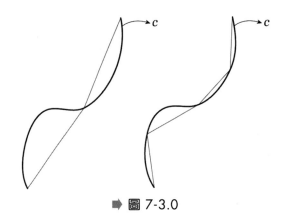

➡ 圖 7-3.0

設 f 為定義在 $[a,b]$ 上的函數，且 f' 在 $[a,b]$ 上連續。f 在 $[a,b]$ 上圖形的長度，其求法如下：

(1) 先將 $[a,b]$ 作 n 等分割，且其分割點依序標示為 $a=x_0$, $x_1\cdots$, $x_n=b$。並用 P_i 標示曲線上的點 $(x_i,f(x_i))$ ，$i=0,1,\cdots,n$ （見圖 7-3.1）

(2) 將 $P_0,P_1,P_2\cdots,P_n$ 連接起來而成一折線段，而以此折線段長作為所欲求曲線長度之近似值，並令其長度為 l_n ，即

$$l_n = \overline{P_0P_1} + \overline{P_1P_2} + \overline{P_2P_3} + \cdots + \overline{P_{n-1}P_n} = \sum_{i=1}^{n} \overline{P_{i-1}P_i} \text{ ，其中}$$

$$\overline{P_{i-1}P_i} = \sqrt{(x_i - x_{i-1})^2 + (f(x_i) - f(x_{i-1}))^2}$$

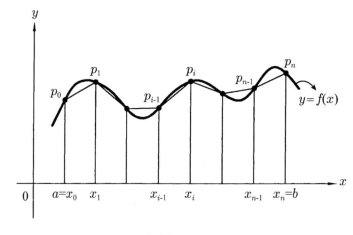

➡ 圖 7-3.1

(3)由於 $f(x)$ 是平滑曲線，我們可得到 n 越大時，其折線的長度 l_n 會越接近曲線的長度 l，且當 $n \to \infty$ 時，則 $l_n \to l$。因此曲線的長度為 $l = \lim\limits_{n \to \infty} l_n$，

即

$$l = \lim_{n \to \infty} l_n = \lim_{n \to \infty} \sum_{i=1}^{n} \overline{P_{i-1}P_i} = \lim_{n \to \infty} \sum_{i=1}^{n} \sqrt{(x_i - x_{i-1})^2 + (f(x_i) - f(x_{i-1}))^2}$$

但上式最右邊式子並不是定積分式子。而這可將式中之 $f(x_i) - f(x_{i-1})$ 改寫使成為定積分式子。由均值定理知，存在 $t_i \in (x_{i-1}, x_i)$ 使得

$$f(x_i) - f(x_{i-1}) = f'(t_i)(x_i - x_{i-1})$$

因而得

$$l_n = \sum_{i=1}^{n} \overline{P_{i-1}P_i} = \sum_{i=1}^{n} \sqrt{(x_i - x_{i-1})^2 + ((x_i - x_{i-1})f'(t_i))^2}$$

$$= \sum_{i=1}^{n} \sqrt{1 + (f'(t_i))^2}(x_i - x_{i-1}) = \sum_{i=1}^{n} \sqrt{1 + (f'(t_i))^2}\Delta x_i$$

因此，得函數 $y = f(x)$ 在 $x \in [a,b]$ 上的長度為

$$l = \lim_{n \to \infty} l_n = \lim_{n \to \infty} \sum_{i=1}^{n} \sqrt{1 + (f'(t_i))^2}\Delta x_i \equiv \int_a^b \sqrt{1 + (f'(x))^2}\,dx$$

又仿上討論，設方程式 $x = g(y)$ 圖形為一平滑曲線，則可得曲線 $x = g(y)$ 在 $y \in [c,d]$ 上的曲線長度為 $l = \int_c^d \sqrt{1 + (g'(y))^2}\,dy$

將上述結果整理即為以下的定理（或說定義）：

定理 7-3-1 （曲線的長度）

(1) 若 $f'(x)$ 在 $[a,b]$ 上連續，則曲線 $y = f(x)$，從點 $(a, f(a))$ 到點 $(b, f(b))$ 這部分圖形的長度為

$$l = \int_a^b \sqrt{1 + (f'(x))^2}\,dx$$

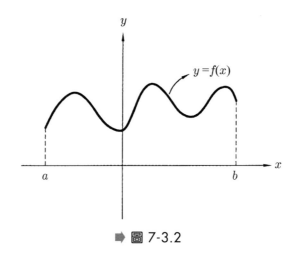

➡ 圖 7-3.2

(2) 若 $g'(y)$ 在 $[c,d]$ 上連續，則曲線 $x = g(y)$（這裡的曲線 $x = g(y)$，其圖形就是此方程式 $x = g(y)$ 的圖形。它不是以 x 為應變數，y 為自變數來畫其函數圖形而得的曲線），從點 $(g(c),c)$ 到點 $(g(d),d))$ 這部分的圖形長度為

$$l = \int_c^d \sqrt{1 + (g'(y))^2}\, dy$$

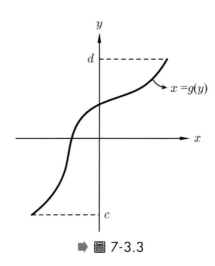

➡ 圖 7-3.3

註

　　由以上定理可知，若曲線可同時表為 $y = f(x)$ 和 $x = g(y)$ 時，則可有兩種方法求曲線的長度。

例題1

求直線 $y = 2x + 1$，從點$(0,1)$到點$(1,3)$的長度。

解

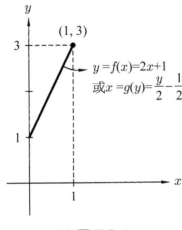

➡ 圖 7-3.4

由 $y = f(x) = 2x + 1$ 及定理7-3-1(1)，得其長度為

$$\int_0^1 \sqrt{1 + (f'(x))^2} \, dx = \int_0^1 \sqrt{5} \, dx = \sqrt{5}$$

若改由 $x = g(y) = \dfrac{y}{2} - \dfrac{1}{2}$ 及定理7-3-1(2)，得其長度為

$$\int_1^3 \sqrt{1 + (g'(y))^2} \, dy = \int_1^3 \sqrt{1 + \frac{1}{4}} \, dy = \sqrt{5}$$

或由兩點距離公式直接算$(0,1)$到$(1,3)$這兩點連線段的長度為

$$\sqrt{(1-0)^2 + (3-1)^2} = \sqrt{5}$$

例題2

求曲線 $y = x^{\frac{3}{2}}$，從點$(0,0)$到點$(4,8)$的長度。

解

其長度為

$$\int_0^4 \sqrt{1 + (f'(x))^2}\, dx$$

$$= \int_0^4 \sqrt{1 + \left(\frac{3}{2} x^{\frac{1}{2}}\right)^2}\, dx = \int_0^4 \sqrt{1 + \frac{9}{4}x}\, dx$$

$$= \frac{8}{27}\left(1 + \frac{9}{4}x\right)^{\frac{3}{2}} \Bigg|_0^4 = \frac{8}{27}(10^{\frac{3}{2}} - 1)$$

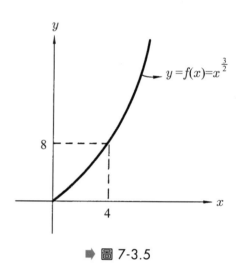

➡ 圖 7-3.5

 例題3

求曲線 $x = 2y^{\frac{3}{2}} - 1$，從點$(-1,0)$到點$(1,1)$的長度。

解

所求的長度為

$$\int_0^1 \sqrt{1 + (g'(y))^2}\, dy$$

$$= \int_0^1 \sqrt{1 + 9y}\, dy = \frac{2}{27}(1 + 9y)^{\frac{3}{2}} \Bigg|_0^1 = \frac{2}{27}(10^{\frac{3}{2}} - 1)$$

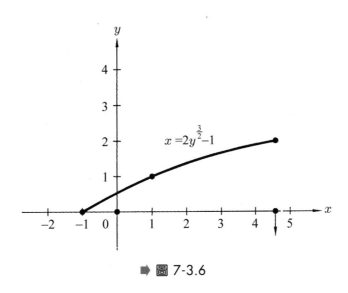

➡ 圖 7-3.6

例題4

求半徑為 1 的圓周長。

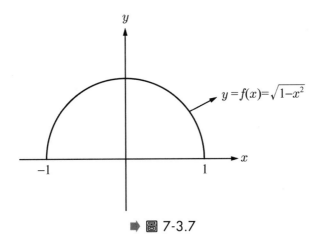

➡ 圖 7-3.7

解

所求之圓周長為

$$4\int_0^1 \sqrt{1+(f'(x))^2}\,dx$$

$$=4\int_0^1 \frac{1}{\sqrt{1-x^2}}\,dx$$

$$= 4 \lim_{t \to 1^-} \int_0^t \frac{1}{\sqrt{1-x^2}} dx$$

$$= 4 \lim_{t \to 1^-} \mathrm{Sin}^{-1} x \Big|_0^t$$

$$= 4 \lim_{t \to 1^-} \mathrm{Sin}^{-1} t = 4 \times \frac{\pi}{2} = 2\pi$$

雖然我們已能求得圓周長，但不要企圖想用定積分（即定理 7-3-1）去求得橢圓的周長，這在計算上會有很大的困難，因為我們無法求得其不定積分。求橢圓周長的問題是數學上有名的所謂 **"橢圓積分問題"**。

我們已經知道如何求函數曲線 $y = f(x)$ 在 $[a,b]$ 上的長度。接著我們來研究如何求由參數式所描述的曲線長度。若曲線 $y = f(x)$ 可由以下參數式表示：

$$\begin{cases} x = h_1(t) \\ y = h_2(t) \end{cases}, \ \alpha \le t \le \beta, \ \text{且} h_1(\alpha) = a, \ h_1(\beta) = b$$

由 $f'(x) = \dfrac{dy}{dx} = \dfrac{\frac{dy}{dt}}{\frac{dx}{dt}}$，

得 $\sqrt{1 + (f'(x))^2} = \sqrt{1 + \left(\dfrac{\frac{dy}{dt}}{\frac{dx}{dt}} \right)^2} = \sqrt{(\dfrac{dy}{dt})^2 + (\dfrac{dx}{dt})^2} \cdot \dfrac{dt}{dx}$

因此，由變數變換法得弧長 l 為

$$l = \int_a^b \sqrt{1 + (f'(x))^2} \cdot dx = \int_\alpha^\beta \sqrt{(\frac{dy}{dt})^2 + (\frac{dx}{dt})^2} \cdot \frac{dt}{dx} dx$$

$$= \int_\alpha^\beta \sqrt{(\frac{dy}{dt})^2 + (\frac{dx}{dt})^2} \cdot dt \ \text{------------(1)。} \textbf{此為參數式之弧長公式。}$$

又由於極曲線 $r = g(\theta)$，$\alpha \le \theta \le \beta$，可表為以下參數式：

$$\begin{cases} x = g(\theta)\cos\theta \\ y = g(\theta)\sin\theta \end{cases} , \quad \alpha \le \theta \le \beta$$

因此，由(1)式，可得極曲線 $r = g(\theta)$，$\alpha \le \theta \le \beta$，之長度 l 為

$$l = \int_\alpha^\beta \sqrt{(\frac{dy}{d\theta})^2 + (\frac{dx}{d\theta})^2} \cdot d\theta$$

$$= \int_\alpha^\beta \sqrt{(g(\theta)\cos\theta + g'(\theta)\sin\theta)^2 + (-g(\theta)\sin\theta + g'(\theta)\cos\theta)^2} \cdot d\theta$$

$$= \int_\alpha^\beta \sqrt{(g'(\theta))^2 + (g(\theta))^2} \cdot d\theta \text{。 } \textbf{此為極曲線之弧長公式。}$$

 例題5

已知圓心 $(0,0)$，半徑為 a 之上半圓曲線，其參數式為 $x = a\cos t$，$y = a\sin t$，$(0 \le t \le \pi)$，求其長度。

解

其長度為 $l = \int_0^\pi \sqrt{(\frac{dx}{dt})^2 + (\frac{dy}{dt})^2} \cdot dt$

$$= \int_0^\pi \sqrt{a^2\sin^2 t + a^2\cos^2 t} \cdot dt$$

$$= \int_0^\pi a\,dt = \pi a$$

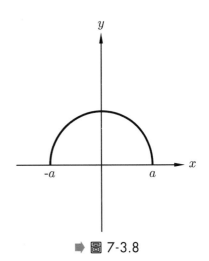

 例題6

求極圓曲線 $r = 2\sin\theta$，$(0 \le \theta \le \pi)$ 的長度。

➡ 圖 7-3.8

解

其長度為 $l = \int_0^\pi \sqrt{(2\sin\theta)^2 + (2\cos\theta)^2} \cdot d\theta = \int_0^\pi 2d\theta = 2\pi$

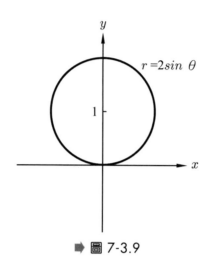

➡ 圖 7-3.9

習題 7-3

1. 求直線 $2y + 3x = 6$，從點$(0,3)$到點$(3, \dfrac{-3}{2})$的長度。

2. 求曲線 $y = 4 - 2x^{\frac{3}{2}}$，從點$(0,4)$到點$(2, 4 - 4\sqrt{2})$的長度。

3. 求半徑為 r 的圓之周長。

4. 求曲線 $x = y^{\frac{3}{2}}$，從點$(2\sqrt{2}, 2)$到點$(6\sqrt{6}, 6)$的長度。

5. 求曲線 $y = \dfrac{x^3}{3} + \dfrac{1}{4x}$ 從點$(1, \dfrac{7}{12})$到點$(3, \dfrac{109}{12})$的長度。

6. 求曲線 $x = \cos^3 t$，$y = \sin^3 t$，$(0 \le t \le \dfrac{\pi}{2})$之長度。

7. 求心臟線 $r = 1 + \cos\theta$，$0 \le \theta \le 2\pi$ 之長度。

8. 求曲線 $9y^2 = 4x^3$ 從點 $(0,0)$ 到點 $\left(1, \dfrac{2}{3}\right)$ 的長度。

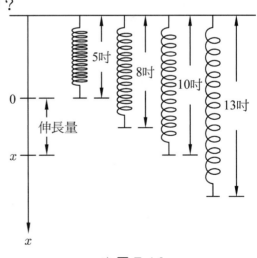

9. 求星形線(astroids) $x^{\frac{2}{3}} + y^{\frac{2}{3}} = 1$ 的總長度。

10. 設曲線 $y = \int_0^x \tan t\, dt$，求此曲線從 $(0,0)$ 到 $\left(\dfrac{\pi}{6}, \ln\dfrac{2\sqrt{3}}{3}\right)$ 的長度。

7-4 物理學及其他的應用

　　我們除了可以用定積分去求曲線所圍成的區域的面積，旋轉體的體積和表面積（表面積部分，我們沒有介紹），以及曲線的長度外，定積分在物理學、機率統計學，以及管理經濟學上仍然有許多的應用。在第二章裡我們已介紹過物理學上功及位移是用定積分去定義的。以下我們用一些例子來說明如何用定積分去求功及位移。

例題1

　　設彈簧自然長度為 5 吋。當拉長至 8 吋時，當時所產生的彈力為 12 磅，問

(a) 從自然長度等速拉長 3 吋所需作的功？

(b) 從 10 吋長等速拉到 13 吋長需作的功？

解

虎克定律為：彈力 F 和其伸長量 x 之關係為 $F(x) = kx$。由題意，得

當 $x = 3$ 吋時， $F = 12$ 磅。代入 $F(x) = kx$，得

$$12 = F(3) = 3k \implies k = 4$$

➡ 圖 7-4.1

因而得 $F(x) = 4x$

因此，由定義2-2-2，得

(a) $\displaystyle\int_0^3 4x\,dx = 2x^2\Big|_0^3 = 18$ （吋－磅）

(b) $\displaystyle\int_5^8 4x\,dx = 2x^2\Big|_5^8 = 78$ （吋－磅）

 例題2

依庫倫定律(Coulomb's Law)，相距 r 公尺的兩電子間的互斥力約為 $\dfrac{23\times10^{-29}}{r^2}$ 牛頓。如圖 7-4.2 所示，設 A 電子固定在(10, 0)（單位公尺）處。若將 B 電子沿著 x 軸，由(0,0)等速移動至(5,0)處，需作多少功？

解

由庫倫定律，可知 B 電子在 $(x,0)$ 處所受的斥力為 $\dfrac{23\times10^{-29}}{(10-x)^2}$（牛頓）。又由於是等速移動，其所施加於 B 電子的力正好等於其斥力。

因此，由定理2-2-2，得所作之功為

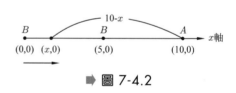

$$\blacktriangleright 圖\ 7\text{-}4.2$$

$$W = \int_0^5 \frac{23\times10^{-29}}{(10-x)^2}\cdot dx$$

$$= 23\times10^{-29}\int_0^5 \frac{1}{(10-x)^2}\cdot dx$$

$$= 23\times10^{-29}\times\frac{1}{10-x}\Big|_0^5 = 23\times10^{-30}\ 焦耳$$

例題3

設一質點以速度 $v = f(t) = 3t^2 + 4t - 2$（公尺／秒），沿一直線運動，求從時刻 $t = 2$ 到時刻 $t = 4$ 時所經的位移。

解

由定義 2-2-3，得所經的位移為

$$\int_{2}^{4} 3t^2 + 4t - 2 \, dt = t^3 + 2t^2 - 2t \Big|_{2}^{4} = 76 \text{（公尺）}$$

經濟學上的應用

例題4

設某工廠的生產線經過 t 年運作後，其累積收益的瞬時變化率為 $R_1(t) = 5000 - 15t^2$（此 $R_1(t)$ 亦稱為邊際收益函數），而運轉及維護此生產線所累積成本的瞬時變化率為 $C_1(t) = 2813 + 12t^2$（此 $C_1(t)$ 亦稱為邊際成本函數）。

(1)問此生產線運作多久時會累積有最大利潤？其最大利潤是多少？

(2)分別求運作 8 年和 10 年後累積的利潤。

解

設經過 t 年後所累積的收益為 $R(t)$，而所累積的成本為 $C(t)$，則得

$$R(t) = \int R_1(t) dt = \int 5000 - 15t^2 dt = 5000t - 5t^3 + k_1$$

$$C(t) = \int C_1(t) dt = \int 2813 + 12t^2 dt = 2813t + 4t^3 + k_2$$

由於 $R(0) = 0$，$C(0) = 0$

因而得

$$R(t) = 5000t - 5t^3 \text{,} \quad C(t) = 2813t + 4t^3$$

因此，得經 t 年後所累積的利潤函數 $P(t)$ 為

$$P(t) = R(t) - C(t) = 2187t - 9t^3$$

(1) 由 $P(t) = 2187t - 9t^3$，得

$$P'(t) = 2187 - 27t^2 \text{,} \quad P''(t) = -54t$$

解 $2187 - 27t^2 = 0$，解得 $t = 9$（ $t = -9$ 不合）

由於 $P''(9) = -486 < 0$

因此，得此條生產線運作9年時，其累積的利潤會最大，且其最大利潤為 $P(9) = 13122$。

這告訴我們這條產線的使用年限為9年。超過9年其累積的利潤會開始逐漸減少，不值得再運作下去。

(2) 運作8年所累積的利潤為 $P(8) = 12888$

運作10年所累積的利潤為 $P(10) = 12870$

一般而言，商品的單價 p 和需求量 q 有關，單價上升，其需求量會減少，這二者的函數關係 $p = D(q)$ 稱為需求函數(demand function)，其圖形（稱為需求曲線）通常如下圖所示：

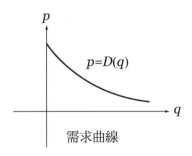

需求曲線

另一方面，商品的單價 p 亦和供給量 q 有關，單價上升，其供給量會上升，這二者的函數關係 $p = S(q)$ 稱為供給函數(supply function)，其圖形（稱為供給曲線）通常如下圖所示：

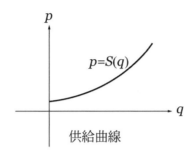

供給曲線

經濟學上稱需求曲線和供給曲線的交點為均衡點(equilibrium point)。均衡點的 y 坐標稱為均衡價格(equilibrium price)。現在我們來定義經濟學上所謂的「消費者剩餘」(consumer's surplus)和「生產者剩餘」(producer's surplus)這二個概念。

定 義 7-4-1 （消費者剩餘）

設某商品的需求函數為 $p = D(q)$，則定義
消費 q_0 數量的消費者剩餘為

$$\int_0^{q_0} D(q)dq - q_0 D(q_0)$$

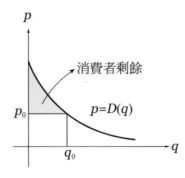

定義中的 $\int_0^{q_0} D(q)dq$ 可解釋為：消費者有意願購買總量 q_0 商品的總金額。但在效率市場下，消費者實際上會等到單價 p_0 時，才會買進數量 q_0 的

商品，因而消費者實際上所購買總量 q_0 商品的總金額為 $q_0 D(q_0)$。而這之間的差額是市場機制下消費者所省下的錢，因此稱為消費者剩餘。

定義 7-4-2 （生產者剩餘）

設某商品的供給函數為 $p = S(q)$，則定義

生產 q_0 數量的生產者剩餘為

$$q_0 S(q_0) - \int_0^{q_0} S(q)dq$$

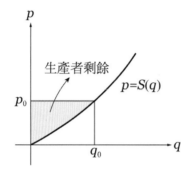

類似的概念，在效率市場下，生產者會等到單價 p_0 時，才會提供商品以增加收入，所增加的收入稱為生產者剩餘。

例題5

設某商品的單價 p 和需求量 q 的關係為 $p = D(q) = -q^2 + 800$，而其單價 p 和供給量 q 的關係為 $p = S(q) = 10q + 200$

(1)求需求曲線和供給曲線的交點（即求均衡點），及其均衡價格。

(2)求在均衡價格時的需求量及供給量。

(3)求在均衡價格時的消費者剩餘和生產者剩餘。

解

(1) 解 $-q^2 + 800 = 10q + 200$，解得 $q = 20$（$q = -30$不合）

將 $q = 20$ 代入 $p = -q^2 + 800$，得 $p = 400$

因此，得其交點坐標（即均衡點）為 $(20, 400)$，且其均衡價格為400。

(2) 在均衡價格時，其需求量及供給量為20（由(1)得知）。

(3) 在均衡價格時的消費者剩餘為

$$\int_0^{20} -q^2 + 800\, dq - (400)(20) = \left. \frac{-q^3}{3} + 800q \right|_0^{20} - 8000 = \frac{16000}{3}$$

而在均衡價格時的生產者剩餘為

$$(400)(20) - \int_0^{20} 10q + 200\, dq = 8000 - \left[\left. 5q^2 + 200q \right|_0^{20} \right]$$

$$= 2000$$

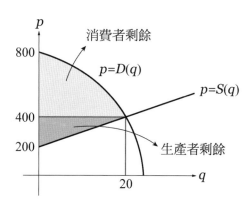

連續型隨機變數的機率

在機率學上所謂的「隨機變數」(random variable)有兩種類型。若隨機變數的值域為有限集合時，則稱它為離散型的隨機變數(discrete random variable)；若其值域為一個區間或區間的聯集時，則稱它為連續型的隨機變數(continuous random variable)。要去計算一個事件發生的機率，當它為離散型時，我們一定要知道它的機率函數(probability function)是什麼，才能

求得其機率；而連續型的就要知道其機率密度函數(probability density function)。若連續型的隨機變數 X 的機率密度函數為 $f(x)$，則事件 $a \le X \le b$ 發生的機率 $P(a \le X \le b)$ 定義為

$$P(a \le X \le b) \equiv \int_a^b f(x)dx$$

 例題6

設隨機變數 x 的機率密度函數 $f(x)$ 為

$$f(x) = \begin{cases} \dfrac{x^3}{4} & , \quad 0 \le x \le 2 \\ 0 & , \quad 其他 \end{cases}$$

求 $P(1 \le x \le 2)$ 及 $P\left(\dfrac{1}{2} \le x \le 1\right)$

解

得 $P(1 \le x \le 2) = \int_1^2 \dfrac{x^3}{4} dx = \dfrac{1}{16} x^4 \Big|_1^2 = \dfrac{15}{16}$

及

得 $P\left(\dfrac{1}{2} \le x \le 1\right) = \int_{\frac{1}{2}}^1 \dfrac{x^3}{4} dx = \dfrac{1}{16} x^4 \Big|_{\frac{1}{2}}^1 = \dfrac{15}{256}$

 例題7

設 X 表打電話到某客服中心等候客服人員接聽的時間（以分為單位），又設 X 的機率密度函數為

$$f(x) = \dfrac{1}{6} e^{\frac{-x}{6}} , \quad 0 \le x \le \infty$$

問等候超過 4 分鐘以上的機率是多少？

解

等候超過4分鐘以上的機率為

$$\int_4^\infty \frac{1}{6} e^{\frac{-x}{6}} dx = -e^{\frac{-x}{6}} \Big|_4^\infty = e^{\frac{-2}{3}}$$

 習題 7-4

1. 設一彈簧原長為 10 吋，當拉到 12 吋產生的彈力為 6 磅，問

   (a) 從自然長度拉長 5 吋需作多少功？

   (b) 從 13 吋長拉到 18 長需作多少功？

2. 半徑為 8 公尺，水高 30 公尺的圓柱形水槽，欲將滿水槽的水抽光，需作多少功？

3. 設一質點以速度 $v = f(t) = 6t^2 - 2t + 10$（公尺／秒），沿一直線運動，求從時間 $t = 1$ 到時間 $t = 3$ 時所經的位移。

4. 設某工廠的生產線經過 t 年運作後，其累積收益的瞬時變化率為 $R_1(t) = 6 - t^2$，而運作及維護此生產線所累積成本的瞬時變化率為 $C_1(t) = 9 - 4t$。問此生產線運作多久後才會累積有最大利潤。

5. 設某商品的需求函數為 $p = D(q) = 65 - q^2$，而其供給函數為 $p = S(q) = \frac{1}{3}q^2 + 2q + 5$。求在均衡價格時的消費者剩餘及生產者剩餘。

6. 設隨機變數 X 的機率密度函數 $f(x)$ 為

   $$f(x) = \begin{cases} \dfrac{2}{15}x & , \quad 1 \le x \le 4 \\ 0 & , \quad 其他 \end{cases}$$

   求 $P\left(\dfrac{3}{2} \le X \le 2\right)$。

7. 設 X 表某速食店客人等餐的時間（以分為單位）。又知其機率密度函數為

$$f(x) = \frac{2}{5} e^{\frac{-2}{5}x} \;,\;\; x > 0$$

求客人在 2 分鐘內就能取餐的機率。

著名數學家華羅庚曾說過一句話:「天才出於勤奮,成功從失敗中來」。

又說:「我們所謂的困難,往往是我們過於輕視容易的問題所造成的」。

你必須先有足夠的努力和渴望,靈感才會降臨。

APPENDIX

附 錄

CALCULUS

A-1 習題解答

習題 1-1

1. (a) $y = 60x$　　　(b) $A = \pi r^2$　　　(c) $A = \dfrac{B^2}{4\pi}$

　(d) $A = 4\pi r^2$　　　(e) $V = (15 - 2x)^2 \cdot x$　　(f) $y = \sqrt{100 - x^2}$

2. $g(1) = 9$，$g(3) = 21$，$g(1+h) = h^2 + 4h + 9$

　$g(3x) = 9x^2 + 6x + 6$，$g(t^2) = t^4 + 2t^2 + 6$

3. $2x + h$

4. (a) $f(3) = 14$，$f(x) = x^2 + 2x - 1$　　(b) $g(2) = 1$，$g(x) = x^2 - 6x + 9$

5.

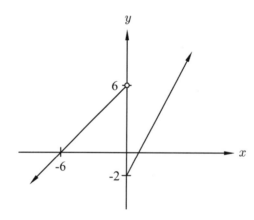

6.

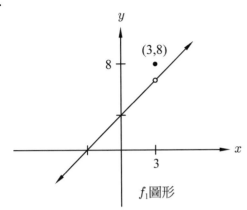

f_1圖形

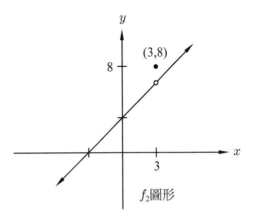

f_2圖形

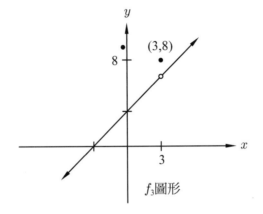

f_3圖形

7.

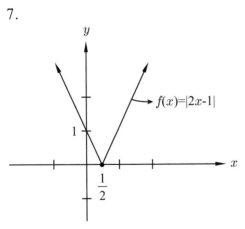

8.

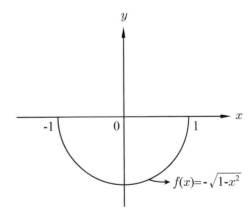

習題 1-2

1. $(f+g)(x) = x^2+3x+1$ ， $x \in R$ $(f-g)(x) = x^2-3x-1$ ， $x \in R$

   $(f \cdot g)(x) = 3x^3+x^2$ ， $x \in R$ $(f/g)(x) = \dfrac{x^2}{3x+1}$ ， $x \in R - \left\{\dfrac{-1}{3}\right\}$

2. $gof(2) = 40$ ， $foh(4) = 29$ ， $hof(13) = 3$ ， $goh(5) = 12$

3. $fog(x) = \dfrac{4}{x+5}$ ， $x \in (0,\infty)$

   $gof(x) = \sqrt{\dfrac{4}{x^2+5}}$ ， $x \in R$

4. (a) $g(x) = \dfrac{x^2}{2} - \dfrac{1}{2}$ (b) $f(x) = x^2 + \dfrac{15}{2}x + \dfrac{23}{2}$

5. $f^{-1}(x) = \dfrac{1-x}{x}$

6. $f^{-1}(x) = \sqrt[3]{x-1}$

7. 略

8. 取 $g(x) = x^2+3$ ， $f(x) = x^5+4$ ，可得 $fog(x) = h(x)$

習題 1-3

1. (a) $-\dfrac{4}{5}$ (b) 0   (c) $\dfrac{3}{2}$ (d) $\dfrac{1}{2}$

   (e) $\dfrac{3}{2}$ (f) 0   (g) 0   (h) 0

   (i) 2   (j) $\dfrac{1}{2}$ (k) $\dfrac{\sqrt{2}}{2}$ (l) 0

2. 4   3. 0   4. $a_3 = \dfrac{50}{9}$ ， $\lim\limits_{n\to\infty} a_n = 6$

5. $\lim\limits_{n\to\infty} a_n = 2$ 6. 略

7. e^2 8. π 9. 略   10. 6356.25 元   11. 4   12. 16 公尺／秒

習題 1-4

1. 9

2. $\dfrac{4}{13}$

3. 3

4. $-\dfrac{1}{9}$

5. $\dfrac{4}{5}$

6. (a) 0 (b) $\dfrac{1}{4}$

7. (a) $\dfrac{\sqrt{2}}{2}$ (b) 4

8. (a) $\dfrac{-1}{4}$ (b) $\dfrac{4}{3}$

9. (a) $\dfrac{1}{4}$ (b) $\dfrac{1}{2}$

10. 2，1，2

11. 1，−1

12. 8，3

13. ∞，∞，$-\infty$

14. $-\infty$，∞

15. ∞

16. 0，∞，1，1

17. $\dfrac{1}{2}$

18. 0

19. $\dfrac{5\sqrt{3}}{3}$

20. (a) $-\dfrac{1}{5}$ (b) 1

21. $\dfrac{3}{4}$

22. 垂直漸近線：$x=3$，$x=-3$；水平漸近線：$y=1$

23. 垂直漸近線：$x=\dfrac{2}{3}$；斜漸近線：$y=2x+5$

習題 1-5

1. 在 $x=1$ 處不連續，在 $x=2$ 處連續

2. 在 $x=0$ 處不連續，在 $x=1$ 處連續

3. 在 $x=3$ 處連續，在 $x=2$ 處連續

4. 在 $x=2$ 處不連續，在 $x=2.5$ 處連續

5. 4，6

6. 4

7. 略

8. 最大值 11，最小值 5

習題 2-1

1. $12^{x} - y - 16 = 0$

2. $7^{x} - y - 8 = 0$

3. 7，11，15

4. 4，10，16

5. 8

6. 4π

7. $\dfrac{1}{3}$

8. $f'(x) = 6x - 6$，$f'(3) = 12$，$f'(-2) = -18$

9. $g'(x) = \dfrac{-2}{x^3}$，$g'(3) = \dfrac{-2}{27}$

10. $f'(0) = 1$

11. $f'(0) = -1$，$f'(3) = 1$，$f'(1)$不存在 $\therefore$ 不可微分。

$f'(x) = \begin{cases} 1 & , & x > 1 \\ -1 & , & x < 1 \end{cases}$

12. f 在 $x = 1$ 處為連續

f 在 $x = 1$ 處不可微。 $f'(x) = \begin{cases} 1 & , & x < 1 \\ -1 & , & x > 1 \end{cases}$

13. $f'(x) = \begin{cases} 2x - 5 & , & \text{當 } x > 3 \\ 5 - 2x & , & \text{當 } 2 < x < 3 \\ 2x - 5 & , & \text{當 } x < 2 \end{cases}$

14. $f'(x) = \begin{cases} 1 & , & x \geq 1 \\ 2x - 1 & , & x < 1 \end{cases}$

15. (a) $-c$ (b) $3c$

習題 2-2

1. -28

2. 64

3. -9

4. (a) 略   (b) $\dfrac{1}{4}$

5. 4

6. $\dfrac{55}{4}$

7. $\dfrac{7}{6}$

8. $\dfrac{11}{2}$

9. $\dfrac{20}{3}$

習題 2-3

1. $\dfrac{364}{3}$

2. $-85\dfrac{3}{4}$

3. $-\dfrac{61}{15}$

4. 5

5. (a) $\dfrac{13}{2}$　(b) $\dfrac{11}{6}$

6. (a) –9　(b) 3　(c) 3

7. (a) $\dfrac{x}{x^2-3x+5}$　(b) $\dfrac{2x^3}{x^4+3}$

8. $2\left(\sqrt{1+4x^2}-x\sqrt{1+x^4}\right)$

9. $\dfrac{1}{3}$

10. 12

11. $\dfrac{32}{3}$

12. 2

13. $\dfrac{9}{2}$

14. 8

15. 146 公尺

16. $\dfrac{1}{6}$

17. $\displaystyle\int_0^1 \dfrac{1}{1+x^2}\,dx$

習題 3-1

1. (a) $f'(x)=90x^4+96x^3-27x^2+2x-71$

  (b) $(28x^6+30x^4-8)(3x^2-4x+1)(2x+3)+(4x^7+6x^5-8x+9)$
  $(6x-4)(2x+3)+(4x^7+6x^5-8x+9)(3x^2-4x+1)\cdot 2$

  (c) $f'(x)=20(5x^3+4x-7)^{19}\cdot(15x^2+4)$

  (d) $f'(x)=10(3x^2-6x+4)^9(6x-6)(13x^3-7x+2)^{20}$
  $+(3x^2-6x+4)^{10}\cdot 20(13x^3-7x+2)^{19}\cdot(39x^2-7)$

  (e) $f'(x)=\dfrac{-3x^2+15}{(x^2-7x+5)^2}$

  (f) $f'(x)=\dfrac{28x(7x^2-6)(x^3-5x+2)^3-(7x^2-6)^2\cdot 3(x^3-5x+2)^2\cdot(3x^2-5)}{(x^3-5x+2)^6}$

  (g) $f'(x)=20\left(\dfrac{4x+7}{3x^2+6x-1}\right)^{19}\cdot\left[\dfrac{4(3x^2+6x-1)-(4x+7)(6x+6)}{(3x^2+6x-1)^2}\right]$

(h) $f'(x) = 3\left(\dfrac{2x+1}{3x^2-5}\right)^2 \cdot \dfrac{-6x^2-6x-10}{(3x^2-5)^2} \cdot \left(\dfrac{7}{4x+5}\right)^5$

$\qquad + \left(\dfrac{2x+1}{3x^2-5}\right)^3 \cdot 5\left(\dfrac{7}{4x+5}\right)^4 \cdot \dfrac{-28}{(4x+5)^2}$

2. $f'(x) = 12x^3 - 21x^2 + 6 \qquad f''(x) = 36x^2 - 42x$

$\quad f'''(x) = 72x - 42 \qquad\qquad f^{(4)}(x) = 72 \qquad\qquad f^{(5)}(x) = 0$

3. $f'(1) = 5120$ 　　　　4. $f^{(4)}(-3) = -384$ 　　　　5. $f'(x) = \dfrac{8}{(1-x)^2}$

習題 3-2

1. $4\left(\dfrac{x}{1+x^2}\right)^3 \dfrac{1-x^2}{(1+x^2)^2}$ 　　　　2. $f'(x^3 + 4x^2 - 6)\cdot(3x^2 + 8x)$

3. $\dfrac{81}{(1-x)^4} + \dfrac{12}{(1-x)^2}$ 　　　　4. $\dfrac{dy}{dt} = 24(16t^2 + 28t + 5)^2(8t + 7)$

5. $200\left((4t+1)^5 - 3\right)^9 (4t+1)^4$ 　　　　6. $\dfrac{3}{4\pi}$ 公尺／分

7. 9 　　　　8. $\dfrac{1}{x(x-1)}$

9. $\dfrac{2}{3}x$ 　　　　10. -2

習題 3-3

1. (a) $(3x+3)(3x^2 + 6x + 1)^{\frac{-1}{2}} - \dfrac{3}{2}x^{\frac{-3}{2}} + \dfrac{1}{4}x^{\frac{-3}{4}} - x^{-2}$

(b) $\dfrac{1}{3}\left(\dfrac{2x+7}{x^3+4x-5}\right)^{\frac{-2}{3}} \cdot \dfrac{-4x^3 - 21x^2 - 38}{(x^3+4x-5)^2}$

(c) $\dfrac{1}{2}\left[x+\left(x+x^{\frac{1}{2}}\right)^{\frac{1}{2}}\right]^{\frac{-1}{2}}\cdot\left[1+\dfrac{1}{2}\left(x+x^{\frac{1}{2}}\right)^{\frac{-1}{2}}\cdot\left(1+\dfrac{1}{2}x^{\frac{-1}{2}}\right)\right]$

(d) $4\left[4x^2+(3x+2)^6\right]^3\cdot\left[8x+(3x+2)^5\cdot3\right]$

(e) $\dfrac{8x^2-10x+12}{\sqrt{x^2+3}}$

2. (a) $\dfrac{1}{4}x+\dfrac{1}{4}$　　　　　　　(b) $-\left(\dfrac{y}{x}\right)^{\frac{1}{3}}$

(c) $\dfrac{6-4x^3-2y}{2x+3y^2}$　　　　　(d) $\dfrac{1-2y\sqrt{x+y}}{2x\sqrt{x+y}-1}$

(e) $\dfrac{y}{x}$　　　　　　　　　　(f) $\dfrac{-4x-y-3}{x+2y+3}$

3. $\dfrac{-3}{4y}-\dfrac{9x^2}{16y^3}$　　　　　4. $x-36y+99=0$

5. $y-1=\dfrac{-5}{4}(x-1)$　　　6. $2y+x-6=0$

7. $9,\dfrac{1}{13}$

習題 3-4

1. $\dfrac{2t}{3}$　　　　　　　　　2. $-2t^3-1$

3. $\dfrac{1}{(1+t)^2},t\in(0,4)$　　　4. $\dfrac{-1}{16t^3},t\in(1,3)$

5. $3y+4x-9=0$　　　　6. $(0,-16)$ 和 $(8,16)$

習題 3-5

1. $\dfrac{22}{25}$　　　　　　　　2. -1

3. 1（單位／秒）　　　4. $\dfrac{-60}{7}$（單位／秒）

5. 144 平方公尺／分

6. −20π 立方公尺／秒

7. 40√5 公尺／分

8. (a) $\dfrac{3}{2}$ 公尺／秒　(b) $\dfrac{7}{4}$ 平方公尺／秒

9. 50公里／時

習題 4-1

1. (a) $y' = 6(3\cot x + 2\sec x)^5(-3\csc^2 x + 2\sec x \cdot \tan x)$

 (b) $y' = \dfrac{\sec^2 x\csc x + \csc x\cot x(\tan x - 1)}{\csc^2 x}$

 (c) $y' = \dfrac{-\sin\sqrt{x}}{2\sqrt{x}} + \sec^2\sin x \cdot \cos x$

 (d) $y' = \dfrac{1}{2}(\sin 3x + \cos 2x)^{\frac{-1}{2}}(3\cos 3x - 2\sin 2x)$

 (e) $y' = \dfrac{-2\csc^2 2x(\cos 3x + \sin x^2) - (2x\cdot\cos x^2 - 3\sin 3x)(\cot 2x + 1)}{(\cos 3x + \sin x^2)^2}$

 (f) $y' = 2x\sec\sqrt{x} + \dfrac{1}{2}x^{\frac{3}{2}}\sec\sqrt{x}\tan\sqrt{x} + \sec^2\csc x^2$
 $\cdot(-2x\cdot\csc x^2\cdot\cot x^2)$

 (g) $y' = (2\cos\sin x)\cdot(-\sin\sin x)\cdot\cos x$

 (h) $y' = 2\sin\cos(3x^2 + 4x + 1)$
 $\cdot\cos\cos(3x^2 + 4x + 1)\cdot(-\sin(3x^2 + 4x + 1)\cdot(6x + 4))$

2. $y' = \dfrac{2x - \sin(2xy) - 2xy\cdot\cos(2xy)}{2x^2\cdot\cos(2xy)}$

習題 4-2

1. $y' = 2x\mathrm{Sin}^{-1}x + \dfrac{x^2}{\sqrt{1-x^2}} + 2\mathrm{Cos}^{-1}x\cdot\dfrac{-1}{\sqrt{1-x^2}}$

2. $y' = \dfrac{-2x}{1+(x^2+1)^2}$

3. $y' = \dfrac{x}{|x|\sqrt{1-x^2}}$

4. $y' = \dfrac{\sec^2 x}{\tan x \sqrt{\tan^2 x - 1}}$

5. $y' = \dfrac{1}{2}\left(x\mathrm{Sin}^{-1} x\right)^{\frac{-1}{2}}\left(\mathrm{Sin}^{-1} x + \dfrac{x}{\sqrt{1 - x^2}}\right)$

6. $y' = 2x\mathrm{Tan}^{-1}\dfrac{1}{\sqrt{x}} - \dfrac{1}{2}\dfrac{x^{\frac{3}{2}}}{x + 1}$

7. $y' = \dfrac{-3}{2}\left(\mathrm{Csc}^{-1}\sqrt{x}\right)^2 \dfrac{1}{x\sqrt{x - 1}}$

8. $y' = \dfrac{-\sin(3x^2 + 4x + 6)}{\sqrt{1 - \cos^2(3x^2 + 4x + 6)}}(6x + 4)$

9. $y' = 4(\mathrm{Cos}^{-1}\sin x^2)^3 \dfrac{-\cos x^2}{\sqrt{1 - (\sin x^2)^2}}(2x)$

習題 4-3

1. (a) $y' = \dfrac{12x^3 + 5}{3x^4 + 5x - 3}$

(b) $y' = \dfrac{100(6x^2 + 7)}{2x^3 + 7x - 5}$

(c) $y' = \dfrac{1}{2(1 + x^2)\mathrm{Tan}^{-1} x}$

(d) $y' = \dfrac{1}{2}\left(\dfrac{2}{2x + 9} - \dfrac{6x + 4}{3x^2 + 4x - 5}\right)$

(e) $y' = \dfrac{1}{\ln 7} \cdot \dfrac{4x + 4}{2x^2 + 4x - 5}$

(f) $y' = \dfrac{1}{\ln 10} \cdot \dfrac{1}{x \cdot \ln x}$

(g) $y' = \dfrac{\sec x}{\ln 6}$

(h) $y' = \dfrac{5(10x^4 + 4)}{2x^5 + 4x - 1} + \dfrac{4}{4x - 9} - \dfrac{6x}{x^2 + 7}$

(i) $y' = \dfrac{1}{2\ln 3} \cdot \dfrac{2x + 5}{x^2 + 5x - 1}$

(j) $y' = 2x \cdot \cot(x^2 + 1)$

2. (a) $y' = \sqrt[5]{\dfrac{(4x^2 + 7)(6x^3 + 5x - 7)}{2x^2 + 5}} \cdot \dfrac{1}{5}\left(\dfrac{8x}{4x^2 + 7} + \dfrac{18x^2 + 5}{6x^3 + 5x - 7} - \dfrac{4x}{2x^2 + 5}\right)$

(b) $y' = (x - 1)^3 (2x + 5)^7 (6x + 7)^{10}\left[\dfrac{3}{x - 1} + \dfrac{14}{2x + 5} + \dfrac{60}{6x + 7}\right]$

(c) $y' = \left(\dfrac{12}{3x+1} + \dfrac{12}{4x+2} + \dfrac{10}{2x+3} - \dfrac{10}{5x-3} - \dfrac{42}{6x+1} - \dfrac{24}{4x-3} \right)$

$\dfrac{(3x+1)^4(4x+2)^3(2x+3)^5}{(5x-3)^2(6x+1)^7(4x-3)^6}$

3. $\dfrac{3x^2 - \dfrac{y^2}{x} - 2x\ln y}{2y\ln x + \dfrac{x^2}{y} - 1}$

4. $\dfrac{\cot x \cdot \ln x - \dfrac{1}{x}\ln\sin x}{(\ln x)^2}$

習題 4-4

1. $y' = e^x + \ln 3 \cdot 3^x + 3x^2 + 2xe^x + x^2 e^x$

2. $y' = \dfrac{4}{(e^x + e^{-x})^2}$

3. $y' = e^{x^2+x-4}(2x+1) + \ln 4 \cdot 4^{x^2} \cdot 2x + \ln 3 \cdot 3^{\sin x} \cdot \cos x$

4. $y' = e^2 \cdot e^{\frac{1}{x}} \cdot \dfrac{-1}{x^2} - \sin x \cdot 5^{\sqrt{x}} + \cos x \cdot \ln 5 \cdot 5^{\sqrt{x}} \cdot \dfrac{1}{2} x^{\frac{-1}{2}}$

5. $y' = 3x^2 e^{x^2 \sin x} + x^3 e^{x^2 \sin x} \cdot (2x\sin x + x^2 \cos x)$

6. $y' = (\cos x)^{\sin x} (\cos x \ln \cos x - \sin x \tan x)$

7. $y' = (x^2+1)^{\cos x} \left(-\sin x \cdot \ln(x^2+1) + \cos x \cdot \dfrac{2x}{x^2+1} \right)$

8. $y' = x^{x^x} \left(x^x (\ln x + 1)\ln x + x^{x-1} \right)$

9. $y' = \dfrac{3x^2 - \ln 3 \cdot 3^x - y}{4^y \ln 4 + x - 4y^3}$

習題 5-1

1. $c = \dfrac{5 \pm \sqrt{13}}{12}$

2. $f(x) = 2x^3 - 4x + 1$

3. 遞增：$(-\infty, -1)$，$(3, \infty)$

   遞減：$(-1, 3)$

4. 遞增：$(-\infty, -1)$，$\left(-\dfrac{1}{5}, \infty\right)$

   遞減：$\left(-1, -\dfrac{1}{5}\right)$

5. 上凹：$(-\infty, -\sqrt{3}\,)$，$(\sqrt{3}, \infty)$

   下凹：$(-\sqrt{3}, \sqrt{3}\,)$

   反曲點：$(\sqrt{3}, -43)$，$(-\sqrt{3}, -43)$

6. 上凹：$(-\infty, 0)$，$(1, \infty)$

   下凹：$(0, 1)$

   反曲點：$(0, 6)$，$(1, 5)$

7.

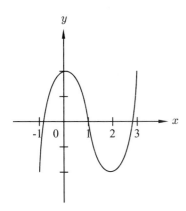

8.

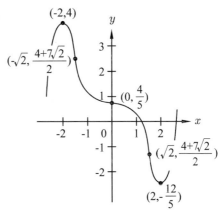

9.

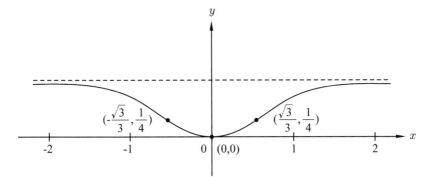

10.
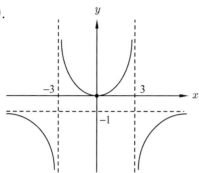

11.
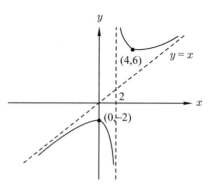

12.略

習題 5-2

1. 最大值：17，最小值：-7

2. 最大值：130，最小值：-30

3. 最大值：7，最小值：-5

4. 最大值：16，最小值：0

5. 最大值：$9e^3$，最小值：0

6. 最大值：$\dfrac{10}{3}$，最小值：2

7. 最大值：$\dfrac{20}{3}$，最小值：$\dfrac{-1}{12}$

8. 最大值：$\sqrt{6}$，最小值：$-\sqrt{3}\cdot\sqrt[3]{2}$

9. 最大值：$\dfrac{\sqrt{2}}{4}$，最小值：$\dfrac{-1}{3}$

10. 極大值：5，極小值：2

11. 極大值：11，極小值：-21

12. 極大值：0，極小值：$-\dfrac{48}{5}$

13. 極大值：$630+200\sqrt{10}$，極小值：$630-200\sqrt{10}$

14. 極大值：$\dfrac{4}{e^2}$，極小值：0

15. 其絕對極小值為 4；沒有絕對極大值

習題 5-3

1. 最小值：$24\sqrt{3}$

2. 10,000 件

3. 售價 110 元

4. 略

5. $(-2,1)$及$(2,1)$

6. $x + 2y = 4$

7. 最近點：$\left(\dfrac{3}{2}, \dfrac{\sqrt{6}}{2}\right)$，最遠點：$(4,2)$

8. 底半徑$= \sqrt[3]{\dfrac{500}{\pi}}$，高$= \sqrt[3]{\dfrac{500}{\pi}}$

9. 4

10. 其路線為先沿公路走到距甲地 $100-5\sqrt{3}$ 公里處，再穿過沙漠直接到乙地

11. $\theta = 2\pi - \dfrac{2\sqrt{6}}{3}\pi$

12. $\dfrac{4}{27}\pi ab^2$

13. 3 平方公分

14. 128 平方公分

15. (1) 收入函數 $R(x) = 120x - \dfrac{1}{60}x^2$；利潤函數 $f(x) = 70x - 5000 - \dfrac{7}{60}x^2$

 (2) 150；90　　(3) 300 單位

16. (1) 0.2；$\dfrac{-6}{35}$；$\dfrac{-6}{7}$　　(2) $\dfrac{-11}{14}$；其意義為：在價格為 5 元時，當售價上漲 1%時，會引起需求量大約下降 0.79%

習題 5-4

1. $df = 4x \cdot \Delta x \quad \Delta f = 4x \cdot \Delta x + 2\Delta x^2$

   $df(1, -0.2) = -0.8 \qquad\qquad \Delta f(1, -0.2) = -0.72$

2. (a) $df = (12x^2 + 12x - 3)dx$

   (b) $df = \left(3x^2 \cdot \cos 2x - 2x^3 \cdot \sin 2x + \dfrac{1}{x} + 3^x . \ln 3\right)dx$

   (c) $df = \left(\dfrac{2x^2 + 1}{\sqrt{x^2 + 1}} + e^x\right)dx$

   (d) $df = -(6x + 4) \cdot \sin(3x^2 + 4x + 2) \cdot \cos(\cos(3x^2 + 4x + 2))dx$

3. (1) $11\dfrac{1}{22}$ (2) 9.99 (3) 27.405 (4) $1\dfrac{79}{80}$

習題 5-5

1. $-\dfrac{4}{3}$ 2. 0 3. ∞ 4. 0

5. e^3 6. 0 7. $\dfrac{1}{2}$ 8. 1

9. 0 10. $\dfrac{1}{2}$ 11. $e^{\frac{1}{3}}$ 12. 2

13. 0 14. e^2 15. e^3 16. $\dfrac{1}{2}$

17. $\ln 2$ 18. 0 19. 1 20. $e^{\frac{2}{3}}$

21. 0 22. (a) $\dfrac{1}{2}$ (b) 1 23. e^{3a} 24. 0

習題 6-1

1. $\dfrac{1}{2}x^4 + 2x^2 - 7x + c$ 2. $\dfrac{6}{7}x^{\frac{7}{2}} + 2x^{\frac{5}{2}} + c$

3. $-18x^{\frac{-1}{2}}+c$

4. $\dfrac{8}{5}x^{\frac{5}{2}}-\dfrac{1}{2}x^2+14x^{\frac{1}{2}}+c$

5. $\ln|x|+x^4-\dfrac{3^x}{\ln 3}+e^x+c$

6. $\dfrac{4}{3}x^3+6x^2+9x+c$

7. $\dfrac{6}{\ln 6}6^x+c$

8. $\tan x-x+c$

9. $-\cot x+\csc x+c$

10. $\dfrac{3}{2}\mathrm{Sec}^{-1}x+\dfrac{5}{3}\mathrm{Sin}^{-1}x+c$

11. $x-\mathrm{Tan}^{-1}x+c$

習題 6-2

1. $\dfrac{1}{102}(2x+1)^{51}+c$

2. $\dfrac{1}{a}\ln|ax+b|+c$

3. $\dfrac{1}{3}\tan 3x+c$

4. $\dfrac{1}{11}(x^2+3x-7)^{11}+c$

5. $\dfrac{1}{2}\dfrac{4^{2x}}{\ln 4}+c$

6. $\dfrac{-1}{3}\cos(3x+5)+c$

7. $\dfrac{c}{2a}\ln|ax^2+b|+c_1$

8. $\dfrac{1}{10(2-5x)^2}+c$

9. $\dfrac{-1}{70(5x^2+1)^7}+c$

10. $\dfrac{-1}{6}(3+x^2)^{-3}+c$

11. $\dfrac{4}{3}\sqrt{x^3+1}+c$

12. $\dfrac{3}{5}(5x+1)^{\frac{1}{3}}+c$

13. $\dfrac{1}{2}(\mathrm{Tan}^{-1}x)^2+c$

14. $-\sin\dfrac{1}{x}+c$

15. $\dfrac{-1}{2}\dfrac{2^{-x^2}}{\ln 2}+c$

16. $-2\cos\sqrt{x}+c$

17. $\ln|\ln x|$

18. $\dfrac{2}{7}(x-3)^{\frac{7}{2}}+\dfrac{12}{5}(x-3)^{\frac{5}{2}}+\dfrac{20}{3}(x-3)^{\frac{3}{2}}+c$

19. $-\ln\left|1-e^x\right|+c$

20. $-e^{-x}-x+c$

21. $\ln\left|e^x-e^{-x}\right|+c$

22. $-\ln(e^{-x}+1)+c$

23. $\dfrac{1}{2}\ln\dfrac{4}{3}$

24. $2\left(e^3-e\right)$

25. $\dfrac{1+\sqrt{x}}{3}(2x-5\sqrt{x}+11)-2\ln(1+\sqrt{x})+c$

26. $\dfrac{1}{20}(2x+1)^{\frac{5}{2}}-\dfrac{1}{6}(2x+1)^{\frac{3}{2}}+\dfrac{1}{4}(2x+1)^{\frac{1}{2}}+c$

27. $\dfrac{1}{495}$

28. 6

29. $\dfrac{1}{2}\mathrm{Tan}^{-1}\dfrac{x}{2}+c$

30. $\mathrm{Tan}^{-1}(x+2)+c$

31. $\sqrt{x^2-1}-\mathrm{Tan}^{-1}\sqrt{x^2-1}+c$

32. $2\sqrt{4x+3}+\sqrt{3}\ln\left|\dfrac{\sqrt{4x+3}-\sqrt{3}}{\sqrt{4x+3}+\sqrt{3}}\right|+c$

33. $\dfrac{1}{2}\tan^{-1}x^2+c$

34. $-6(2-x)^{\frac{2}{3}}+\dfrac{3}{5}(2-x)^{\frac{5}{3}}$

35. $\dfrac{2}{5}(x+5)^{\frac{5}{2}}-\dfrac{10}{3}(x+5)^{\frac{3}{2}}+c$

36. $6(1+\sqrt{x})-(1+\sqrt{x})^2-4\ln|1+\sqrt{x}|+c$

37. $\dfrac{1}{56}(2x^2-1)^7+\dfrac{1}{48}(2x^2-1)^6+c$

38. $\dfrac{1}{7}(1+x^2)^{\frac{7}{2}}-\dfrac{2}{5}(1+x^2)^{\frac{5}{2}}+\dfrac{1}{3}(1+x^2)^{\frac{3}{2}}+c$

39. $\dfrac{2}{15}(1+x^3)^{\frac{5}{2}}-\dfrac{2}{9}(1+x^3)^{\frac{3}{2}}+c$

40. $\ln|\sin x|+c$

41. $\ln|\csc x-\cot x|+c$

42. $\dfrac{1}{8}\sin 4x+\dfrac{1}{4}\sin 2x+c$

習題 6-3

1. $-x\cos x+\sin x+c$

2. $\dfrac{1}{4}x\cdot\sin 4x+\dfrac{1}{16}\cos 4x+c$

3. $-xe^{-x}-e^{-x}+c$

4. $e^{3x}\left(\dfrac{x^2}{3}-\dfrac{2x}{9}+\dfrac{2}{27}\right)+c$

5. $x^2\sin x+2x\cos x-2\sin x+c$

6. $\dfrac{x\cdot 3^x}{\ln 3}-\dfrac{3^x}{(\ln 3)^2}+c$

7. $\dfrac{1}{4}x^4\cdot\ln x-\dfrac{1}{16}x^4+c$

8. $2\sqrt{x}\ln x-4\sqrt{x}+c$

9. $x\operatorname{Sin}^{-1}x+\sqrt{1-x^2}+c$

10. $\dfrac{1}{2}e^x(\sin x-\cos x)+c$

11. $2e^{\sqrt{x}}(\sqrt{x}-1)+c$

12. $2(-\sqrt{x}\cos\sqrt{x}+\sin\sqrt{x})+c$

13. $(\ln x)^2 x-2\ln x\cdot x+2x+c$

14. $\dfrac{1}{2}x^2 e^{x^2}-\dfrac{1}{2}e^{x^2}+c$

15. 16. 17. 略

18. $\dfrac{x}{2}(\sin\ln x-\cos\ln x)$

習題 6-4

1. $2\ln|x+3|+\ln|x-1|+c$

2. $3x+5\ln|x-1|-2\ln|x|+c$

3. $11\ln|x-4|-9\ln|x-3|+c$

4. $x^3-6x^2+65x-\dfrac{959}{3}\ln|x+5|-\dfrac{1}{3}\ln|x-1|+c$

5. $\ln|x|-\dfrac{1}{x}-\ln|x+1|+c$

6. $\dfrac{3}{4}\ln|x-1|+\dfrac{1}{7}\ln|x+2|-\dfrac{25}{56}\ln|x^2+3|-\dfrac{13\sqrt{3}}{84}\operatorname{Tan}^{-1}\left(\dfrac{x}{\sqrt{3}}\right)+c$

7. $\dfrac{3}{2}\operatorname{Tan}^{-1}x+\dfrac{3}{4}\ln\left|\dfrac{x-1}{x+1}\right|+c$

8. $-\dfrac{1}{5}\ln|x|+\dfrac{3}{5}\ln|x^2+5|+c$

9. $\dfrac{-9}{2(x-1)^2} - \dfrac{4}{x-1} + \ln|x-1| + c$

10. $3\ln|x+1| + \dfrac{12}{x+1} - \dfrac{9}{(x+1)^2} + \dfrac{10}{3(x+1)^3} + \dfrac{3}{4(x+1)^4} + c$

11. $\dfrac{x}{4} + \dfrac{\sqrt{2}}{16}\,\mathrm{Tan}^{-1}(\sqrt{2}(x-\dfrac{1}{2})) + c$

12. $\dfrac{7}{4}\ln|x+1| + \dfrac{9}{8}\ln|x^2+2x+5| - 4\mathrm{Tan}^{-1}\left(\dfrac{x+1}{2}\right) + c$

13. $\dfrac{7\sqrt{2}}{4}\,\mathrm{Tan}\left(\dfrac{x}{\sqrt{2}}\right) + \dfrac{\dfrac{5}{2} - \dfrac{x}{2}}{x^2+2} + c$

14. $\dfrac{-1}{2(x^2+4x+5)} + \dfrac{1}{2}\mathrm{Tan}^{-1}(x+2) + \dfrac{x+2}{2(x^2+4x+5)} + c$

15. $2\ln|x-1| - \ln|x| - \dfrac{1}{x-1} - \dfrac{1}{(x-2)^2} + c$

16. $\dfrac{1}{16}\ln\left|\dfrac{x^2+2x+2}{x^2-2x+2}\right| + \dfrac{1}{8}\mathrm{Tan}^{-1}(x+1) + \dfrac{1}{8\sqrt{3}}\mathrm{Tan}^{-1}\dfrac{x-1}{\sqrt{3}} + c$

17. $\dfrac{1}{x-1} + \ln\left|\dfrac{(x-2)^4}{(x-1)^3}\right| + c$

18. $-e^x + \dfrac{1}{2}\ln|e^x+1| - \dfrac{1}{2}\ln|1-e^x| + c$

習題 6-5

1. $\dfrac{1}{10}(2x+1)^{\frac{5}{2}} - \dfrac{1}{6}(2x+1)^{\frac{3}{2}} + c$

2. $\dfrac{4}{3}x^{\frac{3}{2}} - 8x + 64\sqrt{x} - 256\ln\left|\sqrt{x}+4\right| + c$

3. $2\sqrt{x} - 3\sqrt[3]{x} + 6\sqrt[6]{x} - 6\ln\left|\sqrt[6]{x}+1\right| + c$

4. $6x^{\frac{1}{6}} - 6\text{T}\tan^{-1}\left(x^{\frac{1}{6}}\right) + c$

5. $\frac{1}{3}(x+2)^{\frac{3}{2}} + \frac{1}{3}x^{\frac{3}{2}} + c$

6. $(\sqrt{x}+1)^2 - 4(\sqrt{x}+1) + 2\ln(\sqrt{x}+1) + c$

7. $x + 4\sqrt{x+1} + 4\ln\left|\sqrt{x+1}-1\right| + c$

8. $\frac{2}{3}(x+1)^{\frac{3}{2}} - 2\sqrt{x+1} + c$

9. $\frac{4}{3}(9+\sqrt{x})^{\frac{3}{2}} - 36\sqrt{9+\sqrt{x}} + c$

10. $-16\sqrt[4]{x} - \frac{4}{3}\sqrt[4]{x^3} - 16\ln\left|2-\sqrt[4]{x}\right| + 16\ln\left|\sqrt[4]{x}+2\right| + c$

11. $\frac{2}{15}\left(1-\frac{5}{x}\right)^{\frac{3}{2}} + c$

12. $\frac{1}{15}\left(1-\frac{5}{x^2}\right)^{\frac{3}{2}} + c$

13. $\sin^{-1}x - \sqrt{1-x^2} + c$

14. $3\ln\left|1+x^{\frac{1}{3}}\right| + c$

15. $-\frac{\sqrt{4-x^2}}{4x} + c$

16. $2\sqrt{x-1} - 6\tan^{-1}\sqrt{x-1} + c$

17. $\frac{3}{2}\left(1+\frac{1}{x}\right)^{\frac{-2}{3}} + c$

18. $\frac{1}{2}\ln\left(x^2+\sqrt{1+x^4}\right)$

習題 6-6

1. 發散

2. 發散

3. 收斂，π

4. 發散

5. 收斂，$\frac{\pi}{2}$

6. 發散

7. 收斂，$\frac{\pi}{2}$

8. 發散

9. 收斂，6

10. 收斂，4　　　　　　11. 發散　　　　　　　12. $\dfrac{8}{3}\ln 2-\dfrac{8}{9}$

13. 發散　　　　　　　14. π　　　　　　　　15. 略

習題 7-1

1. $\dfrac{4}{3}$　　　　　2. 4　　　　　3. $10\dfrac{2}{3}$　　　　4. $\dfrac{1}{3}$

5. $4\dfrac{1}{2}$　　　　6. $ab\pi$　　　　7. 4　　　　8. $\dfrac{8}{3}-\dfrac{1}{e}$

9. π　　　　　10. $\dfrac{3\pi}{8}+1$

習題 7-2

1. $\dfrac{1}{3}\pi r^2 h$　　2. $\dfrac{4}{3}\pi ab^2$　　3. 6π　　4. $\dfrac{1}{2}\pi^2$

5. $\dfrac{\pi}{2}$　　　6. $\dfrac{\pi}{6}$　　　7. $32\pi 2$　　8. $\dfrac{8}{3}\pi$

9. 略　　　10. $\dfrac{128\pi}{5}$　　11. $144\dfrac{4}{5}\pi$　　12. $\dfrac{8\pi}{3}$

13. $\dfrac{8}{15}$　　14. $\dfrac{45\pi}{2}$　　15. $\dfrac{\pi}{2}$　　16. $\dfrac{8\pi}{3}$

17. (a)$\dfrac{56\pi}{15}$　(b)$\dfrac{64\pi}{15}$　18. (a)$\dfrac{28\pi}{7}$　(b)$\dfrac{64\pi}{5}$　19.(a)$\dfrac{2\pi}{15}$　(b)$\dfrac{\pi}{6}$

20. (a)24π　(b)16π　(c)32π　(d)28π　(e)48π　(f)60π

21. (a)略　(b)$\pi r^2 k$　　22. 10

習題 7-3

1. $\dfrac{\sqrt{117}}{2}$　　　2. $\dfrac{2}{27}(19\sqrt{19}-1)$　　3. $2\pi \mathrm{r}$

4. $\dfrac{8}{27}\left[\left(\dfrac{29}{2}\right)^{\frac{3}{2}}-\left(\dfrac{11}{2}\right)^{\frac{3}{2}}\right]$　5. $\dfrac{53}{6}$　　　6. $\dfrac{3}{2}$　　　　7. 8

8. $\dfrac{2}{3}\left[2\sqrt{2}-1\right]$　　　9. 6　　　10. $\ln(\sqrt{3}-1)$

習題 7-4

1. (a) $\dfrac{75}{2}$ 吋-磅　(b) $\dfrac{165}{2}$ 吋-磅

2. $28800\,\pi$ 牛頓

3. 64 公尺

4. 3 年　　　　　5. 消費者剩餘為 144，生產者剩餘為 84

6. $\dfrac{7}{60}$　　　　7. $1-e^{\frac{-4}{5}}\approx0.55$（分）

A-2 不定積分公式

基本或重要的不定積分公式

(1) $\displaystyle\int x^n dx = \frac{1}{n+1}x^{n+1} + c$, $n \neq -1$

(2) $\displaystyle\int \frac{1}{x}dx = \ln|x| + c$

(3) $\displaystyle\int e^x dx = e^x + c$

(4) $\displaystyle\int a^x dx = \frac{1}{\ln a}a^x + c$

(5) $\displaystyle\int \sin x\,dx = -\cos x + c$

(6) $\displaystyle\int \cos x\,dx = \sin x + c$

(7) $\displaystyle\int \sec^2 x\,dx = \tan x + c$

(8) $\displaystyle\int \csc^2 x\,dx = -\cot x + c$

(9) $\displaystyle\int \sec x \tan x\,dx = \sec x + c$

(10) $\displaystyle\int \csc x \cot x\,dx = -\csc x + c$

(11) $\displaystyle\int \tan x\,dx = \ln|\sec x| + c$

(12) $\displaystyle\int \cot x\,dx = \ln|\sin x| + c$

(13) $\displaystyle\int \sec x\,dx = \ln|\sec x + \tan x| + c$

(14) $\displaystyle\int \csc x\,dx = \ln|\csc x - \cot x| + c$

(15) $\displaystyle\int \frac{1}{\sqrt{a^2 - x^2}}dx = Sin^{-1}\frac{x}{a} + c$

(16) $\displaystyle\int \frac{1}{ax^2+b}dx = \frac{1}{\sqrt{ab}}Tan^{-1}\sqrt{\frac{a}{b}}x + c$

(17) $\displaystyle\int \frac{1}{x\sqrt{x^2-a^2}}dx = \frac{1}{a}Sec^{-1}\frac{x}{a} + c$

(18) $\displaystyle\int \frac{1}{x^2-a^2}dx = \frac{1}{2a}\ln\left|\frac{x-a}{x+a}\right| + c$

(19) $\displaystyle\int \frac{1}{ax+b}dx = \frac{1}{a}\ln|ax+b| + c$

(20) $\displaystyle\int \frac{x}{ax^2+b}dx = \frac{1}{2a}\ln\left|ax^2+b\right| + c$

(21) $\displaystyle\int \frac{1}{(ax^2+b)^{n+1}}dx = \frac{x}{2nb(ax^2+b)^n} + \frac{2n-1}{2nb}\int \frac{1}{(ax^2+b)^n}dx$, $n \in N$

一般不定積分公式

（一）含有 $\sqrt{a+bx}$ 的不定積分公式

(1) $\displaystyle\int x^n\sqrt{a+bx}\,dx = \frac{2}{b(2n+3)}\left[x^n(a+bx)^{\frac{3}{2}} - na\int x^{n-1}\sqrt{a+bx}\,dx\right] + c$

(2) $\displaystyle\int \frac{1}{x\sqrt{a+bx}}dx = \frac{1}{\sqrt{a}}\ln\left|\frac{\sqrt{a+bx}-\sqrt{a}}{\sqrt{a+bx}-\sqrt{a}}\right| + c$ ， $a>0$

(3) $\displaystyle\int \frac{1}{x\sqrt{a+bx}}dx = \frac{2}{\sqrt{-a}}\tan^{-1}\sqrt{\frac{a+bx}{-a}} + c$ ， $a<0$

(4) $\displaystyle\int \frac{1}{x^n\sqrt{a+bx}}dx = \frac{-1}{a(n-1)}\left[\frac{\sqrt{a+bx}}{x^{n-1}} + \frac{(2n-3)b}{2}\int \frac{1}{x^{n-1}\sqrt{a+bx}}dx\right]$ ， $n \neq 1$

(5) $\displaystyle\int \frac{\sqrt{a+bx}}{x}dx = 2\sqrt{a+bx} + a\int \frac{1}{x\sqrt{a+bx}}dx$

(6) $\displaystyle\int \frac{\sqrt{a+bx}}{x^n}dx = \frac{-1}{a(n-1)}\left[\frac{(a+bx)^{\frac{3}{2}}}{x^{n-1}} + \frac{(2n-5)b}{2}\int \frac{\sqrt{a+bx}}{x^{n-1}}dx\right]$ ， $n \neq 1$

(7) $\int \dfrac{x^n}{\sqrt{a+bx}}\,dx = \dfrac{2}{(2n+1)b}\left(x^n\sqrt{a+bx}-na\int \dfrac{x^{n-1}}{\sqrt{a+bx}}\,dx\right)$

（二）含有 $\sqrt{x^2 \pm a^2}$ 或 $\sqrt{a^2-x^2}$ 的不定積分公式，$a>0$

(1) $\int \sqrt{x^2 \pm a^2}\,dx = \dfrac{x}{2}\sqrt{x^2 \pm a^2} \pm \dfrac{a^2}{2}\ln\left|x+\sqrt{x^2 \pm a^2}\right| + c$

(2) $\int \sqrt{a^2-x^2}\,dx = \dfrac{x}{2}\sqrt{a^2-x^2} + \dfrac{a^2}{2}\sin^{-1}\dfrac{x}{a} + c$

(3) $\int \dfrac{1}{\sqrt{x^2 \pm a^2}}\,dx = \ln\left|x+\sqrt{x^2+a^2}\right| + c$

(4) $\int \dfrac{\sqrt{x^2+a^2}}{x}\,dx = \sqrt{x^2+a^2} - a\ln\left|\dfrac{a+\sqrt{x^2+a^2}}{x}\right| + c$

(5) $\int \dfrac{\sqrt{x^2-a^2}}{x}\,dx = \sqrt{x^2-a^2} - a\sec^{-1}\dfrac{|x|}{a} + c$

(6) $\int \dfrac{\sqrt{a^2-x^2}}{x}\,dx = \sqrt{a^2-x^2} - a\ln\left|\dfrac{a+\sqrt{a^2-x^2}}{x}\right| + c$

(7) $\int \dfrac{1}{x\sqrt{a^2 \pm x^2}}\,dx = \dfrac{-1}{a}\ln\left|\dfrac{a+\sqrt{a^2 \pm x^2}}{x}\right| + c$

(8) $\int \dfrac{x^2}{\sqrt{x^2 \pm a^2}}\,dx = \dfrac{x}{2}\sqrt{x^2 \pm a^2} - \dfrac{a^2}{2}\ln\left|x+\sqrt{x^2 \pm a^2}\right| + c$

(9) $\int \dfrac{x^2}{\sqrt{a^2-x^2}}\,dx = \dfrac{-x}{2}\sqrt{a^2-x^2} + \dfrac{a^2}{2}\sin^{-1}\dfrac{x}{a} + c$

(10) $\int \dfrac{1}{x^2\sqrt{x^2 \pm a^2}}\,dx = \mp \dfrac{\sqrt{x^2 \pm a^2}}{a^2 x} + c$

(11) $\int \dfrac{1}{x^2\sqrt{a^2-x^2}}\,dx = \dfrac{-\sqrt{a^2-x^2}}{a^2 x} + c$

(12) $\int x^2\sqrt{x^2\pm a^2}\ dx = \frac{1}{8}\left[x(2x^2\pm a^2)\sqrt{x^2\pm a^2} - a^4\ln\left|x+\sqrt{x^2\pm a^2}\right|\right]+c$

(13) $\int x^2\sqrt{a^2-x^2}\ dx = \frac{a^4}{8}\sin^{-1}\frac{x}{a} - \frac{x}{8}\sqrt{a^2-x^2}(a^2-2x^2)+c$

（三）和超越函數有關的不定積分公式

(1) $\int\sin^n x\,dx = \frac{-1}{n}\sin^{n-1}x\cos x + \frac{n-1}{n}\int\sin^{n-2}x\,dx$

(2) $\int\cos^n x\,dx = \frac{1}{n}\cos^{n-1}x\sin x + \frac{n-1}{n}\int\cos^{n-2}x\,dx$

(3) $\int\tan^n x\,dx = \frac{1}{n-1}\tan^{n-1}x - \int\tan^{n-2}x\,dx$ ， $n\neq 1$

(4) $\int\cot^n x\,dx = \frac{1}{n-1}\cot^{n-1}x - \int\cot^{n-2}x\,dx$ ， $n\neq 1$

(5) $\int\sec^n x\,dx = \frac{\sec^{n-2}x\tan x}{n-1} + \frac{n-2}{n-1}\int\sec^{n-2}x\,dx$ ， $n\neq 1$

(6) $\int\csc^n x\,dx = -\frac{\csc^{n-2}x\cot x}{n-1} + \frac{n-2}{n-1}\int\csc^{n-2}x\,dx$ ， $n\neq 1$

(7) $\int(\ln x)^k\,dx = x(\ln x)^k - k\int(\ln x)^{k-1}\,dx$

(8) $\int e^{ax}\sin bx\,dx = \frac{e^{ax}}{a^2+b^2}(a\sin bx - b\cos bx)+c$

(9) $\int e^{ax}\cos bx\,dx = \frac{e^{ax}}{a^2+b^2}(a\cos bx + b\sin bx)+c$

(10) $\int x^n\ln x\,dx = \frac{1}{n+1}x^{n+1}\ln x - \frac{1}{(n+1)^2}x^{n+1}$ ， $n\neq -1$

(11) $\int\sin^{-1}x\,dx = x\sin^{-1}x + \sqrt{1-x^2}+c$

(12) $\int\cos^{-1}x\,dx = x\cos^{-1}x - \sqrt{1-x^2}+c$

(13) $\displaystyle\int \tan^{-1} x\,dx = x\tan^{-1} x - \ln\sqrt{1+x^2} + c$

(14) $\displaystyle\int \cot^{-1} x\,dx = x\cot^{-1} x + \ln\sqrt{1+x^2} + c$

(15) $\displaystyle\int \sec^{-1} x\,dx = x\sec^{-1} x - \ln\left|\sqrt{x^2-1} + x\right| + c$

(16) $\displaystyle\int \csc^{-1} x\,dx = x\csc^{-1} x + \ln\left|\sqrt{x^2-1} + x\right| + c$

MEMO

國家圖書館出版品預行編目資料

微積分. 基礎篇 / 張智立編著. -- 二版. --
新北市：新文京開發, 2020.01
　　面；　　公分

ISBN 978-986-430-590-2(平裝)

1.微積分

314.1　　　　　　　　　　　　108023336

微積分－基礎篇(第二版)　　　　　（書號：E414e2）

編　著　者	張智立	
出　版　者	新文京開發出版股份有限公司	
地　　　址	新北市中和區中山路二段 362 號 9 樓	
電　　　話	(02) 2244-8188（代表號）	
F　A　X	(02) 2244-8189	
郵　　　撥	1958730-2	
初　　　版	西元 2015 年 08 月 20 日	
二　　　版	西元 2020 年 01 月 15 日	

New Wun Ching Developmental Publishing Co., Ltd.

New Age · New Choice · The Best Selected Educational Publications — NEW WCDP

新文京開發出版股份有限公司
NEW
WCDP 新世紀‧新視野‧新文京 — 精選教科書‧考試用書‧專業參考書